入門 Python 3

Bill Lubanovic　著

斎藤 康毅　監訳
長尾 高弘　訳

Introducing Python

Bill Lubanovic

Beijing • Cambridge • Farnham • Köln • Sebastopol • Tokyo

Mary、Karin、TomそしてRoxieに捧ぐ。

監訳者まえがき

僕が初めてプログラミングというものに触れたのは、大学の古びたコンピュータルームだった。そこで毎週プログラミングの授業を受けていたのだが、それは多くの授業と同じように、いくぶん退屈なものだった。手渡された教科書には無機的な説明が並び、誰もが ── 教師や、ティーチング・アシスタントさえもが ── それにうんざりしているようであった。僕は、多くの学生と同じように、暗号めいた記号をキーボードに打ち込み、スクリーンに表示される結果をなんの感慨もなく眺めていた。

そのように、僕とプログラミングとの出会いは、あまり望ましいものではなかったのかもしれないが、幸運なことに、そのあとでいくつかの優れた本や人に出会った。僕はそのような本を読みながら（ときには頭を悩ませながら）、プログラミングで何かを作るという作業は楽しい経験になりえるのだ、ということを知った。それは、振り返って考えてみると、とても大きな学びだった。

ことPythonについて言えば、僕がPythonの面白さを知るキッカケになったのは、ピーター・ノーヴィグ（Peter Norvig）のプログラミングに関する授業だった。それは「Design of Computer Programs」というタイトルのインターネットを介した授業で、通常の説明に加えて、実際にプログラミングを行う対話的な授業だった。ピーターの稀有な才能が、その授業を面白くしていることに疑いようはないが、そこにPythonを使っていることも、その面白さを加速させる大きな要因になっていたのではないかと思う。いずれにせよ、そのような出会いをキッカケとして、僕はPythonの楽しさを知った。そのような出会いがなければ、このようなPythonに関する書籍の監訳に関わることはなかったかもしれない。

さて、本書について話そう。本書『入門 Python 3』は、Pythonの実践的な入門書である。タイトルに「入門」という言葉があるように、本書は、プログラミング経験のない初学者や、プログラミング経験はあるがPythonは初めてという読者のために書かれている。そのため、本書を読むためにプログラミングやPythonについての知識は何も必要ない。もちろん、もう一度Pythonについて体系的に復習したいという方にも適している。

著者のビル・ルバノビック（Bill Lubanovic）は、1970年代からソフトウェア開発を始め、これまでに数多くの開発を行ってきた経験を持つ。そして驚くことに、現在でも現役のプログラマーとして活躍している。また、『Linuxシステム管理』（オライリー・ジャパン刊）の共著者のひとりでもあり、技術の教育的な活動にも積極的に取り組んでいる。そういった彼の豊かな経験は、本書にも十分に反映されている。きっと読者は、このベテランによる書籍を信頼して読み進めることができるだろう。さらに、ビルにはユーモアのセンスもある。本書においても、その語り口に含み笑いを浮かべる箇所がいくつかあるかもしれない（たとえば、12.10.4節の「20年前のJavaは、関節炎にかかったシュナウザー犬のように遅かった」はどうだろう？）。

先ほど述べたように、本書は実践的な入門書である。本書はただの入門書ではなく、「実践的な」入門書である。そこが本書の特徴であり、一般的によく見かけるタイプの入門書とは異なる点である。本書では、Pythonの基本的な内容だけではなく、実践で遭遇する応用的な技術についても学ぶ。データベースやネットワーク処理、並行プログラミングといったテーマも含まれている。本書は、入門から実践的な内容まで幅広くカバーしており、これからプログラミングを学びたい方、そして、自分で何か作ってみたいという方にうってつけの一冊である。

プログラミングを学ぶ理由は人それぞれに異なるものだ。学校の授業で習う人もいれば、特に理由もなく始める人もいる。必要に迫られて学ぶ人もいれば、作りたいものがあるから学ぶ人もいる。もし、あなたが学校の古びたコンピュータルームでプログラミングを学び、それにいくらか失望していたとしても、この先あなたを変える本や人が現れるかもれしれない。本書がそのキッカケになってくれたらと思う。

最後に、本書を監訳する機会を与えてくれたオライリー・ジャパンに感謝したい。

2015年8月23日
斎藤 康毅

まえがき

本書は、Pythonというプログラミング言語の入門書である。初心者プログラマーを対象としているが、以前プログラムを書いたことのある人や知っている言語リストにPythonを加えたいという人にも役に立つはずだ。本書『入門 Python 3』を読めば、しっかりとスタートを切れる。

本書は急がない。基本の部分から細かくステップを刻んでより複雑な部分、そしてさまざまなテーマに進んでいく。新しい用語や考え方を説明するときには、クックブックとチュートリアルのスタイルをミックスするが、一度に取り上げるものは多くない。早い段階から頻繁に本物のPythonコードを示していく。

本書は入門書だが、NoSQLデータベースやメッセージングライブラリなど、少々高度に感じられるテーマも取り上げている。これらを選んだのは、問題次第では、標準的な解法よりもうまく解決できるからだ。外部Pythonパッケージのダウンロードやインストールも行うが、これは、Pythonに同梱されているパッケージではアプリケーションにうまく対応できないときに知っておくとよいことだ。そして、新しいものを試すのは楽しい。

本書には、すべきでは**ない**ことのサンプルも含まれている。特に、読者がほかの言語でプログラミングしたことがあり、そのスタイルをPythonに持ち込もうとしたくなるときがそうだ。また、本書はPythonを完璧な言語として扱うつもりはない。避けるべきことも示していく。

紛らわしいところがあるときや、もっと**パイソニック**[※1]な方法があるときには、このような形でコメントを入れていく。

対象読者

本書は、今までにプログラミングを学んだことがあるかどうかにかかわらず、世界でもっとも多くの人に使われることになるであろうコンピュータ言語について学んでみたいと思うあらゆる人々を対象に書かれている。

概要

最初の7章はPythonの基礎を説明するので、順に読んでいただきたい。そのあとの章は、ウェブ、データベース、ネットワークといったアプリケーションについて特定の分野でのPythonの使い方を説明する。ここは、好きな順序で読んでいただいてかまわない。最初の3つの付録は、アート、ビジネス、科学におけるPythonのショーケースだ。その次はPython 3のインストール方法、そして章末の復習課題の模範解答、最後に役に立つ早見表が続く。

1章 Pyの味

プログラミングは、靴下の作り方やじゃがいもの焼き方と同じような特性を持つ。本物のPythonプログラムをいくつか使い、言語の見た目、機能、実際の使われ方を具体的に示していく。Pythonは、ほかの言語と比べてかなりよい方だが、それでも欠点はある。古いバージョンのPython（Python 2）は、次第に新しいバージョン（Python 3）に道を譲ろうとしている。Python 2を使っている読者も、Python 3をインストールしていただきたい。そして、対話型インタープリタで本書のサンプルを実際に試していただきたい。

※1　監訳注：パイソニック（Pythonic）とは「ニシキヘビのような」という意味の形容詞であるが、この分野においては「Pythonらしい」という意味で使われる。たとえば、Pythonらしい、きれいで読みやすいコードを指して、「パイソニックなコード」などと表現する。

2章 Pyの成分：数値、文字列、変数

この章は、Pythonのもっとも単純なデータ型である、ブール値、整数、浮動小数点数、文字列を説明する。基本的な算術、テキスト操作も学ぶ。

3章 Pyの具：リスト、タプル、辞書、集合

ステップアップして、Python組み込みのデータ構造のなかでも高水準なリスト、タプル、辞書、集合を説明する。これらはレゴと同じように、非常に複雑なデータ構造を作ることができる。**イテレータ**と**内包表記**を使ってこれらの要素をひとつずつ処理する方法も学ぶ。

4章 Pyの皮：コード構造

これまでの章で学んだデータ構造と比較、選択、反復のコード構造を組み合わせる。**関数**にコードをパッケージングする方法、**例外**でエラーを処理する方法も学ぶ。

5章 Pyの化粧箱：モジュール、パッケージ、プログラム

モジュール、パッケージ、プログラムというより大きなコード構造にスケールアウトする方法を説明する。コードとデータをどこに収めるか、データをどのように出し入れするか、オプションをどう処理するかを説明し、Python標準ライブラリを一巡し、その先に何があるのかを見てみる。

6章 オブジェクトとクラス

ほかの言語でオブジェクト指向プログラミングを経験したことのある読者は、Pythonでは少し緊張を解いてよい。オブジェクトとクラスをいつ使うべきか、また、モジュールあるいはリストや辞書を使った方がよいときはいつかということについても説明する。

7章 プロのようにデータを操る

プロのようにデータを管理する方法を学ぶ。この章は、テキストとバイナリデータ、Unicode文字の面白さ、I/Oのすべてを説明する。

8章 データの行き先

データはどこかに送り込む必要がある。この章では、基本的なフラットファイル、ディレクトリ、ファイルシステムの説明から始め、次にCSV、JSON、

XMLなどのよく使われているファイルフォーマットの処理の方法に進む。また、リレーショナルデータベースへのデータの保存、取得の方法、新しいNoSQLデータストアの使い方まで取り上げる。

9章 ウェブを解きほぐす

ウェブには独立した章を与え、クライアント、サーバー、スクレイピング、API、フレームワークを説明する。また、要求パラメータとテンプレートを使って実際のウェブサイトを組み立てる。

10章 システム

正真正銘のシステムの章で、プログラム、プロセス、スレッドの管理の方法、日時情報の扱い方、システム管理の仕事の自動化の方法を学ぶ。

11章 並行処理とネットワーク

この章のテーマはネットワークであり、サービス、プロトコル、APIを扱う。サンプルは低水準のTCPソケットからメッセージングライブラリやキューイングシステム、さらにはクラウドへのデプロイなど多岐に渡る。

12章 パイソニスタになろう

この章では、インストール、IDEの使い方、テスト、デバッグ、ロギング、ソースコード管理、ドキュメントなどPythonデベロッパーが知るべきことを説明する。また、役に立つサードパーティーパッケージ、再利用のためのコードのパッケージング、より多くの情報を得られる場所などについても学ぶ。

付録A Pyアート

最初の付録では、アートの分野でPythonを使って行われている事例を紹介する。グラフィックス、音楽、アニメーション、ゲームについて取り上げる。

付録B ビジネス現場のPy

Pythonは、ビジネスアプリケーションにも得意分野を持っている。データのビジュアライゼーション（プロット、グラフ、地図）、セキュリティ、Excel操作などだ。

付録C 科学におけるPy

Pythonは数学、統計、物理、生物科学など、科学分野で確固とした地位を占めている。NumPy、SciPy、Pandasなどを取り上げる。

付録D Python 3のインストール

まだ、コンピュータにPython 3がインストールされていない読者のために、この付録では、Pythonのインストール方法を説明する。実行しているオペレーティングシステムは、Windows、Mac OS X、Linux/Unixのどれでもよい。

付録E 復習課題の解答

各章の章末にまとめられている復習課題の模範解答を示す。自分で課題に取り組む前に覗いたりしないこと。

付録F 早見表

この付録には、クイックリファレンスとして使える早見表がまとめられている。

Pythonのバージョン

コンピュータ言語は、開発者が機能を追加したり、バグを修正したりするため、時間とともにアップデートされていく。本書のサンプルは、Python ver.3.3で実行しながら開発とテストを行った。本書が編集作業に入った頃にver.3.4がリリースされた。本書のなかでもver.3.4での追加について少し触れている。Pythonにいつどのような機能が追加されているかを知りたい場合は、「What's New in Python」(https://docs.python.org/3/whatsnew/) を参照していただきたい。これは専門的なリファレンスなので、Pythonを学び始めたばかりの人には少し難しく感じるだろうが、将来、Pythonのバージョンが異なるコンピュータで同じプログラムを動作させなければならなくなったときなどに役に立つはずだ。

サンプルコードの使用について

本書の目的は、読者の仕事を助けることである。一般に、本書に掲載しているコードは読者のプログラムやドキュメントに使用してかまわない。コードの大部分を転載する場合を除き、我々に許可を求める必要はない。たとえば、本書のコードの一部を使用するプログラムを作成するために、許可を求める必要はない。なお、オライリー・ジャパンから出版されている書籍のサンプルコードをCD-ROMとして販売したり配布したりする場合には、そのための許可が必要である。本書や本書のサンプルコードを引用して質問などに答える場合、許可を求める必要はない。ただし、本書のサンプルコードのかなりの部分を製品マニュアルに転載するような場合には、そのための許可が必要である。

出典を明記しなければいけないわけではないが、可能であれば「Bill Lubanovic著『入門 Python 3』(オライリー・ジャパン発行)」のように、タイトル、著者、出版社、ISBNなどを記載してほしい。

サンプルコードの使用について、公正な使用の範囲を越えると思われる場合、または上記で許可している範囲を越えると感じる場合は、permissions@oreilly.comまで(英語で) 連絡してほしい。

表記上のルール

本書では、次に示す表記上のルールに従う。

太字 (Bold)

新しい用語、強調やキーワードフレーズを表す。

等幅 (`Constant Width`)

プログラムのコード、コマンド、配列、要素、文、オプション、スイッチ、変数、属性、キー、関数、型、クラス、名前空間、メソッド、モジュール、プロパティ、パラメータ、値、オブジェクト、イベント、イベントハンドラ、XMLタグ、HTMLタグ、マクロ、ファイルの内容、コマンドからの出力を表す。その断片(変数、関数、キーワードなど)を本文中から参照する場合にも使われる。

等幅太字 (**`Constant Width Bold`**)

ユーザーが入力するコマンドやテキストを表す。コードを強調する場合にも使われる。

等幅イタリック (*`Constant Width Italic`*)

ユーザーの環境などに応じて置き換えなければならない文字列を表す。

ヒントや示唆、興味深い事柄に関する補足を示す。

ライブラリのバグやしばしば発生する問題などのような、注意あるいは警告を示す。

意見と質問

本書（日本語翻訳版）の内容については、最大限の努力をもって検証、確認しているが、誤りや不正確な点、誤解や混乱を招くような表現、単純な誤植などに気がつかれることもあるかもしれない。そうした場合、今後の版で改善できるよう知らせてほしい。将来の改訂に関する提案なども歓迎する。連絡先は次のとおり。

株式会社オライリー・ジャパン
電子メール　japan@oreilly.co.jp

本書のウェブページには次のアドレスでアクセスできる。

http://www.oreilly.co.jp/books/9784873117386
http://shop.oreilly.com/product/0636920028659.do（英語）
https://github.com/madscheme/introducing-python（著者）

オライリーに関するその他の情報については、次のオライリーのウェブサイトを参照してほしい。

http://www.oreilly.co.jp/
http://www.oreilly.com/（英語）

謝辞

草稿を読んでコメントを下さった多くの方々に感謝している。特に、綿密にチェックを入れて下さったEli Bessert、Henry Canival、Jeremy Elliott、Monte Milanuk、Loïc Pefferkorn、Steven Wayneの各氏には深く感謝の意を表したい。

目次

監訳者まえがき …… vii
まえがき …… ix

1章　Pyの味 …… 1

1.1　実世界でのPython …… 7
1.2　Pythonと他言語の比較 …… 7
1.3　では、なぜPythonなのか …… 12
1.4　Pythonを避けるべきとき …… 13
1.5　Python 2 vs. Python 3 …… 14
1.6　Pythonのインストール …… 14
1.7　Pythonの実行 …… 15
1.7.1　対話型インタープリタの使い方 …… 15
1.7.2　Pythonファイルの使い方 …… 16
1.7.3　次は何か …… 17
1.8　Python公案 …… 18
1.9　復習課題 …… 19

2章　Pyの成分：数値、文字列、変数 …… 21

2.1　変数、名前、オブジェクト …… 21
2.2　数値 …… 26
2.2.1　整数 …… 26
2.2.2　優先順位 …… 31
2.2.3　基数 …… 31

2.2.4 型の変換……32
2.2.5 intはどれくらい大きいのか……34
2.2.6 浮動小数点数……35
2.2.7 数学関数……36
2.3 文字列……36
2.3.1 クォートを使った作成……36
2.3.2 str()を使った型変換……39
2.3.3 \によるエスケープ……40
2.3.4 +による連結……41
2.3.5 *による繰り返し……41
2.3.6 []による文字の抽出……42
2.3.7 [start:end:step]によるスライス……43
2.3.8 len()による長さの取得……46
2.3.9 split()による分割……46
2.3.10 join()による結合……47
2.3.11 多彩な文字列操作……47
2.3.12 大文字と小文字の区別、配置……48
2.3.13 replace()による置換……50
2.3.14 その他の文字列操作関数……50
2.4 復習課題……51

3章 Pyの具：リスト、タプル、辞書、集合……53

3.1 リストとタプル……53
3.2 リスト……54
3.2.1 []またはlist()による作成……54
3.2.2 list()によるほかのデータ型からリストへの変換……55
3.2.3 [offset]を使った要素の取り出し……56
3.2.4 リストのリスト……57
3.2.5 [offset]による要素の書き換え……57
3.2.6 オフセットの範囲を指定したスライスによるサブシーケンスの取り出し……58
3.2.7 append()による末尾への要素の追加……59
3.2.8 extend()または+=を使ったリストの結合……59
3.2.9 insert()によるオフセットを指定した要素の追加……60
3.2.10 delによる指定したオフセットの要素の削除……60

3.2.11 remove()による値に基づく要素の削除……61
3.2.12 pop()でオフセットを指定して要素を取り出し、削除する方法……61
3.2.13 index()により要素の値から要素のオフセットを知る方法……62
3.2.14 inを使った値の有無のテスト……62
3.2.15 count()を使った値の個数の計算……63
3.2.16 join()による文字列への変換……63
3.2.17 sort()による要素の並べ替え……64
3.2.18 len()による長さの取得……65
3.2.19 =による代入とcopy()によるコピー……65
3.3 タプル……67
3.3.1 (,)を使ったタプルの作成……67
3.3.2 タプルとリストの比較……68
3.4 辞書……69
3.4.1 {}による作成……69
3.4.2 dict()を使った変換……70
3.4.3 [key]による要素の追加、変更……71
3.4.4 update()による辞書の結合……72
3.4.5 delによる指定したキーを持つ要素の削除……73
3.4.6 clear()によるすべての要素の削除……74
3.4.7 inを使ったキーの有無のテスト……74
3.4.8 [key]による要素の取得……74
3.4.9 keys()によるすべてのキーの取得……75
3.4.10 values()によるすべての値の取得……76
3.4.11 items()によるすべてのキー/値ペアの取得……76
3.4.12 =による代入とcopy()によるコピー……76
3.5 集合……77
3.5.1 set()による作成……78
3.5.2 set()によるほかのデータ型から集合への変換……79
3.5.3 inを使った値の有無のテスト……79
3.5.4 組み合わせと演算……80
3.6 データ構造の比較……84
3.7 もっと大きいデータ構造……84
3.8 復習課題……86

4章 Pyの皮：コード構造 89

4.1 #によるコメント 89
4.2 \による行の継続 90
4.3 if、elif、elseによる比較 91
4.3.1 Trueとは何か 95
4.4 whileによる反復処理 96
4.4.1 breakによるループ中止 97
4.4.2 continueによる次のイテレーションの開始 97
4.4.3 elseによるbreakのチェック 98
4.5 forによる反復処理 98
4.5.1 breakによる中止 100
4.5.2 continueによる次のイテレーションの開始 101
4.5.3 elseによるbreakのチェック 101
4.5.4 zip()を使った複数のシーケンスの反復処理 102
4.5.5 range()による数値シーケンスの生成 102
4.5.6 その他のイテレータ 103
4.6 内包表記 104
4.6.1 リスト内包表記 104
4.6.2 辞書包括表記 107
4.6.3 集合内包表記 107
4.6.4 ジェネレータ内包表記 108
4.7 関数 109
4.7.1 位置引数 114
4.7.2 キーワード引数 114
4.7.3 デフォルト引数値の指定 115
4.7.4 *による位置引数のタプル化 116
4.7.5 **によるキーワード引数の辞書化 117
4.7.6 docstring 118
4.7.7 一人前のオブジェクトとしての関数 119
4.7.8 関数内関数 121
4.7.9 クロージャ 122
4.7.10 無名関数：ラムダ関数 123
4.8 ジェネレータ 125

4.9 デコレータ …… 126
4.10 名前空間とスコープ …… 128
4.10.1 名前のなかの_と__ …… 131
4.11 エラー処理とtry、except …… 132
4.12 独自例外の作成 …… 134
4.13 復習課題 …… 135

5章 Pyの化粧箱：モジュール、パッケージ、プログラム …… 137

5.1 スタンドアローンプログラム …… 137
5.2 コマンドライン引数 …… 138
5.3 モジュールとimport文 …… 138
5.3.1 モジュールのインポート …… 139
5.3.2 別名によるモジュールのインポート …… 141
5.3.3 必要なものだけをインポートする方法 …… 141
5.3.4 モジュールサーチパス …… 142
5.4 パッケージ …… 142
5.5 Python標準ライブラリ …… 144
5.5.1 setdefault()とdefaultdict()による存在しないキーの処理 …… 144
5.5.2 Counter()による要素数の計算 …… 147
5.5.3 OrderedDict()によるキー順のソート …… 148
5.5.4 スタック＋キュー＝デック …… 149
5.5.5 itertoolsによるコード構造の反復処理 …… 150
5.5.6 pprint()によるきれいな表示 …… 151
5.6 バッテリー補充：ほかのPythonコードの入手方法 …… 152
5.7 復習課題 …… 153

6章 オブジェクトとクラス …… 155

6.1 オブジェクトとは何か …… 155
6.2 classによるクラスの定義 …… 156
6.3 継承 …… 158
6.4 メソッドのオーバーライド …… 160
6.5 メソッドの追加 …… 161
6.6 superによる親への支援要請 …… 162

6.7 selfの自己弁護 …… 164
6.8 プロパティによる属性値の取得、設定 …… 165
6.9 非公開属性のための名前のマングリング …… 168
6.10 メソッドのタイプ …… 170
6.11 ダックタイピング …… 171
6.12 特殊メソッド …… 173
6.13 コンポジション …… 177
6.14 モジュールではなくクラスとオブジェクトを使うべきなのはいつか …… 177
6.14.1 名前付きタプル …… 178
6.15 復習課題 …… 180

7章 プロのようにデータを操る …… 183

7.1 文字列 …… 183
7.1.1 Unicode …… 183
7.1.2 書式指定 …… 192
7.1.3 正規表現とのマッチング …… 197
7.2 バイナリデータ …… 206
7.2.1 バイトとバイト列 …… 206
7.2.2 structによるバイナリデータの変換 …… 208
7.2.3 その他のバイナリデータツール …… 211
7.2.4 binasciiによるバイト/文字列の変換 …… 212
7.2.5 ビット演算子 …… 213
7.3 復習課題 …… 214

8章 データの行き先 …… 217

8.1 ファイル入出力 …… 217
8.1.1 write()によるテキストファイルへの書き込み …… 219
8.1.2 read()、readline()、readlines()によるテキストファイルの読み出し …… 220
8.1.3 write()によるバイナリファイルの書き込み …… 222
8.1.4 read()によるバイナリファイルの読み出し …… 223
8.1.5 withによるファイルの自動的なクローズ …… 224
8.1.6 seek()による位置の変更 …… 224
8.2 構造化されたテキストファイル …… 227

8.2.1 CSV ……… 227
8.2.2 XML ……… 230
8.2.3 HTML ……… 232
8.2.4 JSON ……… 233
8.2.5 YAML ……… 236
8.2.6 セキュリティについての注意 ……… 237
8.2.7 設定ファイル ……… 238
8.2.8 その他のデータ交換形式 ……… 239
8.2.9 pickleによるシリアライズ ……… 240
8.3 構造化されたバイナリファイル ……… 241
8.3.1 スプレッドシート ……… 241
8.3.2 HDF5 ……… 241
8.4 リレーショナルデータベース ……… 242
8.4.1 SQL ……… 243
8.4.2 DB-API ……… 245
8.4.3 SQLite ……… 246
8.4.4 MySQL ……… 248
8.4.5 PostgreSQL ……… 249
8.4.6 SQLAlchemy ……… 249
8.5 NoSQLデータストア ……… 257
8.5.1 dbmファミリ ……… 257
8.5.2 memcached ……… 258
8.5.3 Redis ……… 259
8.5.4 その他のNoSQL ……… 270
8.6 フルテキストデータベース ……… 271
8.7 復習課題 ……… 271

9章 ウェブを解きほぐす ……… 273

9.1 ウェブクライアント ……… 274
9.1.1 telnetによるテスト ……… 275
9.1.2 Pythonの標準ウェブライブラリ ……… 277
9.1.3 標準ライブラリを越えて ……… 280
9.2 ウェブサーバー ……… 281
9.2.1 Pythonによるもっとも単純なウェブサーバー ……… 281

9.2.2 WSGI …… 284
9.2.3 フレームワーク …… 284
9.2.4 Bottle …… 285
9.2.5 Flask …… 288
9.2.6 Python以外のウェブサーバー …… 293
9.2.7 その他のフレームワーク …… 296
9.3 ウェブサービスとオートメーション …… 298
9.3.1 webbrowserモジュール …… 298
9.3.2 Web APIとREST …… 299
9.3.3 JSON …… 300
9.3.4 クロールとスクレイピング …… 301
9.3.5 BeautifulSoupによるHTMLのスクレイピング …… 301
9.4 復習課題 …… 303

10章 システム …… 305

10.1 ファイル …… 305
10.1.1 open()による作成 …… 305
10.1.2 exists()によるファイルが存在することのチェック …… 306
10.1.3 isfile()によるファイルタイプのチェック …… 306
10.1.4 copy()によるコピー …… 307
10.1.5 rename()によるファイル名の変更 …… 307
10.1.6 link()、symlink()によるリンク作成 …… 307
10.1.7 chmod()によるパーミッションの変更 …… 308
10.1.8 chown()によるオーナーの変更 …… 308
10.1.9 abspath()によるパス名の取得 …… 309
10.1.10 realpath()によるシンボリックリンクパス名の取得 …… 309
10.1.11 remove()によるファイルの削除 …… 309
10.2 ディレクトリ …… 309
10.2.1 mkdir()による作成 …… 309
10.2.2 rmdir()による削除 …… 310
10.2.3 listdir()による内容リストの作成 …… 310
10.2.4 chdir()によるカレントディレクトリの変更 …… 311
10.2.5 glob()によるパターンにマッチするファイルのリストの作成 …… 311
10.3 プログラムとプロセス …… 312

10.3.1 subprocessによるプロセスの作成 …… 313
10.3.2 multiprocessingによるプロセスの作成 …… 315
10.3.3 terminate()によるプロセスの強制終了 …… 316
10.4 カレンダーとクロック …… 317
10.4.1 datetimeモジュール …… 318
10.4.2 timeモジュールの使い方 …… 321
10.4.3 日時の読み書き …… 323
10.4.4 代替モジュール …… 326
10.5 復習課題 …… 327

11章 並行処理とネットワーク …… 329

11.1 並行処理 …… 330
11.1.1 キュー …… 331
11.1.2 プロセス …… 332
11.1.3 スレッド …… 334
11.1.4 グリーンスレッドとgevent …… 337
11.1.5 twisted …… 340
11.1.6 asyncio …… 342
11.1.7 Redis …… 342
11.1.8 キューを越えて …… 346
11.2 ネットワーク …… 348
11.2.1 パターン …… 348
11.2.2 パブリッシュ/サブスクライブモデル …… 349
11.2.3 TCP/IP …… 353
11.2.4 ソケット …… 355
11.2.5 ZeroMQ …… 360
11.2.6 Scapy …… 365
11.2.7 インターネットサービス …… 366
11.2.8 ウェブサービスとAPI …… 368
11.2.9 リモート処理 …… 369
11.2.10 ビッグデータとMapReduce …… 376
11.2.11 クラウドでの処理 …… 378
11.3 復習課題 …… 383

12章 パイソニスタになろう …… 385

12.1 プログラミングについて …… 385
12.2 Pythonコードを見つけてこよう …… 386
12.3 パッケージのインストール …… 387
12.3.1 pipの使い方 …… 387
12.3.2 パッケージマネージャの使い方 …… 388
12.3.3 ソースからのインストール …… 389
12.4 IDE(統合開発環境) …… 389
12.4.1 IDLE …… 389
12.4.2 PyCharm …… 389
12.4.3 IPython …… 390
12.5 名前とドキュメント …… 390
12.6 コードのテスト …… 392
12.6.1 pylint、pyflakes、pep8によるチェック …… 393
12.6.2 unittestによるテスト …… 395
12.6.3 doctestによるテスト …… 400
12.6.4 noseによるテスト …… 401
12.6.5 その他のテストフレームワーク …… 403
12.6.6 継続的インテグレーション …… 403
12.7 Pythonコードのデバッグ …… 403
12.8 pdbによるデバッグ …… 405
12.9 エラーメッセージのロギング …… 412
12.10 コードの最適化 …… 415
12.10.1 実行時間の計測 …… 415
12.10.2 アルゴリズムとデータ構造 …… 418
12.10.3 Cython、NumPy、Cエクステンション …… 419
12.10.4 PyPy …… 419
12.11 ソース管理 …… 420
12.11.1 Mercurial …… 420
12.11.2 Git …… 420
12.12 本書のサンプルのクローニング …… 424
12.13 さらに学習を深めるために …… 424
12.13.1 書籍 …… 424

12.13.2 ウェブサイト …… 425
12.13.3 グループ …… 426
12.13.4 カンファレンス …… 426
12.14 これからのお楽しみ …… 426

付録A Pyアート …… 429

A.1 2Dグラフィックス …… 429
A.1.1 標準ライブラリ …… 429
A.1.2 PILとPillow …… 430
A.1.3 ImageMagick …… 433
A.2 GUI（グラフィカル・ユーザー・インタフェース） …… 434
A.3 3Dグラフィックスとアニメーション …… 437
A.4 プロット、グラフ、ビジュアライゼーション …… 440
A.4.1 matplotlib …… 440
A.4.2 bokeh …… 441
A.5 ゲーム …… 442
A.6 サウンドと音楽 …… 442

付録B ビジネス現場のPy …… 445

B.1 Microsoft Officeスイート …… 446
B.2 ビジネスタスクの遂行 …… 447
B.3 ビジネスデータの処理 …… 448
B.3.1 抽出、変換、ロード …… 449
B.3.2 その他の情報源 …… 453
B.4 金融界でのPython …… 453
B.5 ビジネスデータのセキュリティ …… 454
B.6 マップ …… 455
B.6.1 ファイル形式 …… 455
B.6.2 地図の描画 …… 457
B.6.3 アプリケーションとデータ …… 460

付録C 科学におけるPy ……… 463

C.1 標準ライブラリでの数学と統計 ……… 463
C.1.1 math関数 ……… 463
C.1.2 複素数の操作 ……… 466
C.1.3 decimalによる正確な浮動小数点数計算 ……… 466
C.1.4 fractionsによる有理数計算 ……… 467
C.1.5 arrayによるパッキングされたシーケンス ……… 468
C.1.6 statisticsによる単純な統計 ……… 468
C.1.7 行列の乗算 ……… 468
C.2 Scientific Python ……… 469
C.3 NumPy ……… 470
C.3.1 array()による配列の作成 ……… 471
C.3.2 arange()による配列の作成 ……… 471
C.3.3 zeros()、ones()、random()による配列の作成 ……… 472
C.3.4 reshape()による配列形状の変更 ……… 473
C.3.5 []による要素の取得 ……… 474
C.3.6 配列の数学演算 ……… 476
C.3.7 線形代数 ……… 476
C.4 SciPyライブラリ ……… 478
C.5 SciKitライブラリ ……… 478
C.6 IPythonライブラリ ……… 478
C.6.1 進化したインタープリタ ……… 479
C.6.2 IPythonノートブック ……… 481
C.7 Pandas ……… 485
C.8 Pythonと科学分野 ……… 487

付録D Python 3のインストール ……… 489

D.1 標準Pythonのインストール ……… 490
D.1.1 Mac OS X ……… 493
D.1.2 Windows ……… 493
D.1.3 Linux/Unix ……… 494
D.2 Anacondaのインストール ……… 494
D.3 pipとvirtualenvのインストールと使い方 ……… 498

D.4　condaのインストールと使い方 …… 498

付録E 復習課題の解答 …… 501

E.1　1章 Pyの味 …… 501
E.2　2章 Pyの成分：数値、文字列、変数 …… 502
E.3　3章 Pyの具：リスト、タプル、辞書、集合 …… 503
E.4　4章 Pyの皮：コード構造 …… 507
E.5　5章 Pyの化粧箱：モジュール、パッケージ、プログラム …… 511
E.6　6章 オブジェクトとクラス …… 512
E.7　7章 プロのようにデータを操る …… 517
E.8　8章 データの行き先 …… 524
E.9　9章 ウェブを解きほぐす …… 529
E.10　10章 システム …… 531
E.11　11章 並行処理とネットワーク …… 533

付録F 早見表 …… 543

F.1　演算子の優先順位 …… 543
F.2　文字列メソッド …… 544
　F.2.1　大文字、小文字の操作 …… 544
　F.2.2　サーチ …… 544
　F.2.3　書き換え …… 545
　F.2.4　整形 …… 545
　F.2.5　文字列のタイプ …… 545
F.3　stringモジュールの属性 …… 546
F.4　終わり …… 546

索引 …… 547

1章
Pyの味

簡単ななぞなぞから始めよう。次の2行はどういう意味だろうか。

```
(Row 1): (RS) K18,ssk,k1,turn work.
(Row 2): (WS) Sl 1 pwise,p5,p2tog,p1,turn.
```

なんらかの技術的なコンピュータプログラムのようなものに見える。しかし、実際には、これは**ニットパターン**だ。細かく言うと、靴下のかかとの部分をどう曲げるかを説明している。うちの猫がニューヨークタイムズのクロスワードクイズを見てきょとんとするように、私にも意味不明だ。しかし、私の妻なら完璧に理解できる。編み物をする人ならよくわかるはずだ。

では、次の問題。最終的に何ができあがるのかはわからなくても、何のためのものかはすぐにわかるはずだ。

```
1/2 c. バターまたはマーガリン
1/2 c. クリーム
2 1/2 c. 小麦粉
1 t. 塩
1 T. 砂糖
4 c. 潰したじゃがいも（冷やしたもの）
```

小麦粉を加える前にすべての材料をかならず冷やしておいてください。
すべての材料を混ぜ合わせ、しっかりとこねてください。
20個に分けてボール状にします。次の工程に入るまで冷蔵庫に入れておいてください。
ひとつひとつのボールを次のようにします。
　　布の上で小麦粉を散らしてください。
　　のし棒で平らな丸い形にしてください。
　　フライパンで茶色い点々が現れるまで焼いてください。
　　ひっくり返して反対側を焼いてください。

料理をしない人でも、これは**レシピ**だということがわかっただろう。食材のリストがあって、そのあとに準備の方法が書いてある。でも、いったい何ができあがるのだろうか。トルティーヤに似たノルウェーのお菓子、**レフセ**だ。バター、ジャム、その他なんでも好きなものを塗って、くるくると巻いて食べる。

ニットパターンとレシピには、共通する特徴がある。

- 単語、略語、記号といった語彙が決まっている。よくわかるものもあれば、謎に感じるものもある。
- 何をどこで言うかについての決まりである**構文**規則がある。
- 実行すべきことが順に並べられている。
- たとえばレフセの表裏を焼くという作業のように、ときどき同じ作業の繰り返し（**ループ**）がある。
- ときどき、なんらかの作業の参照が含まれる（コンピュータの用語では**関数**と呼ばれる）。レシピでは、じゃがいもを米粒状に潰すためにほかのレシピを参照しなければならない。
- 内容についてある程度の知識があることを前提としている。レシピでは、水とは何か、それを沸かすにはどうすればよいかを知っていることが前提となっている。ニットパターンでは、たびたび失敗して自傷したりせずに表編み、裏編みができることが前提となっている。
- 期待される結果がある。この例では、「足を包むもの」と「胃を満たすもの」ができあがる。もちろん、それらを混ぜこぜにしてはならない。

今挙げた特徴は、すべてコンピュータプログラムにも当てはまる。このようなプログラムではない例を持ち出したのは、プログラミングはそんなに神秘的なものではないということを示すためだ。「正しい言葉」と「規則」を学ぶだけのことである。

では、こういった代用物ではなく、本物のプログラムを見てみよう。次のプログラムは、何をしてくれるのだろうか。

```
for countdown in 5, 4, 3, 2, 1, "hey!":
    print(countdown)
```

次のような出力を生成するPythonプログラムなんじゃないかと思ったのなら、

```
5
4
3
2
```

```
1
hey!
```

確かにあなたはレシピやニットパターンよりも簡単にPythonを身につけられる。そして、Pythonプログラムは、熱湯や先が尖った編み棒のような危ないものにびくびくせずに、机の上で安全快適に書くことができる。

Pythonプログラムは、言語の構文の重要な要素として、特別な単語や記号（for、in、print、カンマ、コロン、かっこなど）を持っている。幸い、Pythonはほかのほとんどのコンピュータ言語よりも構文がよくできていて、覚えなければならないものも少ない。Pythonはほかの言語よりも自然に見える。ほとんどレシピのような感じだ。

次に示すのは、Pythonの**リスト**からテレビのニュースの決まり文句（cliché）を選択して表示する小さなPythonプログラムだ。

```
cliches = [
    "At the end of the day",
    "Having said that",
    "The fact of the matter is",
    "Be that as it may",
    "The bottom line is",
    "If you will",
    ]
print(cliches[3])
```

このプログラムは、第4の決まり文句を表示する。

```
Be that as it may
```

それはともかく

clichesのようなPythonリストは値を並べたもので、リストの先頭からの**オフセット**を使ってアクセスする。第1の値はオフセット0、第4の値はオフセット3に相当する。

多くの人は1から数える。そのため、0から数えるのは奇妙に感じたかもしれない。これは、位置ではなく、オフセット（先頭からの相対的な距離）としてカウントしていると考えればよい。

Pythonでは、リストは非常によく使われる。3章では、リストの使い方を説明する。

次に示すのも引用を表示するプログラムだが、今度はリスト内のオフセットではなく、しゃべった人物から引用を参照している。

```
quotes = {
    "Moe": "A wise guy, huh?",          偉そうな口をたたくじゃないか
    "Larry": "Ow!",                     あ痛!
    "Curly": "Nyuk nyuk!",              わっはっは
    }
stooge = "Curly"
print(stooge, "says:", quotes[stooge])
```

この小さなプログラムを実行すると、次のように出力される。

```
Curly says: Nyuk nyuk!
```

quotesは、Pythonの**辞書**である。辞書は一意な(重複のない)**キー**(この例では、3人のstoogeつまり「ばか大将」の名前)とそれに対応する**値**(この例では、それぞれのセリフ)の組み合わせを集めたものだ。辞書を使えば、名前の付いたものを格納し、名前から引くことができ、リストの代わりとして役に立つ。辞書については3章で詳しく説明する。

決まり文句のサンプルは角かっこ([と])を使ってPythonリストを作り、「三ばか大将」[※1]のサンプルは波かっこ({と}。英語ではcurly bracketと言うが、Curlyとは無関係である)を使ってPython辞書を作る。これらはPythonの構文の例であり、このあとの章では、こういったものがもっとたくさん出てくる。

次はまったく違うものだ。**例1-1**は、もっと複雑な作業を行うPythonプログラムを示している。まだ、このプログラムがどのような仕組みで動くのかを理解しようなどとは思わなくてよい。それを理解できるようにすることがこの本の目的だ。ここでこのプログラムを持ち出したのは、ちょっとした仕事を行うためのごく普通のPythonプログラムがどんな外見でどんな感じのものかに触れていただくためだ。ほかのプログラミング言語をご存知なら、Pythonをそれと比べてみよう。

例1-1は、YouTubeのウェブサイトに接続し、その時点でもっとも高く評価されている動画についての情報を取り出してくる。HTML形式のテキストがぎっしり詰まっている普通のウェブページを返してきたら、見たい情報を掘り出すのは大変になってしまうだろう(これは9.3.4節で取り上げる**ウェブスクレイピング**のことを言っている)。このプログラムでは、そうではなくて、コンピュータで処理しやすい**JSON**形式のデータが返ってくる例である。JSONは、JavaScript Object Notation(直訳すれば、

※1 訳注:20世紀半ばのアメリカのコメディグループ、モー、ラリー、カーリー。

JavaScriptオブジェクト記法）の略で、格納している値の型、値、順序についての情報も含む人間が読めるテキスト形式だ。JSONは小さなプログラミング言語のようなもので、異なるシステム、異なるプログラミング言語の間でデータを交換するときの手段としてよく使われるようになってきている。JSONについては、「8.2.4 JSON」で説明する。

Pythonプログラムは、JSONテキストをPythonの**データ構造**（これからのふたつの章で取り上げていくもの）に変換できる。まるで自分でそういうものを作るプログラムを書いたような感じだ。このYouTubeからの応答には非常に多くのデータが含まれているので、**例1-1**のサンプルでは、最初の6本の動画のタイトルだけを表示することにした。くどいようだが、これはあなたが自分で実行できる完全なPythonプログラムである。

例1-1　intro/youtube.py

```
 1:  import json
 2:  from urllib.request import urlopen
 3:  url = "https://raw.githubusercontent.com/koki0702/introducing-
python/master/dummy_api/youTube_top_rated.json"
 4:  response = urlopen(url)
 5:  contents = response.read()
 6:  text = contents.decode('utf8')
 7:  data = json.loads(text)
 8:  for video in data['feed']['entry'][0:6]:
 9:      print(video['title']['$t'])
```

最後にこのプログラムを実行したときには、次のような出力が得られた。

```
Evolution of Dance - By Judson Laipply
Linkin Park - Numb
Potter Puppet Pals: The Mysterious Ticking Noise
"Chocolate Rain" Original Song by Tay Zonday
Charlie bit my finger - again !
The Mean Kitty Song
```

この小さなPythonプログラムは、わかりやすい9行で非常に多くのことを行っている。よくわからない用語があっても気にしなくてよい。これからの数章でわかるようになる。

- 1行目：jsonというPython**標準ライブラリ**からすべてのコードをインポートする。

- 2行目：urllibという標準ライブラリからurlopen関数だけをインポートする。
- 3行目：url変数にYouTubeのURLを代入する※1。
- 4行目：指定されたURLのウェブサーバーに接続し、特定の**ウェブサービス**を要求する。
- 5行目：応答データを受け取り、contents変数に代入する。
- 6行目：contentsをJSON形式の文字列に**デコード**し、結果をtext変数に代入する。
- 7行目：textをdata、すなわちPythonのデータ構造に変換する。
- 8行目：動画についての情報を一度にひとつずつvideo変数に取り出す。
- 8行目：2レベルのPython辞書（data['feed']['entry']）とスライス（[0:6]）を使って情報を切り出す。
- 9行目：print関数を使って動画のタイトルだけを表示する。

動画情報は、今見てきた、そして3章で詳しく説明するさまざまなPythonデータ構造の組み合わせになっている。

先の例では、Pythonの標準ライブラリモジュール（Pythonをインストールしたときに付属してくるプログラム群）をいくつか使ってきたが、こういったものは決して恐ろしいものではない。**例1-2**のコードは、requestsという外部パッケージを使う形に書き換えたものだ。

例1-2 intro/youtube2.py

```
import requests
url = "https://raw.githubusercontent.com/koki0702/introducing-python/
master/dummy_api/youTube_top_rated.json"
response = requests.get(url)
data = response.json()
for video in data['feed']['entry'][0:6]:
    print(video['title']['$t'])
```

新しいバージョンは、わずか6行になっている。ほとんどの人からすれば、こちらの

※1 監訳注：原書のコードではYouTubeの古いAPI（https://gdata.youtube.com/feeds/api/standardfeeds/top_rated?alt=json）が使われており、そのAPIはすでに廃止されているため動作しない。そのため、日本語翻訳版の本書では、固定された結果を返すAPI（https://raw.githubusercontent.com/koki0702/introducing-python/master/dummy_api/youTube_top_rated.json）を別途用意し利用している。

方が読みやすいだろう。`requests`については9章で詳しく説明する。

1.1 実世界でのPython

では、時間と労力をかけてPythonを学ぶ価値はあるのだろうか。一時的な流行りとか子どものおもちゃといったものなのか。実は、Pythonは1991年からある（Javaより年上だ）。そして、もっとも人気のあるプログラミング言語トップ10にはずっとランクインしている。Pythonプログラムを書いて給料をもらっている人もいる。それも、Google、YouTube、Dropbox、Netflix、Huluといった誰もが毎日使う本格的なシステムだ。私も、メールのサーチ機能、eコマースのウェブサイトなど、さまざまなシステムの本番用アプリケーションとしてPythonを使ってきている。Pythonは生産性が高いことで評価されており、変化の激しい企業には魅力的だ。

Pythonは、次のものを含むさまざまなコンピューティング環境で使われている。

- モニター、ターミナルウィンドウのコマンドライン
- ウェブを含むGUI
- ウェブのクライアント、サーバーサイド処理
- 有名な大規模サイトを支えるバックエンドサーバー
- **クラウド**（サードパーティーが管理するサーバー）
- モバイルデバイス
- 組み込みデバイス

Pythonプログラムは使い捨ての**スクリプト**（この章で見てきたようなもの）から数百万行の大規模システムまでさまざまだ。この本では、ウェブサイト、システム管理、データ操作などでPythonがどのように使われているかを見ていく。また、アート、ビジネス、科学の世界でPythonが具体的にどのように使われているかも紹介する。

1.2 Pythonと他言語の比較

Pythonはほかの言語と比べてどのようなものなのだろうか。いつどのようなときにある特定の言語を選ぶのだろうか。この節では、他の言語で書かれたサンプルコードを示しながら、違いがどのようなものなのかを実感していただく。使ったことのない言語なら、理解できなくてかまわない（最後のPythonのサンプルにたどり着くまでに、

ほかの言語のなかの一部について、その言語を使わずに済んでよかったと思うだろう)。Pythonにしか興味のない読者は、ここを読み飛ばして次の節に移っても、手に入れ損ねる知識はない。

各プログラムは数値とその言語についての簡単なコメントを表示する。

端末やターミナルウィンドウを使っている場合、入力した内容を読み込み、結果をディスプレイに表示するプログラムを**シェル**プログラムという。Windowsシェルはcmdという名前で、拡張子が.batの**バッチ**ファイルを実行する。LinuxなどのUnix系システム(Mac OS Xを含む)は、さまざまなシェルプログラムを持っているが、もっともよく使われているのはbash(sh)だ。このシェルは、単純なロジックを記述したり、「*」などのワイルドカード記号をファイル名に展開したりといった簡単な機能を持っている。コマンドは、**シェルスクリプト**と呼ばれるファイルに保存すれば、あとでまた実行できる。プログラマーとして最初に出会うプログラムは、この種のものだろう。シェルスクリプトの問題点は、数百行以上にスケーリングするのが難しく、ほかの言語よりもかなり遅いことだろう。次に示すのは、小さなシェルプログラムである。

```
#!/bin/sh
language=0
echo "Language $language: I am the shell. So there."
```

このプログラムをmeh.shファイルに保存して、コマンドラインでsh meh.shと実行すると、次のような文字が表示される。

```
出力 Language 0: I am the shell. So there.
     言語 0: わたくしがシェルだ。えっへん。
```

頑健なる老人、CとC++はかなり低水準の言語で、スピードが最重視されるときに使われる。これらはほかの言語よりも身につけるのが難しく、細部のさまざまな箇所に目を配っていなければ、クラッシュや診断が難しい問題を引き起こす。小さなCプログラムを見てみよう。

```
#include <stdio.h>
int main(int argc, char *argv[]) {
    int language = 1;
    printf("Language %d: I am C! Behold me and tremble!\n", language);
    return 0;
}
```

```
出力 Language 1: I am C! Behold me and tremble!
```

言語 1: わしがCじゃ！ わしを見たら震え上がれ！

C++もCファミリーとして似ているところがあるが、独自機能もある。

```
#include <iostream>
using namespace std;
int main() {
    int language = 2;
    cout << "Language " << language << \
       ": I am C++!  Pay no attention to that C behind the curtain!" << \
       endl;
    return(0);
}
```

出力 Language 2: I am C++! Pay no attention to that C behind the curtain!
言語 2: 我輩はC++である！ カーテンの向こうのCのことなんか気にするな！

JavaとC#は、C、C++の後継者であり、CやC++の問題点の一部を取り除いているが、それでもくどくどと長く、あれこれの制限がある。次のサンプルは、Javaコードだ[※1]。

```
public class Overlord {
    public static void main (String[] args) {
        int language = 3;
        System.out.format("Language %d: I am Java! Scarier than C!\n", language);
    }
}
```

出力 Language 3: I am Java! Scarier than C!
言語 3: 朕はJavaなり！ Cよりおっかないぞ！

これらの言語でプログラムを書いたことがなければ、「intとはいったい何なんだ？」と思うかもしれない。一部の言語は、構文上やたらと大きな荷物を抱えている。これらは、コンピュータのために低水準の詳細情報を指定しなければならないため、**静的言語**と呼ばれている。ちょっと説明しておこう。

言語は**変数**を持っている。変数とは、プログラム内で使いたい値の名前のことだ。静的言語では、個々の変数の**型**を宣言しなければならない。型とは、メモリ内のスペースをどれくらい使うか、それを使って何ができるかを表すものだ。コンピュータは、こ

※1 監訳注：Overload.javaというファイルにコードを記述し、javac Overload.javaでクラスを作ってjava Overloadで実行。

の情報を使ってプログラムをきわめて低い水準の**マシン語**（コンピュータのハードウェアの種類ごとに異なる言語で、コンピュータからは理解しやすいが、人間には理解しにくい）に**コンパイル**※1する。プログラミング言語の設計者たちは、人間を楽させるか、コンピュータを楽させるかの間でさまざまな判断を迫られることがよくある。変数の型を宣言すると、コンピュータはある種の誤りをキャッチしやすくなり、より高速に実行できるようになるが、コードを書く前に人間が考えたり入力したりすることが増える。C、C++、Javaのサンプルに含まれていたかなりの部分は、型の宣言のために必要なものである。たとえば、これらすべてで`language`変数を整数として扱うためには`int`という宣言が必要になる（ほかの型としては、`3.14159`のような浮動小数点数、文字、テキストデータがある。これらはみな、メモリへの格納方法が異なる）。

では、これらの言語はなぜ**静的**言語と呼ばれているのだろうか。それは、これらの言語の変数が型を変えることができない、つまり静的、スタティックだからだ。整数は整数。永遠に整数なのである。

それに対し、**動的言語**（**スクリプト言語**とも呼ばれる）は、使う前に変数の型を宣言しろとは強制してこない。`x = 5`のようなコードを入力すると、動的言語は`5`が整数なので、変数`x`も整数なのだろうと判断する。これらの言語を使うプログラマーは、少ない行数で多くのことを実行できる。これらの言語は、コンパイルされず、プログラムによって**解釈**される。そのプログラムのことを、驚くなかれ、**インタープリタ**（「解釈するもの」という意味）と呼ぶ。動的言語は、コンパイルされる静的言語よりも遅くなることが多いが、インタープリタの最適化が進むにつれて、その遅さは改善されてきている。長い間、動的言語は主として短いプログラム（**スクリプト**）を作るために使われてきた。静的言語で書かれた長いプログラムが処理できるようにデータを準備するために使われることが多かった。そのようなプログラムは、**グルーコード**と呼ばれている。動的言語はこの目的に非常に適しているが、今日の動的言語はほとんどの大規模処理にも対応できる。

長年に渡って、汎用動的言語と言えば、Perl（http://www.perl.org/）だった。Perlは非常に強力で、充実したライブラリを持っているが、構文がぎごちなくなることがあり、ここ数年はPythonやRubyに人気を奪われているように見える。次のサンプルは、Perlの名文句を堪能させてくれる。

※1　訳注：人間が読めるプログラムを機械が読んで実行できるプログラムに変換すること。

```
my $language = 4;
print "Language $language: I am Perl, the camel of languages.\n";
```

出力
```
Language 4: I am Perl, the camel of languages.
言語 4: 僕が、言語のラクダ、Perlです。
```

Ruby (http://www.ruby-lang.org/) は、もっと新しい言語だ。Perlを少し借用し、主としてウェブ開発フレームワークの**Ruby on Rails**によって人気を集めている。RubyはPythonと同じ分野で多く使われており、どちらを使うかは、趣味の問題か作ろうとしているアプリケーションで使えるライブラリの有無によって決まる。次のサンプルは、Rubyの例だ。

```
language = 5
puts "Language #{language}: I am Ruby, ready and aglow."
```

出力
```
Language 5: I am Ruby, ready and aglow.
言語 5: あたしがRuby、やる気満々よ
```

PHP (http://www.php.net/) は、次のサンプルからもわかるように、ウェブ開発では非常によく使われている。なぜなら、PHPを使えばHTMLとコードを結合しやすいからだ。しかし、PHP言語自体にはいくつも落とし穴が隠されており、ウェブ以外の世界で汎用言語として人気をつかんだことはない。

```
<?PHP
$language = 6;
echo "Language $language: I am PHP. The web is <i>mine</i>, I say.\n";
?>
```

出力
```
Language 6: I am PHP. The web is <i>mine</i>, I say.
言語 6: うちがPHP。ウェブは<b>うちのもの</b>やえ。
```

そして、Pythonで同じことをすると、次のようになる。

```
language = 7
print("Language %s: I am Python. What's for supper?" % language)
```

出力
```
Language 7: I am Python. What's for supper?
言語 7: 私がPythonです。晩御飯はなんですか？
```

1.3 では、なぜPythonなのか

Pythonは、優れた汎用高水準言語だ。Pythonは、読みやすくなるように設計されている。これは、思った以上に重要なことだ。すべてのコンピュータプログラムは、一度だけしか書かれないが、何度も読まれ、改訂される。そして、それは多くの人の手によって行われることが多い。読みやすければ、学んだり覚えたりしやすくなるため、**書きやすく**もなる。他の言語と比べると、Pythonは上達が早く、すぐに仕事ができるようになる。それでいて、専門知識が増えてくれば、掘り下げていける深さもある。

Pythonは比較的簡潔な言語なので、静的言語で同等のプログラムを書くときよりもプログラムのサイズがかなり小さくなる。ある研究によれば、プログラマーは毎日おおよそ同じ行数のコードを書く傾向がある。そのため、半分の行でコードが書ければ、生産性は倍になるわけだ。Pythonは、生産性を重視する多くの企業で、それほど秘密というわけではない秘密兵器になっている。

Pythonは、アメリカの上位の大学におけるコンピュータ科学の入門講座でもっとも多く採用されている言語である（http://bit.ly/popular-py）。また、2,000を越える企業、組織がプログラミングスキルを評価するための言語としてももっとも多く使われている（http://bit.ly/langs-2014）。

そしてもちろん、Pythonは言論やビールのように自由かつ無料である。Pythonで書きたいものを自由に書き、どこでも自由に使うことができる。あなたのPythonプログラムを読んで、「ずいぶんコジャレたいいプログラムだね。何かが起きたらえらいことになりそうだけど」などと言える人間はいない。

Pythonはほとんどどこでも実行でき、「バッテリー同梱」だ。つまり標準ライブラリに役に立つソフトウェアが満載されている。

しかし、Pythonを使うべき最高の理由は、予想外なものだ。それは、人々がPythonを**気に入っている**からである。人々は、仕事を終わらせるためのツールのひとつとしてPythonを扱うのではなく、本当にPythonプログラミングを楽しんでいる。ほかの言語で仕事をしなければならなくなると、Pythonのあの機能があればいいのにとよく口にする。Pythonとほかの言語の最大の違いはそこにある。

1.4 Pythonを避けるべきとき

Pythonがあらゆる状況において最良の言語というわけではない。

Pythonは、デフォルトでインストールされていない場合がある。手持ちのコンピュータにまだPythonがない場合、付録Dを見ればPythonのインストール方法がわかる。

ほとんどのアプリケーションでは十分高速に実行されるが、本当にスピードが必要なプログラムのなかには、Pythonのスピードでは不十分なものがあるかもしれない。プログラムがほとんどの時間をなんらかの計算に使っている場合（専門用語で**CPUバウンド**と言う）、一般にC、C++、Javaで書かれたプログラムの方がPythonの同等のプログラムよりも高速に動作する。しかし、いつもそうだというわけではない。

- Pythonのよい**アルゴリズム**（解き方の手順）がCの効率の悪いアルゴリズムに勝つことがある。Pythonで開発スピードが上がれば、他の選択肢を試す時間が増える。
- 多くのアプリケーションでは、プログラムはネットワークの先のサーバーから応答を待っている間、何もせずにぶらぶらしている。CPU（中央処理装置、すべての計算を行うコンピュータに内蔵されている**チップ**）は、処理時間にほとんど関わってこない。そのため、静的プログラムと動的プログラムの実行時間は近づく。
- 標準Pythonインタープリタは Cで書かれており、Cコードで拡張できる。これについては「12.10 コードの最適化」で説明する。
- Pythonのインタープリタは、高速になってきている。Javaも最初は恐ろしく遅かったが、膨大な研究と資金によって高速化された。Pythonは企業が所有しているものではないので、その進歩はJavaよりも緩やかなものだった。「12.10.4 PyPy」では、**PyPy**プロジェクトとその意味を取り上げる。
- 要件がきわめて過酷なアプリケーションの場合、何をしてもPythonではニーズに応えられない。その場合は、映画『エイリアン』でイアン・ホルムが言ったように、ご愁傷様ということである。通常は代わりにC、C++、Javaを使うことになるが、Pythonのような感覚で使えてCのようなスピードが出るGoという新しい言語（http://golang.org）がよい場合もある。

1.5 Python 2 vs. Python 3

今あなたの前に立ちはだかる最大の問題は、Pythonとして出回っているものにふたつのバージョンがあることだ。Python 2は、昔から広く普及しており、LinuxやAppleのコンピュータにはプレインストールされている。Python 2はすばらしい言語だったし、今でもそうだ。しかし、完璧なものはない。プログラミング言語の世界でも、ほかの多くの分野と同様に、一部の誤りは見かけの問題であり、簡単に治せるが、そうでない誤りもある。簡単ではない問題の修正によって、**非互換**性がもたらされてしまった。新しいPythonシステム向けに書いたプログラムは、古いPythonシステムでは動作せず、昔に書いた古いプログラムは、新システムでは動作しない。

Pythonの作者（Guido van Rossum、https://www.python.org/~guido）たちは、非互換の修正を取り入れることに決め、それを「Python 3」と呼んだ。Python 2は過去で、Python 3は未来だ。Python 2の最後のバージョンは2.7であり、このバージョンは長期に渡ってサポートされる。しかし、このラインはここまでで、Python 2.8はない。新しい開発はPython 3で進められる。

本書はPython 3に対応している。Python 2を使ってきた読者のために言っておくと、両者はほとんど同じだ。もっともはっきりとした違いは、`print`の呼び出し方であり、もっとも重要な変更はUnicode文字の処理方法だ。これについては2章と7章で取り上げる。人気のあるPythonソフトウェアの移行（人々が“2”から“3”へ移り変わること）は、いつもの「鶏が先か卵が先か」の話でゆっくりと進んでいる。しかし、今、ついに転換点に到達したように感じられる。

1.6 Pythonのインストール

この章が乱雑にならないように、Python 3のインストール方法の詳細は付録Dで説明することにしよう。Python 3を持っていない、あるいはよくわからないという方は、付録Dを読んでいただきたい。手持ちのコンピュータではどうすればよいかがわかるだろう。

1.7 Pythonの実行

Python 3をインストールしたら、それを使って本書のPythonプログラムを（もちろんあなた自身のPythonコードも）実行することができる。Pythonプログラムを実際に動かすためにはどうすればよいのだろうか。主な方法はふたつある。

- Python付属の**対話型インタープリタ**を使えば、小さなプログラムを試してみることができる。1行ずつコマンドを入力すると、すぐに結果を見ることができる。入力と表示が密に結合されているので、素早く試すことができる。この本では、対話型インタープリタを使って言語機能を実際に試していく。読者も自分のPython環境に同じコマンドを入力して試していただきたい。
- ごく小さなプログラム以外は、Pythonプログラムをテキストファイルに保存して使う。拡張子として通常は`.py`を付け、`python`に続いてプログラムのファイル名を入力して実行する。

では、両方の方法を試してみよう。

1.7.1 対話型インタープリタの使い方

この本のほとんどのサンプルコードは、対話型インタープリタを使う。書かれているのと同じコマンドを入力して同じ結果になれば、正しくできているということだ。

インタープリタは、目の前のコンピュータのメインPythonプログラムの名前を入力するだけで起動する。名前は、`python`、`python3`といったものだ。この本では、`python`という名前になっているものとして話を進めていこう。読者のマシンでのコマンド名が違う場合には、サンプルコードで`python`と書かれているところをその名前に読み替えて使っていただきたい。

対話型インタープリタは、Pythonがファイルに記述されたプログラムに対して動作するのとほとんど同じように動作するが、ひとつだけ例外がある。値を持つものを入力すると、対話型インタープリタは自動的にその値を表示するのだ。たとえば、Pythonを起動し、インタープリタで`61`という数値を入力すると、同じ値がターミナルにエコーされる。

次のサンプルで、$は、ターミナルウィンドウにpythonなどのコマンドを入力せよと促すシステム**プロンプト**の例である。実際のプロンプトは違うものになっているかもしれないが、この本のサンプルコードではずっとこれを使う。

```
$ python
Python 3.3.0 (v3.3.0:bd8afb90ebf2, Sep 29 2012, 01:25:11)
[GCC 4.2.1 (Apple Inc. build 5666) (dot 3)] on darwin
Type "help", "copyright", "credits" or "license" for more information.
>>> 61
61
>>>
```

この値の自動表示は、対話型インタープリタの時間節約のための機能で、Python言語の仕様の一部ではない。

なお、インタープリタ内で何かを表示したくなったときには、print()も使うことができる。

```
>>> print(61)
61
>>>
```

これらのサンプルを対話型インタープリタで試し、同じ結果が表示されたら、あなたはちっぽけなものながら本物のPythonコードを実行したということになる。これからの数章で1行コマンドを卒業してもっと長いPythonプログラムを書くようになるだろう。

1.7.2 Pythonファイルの使い方

ファイルに61とだけ書いてPythonで実行すると、そのファイルは確かに実行されるが、何も表示しない。通常の対話的ではないPythonプログラムでは、ものを表示するためには次のコードのようにprint関数を呼び出す必要がある。

```
print(61)
```

それではPythonプログラムファイルを作って実行してみよう。

1. テキストエディタを開く。

2. 上に書かれているようにprint(61)と入力する。
3. このファイルを61.pyというファイルに保存する。RTFやWordなどの「リッチ」な形式ではなく、プレーンテキストとして保存しなければならない。Pythonプログラムファイルだからといって.pyのサフィックス（拡張子）を付けなければならないわけではないが、付けておくと中身が何か一目でわかるようになる。
4. GUIを使っている場合（ほとんど全員がそうだろうが）には、ターミナルウィンドウを開く※1。
5. 次のように入力してプログラムを実行する。

```
$ python 61.py
```

6. 次のような1行の出力が表示されるはずだ。

```
61
```

同じようになっただろうか。なったのならば、おめでとう！あなたは最初のスタンドアローンPythonプログラムの実行に成功したのだ。

1.7.3 次は何か

読者はこれから実際のPythonシステムにコマンドを入力することになるが、そのコマンドはPythonの構文規則に従っていなければならない。本書はすべての構文規則をまとめてどんと読者の頭に突っ込むようなことはせず、これから章をいくつか使ってゆっくりと説明していく。

Pythonプログラムの基本的な開発方法は、プレーンテキストエディタとターミナルウィンドウを使うものだ。本書ではプレーンテキストの表示を使い、ときどき対話的ターミナルセッションやPythonファイルの一部を示す。Python用の優れた**統合開発環境**（IDE）がたくさん作られていることも知っておいた方がよい。これらのなかには、高度なテキスト編集機能やヘルプ画面を持つGUIを搭載しているものもある。これらの一部については12章で詳しく説明する。

※1 どういう意味なのかがよくわからないようなら、さまざまなOSへのインストール方法を説明している付録Dを参照していただきたい。

1.8 Python公案

どのプログラミング言語にもそれぞれのスタイルというものがある。「まえがき」でも、**パイソニック**な自己表現の方法があるということに触れた。Pythonには、Python哲学を簡潔に表現した自由詩が埋め込まれている（私が知る限り、このようなイースターエッグを内蔵している言語はPythonだけだ）。禅の瞑想が必要になったときにはいつでも、対話型インタープリタに`import this`とだけ入力し、Enterキーを押してみよう。

```
>>> import this
The Zen of Python, by Tim Peters

Beautiful is better than ugly.
Explicit is better than implicit.
Simple is better than complex.
Complex is better than complicated.
Flat is better than nested.
Sparse is better than dense.
Readability counts.
Special cases aren't special enough to break the rules.
Although practicality beats purity.
Errors should never pass silently.
Unless explicitly silenced.
In the face of ambiguity, refuse the temptation to guess.
There should be one--and preferably only one--obvious way to do it.
Although that way may not be obvious at first unless you're Dutch.
Now is better than never.
Although never is often better than *right* now.
If the implementation is hard to explain, it's a bad idea.
If the implementation is easy to explain, it may be a good idea.
Namespaces are one honking great idea--let's do more of those!
"""

Python公案（Tim Peters作）

醜いより美しい方がいい。
暗黙より明示の方がいい。
複雑より単純の方がいい。
極端な複雑よりただの複雑の方がいい。
入れ子よりフラットの方がいい。
密よりも疎の方がいい。
読みやすさは大切だ。
```

特殊条件だからといって原則を破っていいわけではないが、
実用性は純粋性に勝る。
わざと黙らされている場合を除き、
無言でエラーを次に渡してはならない。
曖昧なものが出てきたときに推測に頼るな。
仕事をするための当然の方法はひとつある。むしろ、ひとつだけだと言いたいところだ。
ただし、オランダ人でなければ、最初からその方法を当然とは思わないかもしれないが。
今するのはしないままよりもいい。
もっとも、しないままの方が慌てて今すぐするよりもいいことが多い。
実装を説明するのが難しいなら、それは悪いアイデアだ。
実装を説明するのが簡単なら、それはいいアイデアかもしれない。
名前空間はすばらしいアイデアのひとつだ。もっとアイデアを出そう！

この本では、ここに書かれていることを表す例をいくつも出していくつもりだ。

1.9 復習課題

この章では、Python言語を紹介した。何ができて、どんな感じに見えて、コンピューティングの世界のどこで適しているのかといったことだ。これから各章の末尾では、読んだばかりの内容を覚え、次の章の準備をするために役立つミニプロジェクトを用意するので、取り組んでいただきたい。

1-1 まだ自分のコンピュータにPython 3をインストールしていない場合は、今ここでインストールしよう。各自のコンピュータでのインストール方法については、付録Dを参照していただきたい。

1-2 この章で解説したPython 3の対話型インタープリタを起動しよう。起動すると、インタープリタ自身についての情報を数行表示してから、`>>>`で始まる行が表示される。これがPythonコマンドを入力するためのプロンプトだ。

1-3 インタープリタをしばらくいじってみよう。電卓のように使うために、`8 * 9`と入力していただきたい。Enterキーを押して結果を見よう。Pythonは`72`と表示するはずだ。

1-4 `47`という数値を入力してEnterキーを押そう。次の行に`47`と表示されただろうか？

1-5 次に、`print(47)`と入力して、Enterキーを押そう。今回も、次の行に`47`と表示されただろうか？

2章
Pyの成分：数値、文字列、変数

この章は、Pythonのもっとも単純な組み込みデータ型を学ぶところから始めよう。

- **ブール値**（TrueまたはFalseの値を持つ）
- **整数**（42、100000000などの小数点以下がない数値）
- **浮動小数点数**（3.14159のように小数点以下の部分がある数値、あるいは、10e8のような指数表現。10e8は10の8乗という意味で、100000000.0を意味する）
- **文字列**（文字の並び）

これらは、ある意味では原子に似ている。この章ではこれらをばらばらに使っていくが、3章ではこれらを組み合わせて「分子」を作る方法を説明する。

それぞれの型には専用の使い方のルールがあり、コンピュータによる処理の方法も異なる。この章では、**変数**（実際のデータを指す名前。すぐあとで説明する）も取り上げる。

この章のサンプルコードは、すべて有効なPythonではあるが、断片的なものだ。Python対話型インタープリタに、この断片を入力し、すぐに結果を見ていく。あなたのコンピュータにインストールされているPythonを使って実際に動かしていただきたい。この種のサンプルは、>>>というプロンプトでわかるようになっている。独立して実行できるPythonプログラムは、5章から作り始める。

2.1 変数、名前、オブジェクト

Pythonでは、**すべて**（ブール値、整数、浮動小数点数、文字列、もっと大きなデータ構造、関数、プログラム）が**オブジェクト**として実装されている。そのおかげで、Pythonには、ほかの言語にはないような一貫性（と便利な機能）がある。

オブジェクトは、データを入れてある透明なプラスチックボックスのようなものだ(**図2-1**)。オブジェクトには、ブール値、整数などの**データ型**があり(単純に型と呼ぶこともある)、そのデータで何ができるかは型によって決まる。実際の箱に「陶器」と書かれていれば、そこからある程度のことがわかるだろう(たぶん重い、床に落としてはならないなど)。同様に、Pythonでオブジェクトにintという型が付けられていたら、それはほかのintに足すことができるということがわかる。

図2-1 オブジェクトは箱のようなものだ

型は、ボックスに入っているデータの**値**を変更できるか(**ミュータブル**)変更できないか(**イミュータブル**)も決める。イミュータブルなオブジェクトは、密閉されているが透明な窓が付いている箱のようなものだ。値を見ることはできるが、書き換えることはできない。同じ喩えを使うと、ミュータブルなオブジェクトは、開いている箱で、なかの値を見られるだけでなく、書き換えることもできる。しかし、オブジェクトのデータ型を変えることはできない。

Pythonは、**強く型付け**されている。これは、値がミュータブルでも、オブジェクトの型は変わらないという意味だ(**図2-2**参照)。

プログラミング言語は、**変数**を定義できるようになっている。変数とは、コンピュータのメモリのなかにある値を指す名前のことで、プログラムのなかで定義できる。Pythonでは、=を使って変数に値を**代入**する。

図2-2 Strong typing（強い型付け）と言っても、キーを強く押せという意味ではない（日本語ではピンとこないだじゃれ）

私たちは全員、小学校の算数で=は**等しい**という意味だと習っている。なのに、Pythonを含む多くのコンピュータ言語で=を代入のために使うのはなぜなのだろうか。標準のキーボードには左矢印が出るキーがなく、=を使ってもそれほど紛らわしくないからというのも理由のひとつだ。コンピュータプログラムでは、値が等しいかどうかのテストよりも代入の方がはるかに多く使われるという理由もある。

次に示すのは、aという名前の変数に整数値7を代入してから、現在aに与えられている値を表示する2行のPythonプログラムだ。

```
>>> a = 7
>>> print(a)
7
```

ここで、Python変数のきわめて重要なポイントを言っておこう。**変数はただの名前だ**。代入したからといって値は**コピーされない**。データを入れているオブジェクトに**名前を付ける**だけだ。名前は値自体ではなく値の**参照**である。名前は、ポストイットのようなものだと考えるとよいだろう（**図2-3**参照）。

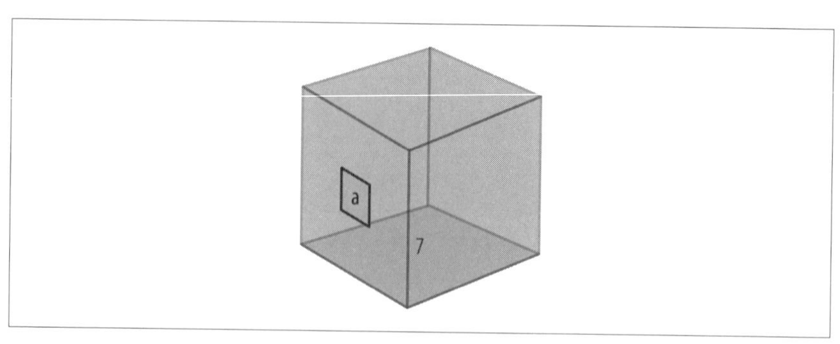

図2-3 オブジェクトに名前を貼る

対話型インタープリタでこれを実践してみよう。

1. 以前と同じように7という値にaという名前を与える。すると、整数値7を入れたオブジェクトの箱が作られる。
2. aの値を出力する。
3. bにaを代入し、7が入っているオブジェクトの箱にbも貼り付ける。
4. bの値を出力する。

```
>>> a = 7
>>> print(a)
7
>>> b = a
>>> print(b)
7
```

Pythonでなにか（変数やリテラル値）の型がどうなっているのかを知りたいときには、`type(` *thing* `)`を使う。さまざまなリテラル値（58、99.9、abc）と変数（a、b）を使って試してみよう。

```
>>> type(a)
<class 'int'>
>>> type(b)
<class 'int'>
>>> type(58)
<class 'int'>
>>> type(99.9)
<class 'float'>
>>> type('abc')
```

```
<class 'str'>
```

クラスはオブジェクトの定義だ。詳しくは6章で説明する。Pythonでは、「クラス」と「型」はまったく同じ意味になる。

変数名として使えるのは次の文字だけだ。

- 小文字の英字（aからzまで）
- 大文字の英字（AからZまで）
- 数字（0から9まで）
- アンダースコア（_）

数字は名前の先頭としては使えない。また、Pythonは名前の先頭がアンダースコアになっている名前を特別扱いする（4章で説明する）。次に示すのは有効な名前の例だ。

- `a`
- `a1`
- `a_b_c___95`
- `_abc`
- `_1a`

しかし、次の名前は有効ではない。

- `1`
- `1a`
- `1_`

最後に、以下の名前はPythonの**予約語**となっているので、変数名として使うことはできない。

```
False      class      finally    is         return
None       continue   for        lambda     try
True       def        from       nonlocal   while
and        del        global     not        with
as         elif       if         or         yield
assert     else       import     pass
break      except     in         raise
```

これらの単語は、ほかの一部の記号とともに、Pythonの構文を定義するために使われる。本書を読み進めていくと、これらはすべて登場する。

2.2 数値

Pythonには、**整数**（5や1,000,000,000などの小数点以下がない数値）と**浮動小数点数**（3.1416、14.99、1.86e4など）のサポートが組み込まれている。**表2-1**の算術**演算子**を使えば、数値の間で計算をすることができる。

表2-1 算術演算子

演算子	意味	例	結果
+	加算	5 + 8	13
-	減算	90 - 10	80
*	乗算	4 * 7	28
/	浮動小数点数の除算	7 / 2	3.5
//	整数の除算（切り捨て）	7 // 2	3
%	剰余	7 % 3	1
**	指数	3 ** 4	81

ここからはしばらくPythonを豪華電卓として使う例を示していく。

2.2.1 整数

Pythonの数字の並びは、リテラルの**整数**と見なされる。

```
>>> 5
5
```

ただのゼロ（0）も使える。

```
>>> 0
0
```

しかし、ほかの数字の前にゼロを置いてはならない。

```
>>> 05
  File "<stdin>", line 1
    05
     ^
SyntaxError: invalid token
```

これは、初めて見るPythonの**例外**（プログラムエラー）だ。この場合、05は「無効なトークン（invalid token）」だと言っている。このメッセージの意味は、「2.2.3 基数」で説明する。例外はPythonのメインのエラー処理メカニズムなので、本書では例外の例が多数含まれている。

数字の並びは、正の整数を指定する。数字の前に+を追加しても、数値は変わらない。

```
>>> 123
123
>>> +123
123
```

負の整数を指定するには、数字の前に-記号を挿入する。

```
>>> -123
-123
```

前ページでまとめた演算子を使えば、電卓を使うときとまったく同じようにして、Pythonでも通常の算術計算をすることができる。加算と減算は、予想どおりの動作だろう。

```
>>> 5 + 9
14
>>> 100 - 7
93
>>> 4 - 10
-6
```

数値と演算子は、好きなだけ追加することができる。

```
>>> 5 + 9 + 3
17
>>> 4 + 3 - 2 - 1 + 6
10
```

コーディングスタイルについて一言。個々の数値と演算子の間にスペースを入れる必要はない。

```
>>> 5+9    +      3
17
```

スペースを入れた方が見栄えがよく、読みやすいというだけのことだ。

乗算もわかりやすい。

```
>>> 6 * 7
42
>>> 7 * 6
42
>>> 6 * 7 * 2 * 3
252
```

除算は、ふたつバージョンがあるので少し面白くなる。

- /は、**浮動小数点数（10進）**除算を行う。
- //は、**整数（切り捨て）**除算を行う。

整数を整数で割るときでも、/を使うと、結果は浮動小数点数で返される。

```
>>> 9 / 5
1.8
```

切り捨ての整数除算は整数の結果を返し、剰余は捨ててしまう。

```
>>> 9 // 5
1
```

どちらの除算でも、ゼロで割ろうとすると、Python例外が起きる。

```
>>> 5 / 0
Traceback (most recent call last):
  File "<stdin>", line 1, in <module>
ZeroDivisionError: division by zero
>>> 7 // 0
Traceback (most recent call last):
  File "<stdin>", line 1, in <module>
ZeroDivisionError: integer division or modulo by zero
```

今までのサンプルは、すべてリテラル整数を使っていたが、リテラル整数と整数値を代入された変数を併用することもできる。

```
>>> a = 95
>>> a
95
>>> a - 3
92
```

上のコードでa - 3を計算したとき、結果をaに代入していないので、aの値は変わっていない。

```
>>> a
95
```

aを書き換えたい場合には、次のようにする。

```
>>> a = a - 3
>>> a
92
```

初心者プログラマーは、この部分で混乱するのが普通だが、それは例によって小学校の算数で=記号を見ると等しいと考える癖がついているからだ。Pythonでは、=記号の右辺の式がまず計算され、**次に**左辺の変数に代入が行われる。

ここの部分は次のように考えるとよいだろう。

- aから3を引く。
- 減算の結果を一時変数に代入する。
- 一時変数の値をaに代入する。

```
>>> a = 95
>>> temp = a - 3
>>> a = temp
```

そこで、次のようなコードを書いたときには、

```
>>> a = a - 3
```

Pythonは右辺の減算を計算し、結果を覚えてから、=記号の左辺のaにそれを代入する。その方が一時変数を使うよりも速く、読みやすい。

算術演算子は、=の前に追加する形で代入と組み合わせることができる。この場合、たとえばa -= 3はa = a - 3と書くのと同じ意味になる。

```
>>> a = 95
>>> a -= 3
>>> a
92
```

次のコードは、a = a + 8と同じ意味になる。

```
>>> a += 8
>>> a
```

```
100
```

そして、次のコードは、a = a * 2と同じ意味になる。

```
>>> a *= 2
>>> a
200
```

次に示すのは、a = a / 3と同じ意味の浮動小数点数除算の例だ。

```
>>> a /= 3
>>> a
66.66666666666667
```

aに13を代入してから、a = a // 4（切り捨てする整数除算）の簡略版を試してみよう。

```
>>> a = 13
>>> a //= 4
>>> a
3
```

Pythonでは、%には複数の用途がある。ふたつの数値の間に入っているときには、第1の数値を第2の数値で割ったときの剰余を返す。

```
>>> 9 % 5
4
```

次のようにすれば、（切り捨てされた）商と剰余をまとめて手に入れられる。

```
>>> divmod(9,5)
(1, 4)
```

両者を別々に計算することもできる。

```
>>> 9 // 5
1
>>> 9 % 5
4
```

今、新しいものが登場した。整数9と5を与えられたdivmodという名前の**関数**は、**タプル**と呼ばれる2項目の結果を返す。タプルは3章、関数は4章で説明する。

2.2.2 優先順位

次のように入力したら、どのような値になるだろうか。

```
>>> 2 + 3 * 4
```

先に加算をすると、`2 + 3`は5で、`5 * 4`は20になる。しかし、先に乗算を行うと、`3 * 4`は12で、`2 + 12`は14になる。Pythonでは、ほかのほとんどの言語と同様に、乗算の方が加算よりも**優先順位が高い**ので、実際に返されるのは第2の結果の方だ。

```
>>> 2 + 3 * 4
14
```

このような優先順位の規則はどうすればわかるだろうか。付録Fには、すべての優先順位をまとめた表が含まれているが、私は自分では一切この手のルールを見ていないことに気づいた。計算をどのように実行するつもりかに従って、かっこを追加してグループ化する方がはるかに簡単だ。

```
>>> 2 + (3 * 4)
14
```

こうすれば、コードを読む人は、どういうつもりなのか推測したり、優先順位表を見たりしなくて済む。

2.2.3 基数

整数は、プレフィックスで特に**基数**を指定しない限り、10進（基数10）と見なされる。ほかの基数は不要かもしれないが、いつかどこかでPythonコードのなかに基数の指定を見かけることになるだろう。

私たちは一般に手の指、足の指とも10本ある（私の猫のなかには、指の数が少し多いものが1匹いるが、彼は数を数えるために指を使うことはまずない）。そこで、私たちは0、1、2、3、4、5、6、7、8、9と数える。すると、数字を使いきってしまうので、「10の位」に桁上りして、1の位は0に戻る。10は、1個の十と0個の一という意味だ。ひとつの数字で十を表すというものはない。そのあとは11、12、…19と続き、その次に桁上りで20（2個の十と0個の一）が続く。

基数は、「桁上り」しなければならなくなるまで、何個の数字を使えるかを示す。基数2（2進）の場合、数字は0と1だけになる。0は10進の0と同じ意味で、1も10進の

1と同じ意味だが、1に1を加えると、10になる（1個の10進二と0個の一）。

Pythonでは、10進以外に3種類の基数を使ってリテラル整数を表すことができる。

- `0b`または`0B`は**2進**（基数2）
- `0o`または`0O`は**8進**（基数8）
- `0x`または`0X`は**16進**（基数16）

インタープリタは、10進整数としてこれらを表示する。では、これらの基数を試してみよう。まず、普通の`10`、つまり**1個の十と0個の一**は次のようになる。

```
>>> 10
10
```

次は2進（基数2）である。これは、**1個の10進二と0個の一**である。

```
>>> 0b10
2
```

8進（基数8）の場合、**1個の10進八と0個の一**という意味になる。

```
>>> 0o10
8
```

最後に、16進（基数16）では、**1個の10進十六と0個の一**という意味になる。

```
>>> 0x10
16
```

基数が16のときにどのような「数字」を使うのかが気になっている読者のために説明しておくと、0、1、2、3、4、5、6、7、8、9、a、b、c、d、e、fになる。`0xa`は10進の`10`、`0xf`は10進の`15`になる。そして、`0xf`に1を加えると、`0x10`（10進十六）になる。

10以外の基数を使う理由は何なのだろうか。これらは、7章で説明する**ビット単位**の演算で役に立つ。7章では、基数の異なる数値への変換も詳しく説明する。

2.2.4 型の変換

Pythonの整数以外のデータ型を整数に変換するには、`int()`関数を使う。この関数は、整数部だけを残し、小数部を切り捨てる。

Pythonでもっとも単純なデータ型は**ブール値**で、値は`True`と`False`しかない。整数に変換すると、これらはそれぞれ`1`と`0`になる。

```
>>> int(True)
1
>>> int(False)
0
```

浮動小数点数を整数に変換すると、小数点以下の部分が単純に切り捨てられる。

```
>>> int(98.6)
98
>>> int(1.0e4)
10000
```

最後に、数字と+、-符号だけで作られた文字列（文字列についてはすぐあとで詳しく取り上げる）を変換する例を見てみよう。

```
>>> int('99')
99
>>> int('-23')
-23
>>> int('+12')
12
```

整数を整数に変換しても何も変わらず、何も失われない。

```
>>> int(12345)
12345
```

数値に見えないものを変換しようとすると、**例外**が起きる。

```
>>> int('99 bottles of beer on the wall')
Traceback (most recent call last):
  File "<stdin>", line 1, in <module>
ValueError: invalid literal for int() with base 10: '99 bottles of beer on the wall'
>>> int('')
Traceback (most recent call last):
  File "<stdin>", line 1, in <module>
ValueError: invalid literal for int() with base 10: ''
```

上のテキストは、先頭が有効な数字のシーケンス ―― 要素が順に並んでいるコレクション。文字列、リスト、タプルなど ―― になっていた（99）が、その後ろがそうではなかった（`bottles of beer on the wall`）ので、`int()`関数は我慢できなくなり文句を言っている。

例外については4章で詳しく説明する。今のところは、エラーが起きたことをPythonがプログラマーに知らせる手段がこれだということ（ほかの一部の言語のように、プログラムをクラッシュさせて知らせてくるわけではないこと）を覚えておけばよい。本書では、いつもコードが正しく書かれるという前提で話を進めず、例外の例もいくつも見ていただいて、Pythonが問題を起こしたときにどうするのかがわかるようにしていく。

int()は、数字でできた文字列や浮動小数点数を整数に変換する。しかし、小数点や指数部を含む文字列は処理しない。

```
>>> int('98.6')
Traceback (most recent call last):
  File "<stdin>", line 1, in <module>
ValueError: invalid literal for int() with base 10: '98.6'
>>> int('1.0e4')
Traceback (most recent call last):
  File "<stdin>", line 1, in <module>
ValueError: invalid literal for int() with base 10: '1.0e4'
```

異なる数値型を混ぜて使うと、Pythonが片方を自動的に変換しようとすることがある。

```
>>> 4 + 7.0
11.0
```

ブール値のFalseは、整数、浮動小数点数と混ぜて計算するときには、0または0.0として扱われる。Trueは1または1.0として扱われる。

```
>>> True + 2
3
>>> False + 5.0
5.0
```

2.2.5 intはどれくらい大きいのか

Python 2では、intのサイズは32ビットに制限されていた。これは−2,147,483,648から2,147,483,647までの整数を表現できるということだ。

longは64ビットなのでもっと大きな範囲の数値を表現できる。具体的には−9,223,372,036,854,775,808から9,223,372,036,854,775,807までだ。Python 3では、

longはなくなり、intは**任意の**サイズ、つまり64ビットよりも大きな数値を表現できるようになった。だから、たとえば次のようなものも表現できる（10**100は**googol**と呼ばれ、Googleがもっとやさしい綴りを採用する前のもともとの名前でもある）。

```
>>>
>>> googol = 10**100
>>> googol
1000000000000000000000000000000000000000000000000000000000000000000000
0000000000000000000000000000000
>>> googol * googol
1000000000000000000000000000000000000000000000000000000000000000000000
0000000000000000000000000000000000000000000000000000000000000000000000
0000000000000000000000000000000000000000000000000000000000000
```

多くの言語では、これを試そうとすると**整数オーバーフロー**と呼ばれるエラーが起きる。これは、コンピュータが認めている以上のサイズを数値が必要としているということで、さまざまな問題を引き起こす。Pythonは、途方もなく大きな整数を問題なく処理できる。Pythonに得点追加！

2.2.6 浮動小数点数

整数は小数点以下がない数値だが、**浮動小数点**数（Pythonではfloatと呼ばれる）は、小数点以下の値を持つ。浮動小数点数は、整数と同じように扱われ、算術演算子（+、-、*、/、//、**、%）やdivmod()関数を使うことができる。

ほかのデータ型の値をfloatに変換するには、float()関数を使う。整数のときと同じように、ブール値は小さな整数のように扱われる。

```
>>> float(True)
1.0
>>> float(False)
0.0
```

整数をfloatに変換すると、誇り高き小数点の保持者になれる。

```
>>> float(98)
98.0
>>> float('99')
99.0
```

そして、有効なfloatになるような文字列（整数、符号、小数点またはeの後ろに指数が続くもの）を変換すると、本物のfloatになる。

```
>>> float('98.6')
98.6
>>> float('-1.5')
-1.5
>>> float('1.0e4')
10000.0
```

2.2.7 数学関数

Pythonは、平方根、余弦（コサイン）、その他の一般的な数学関数を備えている。それらについては、科学用途でのPythonについて説明する付録Cで紹介する。

2.3 文字列

プログラマーではない人々は、プログラマーは数値を操作しているのだからさぞかし数学が得意に違いないと考えることが多いが、実際には、ほとんどんプログラマーは数値よりも**文字列**を操作することの方がはるかに多い。数学のスキルよりも、論理的（そして創造的）思考の方が重視されることが多い。

Python 3は、Unicode標準をサポートしているので、文字表現を持つ世界中のすべての言語の文字とさまざまな記号を使うことができる。Python 3がPython 2から分かれた大きな理由のひとつがUnocode標準の処理であり、Python 3を使うべき理由のひとつにもなっている。Unicodeは、ときどき気が重くなってくることがあるので、さまざまな箇所に分散させて少しずつ取り上げることにする。サンプルコードでは、主としてASCII文字を使うことにする。

文字列は、本書で取り上げるPython**シーケンス**の最初の例だ。この場合は、文字のシーケンスである。

他の言語とは異なり、Pythonの文字列は**イミュータブル**である。つまり、文字列をその場で書き換えることはできない。しかし、書き換えと同じ効果を得るために、文字列の一部をほかの文字列にコピーすることはできる。そのやり方はすぐあとで説明する。

2.3.1 クォートを使った作成

Python文字列は、次に示すように、シングルクォートかダブルクォートで文字を囲んで作る。

```
>>> 'Snap'
'Snap'
>>> "Crackle"
'Crackle'
```

対話型インタープリタは、文字列をエコー表示するときにシングルクォートを付けるが、どちらのクォートを使って作っても、Pythonはまったく同じように扱う。

なぜ、2種類のクォート文字を使えるようになっているのだろうか。それは、クォート文字を含む文字列を作りやすくするためだ。ダブルクォートで文字列を作るときには、文字列内にシングルクォートを入れることができる。シングルクォートで文字列を作るときには、文字列内にダブルクォートを入れることができる。

```
>>> "'Nay,' said the naysayer."
"'Nay,' said the naysayer."
>>> 'The rare double quote in captivity: ".'
'The rare double quote in captivity: ".'
>>> 'A "two by four" is actually 1 1/2" × 3 1/2".'
'A "two by four is" actually 1 1/2" × 3 1/2".'
>>> "'There's the man that shot my paw!' cried the limping hound."
"'There's the man that shot my paw!' cried the limping hound."
```

3個のシングルクォート（'''）や3個のダブルクォート（"""）を使うこともできる。

```
>>> '''Boom!'''
'Boom'
>>> """Eek!"""
'Eek!'
```

トリプルクォートは、このような短い文字列ではあまり役に立たない。普通は、エドワード・リアの次の古典的な詩のような**複数行文字列**を作るために使われる。

```
>>> poem =  '''There was a Young Lady of Norway,
... Who casually sat in a doorway;
... When the door squeezed her flat,
... She exclaimed, "What of that?"
... This courageous Young Lady of Norway.'''
>>>
```

対話型インタープリタは、この複数行の文字列を受け付けている。そのことは、1行目に>>>というプロンプトを表示するのに対し、最後のトリプルクォートを入力して次の行に進むまでは...というプロンプトを表示することから確かめられる。

シングルクォートで詩を作ろうとした場合、Pythonは2行目に進んだところで例外を起こす。

```
>>> poem = 'There was a young lady of Norway,
  File "<stdin>", line 1
    poem = 'There was a young lady of Norway,
                                            ^
SyntaxError: EOL while scanning string literal
>>>
```

トリプルクォートのなかに複数行の文字列を入れると、その文字列には改行文字も残される。先頭や末尾にスペースがある場合、それらも残る。

```
>>> poem2 = '''I do not like thee, Doctor Fell.
...     The reason why, I cannot tell.
...     But this I know, and know full well:
...     I do not like thee, Doctor Fell.
... '''
>>> print(poem2)
I do not like thee, Doctor Fell.
    The reason why, I cannot tell.
    But this I know, and know full well:
    I do not like thee, Doctor Fell.

>>>
```

ちなみに、print()の出力と、対話型インタープリタが行う自動エコーの出力には違いがある。

```
>>> poem2
'I do not like thee, Doctor Fell.\n    The reason why, I cannot tell.\n
But this I know, and know full well:\n    I do not like thee, Doctor
Fell.\n'
```

print()は文字列からクォートを取り除き、文字列の内容を表示する。それは人間向けの出力ということである。さらに、表示する項目の間にスペースを追加し、末尾に改行を追加する。

```
>>> print(99, 'bottles', 'would be enough.')
99 bottles would be enough.
```

スペースや改行が追加されるのがいやなら、これらが入らないようにする方法もある。それについてはすぐあとで説明する。

インタープリタは、前後にシングルクォートを付け、\nのような**エスケープ文字**を使って文字列を表示する。エスケープ文字についてはすぐあとで説明する。

最後に、文字列には**空文字列**というものがある。これは、文字がひとつも含まれていない文字列だが、完全に有効な文字列として扱われる。空文字列は、今までに説明してきたクォートを使って作ることができる。

```
>>> ''
''
>>> ""
''
>>> ''''''
''
>>> """"""
''
>>>
```

なぜ、空文字列が必要なのだろうか。ほかの文字列から新しく文字列を組み立てたいときには、まず白紙のノートが必要なのだ。

```
>>> bottles = 99
>>> base = ''
>>> base += 'current inventory: ' #在庫
>>> base += str(bottles)
>>> base
'current inventory: 99'
```

2.3.2 str()を使った型変換

str()関数を使えば、Pythonのほかのデータ型を文字列に変換できる。

```
>>> str(98.6)
'98.6'
>>> str(1.0e4)
'10000.0'
>>> str(True)
'True'
```

Pythonは、文字列ではないオブジェクトを引数としてprint()呼び出しが発生したときや、**文字列の展開**を行うときに、内部的にstr()関数を呼び出す。文字列の展開については、7章で取り上げる。

2.3.3 \によるエスケープ

Pythonは、文字列に含まれる一部の文字の意味を**エスケープ**して、ほかの方法では表現しにくい効果を実現している。特定の文字の前にバックスラッシュ(\)[※1]を入れると、特別な意味になる。もっともよく使われるエスケープシーケンスは、改行の意味になる\nだ。これを使うと、1行の入力で複数行の文字列を作ることができる。

```
>>> palindrome = 'A man,\nA plan,\nA canal:\nPanama.'
>>> print(palindrome)
A man,
A plan,
A canal:
Panama.
```

テキストの位置を揃えるために使われている\tというエスケープシーケンスもよく見かけるだろう。

```
>>> print('\tabc')
        abc
>>> print('a\tbc')
a       bc
>>> print('ab\tc')
ab      c
>>> print('abc\t')
abc
```

最後の文字列の末尾にはタブ文字が含まれているが、もちろん目には見えない。

文字列を囲むために使っているシングルクォート、ダブルクォートを文字列内でもリテラルとして使いたい場合には、\'、\"が必要になる。

```
>>> testimony = "\"I did nothing!\" he said. \"Not that either! Or the
other thing.\""
>>> print(testimony)
"I did nothing!" he said. "Not that either! Or the other thing."
>>> fact = "The world's largest rubber duck was 54'2\" by 65'7\" by
105'"
>>> print(fact)
The world's largest rubber duck was 54'2" by 65'7" by 105'
```

リテラルのバックスラッシュが必要な場合には、バックスラッシュをふたつ重ねる。

※1　監訳注：日本語環境の多くでは、円記号（¥）として表示される。

```
>>> speech = 'Today we honor our friend, the backslash: \\.'
>>> print(speech)
Today we honor our friend, the backslash: \.
```

2.3.4 +による連結

Pythonでは、次のように+演算子を使えば、リテラル文字列、文字列変数を連結することができる。

```
>>> 'Release the kraken! ' + 'At once!'
'Release the kraken! At once!'
```

リテラル文字列の場合は、順に並べるだけでも連結できる（文字列変数ではできない）。

```
>>> "My word! " "A gentleman caller!"
'My word! A gentleman caller!'
```

文字列の連結では、Pythonは自動的にスペースを追加したりはしない。そこで、前の例では、明示的にスペースを入れる必要がある。それに対し、`print()`関数の各引数の間にはスペースを挿入し、末尾に改行を追加する。

```
>>> a = 'Duck.'
>>> b = a
>>> c = 'Grey Duck!'
>>> a + b + c
'Duck.Duck.Grey Duck!'
>>> print(a, b, c)
Duck. Duck. Grey Duck!
```

2.3.5 *による繰り返し

*演算子を使うと、文字列を繰り返すことができる。対話型インタープリタに次の行を入力し、どう出力されるかを見てみよう。

```
>>> start = 'Na ' * 4 + '\n'
>>> middle = 'Hey ' * 3 + '\n'
>>> end = 'Goodbye.'
>>> print(start + start + middle + end)
Na Na Na Na
```

```
Na Na Na Na
Hey Hey Hey
Goodbye.
```

2.3.6 []による文字の抽出

文字列のなかのひとつの文字を取り出したいときには、文字列名の後ろに角かっこ（[と]）で囲んだ文字の**オフセット**を続ける。先頭（もっとも左）の文字のオフセットは0、その右が1、というように数える。末尾（もっとも右）の文字のオフセットは－1でも指定できるので、文字数を数える必要はない。右端の左は－2、さらにその左は－3のように続く。

```
>>> letters = 'abcdefghijklmnopqrstuvwxyz'
>>> letters[0]
'a'
>>> letters[1]
'b'
>>> letters[-1]
'z'
>>> letters[-2]
'y'
>>> letters[25]
'z'
>>> letters[5]
'f'
```

文字列の長さ以上のオフセットを指定すると、例外が起きる（オフセットは「0」から「長さ－1」までの範囲になることを忘れないこと）。

```
>>> letters[100]
Traceback (most recent call last):
  File "<stdin>", line 1, in <module>
IndexError: string index out of range
```

このインデックス参照は、3章で説明するように、ほかのシーケンス型（リストやタプル）でも機能する。

文字列はイミュータブルなので、文字列に直接文字を挿入したり、指定したインデックスの位置の文字を書き換えたりすることはできない。'Henny'を'Penny'に書き換えようとしたときにどうなるかを確かめてみよう。

```
>>> name = 'Henny'
>>> name[0] = 'P'
Traceback (most recent call last):
  File "<stdin>", line 1, in <module>
TypeError: 'str' object does not support item assignment
```

代わりに、replace()などの文字列関数や**スライス**（すぐあとで説明する）の組み合わせを使う必要がある。

```
>>> name = 'Henny'
>>> name.replace('H', 'P')
'Penny'
>>> 'P' + name[1:]
'Penny'
```

2.3.7 [start:end:step]によるスライス

スライスを使えば、文字列から**部分文字列**（文字列の一部）を取り出すことができる。スライスは、角かっこと先頭オフセット（*start*）、末尾オフセット（*end*）、ステップ（*step*）で定義する。これらのなかには省略できるものがある。スライスには、*start*から*end*の1字手前までの文字が含まれる。

- [:]は、先頭から末尾までのシーケンス全体を抽出する。
- [*start*:]は、*start*オフセットから末尾までのシーケンスを抽出する。
- [:*end*]は、先頭から*end*-1オフセットまでのシーケンスを抽出する。
- [*start*:*end*]は、*start*オフセットから*end*-1オフセットまでのシーケンスを抽出する。
- [*start*:*end*:*step*]は、*step*文字ごとに*start*オフセットから*end*-1オフセットまでのシーケンスを抽出する。

インデックス参照のときと同様に、オフセットはゼロから右に向かって0、1…となり、末尾から左に向かって－1、－2となる。*start*を指定しなければスライスは0（先頭）を使う。

では、まず英小文字の文字列を作ろう。

```
>>> letters = 'abcdefghijklmnopqrstuvwxyz'
```

:だけを指定すると文字全体が指定される。

```
>>> letters[:]
'abcdefghijklmnopqrstuvwxyz'
```

次は、オフセット20から末尾までを切り取る例である。

```
>>> letters[20:]
'uvwxyz'
```

オフセット10から末尾まではこうなる。

```
>>> letters[10:]
'klmnopqrstuvwxyz'
```

オフセット12から14は次のようにする（Pythonは最後のオフセットを部分文字列に入れないことに注意しよう）。

```
>>> letters[12:15]
'mno'
```

最後の3文字を取り出す。

```
>>> letters[-3:]
'xyz'
```

次のサンプルでは、オフセット18から末尾より4文字手前までを切り取る。前の例では－3でxを取り出していたが、今度は－3が実際には－4まで進んでwで止まることに注意しよう。

```
>>> letters[18:-3]
'stuvw'
```

次の例は、末尾の6文字手前から末尾の3文字手前までになる。

```
>>> letters[-6:-2]
'uvwx'
```

1以外のステップを試してみよう。以下の例のように、ふたつ目のコロンのあとにステップを指定すればよい。

先頭から末尾まで7字ごとに文字を取り出してみる。

```
>>> letters[::7]
'ahov'
```

オフセット4から19まで、3文字ごとに取り出す。

```
>>> letters[4:20:3]
'ehknqt'
```

オフセット19から末尾まで、4文字ごとに取り出すとこうなる。

```
>>> letters[19::4]
'tx'
```

先頭からオフセット20まで5文字ごとに取り出そう。

```
>>> letters[:21:5]
'afkpu'
```

繰り返しになるが、**末尾**の指定は実際のオフセットよりもひとつ先でなければならない。

そして、これで終わりではない。ステップサイズとして負数を指定すると、この便利なスライス機能は、逆にステップしていく。次のようにすると、読み飛ばさずに末尾から先頭までを取り出していく。

```
>>> letters[-1::-1]
'zyxwvutsrqponmlkjihgfedcba'
```

次のようにしても同じ結果が得られる。

```
>>> letters[::-1]
'zyxwvutsrqponmlkjihgfedcba'
```

1個のインデックスによる参照と比べて、スライスは間違ったオフセットに寛容だ。以下の例からもわかるように、文字列の先頭よりも手前のスライスオフセットは0として扱われ、末尾よりも後ろのスライスオフセットは−1として扱われる。

末尾の50字手前から末尾までを取り出すということは、次のような意味になる。

```
>>> letters[-50:]
'abcdefghijklmnopqrstuvwxyz'
```

末尾の51字手前から末尾の50字手前まではこうだ。

```
>>> letters[-51:-50]
''
```

先頭から70字目までを指定するとこうなる。

70字目から70字目までを指定すると空文字列になる。

```
>>> letters[70:71]
''
```

2.3.8 len()による長さの取得

今までは、+などの特殊記号を使って文字列を操作してきた。しかし、そういった特殊記号はそれほどたくさんあるわけではない。ここからは、Pythonの組み込み**関数**を使おう。関数とは、決められた操作を実行する名前付きのコードのことだ。

len()関数は、文字列内の文字数を数える。

```
>>> len(letters)
26
>>> empty = ""
>>> len(empty)
0
```

3章でも示すように、len()は、ほかのシーケンス型でも使える。

2.3.9 split()による分割

関数のなかには、len()とは異なり、文字列専用のものもある。そのような文字列専用関数を使うときには、文字列の名前をタイプしてからドット、さらに関数名をタイプして、関数が必要とする**引数**を指定する。つまり、*string*.*function*(*arguments*)という形式だ。関数については、4章の「4.7 関数」で詳しく説明する。

組み込みの文字列関数split()を使えば、**セパレータ**に基づいて文字列を分割し、部分文字列の**リスト**を作ることができる。リストについては次の章で説明するが、一言で言えば、カンマで区切られ、角かっこで囲まれた値のシーケンスだ。

```
>>> todos = 'get gloves,get mask,give cat vitamins,call ambulance'
>>> todos.split(',')
['get gloves', 'get mask', 'give cat vitamins', 'call ambulance']
```

この例では、文字列はtodosという名前で、文字列関数はsplit()、引数は','というセパレータだけである。セパレータを指定していないsplit()は、セパレータとして空白文字（改行、スペース、タブ）のシーケンスを使う。

```
>>> todos.split()
['get', 'gloves,get', 'mask,give', 'cat', 'vitamins,call', 'ambulance']
```

引数なしでsplit関数を呼び出すときでもかっこは必要だ。Pythonはかっこの有無で関数呼び出しかどうかを判断している。

2.3.10 join()による結合

大騒ぎするほどのことでもないが、join()関数は、split()関数の逆である。join()は、文字列のリストをひとつの文字列に結合する。*string*.join(*list*)という形式で、ちょっと順番が逆のような感じがするかもしれない。まず文字列の間に「糊としてはさむ文字列」を指定してから、結合する文字列のリストを指定する。そこで、改行を糊としてlinesというリストを結合するには、'\n'.join(lines)のようにする。次の例では、カンマとスペースを間に挟んでリストに含まれている名前を結合する。

```
>>> crypto_list = ['Yeti', 'Bigfoot', 'Loch Ness Monster']
>>> crypto_string = ', '.join(crypto_list)
>>> print('Found and signing book deals:', crypto_string)
Found and signing book deals: Yeti, Bigfoot, Loch Ness Monster
```

2.3.11 多彩な文字列操作

Pythonは、文字列関数を豊富に持っている。そのなかでもよく使われるものがどのように機能するのかを見てみよう。テストの素材は、ニューカッスル公夫人マーガレット・キャベンディッシュの不滅の作品、「液体とは何か」を収めた次の文字列である。

```
>>> poem = '''All that doth flow we cannot liquid name
Or else would fire and water be the same;
But that is liquid which is moist and wet
Fire that property can never get.
Then 'tis not cold that doth the fire put out
But 'tis the wet that makes it die, no doubt.'''
```

手始めに、最初の13字（オフセット0から12）を取り出そう。

```
>>> poem[:13]
'All that doth'
```

この詩には何文字が含まれているだろうか（この数字には、スペースと改行が含まれている）。

```
>>> len(poem)
250
```

先頭はAllになっているだろうか。

```
>>> poem.startswith('All')
True
```

末尾は、That's all, folks!になっているだろうか。

```
>>> poem.endswith('That\'s all, folks!')
False
```

詩のなかでtheという単語が最初に現れる箇所のオフセットを調べてみよう。

```
>>> word = 'the'
>>> poem.find(word)
73
```

そして、最後のtheのオフセットもわかる。

```
>>> poem.rfind(word)
214
```

theという3文字のシーケンスは全部で何回現れているだろうか。

```
>>> poem.count(word)
3
```

この詩に含まれる文字はすべて英字か数字になっているだろうか。

```
>>> poem.isalnum()
False
```

記号も使われているので、英数字だけではない。

2.3.12 大文字と小文字の区別、配置

この節では、組み込み文字列関数の使い方をさらに見ていく。テストの素材となる文字列は、次のとおりだ。

```
>>> setup = 'a duck goes into a bar...'
```

両端から.のシーケンスを取り除こう。

```
>>> setup.strip('.')
'a duck goes into a bar'
```

文字列はイミュータブルなので、これらのサンプルはsetup文字列を実際に書き換えるわけではない。単にsetupの値を取り出し、なんらかの操作を加えて、新しい文字列として操作結果を返す。

先頭の単語をタイトルケース（先頭文字だけ大文字）にしよう。

```
>>> setup.capitalize()
'A duck goes into a bar...'
```

すべての単語をタイトルケースにするにはこうする。

```
>>> setup.title()
'A Duck Goes Into A Bar...'
```

すべての文字を大文字にすることもできる。

```
>>> setup.upper()
'A DUCK GOES INTO A BAR...'
```

逆にすべての文字を小文字に変換するには、こうする。

```
>>> setup.lower()
'a duck goes into a bar...'
```

大文字小文字を逆にすることもできる。

```
>>> setup.swapcase()
'a DUCK GOES INTO A BAR...'
```

次に文字列のレイアウトを操作する関数を使ってみよう。これらの関数は、指定したスペース（ここでは30）のなかで文字列をどのように配置するかを決める。

30字分のスペースの中央に文字列を配置するには、次のようにする。

```
>>> setup.center(30)
'  a duck goes into a bar...   '
```

こうすると、左端に配置される。

```
>>> setup.ljust(30)
'a duck goes into a bar...     '
```

右端に揃えることもできる。

```
>>> setup.rjust(30)
'     a duck goes into a bar...'
```

文字列の整形や変換については、%とformat()の使い方などを含め、7章でも改めて取り上げる。

2.3.13 replace()による置換

replace()を使えば、部分文字列を簡単に書き換えられる。書き換え前後の部分文字列と書き換えの回数を指定する。最後の回数を省略すると、置換は一度だけしか行われない。

```
>>> setup.replace('duck', 'marmoset')
'a marmoset goes into a bar...'
```

次のようにすると、最高で100回置換できるようになる。

```
>>> setup.replace('a ', 'a famous ', 100)
'a famous duck goes into a famous bar...'
```

書き換えたい部分がはっきりしているときには、replace()はよい選択肢だ。しかし、注意しよう。上の例で、'a 'というaの後ろにスペースが続く2字の文字列ではなく'a'という1字の文字列を置換してしまうと、ほかの単語のなかに含まれるaも書き換えてしまう。

```
>>> setup.replace('a', 'a famous', 100)
'a famous duck goes into a famous ba famousr...'
```

部分文字列がひとつの単語になっている場合とか、単語の先頭になっている場合といった条件を指定したい場合がある。そのような場合は、7章で詳しく説明する**正規表現**を使う必要がある。

2.3.14 その他の文字列操作関数

Pythonは、ここに示したものよりもはるかに多くの文字列関数を持っている。一部はあとの章で取り上げるが、全体を詳しく見てみたいという人は、標準ドキュメント（http://bit.ly/py-docs-strings）を見るとよい。

2.4 復習課題

この章では、Pythonの原子にあたる数値、文字列、変数の基礎を説明した。対話型インタープリタで次の課題を試してみよう。

2-1 1時間は何秒か。対話型インタープリタを電卓として使い、1分の秒数（60）に1時間の分数（同じく60）を掛けて計算してみよう。

2-2 前問の結果（1時間の秒数）をseconds_per_hourという変数に代入しよう。

2-3 1日は何秒か。seconds_per_hour変数を使って計算しよう。

2-4 1日の秒数をもう一度計算しよう。ただし、今回は結果をseconds_per_dayという変数に保存すること。

2-5 seconds_per_dayをseconds_per_hourで割ろう。浮動小数点数除算（/）を使うこと。

2-6 今度は整数除算（//）を使って、seconds_per_dayをseconds_per_hourで割ろう。この数値は、最後の.0を除いて前問の浮動小数点数除算の結果と同じになっているか。

3章
Pyの具：リスト、タプル、辞書、集合

2章では、ブール値、整数、float、文字列という基本データ型を説明し、Pythonの土台を明らかにした。これらを原子と考えるなら、この章で取り上げるデータ構造は分子のようなものだ。つまり、これらの基本データ型を組み合わせて複雑なデータ構造を作れるのである。あなたは、この章のデータ構造を毎日使うことになるだろう。プログラミングの仕事では、特定の形でデータを切り貼りする作業が大きなウェートを占めるが、これらのデータ構造はカッターや糊の役割を果たす。

3.1 リストとタプル

ほとんどのコンピュータ言語は、要素のシーケンスを作ることができ、整数のインデックスで先頭から末尾までの各要素を取り出せるようになっている。すでにPythonの文字列を紹介したが、これは文字のシーケンスだ。リストもちょっと顔を出した。リストは、任意の要素からなるシーケンスである。

Pythonには、文字列以外に**タプル**と**リスト**の2種類のシーケンス構造があり、0個以上の要素を持つことができる。文字列とは異なり、要素は型がまちまちでよい。それだけではなく、個々の要素はリスト、タプルを含む**任意の**Pythonオブジェクトでよい。そのため、いくらでも深く、複雑なデータ構造を作れる。

なぜPythonにはリストとタプルの2種類があるのだろうか。タプルは**イミュータブル**であり、タプルに要素を代入すると、それは焼き固められたように、書き換えられなくなる。それに対し、リストは**ミュータブル**で、要素の挿入と削除を行うことができる。これからそれぞれの例を多数お見せするが、リストに重点を置いていく。

ところで、tupleには2種類の発音のしかたがあるという話を聞いたことがあるだろうか。どちらが正しいのだろう。間違った方を使っていると、気取って変な発音をしていると思われたりはしないだろうか。心配はいらない。Pythonの作者であるGuido van Rossumのツイート（http://bit.ly/tupletweet）によれば、「私は月水金にはトゥープル、火木土にはタプルと発音している。日曜にはそんな話はしない:)」。

3.2 リスト

リストは、要素を順番に管理したいとき、特に順序と内容が変わる場合があるときに向いている。文字列とは異なり、リストはミュータブルだ。リストの内容は直接変更できる。新しい要素を追加したり、既存の要素を削除したり書き換えたりすることができる。リスト内では同じ値が複数回登場してもよい。

3.2.1 []またはlist()による作成

リストは、0個以上の要素をそれぞれカンマで区切り、全体を角かっこで囲んで作る。

```
>>> empty_list = [ ]
>>> weekdays = ['Monday', 'Tuesday', 'Wednesday', 'Thursday', 'Friday']
>>> big_birds = ['emu', 'ostrich', 'cassowary']
>>> first_names = ['Graham', 'John', 'Terry', 'Terry', 'Michael']
```

list()関数で空リストを作ることもできる。

```
>>> another_empty_list = list()
>>> another_empty_list
[]
```

「4.6 内包表記」では、**リスト内包表記**と呼ばれる第3のリストの作り方を説明する。

実際にリストの順序を利用しているのは、weekdaysリストだけだ。first_namesリストは、要素の値が一意でなくてもかまわないことを示している。

一意な値を管理できれば順番はどうでもよいという場合には、リストよりも**集合**を使った方がよいかもしれない。先ほどの例の場合、big_birdsは集合にすることができる。集合については、この章のなかで取り上げる。

3.2.2 list()によるほかのデータ型からリストへの変換

Pythonのlist()関数は、ほかのデータ型をリストに変換する。次に示す例は、文字列を1文字ごとの文字列リストに変換している。

```
>>> list('cat')
['c', 'a', 't']
```

次のサンプルは、**タプル**（この章のなかでリストの次に説明する）をリストに変換する。

```
>>> a_tuple = ('ready', 'fire', 'aim')
>>> list(a_tuple)
['ready', 'fire', 'aim']
```

「2.3.9 split()による分割」で触れたように、split()関数を使えば、なんらかのセパレータ文字列に基づいて文字列を分割してリストにすることができる。

```
>>> birthday = '1/6/1952'
>>> birthday.split('/')
['1', '6', '1952']
```

元の文字列に複数のセパレータ文字列が連続している部分があるときにはどうなるだろうか。この場合は、リスト要素として空文字列が作られる。

```
>>> splitme = 'a/b//c/d///e'
>>> splitme.split('/')
['a', 'b', '', 'c', 'd', '', '', 'e']
```

しかし、//という2文字のセパレータを使えば、次のような結果になる。

```
>>> splitme = 'a/b//c/d///e'
>>> splitme.split('//')
>>>
['a/b', 'c/d', '/e']
```

3.2.3 [offset]を使った要素の取り出し

文字列と同様に、オフセットを指定すればリストからも個々の要素を取り出せる。

```
>>> marxes = ['Groucho', 'Chico', 'Harpo']
>>> marxes[0]
'Groucho'
>>> marxes[1]
'Chico'
>>> marxes[2]
'Harpo'
```

これも文字列と同じだが、負のインデックスを使えば、末尾から逆に数えていくことができる。

```
>>> marxes[-1]
'Harpo'
>>> marxes[-2]
'Chico'
>>> marxes[-3]
'Groucho'
>>>
```

オフセットは、対象のリストのなかで有効なものでなければならない。すでに値を代入した位置でなければならないということである。先頭より前、または末尾よりも後ろのオフセットを指定すると、例外が起きる。6番目のマルクス兄弟（0から数えるのでオフセットは5）を得ようとするとどうなるかを見てみよう。

```
>>> marxes = ['Groucho', 'Chico', 'Harpo']
>>> marxes[5]
Traceback (most recent call last):
  File "<stdin>", line 1, in <module>
IndexError: list index out of range

>>> marxes[-5]
Traceback (most recent call last):
  File "<stdin>", line 1, in <module>
IndexError: list index out of range
```

3.2.4 リストのリスト

リストは型がまちまちの要素を格納でき、使える型にはほかのリストも含まれる。たとえば次のようなものだ。

```
>>> small_birds = ['hummingbird', 'finch']
>>> extinct_birds = ['dodo', 'passenger pigeon', 'Norwegian Blue']
>>> carol_birds = [3, 'French hens', 2, 'turtledoves']
>>> all_birds = [small_birds, extinct_birds, 'macaw', carol_birds]
```

それでは、リストのリストであるall_birdsはどうなっているのだろうか。

```
>>> all_birds
[['hummingbird', 'finch'], ['dodo', 'passenger pigeon', 'Norwegian
Blue'], 'macaw',
[3, 'French hens', 2, 'turtledoves']]
```

最初の要素を見てみよう。

```
>>> all_birds[0]
['hummingbird', 'finch']
```

最初の要素はリストになっている。実際、これはall_birdsを作るときに最初の要素として指定したsmall_birdsである。第2の要素がどうなっているかは、もう想像できるだろう。

```
>>> all_birds[1]
['dodo', 'passenger pigeon', 'Norwegian Blue']
```

これは、第2の要素として指定したextinct_birdsだ。all_birdsからextinct_birdsの先頭要素を取り出したいときには、all_birdsに2個のインデックスを与えればよい。

```
>>> all_birds[1][0]
'dodo'
```

[1]はall_birdsの第2要素のリストを指し、[0]はその内蔵リストの先頭要素を指す。

3.2.5 [offset]による要素の書き換え

オフセットでリスト要素の値を取り出せるのと同じように、オフセットでリスト要素の値を書き換えることもできる。

```
>>> marxes = ['Groucho', 'Chico', 'Harpo']
>>> marxes[2] = 'Wanda'
>>> marxes
['Groucho', 'Chico', 'Wanda']
```

ここでも、リストオフセットは、対象のリストのなかで有効なものでなければならない。

文字列はイミュータブルなので、文字列内の文字をこの方法で書き換えることはできない。それに対し、リストはミュータブルである。リストは、含んでいる要素数を変えることも、要素自体を書き換えることもできる。

3.2.6 オフセットの範囲を指定したスライスによるサブシーケンスの取り出し

スライスを使えば、リストのサブシーケンスを取り出すことができる。

```
>>> marxes = ['Groucho', 'Chico', 'Harpo']
>>> marxes[0:2]
['Groucho', 'Chico']
```

リストのスライスもリストだ。

文字列と同様に、スライスは1以外のステップを指定できる。次の例は、先頭から右にひとつおきに要素を取り出す。

```
>>> marxes[::2]
['Groucho', 'Harpo']
```

次の例は、末尾から左にひとつおきに要素を取り出す。

```
>>> marxes[::-2]
['Harpo', 'Groucho']
```

最後は、リストの要素を逆順にするトリックである。

```
>>> marxes[::-1]
['Harpo', 'Chico', 'Groucho']
```

3.2.7 append()による末尾への要素の追加

リストに要素を追加するための方法として伝統的に使われているのは、append()で末尾にひとつずつ追加していく方法だ。先ほどの例では、Zeppoをリストに入れるのを忘れていたが、リストはミュータブルなので、今から彼を追加することができる。

```
>>> marxes.append('Zeppo')
>>> marxes
['Groucho', 'Chico', 'Harpo', 'Zeppo']
```

3.2.8 extend()または+=を使ったリストの結合

extend()を使えば、ふたつのリストをひとつにまとめることができる。たとえば、誰かが善意でothersという名前の新しいマルクスのリストをくれたとする。もとのmarxesリストにothersの内容を追加して両者を結合するには、次のようにする。

```
>>> marxes = ['Groucho', 'Chico', 'Harpo', 'Zeppo']
>>> others = ['Gummo', 'Karl']
>>> marxes.extend(others)
>>> marxes
['Groucho', 'Chico', 'Harpo', 'Zeppo', 'Gummo', 'Karl']
```

+=を使っても同じことができる。

```
>>> marxes = ['Groucho', 'Chico', 'Harpo', 'Zeppo']
>>> others = ['Gummo', 'Karl']
>>> marxes += others
>>> marxes
['Groucho', 'Chico', 'Harpo', 'Zeppo', 'Gummo', 'Karl']
```

このときにappend()を使うと、othersの要素が追加されるのではなく、othersが1個のリスト要素として追加されてしまう。

```
>>> marxes = ['Groucho', 'Chico', 'Harpo', 'Zeppo']
>>> others = ['Gummo', 'Karl']
>>> marxes.append(others)
>>> marxes
['Groucho', 'Chico', 'Harpo', 'Zeppo', ['Gummo', 'Karl']]
```

これもまた、リストが異なる型の要素を持てることを示す例になっている。この場合は、4個の文字列と1個のリスト（2個の文字列による）だ。

3.2.9 insert()によるオフセットを指定した要素の追加

append()関数は、リストの末尾にしか要素を追加できない。リストのオフセットを指定し、その前に要素を追加したいときには、insert()を使う。オフセット0を指定すると、リストの先頭に挿入される。末尾を越えるオフセットを指定すると、append()と同じようにリストの末尾に挿入される。だから、Pythonが誤ったオフセットに対して例外を投げる心配はいらない。

```
>>> marxes.insert(3, 'Gummo')
>>> marxes
['Groucho', 'Chico', 'Harpo', 'Gummo', 'Zeppo']
>>> marxes.insert(10, 'Karl')
>>> marxes
['Groucho', 'Chico', 'Harpo', 'Gummo', 'Zeppo', 'Karl']
```

3.2.10 delによる指定したオフセットの要素の削除

我々のレビュアーが、Gummoは本当にMarx兄弟のひとりだが、Karlは違うと知らせてきた。最後の挿入を取り消そう。

```
>>> del marxes[-1]
>>> marxes
['Groucho', 'Chico', 'Harpo', 'Gummo', 'Zeppo']
```

位置を指定してリスト内の要素を削除したときには、その後ろの要素はどれも前に移動して削除された要素のスペースを埋める。そして、リストの長さは1だけ小さくなる。marxesリストから'Harpo'を削除すると、結果は次のようになる。

```
>>> marxes = ['Groucho', 'Chico', 'Harpo', 'Gummo', 'Zeppo']
>>> marxes[2]
'Harpo'
>>> del marxes[2]
>>> marxes
['Groucho', 'Chico', 'Gummo', 'Zeppo']
>>> marxes[2]
'Gummo'
```

delはPythonの**文**であり、リストのメソッドではないので、marxes[-2].del()とは書かない。delは代入(=)の逆のようなもので、Pythonオブジェクトから名前を切り離し、その名前がオブジェクトへの最後の参照なら、オブジェクトのメモリを開放する。

3.2.11 remove()による値に基づく要素の削除

削除したい要素がリストのどこにあるのかがはっきりわからない場合、またはどこにあるのかはどうでもよい場合には、remove()を使って値を指定して要素を削除することができる。Gummo、バイバイ。

```
>>> marxes = ['Groucho', 'Chico', 'Harpo', 'Gummo', 'Zeppo']
>>> marxes.remove('Gummo')
>>> marxes
['Groucho', 'Chico', 'Harpo', 'Zeppo']
```

3.2.12 pop()でオフセットを指定して要素を取り出し、削除する方法

pop()を使えば、リストから要素を取り出し、同時にリストからその要素を削除することができる。オフセットを指定してpop()を呼び出すと、そのオフセットの要素が返される。引数を指定しなければ、オフセットとして−1が使われる。そこで、次に示すように、pop(0)はリストヘッド(先頭)、pop()またはpop(-1)は末尾を返す。

```
>>> marxes = ['Groucho', 'Chico', 'Harpo', 'Zeppo']
>>> marxes.pop()
'Zeppo'
>>> marxes
['Groucho', 'Chico', 'Harpo']
>>> marxes.pop(1)
'Chico'
>>> marxes
['Groucho', 'Harpo']
```

ここでコンピュータの専門用語の時間。と言っても心配しなくてもいい。期末試験に出るわけではない。append()を使ってリストの末尾に新要素を追加し、pop()を使って同じく末尾から要素を削除する場合、LIFO（last in, first out：後入れ先出し）というデータ構造を実装したことになる。**スタック**と呼ばれることの方が多い。それに対し、pop(0)を使えば、FIFO（first in, first out：先入れ先出し）の**キュー（待ち行列）**を作ったことになる。これらは、届いたデータを集め、もっとも古いもの（FIFO）、もしくは、もっとも新しいもの（LIFO）から処理をしたいときに役に立つ。

3.2.13 index()により要素の値から要素のオフセットを知る方法

要素の値からその要素のリスト内でのオフセットを知りたい場合には、index()を使う。

```
>>> marxes = ['Groucho', 'Chico', 'Harpo', 'Zeppo']
>>> marxes.index('Chico')
1
```

3.2.14 inを使った値の有無のテスト

Pythonらしくリストに値があるかどうかをテストするには、inを使う。

```
>>> marxes = ['Groucho', 'Chico', 'Harpo', 'Zeppo']
>>> 'Groucho' in marxes
True
>>> 'Bob' in marxes
False
```

リストでは、複数の位置に同じ値が格納されている場合がある。少なくとも1か所に値があれば、inはTrueを返す。

```
>>> words = ['a', 'deer', 'a' 'female', 'deer']
>>> 'deer' in words
True
```

リスト内に値があるかどうかを頻繁にチェックし、値の順序は気にせず、値の重複がないのであれば、そのような値の格納、照合にはPythonの集合を使った方がよい。集合については、この章のあとの方で説明する。

3.2.15 count()を使った値の個数の計算

特定の値がリスト内に何個含まれているかを数えるには、count()を使う。

```
>>> marxes = ['Groucho', 'Chico', 'Harpo']
>>> marxes.count('Harpo')
1
>>> marxes.count('Bob')
0

>>> snl_skit = ['cheeseburger', 'cheeseburger', 'cheeseburger']
>>> snl_skit.count('cheeseburger')
3
```

3.2.16 join()による文字列への変換

「2.3.10 join()による結合」でjoin()については詳しく説明したが、ここではjoin()を使ってできることをもうひとつ紹介したい。

```
>>> marxes = ['Groucho', 'Chico', 'Harpo']
>>> ', '.join(marxes)
'Groucho, Chico, Harpo'
```

しかし、ちょっと待っていただきたい。これはちょっと話が逆な感じがしないだろうか。join()は文字列メソッドで、リストメソッドではない。そのため、marxes.join(', ')と書いた方がわかりやすい感じがするが、そう書くわけにはいかない。join()の引数は文字列か文字列のイテラブルシーケンス（リストを含む）で、出力は文字列である。join()がただのリストメソッドなら、タプルや文字列などのほかのイテラブル型では使えなかっただろう。任意のイテラブル型を操作できるようにしようと思うなら、実際の結合の処理のために型ごとに特別なコードが必要になってしまう。次に示すように、「join()はsplit()の逆である」と覚えておくと役に立つ。

```
>>> friends = ['Harry', 'Hermione', 'Ron']
>>> separator = ' * '
```

```
>>> joined = separator.join(friends)
>>> joined
'Harry * Hermione * Ron'
>>> separated = joined.split(separator)
>>> separated
['Harry', 'Hermione', 'Ron']
>>> separated == friends
True
```

3.2.17 sort()による要素の並べ替え

リストの要素をオフセットではなく値の順序で並べたいことがよくあるはずだ。Pythonは、ふたつの関数を提供している。

- リスト関数のsort()は、**その場で**リスト自体をソートする。
- 汎用関数のsorted()は、ソートされたリストの**コピー**を返す。

リストの要素が数値なら、デフォルトで数値の昇順でソートされる。要素が文字列なら、アルファベット順でソートされる。

```
>>> marxes = ['Groucho', 'Chico', 'Harpo']
>>> sorted_marxes = sorted(marxes)
>>> sorted_marxes
['Chico', 'Groucho', 'Harpo']
```

sorted_marxesはコピーであり、これを作ってもオリジナルのリストは変更されない。

```
>>> marxes
['Groucho', 'Chico', 'Harpo']
```

しかし、marxesリストからリスト関数のsort()を呼び出すと、marxesリスト自体が書き換えられる。

```
>>> marxes.sort()
>>> marxes
['Chico', 'Groucho', 'Harpo']
```

リストの要素がすべて同じ型なら（たとえば、すべての要素が文字列になっているmarxesのように）、sort()は正しく動作する。型が混ざっていてもよい場合もある。たとえば、整数とfloatは、式のなかではPythonが自動的に変換を行うものであり、併用できる。

```
>>> numbers = [2, 1, 4.0, 3]
>>> numbers.sort()
>>> numbers
[1, 2, 3, 4.0]
```

デフォルトのソート順は昇順だが、reverse=True引数を追加すれば降順になる。

```
>>> numbers = [2, 1, 4.0, 3]
>>> numbers.sort(reverse=True)
>>> numbers
[4.0, 3, 2, 1]
```

3.2.18 len()による長さの取得

len()は、リスト内の要素数を返す。

```
>>> marxes = ['Groucho', 'Chico', 'Harpo']
>>> len(marxes)
3
```

3.2.19 =による代入とcopy()によるコピー

次に示すように、ひとつのリストを複数の変数に代入すると、そのなかのひとつでリストを書き換えたときに、ほかのリストも書き換えられる。

```
>>> a = [1, 2, 3]
>>> a
[1, 2, 3]
>>> b = a
>>> b
[1, 2, 3]
>>> a[0] = 'surprise'
>>> a
['surprise', 2, 3]
```

では、今bのなかには何が入っているのだろうか。まだ[1, 2, 3]なのか、それとも['surprise', 2, 3]なのか。答えを見てみよう。

```
>>> b
['surprise', 2, 3]
```

2章のポストイットの喩え話を思い出そう。bは、aと同じリストオブジェクトを参照している。a、bのどちらの名前を使ってリストの内容を書き換えても、その操作は両方に反映される。

```
>>> b
['surprise', 2, 3]
>>> b[0] = 'I hate surprises'
>>> b
['I hate surprises', 2, 3]
>>> a
['I hate surprises', 2, 3]
```

次のいずれかの方法を使えば、リストの値を独立の新しいリストにコピーすることができる。

- リストのcopy()関数
- list()変換関数
- リストスライス[:]

オリジナルのリストは、またaである。bは、リストのcopy()関数で作る。cはlist()変換関数、dはリストスライスで作る。

```
>>> a = [1, 2, 3]
>>> b = a.copy()
>>> c = list(a)
>>> d = a[:]
```

繰り返すが、b、c、dは、aの**コピー**である。つまり、これらはそれぞれ自分の値を持つ新しいオブジェクトであり、aが参照する[1, 2, 3]というオリジナルのリストオブジェクトとはなんのつながりもない。この場合、aを書き換えても、コピーのb、c、dには影響は及ばない。

```
>>> a[0] = 'integer lists are boring'
>>> a
['integer lists are boring', 2, 3]
>>> b
[1, 2, 3]
>>> c
[1, 2, 3]
>>> d
[1, 2, 3]
```

3.3 タプル

タプルは、リストと同様に任意の要素を集めたシーケンスだ。リストとは異なり、タプルは**イミュータブル**である。つまり、タプルを定義したあとで要素を追加、削除、変更することはできない。そこで、タプルは定数リストと言うべきものになっている。

3.3.1 ()を使ったタプルの作成

これからサンプルで示していくように、タプルを作るための構文は少し混乱している。

まず、()を使って空タプルを作ろう。

```
>>> empty_tuple = ()
>>> empty_tuple
()
```

1個以上の要素を持つタプルは、個々の要素をカンマで区切っていく。要素が1個のタプルも末尾にカンマを付けて作る。

```
>>> one_marx = 'Groucho',
>>> one_marx
('Groucho',)
```

要素が複数ある場合には、すべての要素の後ろにカンマを付ける(最後の要素の後ろのカンマは省略できる)。

```
>>> marx_tuple = 'Groucho', 'Chico', 'Harpo'
>>> marx_tuple
('Groucho', 'Chico', 'Harpo')
```

Pythonは、タプルをエコー表示するときにかっこを追加するが、定義するときにかっこが必要になるわけではない。タプルを定義するのは、値を区切るカンマだ。しかし、かっこを使ってもエラーになったりはしない。値全体をかっこで囲むことは認められており、そうすればタプルだとわかりやすくなる。

```
>>> marx_tuple = ('Groucho', 'Chico', 'Harpo')
>>> marx_tuple
('Groucho', 'Chico', 'Harpo')
```

タプルを使えば、一度に複数の変数を代入できる。

```
>>> marx_tuple = ('Groucho', 'Chico', 'Harpo')
>>> a, b, c = marx_tuple
>>> a
'Groucho'
>>> b
'Chico'
>>> c
'Harpo'
```

これは、**タプルのアンパック**と呼ばれることがある。

タプルを使えば、一時変数を使わずにひとつの文で値を交換できる。

```
>>> password = 'swordfish'
>>> icecream = 'tuttifrutti'
>>> password, icecream = icecream, password
>>> password
'tuttifrutti'
>>> icecream
'swordfish'
>>>
```

変換関数のtuple()を使うとほかのものからタプルを作れる。

```
>>> marx_list = ['Groucho', 'Chico', 'Harpo']
>>> tuple(marx_list)
('Groucho', 'Chico', 'Harpo')
```

3.3.2 タプルとリストの比較

タプルはリストの代わりに使えることがあるが、作成後に書き換えられないので、リストと比べて関数がかなり少ない。append()、insert()などの関数はない。では、なぜリストの代わりにタプルを使おうという気になるのだろうか。

- タプルは、消費スペースが小さい。
- タプルの要素は、誤って書き換える危険がない。
- タプルは辞書のキーとして使える（次節参照）。
- **名前付きタプル**（「6.14.1 名前付きタプル」参照）は、オブジェクトの単純な代用品として使える。
- 関数の引数は、タプルとして渡される（「4.7 関数」参照）

ここでは、タプルについてこれ以上深入りしない。日常的なプログラミングでは、タプルよりもリストや辞書を使うことの方が多いだろう。

3.4 辞書

辞書はリストに似ているが、要素の順序が管理されていないので要素を選択するときに0や1などのオフセットは使わない。代わりに、個々の値に一意な**キー**を与える。キーは文字列の場合が多いが、Pythonのイミュータブル型ならなんでもよい。ブール値、整数、float、タプル、文字列、その他これからの章で扱う型だ。辞書はミュータブルなので、キー/値要素を追加、削除、変更することができる。

配列やリストしかサポートしていない言語を使っていたプログラマーなら、辞書はきっと気に入るだろう。

他の言語では、辞書は**連想配列**、**ハッシュ**、**ハッシュマップ**などと呼ばれている。Pythonでは、辞書をdictと呼ぶこともある。

3.4.1 {}による作成

辞書を作るには、*key* : *value*のペアをカンマで区切って並べ、波かっこ({})で囲む。もっとも単純な辞書は、キー/値ペアを持たない空辞書である。

```
>>> empty_dict = {}
>>> empty_dict
{}
```

アンブローズ・ビアス(Ambrose Bierce)の『悪魔の辞典』からの引用を使って小さな辞書を作ってみよう。

```
>>> bierce = {
...     "day": "A period of twenty-four hours, mostly misspent",
...     "positive": "Mistaken at the top of one's voice",
...     "misfortune": "The kind of fortune that never misses",
...     }
>>>
```

対話型インタープリタで辞書の名前を入力すると、そのなかのキーと値が表示される。

```
>>> bierce
{'misfortune': 'The kind of fortune that never misses',
'positive': "Mistaken at the top of one's voice",
'day': 'A period of twenty-four hours, mostly misspent'}
```

Pythonでは、リスト、タプル、辞書の最後の要素の後ろにカンマを残しておいてよい。また、波かっこの間にキー/値ペアを入力するときに、上の例のようにインデントする必要もない。インデントすれば読みやすくなるというだけである。

3.4.2 dict()を使った変換

dict()関数を使えば、ふたつの値のシーケンスを辞書に変換できる（「ストロンチウム, 90, 炭素, 14」とか「バイキングス, 20, パッカーズ, 7」のようなキー/値ペアになっているシーケンスはときどきあるはずだ）。シーケンスの先頭要素がキー、第2要素が値になる。

まず、lol（2要素のリストのリスト）を使った簡単な例を見てみよう。

```
>>> lol = [ ['a', 'b'], ['c', 'd'], ['e', 'f'] ]
>>> dict(lol)
{'c': 'd', 'a': 'b', 'e': 'f'}
```

辞書内のキーの順序は決まっておらず、要素を追加したときの順序とは異なる場合があることを忘れないようにしよう。

2要素のシーケンスを含むものならなんでも使える。ほかの例を見ておこう。

2要素のタプルのリスト

```
>>> lot = [ ('a', 'b'), ('c', 'd'), ('e', 'f') ]
>>> dict(lot)
{'c': 'd', 'a': 'b', 'e': 'f'}
```

2要素のリストのタプル

```
>>> tol = ( ['a', 'b'], ['c', 'd'], ['e', 'f'] )
```

```
>>> dict(tol)
{'c': 'd', 'a': 'b', 'e': 'f'}
```

2字の文字列のリスト

```
>>> los = [ 'ab', 'cd', 'ef' ]
>>> dict(los)
{'c': 'd', 'a': 'b', 'e': 'f'}
```

2文字の文字列のタプル

```
>>> tos = ( 'ab', 'cd', 'ef' )
>>> dict(tos)
{'c': 'd', 'a': 'b', 'e': 'f'}
```

「4.5.4 zip()を使った複数のシーケンスの反復処理」では、こういった2要素シーケンスが簡単に作れるzip()という関数を紹介する。

3.4.3 [key]による要素の追加、変更

辞書に要素を追加するのは簡単だ。キーを使って要素を参照し、値を代入すればよい。辞書にそのキーがすでにある場合には、既存の値が新しい値に置き換えられる。キーがまだない場合には、値ともども辞書に追加される。リストとは異なり、範囲外のインデックス（キー）を指定したために代入中に例外が投げられる心配はない。

では、モンティ・パイソン（Monty Python）のほとんどのメンバーを使って辞書を作ろう。姓をキー、名を値とする。

```
>>> pythons = {
...     'Chapman': 'Graham',
...     'Cleese': 'John',
...     'Idle': 'Eric',
...     'Jones': 'Terry',
...     'Palin': 'Michael',
...     }
>>> pythons
{'Cleese': 'John', 'Jones': 'Terry', 'Palin': 'Michael',
'Chapman': 'Graham', 'Idle': 'Eric'}
```

メンバーがひとり足りない。アメリカ生まれのTerry Gilliamだ。次のコードは、匿名のプログラマーが彼を追加しようとして、名の方を間違えたところを示している。

```
>>> pythons['Gilliam'] = 'Gerry'
>>> pythons
{'Cleese': 'John', 'Gilliam': 'Gerry', 'Palin': 'Michael',
'Chapman': 'Graham', 'Idle': 'Eric', 'Jones': 'Terry'}
```

そして、次のコードは、2通りの意味でパイソニックな別のプログラマーが書いた修復コードだ。

```
>>> pythons['Gilliam'] = 'Terry'
>>> pythons
{'Cleese': 'John', 'Gilliam': 'Terry', 'Palin': 'Michael',
'Chapman': 'Graham', 'Idle': 'Eric', 'Jones': 'Terry'}
```

同じキー（`'Gilliam'`）を使って、`'Gerry'`という元の値を`'Terry'`に置き換えている。

辞書のキーは**一意**でなければならないことを覚えておこう。ここで名ではなく姓の方をキーとして使ったのはそのためだ。Monty Pythonには、名が`Terry`のメンバーがふたりいる。キーを複数回使った場合、最後の値が辞書に残る。

```
>>> some_pythons = {
...     'Graham': 'Chapman',
...     'John': 'Cleese',
...     'Eric': 'Idle',
...     'Terry': 'Gilliam',
...     'Michael': 'Palin',
...     'Terry': 'Jones',
...     }
>>> some_pythons
{'Terry': 'Jones', 'Eric': 'Idle', 'Graham': 'Chapman',
'John': 'Cleese', 'Michael': 'Palin'}
```

`'Terry'`というキーにまず`'Gilliam'`という値を代入してから、それを`'Jones'`に置き換えている。

3.4.4 update()による辞書の結合

`update()`関数を使えば、辞書のキーと値を別の辞書にコピーすることができる。

メンバー全員を含む`pythons`という辞書を定義しよう。

```
>>> pythons = {
...     'Chapman': 'Graham',
```

```
...     'Cleese': 'John',
...     'Gilliam': 'Terry',
...     'Idle': 'Eric',
...     'Jones': 'Terry',
...     'Palin': 'Michael',
...     }
>>> pythons
{'Cleese': 'John', 'Gilliam': 'Terry', 'Palin': 'Michael',
'Chapman': 'Graham', 'Idle': 'Eric', 'Jones': 'Terry'}
```

othersという辞書には、これ以外の喜劇役者がまとめられている。

```
>>> others = { 'Marx': 'Groucho', 'Howard': 'Moe' }
```

ここにまた別の名前のわからないプログラマーがやってくる。彼はothersのメンバーもMonty Pythonメンバーだと勘違いしている。

```
>>> pythons.update(others)
>>> pythons
{'Cleese': 'John', 'Howard': 'Moe', 'Gilliam': 'Terry',
'Palin': 'Michael', 'Marx': 'Groucho', 'Chapman': 'Graham',
'Idle': 'Eric', 'Jones': 'Terry'}
```

第2の辞書が第1の辞書に含まれているのと同じキーを持っていたらどうなるだろうか。第2の辞書の値が残る。

```
>>> first = {'a': 1, 'b': 2}
>>> second = {'b': 'platypus'}
>>> first.update(second)
>>> first
{'b': 'platypus', 'a': 1}
```

3.4.5 delによる指定したキーを持つ要素の削除

我らが無名プログラマーのコードは、技術的には正しい。しかし、こんなことをしてはいけない。othersのメンバーは、面白いし有名だが、Monty Pythonのメンバーではない。そこで、最後のふたつの追加を取り消そう。

```
>>> del pythons['Marx']
>>> pythons
{'Cleese': 'John', 'Howard': 'Moe', 'Gilliam': 'Terry',
'Palin': 'Michael', 'Chapman': 'Graham', 'Idle': 'Eric',
'Jones': 'Terry'}
```

```
>>> del pythons['Howard']
>>> pythons
{'Cleese': 'John', 'Gilliam': 'Terry', 'Palin': 'Michael',
'Chapman': 'Graham', 'Idle': 'Eric', 'Jones': 'Terry'}
```

3.4.6 clear()によるすべての要素の削除

辞書からすべてのキーと値を削除するには、clear()を使うか、空辞書（{}）を辞書名に代入する。

```
>>> pythons.clear()
>>> pythons
{}
>>> pythons = {}
>>> pythons
{}
```

3.4.7 inを使ったキーの有無のテスト

辞書にあるキーが含まれているかを知りたいときには、inを使う。pythons辞書を改めて定義しよう。ただし、一部の名前を省略する。

```
>>> pythons = {'Chapman': 'Graham', 'Cleese': 'John',
... 'Jones': 'Terry', 'Palin': 'Michael'}
```

では、誰が含まれているかをテストしてみよう。

```
>>> 'Chapman' in pythons
True
>>> 'Palin' in pythons
True
```

今度はTerry Gilliamを忘れずに入れていただろうか。

```
>>> 'Gilliam' in pythons
False
```

あちゃー。

3.4.8 [key]による要素の取得

辞書のもっとも一般的な用途はこれだ。辞書とキーを指定して、対応する値を取り出すのである。

```
>>> pythons['Cleese']
'John'
```

キーが辞書になければ、例外が発生する。

```
>>> pythons['Marx']
Traceback (most recent call last):
  File "<stdin>", line 1, in <module>
KeyError: 'Marx'
```

このような例外を避けるためのよい方法がふたつある。第1は、前節で示したようにinを使ってあらかじめキーがあることを確かめておく方法だ。

```
>>> 'Marx' in pythons
False
```

第2は、辞書専用のget()関数を使う方法である。辞書、キー、オプション値を渡し、キーがあればその値が返される。

```
>>> pythons.get('Cleese')
'John'
```

キーがなければ、指定したオプション値が返される。

```
>>> pythons.get('Marx', 'Not a Python')
'Not a Python'
```

オプションを指定しなければNoneになる（対話型インタープリタには何も表示されない）。

```
>>> pythons.get('Marx')
>>>
```

3.4.9 keys()によるすべてのキーの取得

keys()を使えば、辞書のすべてのキーを取得できる。ここからのサンプルでは、ちょっと違うサンプル辞書を使おう。

```
>>> signals = {'green': 'go', 'yellow': 'go faster',
... 'red': 'smile for the camera'}
>>> signals.keys()
dict_keys(['green', 'red', 'yellow'])
```

Python 2では、keys()はリストを返していただけだった。Python 3では、イテラブルなキーのビューであるdict_keys()を返す。これは、使わないかもしれないリストを作る手間を省き、それに必要な時間とメモリを使わないので、大きな辞書では特に効果的だ。しかし、本当にリストが必要な場合もよくある。Python 3では、dict_keysオブジェクトをリストに変換するためには、list()を呼び出さなければならない。

```
>>> list( signals.keys() )
['green', 'red', 'yellow']
```

Python 3では、values()やitems()の戻り値を通常のPythonリストにしたいときにもlist()関数を使う必要がある。以下のサンプルでは、これを行っている。

3.4.10 values()によるすべての値の取得

辞書のすべての値を取得するには、values()を使う。

```
>>> list( signals.values() )
['go', 'smile for the camera', 'go faster']
```

3.4.11 items()によるすべてのキー/値ペアの取得

辞書からすべてのキー/値ペアを取り出したい場合には、items()関数を使う。

```
>>> list( signals.items() )
[('green', 'go'), ('red', 'smile for the camera'), ('yellow', 'go
faster')]
```

個々のキー/値ペアは、('green', 'go')のようにタプル形式で返される。

3.4.12 =による代入とcopy()によるコピー

リストの場合と同様に、辞書に変更を加えると、その辞書を参照しているすべての名前に影響が及ぶ。

```
>>> signals = {'green': 'go', 'yellow': 'go faster',
... 'red': 'smile for the camera'}
>>> save_signals = signals
>>> signals['blue'] = 'confuse everyone'
>>> save_signals
{'blue': 'confuse everyone', 'green': 'go',
'red': 'smile for the camera', 'yellow': 'go faster'}
```

別の辞書に実際にキー/値ペアをコピーしたい場合には、この方法を避けてcopy()を使えばよい。

```
>>> signals = {'green': 'go', 'yellow': 'go faster',
... 'red': 'smile for the camera'}
>>> original_signals = signals.copy()
>>> signals['blue'] = 'confuse everyone'
>>> signals
{'blue': 'confuse everyone', 'green': 'go',
'red': 'smile for the camera', 'yellow': 'go faster'}
>>> original_signals
{'green': 'go', 'red': 'smile for the camera', 'yellow': 'go faster'}
```

3.5 集合

集合は、値を放り出してキーだけを残した辞書のようなものだ。辞書の場合と同様に、個々のキーは一意でなければならない。集合は、何かがあるかどうかだけがわかればよく、ほかのことは知らなくてもよいときに使う。キーになんらかの情報を値として追加したい場合には、辞書を使う。

小学生時代に、数学の基礎とともに集合理論というものを教わっただろう。あなたの学校が集合理論を省略してしまった場合（あるいは、授業はあったけれども、私と同じようにあなたが窓の外を見ていた場合）には、図3-1を見ていただきたい。和集合と積集合の概念を示してある。

一部のキーを共通に含んでいるふたつの集合の和集合を計算する場合について考えてみよう。集合は、同じ要素をひとつしか持てないので、ふたつの集合の和集合は、各キーをひとつしか持たない。**空集合**は、要素がない集合のことだ。**図3-1**では、Xで始まる女性の名前は空集合になる。

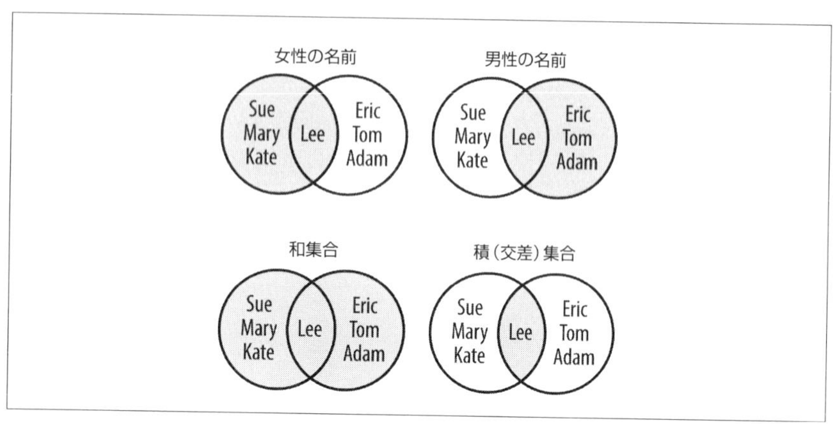

図3-1 集合の一般的な操作

3.5.1 set()による作成

集合を作るときには、次に示すように、set()関数を使うか、1個以上のカンマ区切りの値を波かっこで囲んで代入する。

```
>>> empty_set = set()
>>> empty_set
set()
>>> even_numbers = {0, 2, 4, 6, 8}
>>> even_numbers
{0, 8, 2, 4, 6}
>>> odd_numbers = {1, 3, 5, 7, 9}
>>> odd_numbers
{9, 3, 1, 5, 7}
```

辞書のキーと同様に、集合の要素には順序はない。

[]を使えば空リストが作れるので、{}を使えば空集合を作れるような気がするかもしれないが、実際には{}で作られるのは空辞書である。対話型インタープリタが空集合を{}ではなく、set()と表示するのもそのためだ。なぜだろうか。辞書の方が先にPythonに含まれており、波かっこを自分のものにしているからだ。

3.5.2 set()によるほかのデータ型から集合への変換

リスト、文字列、タプル、辞書から重複する値を取り除けば集合を作ることができる。まず、一部の文字が複数回登場する文字列から見てみよう。

```
>>> set( 'letters' )
{'l', 'e', 't', 'r', 's'}
```

'letters'には'e'と't'がふたつずつ含まれているのに、集合にはひとつずつしか含まれていないことがわかる。

次に、リストから集合を作ろう。

```
>>> set( ['Dasher', 'Dancer', 'Prancer', 'Mason-Dixon'] )
{'Dancer', 'Dasher', 'Prancer', 'Mason-Dixon'}
```

タプルから集合を作る。

```
>>> set( ('Ummagumma', 'Echoes', 'Atom Heart Mother') )
{'Ummagumma', 'Atom Heart Mother', 'Echoes'}
```

set()に辞書を渡すと、キーだけが使われる。

```
>>> set( {'apple': 'red', 'orange': 'orange', 'cherry': 'red'} )
{'apple', 'cherry', 'orange'}
```

3.5.3 inを使った値の有無のテスト

集合の用途としてもっとも一般的なのがこれだ。ここでは、drinkという辞書を作る。キーはカクテルの名前、値はその材料だ。

```
>>> drinks = {
...     'martini': {'vodka', 'vermouth'},
...     'black russian': {'vodka', 'kahlua'},
...     'white russian': {'cream', 'kahlua', 'vodka'},
...     'manhattan': {'rye', 'vermouth', 'bitters'},
...     'screwdriver': {'orange juice', 'vodka'}
...     }
```

辞書と集合はどちらも波かっこ（{と}）に囲まれているが、集合はただの値のシーケンスになっているのに対し、辞書は*key*：*value*ペアのシーケンスになっている。

どのカクテルにウォッカが入っているだろうか（ここでは、次章で説明するfor、if、

and、orを予告篇のように使っている)。

```
>>> for name, contents in drinks.items():
...     if 'vodka' in contents:
...         print(name)
...
screwdriver
martini
black russian
white russian
```

ウォッカが入ったものが飲みたいが、クリームは耐えられないし、ベルモットは灯油みたいな味がするのでいやだ。

```
>>> for name, contents in drinks.items():
...     if 'vodka' in contents and not ('vermouth' in contents or
...         'cream' in contents):
...         print(name)
...
screwdriver
black russian
```

次節では、これをもう少し簡潔に書き直す。

3.5.4 組み合わせと演算

集合の要素の組み合わせについてチェックしたいときにはどうすればよいだろうか。たとえば、オレンジジュースかベルモットが入ったカクテルを探したいものとする。この場合は、**積集合演算子**の&を使う。

```
>>> for name, contents in drinks.items():
...     if contents & {'vermouth', 'orange juice'}:
...         print(name)
...
screwdriver
martini
manhattan
```

&演算子の結果は、両方の集合に含まれているすべての要素を格納する集合である。contentsにオレンジジュースもベルモットも含まれていなければ、&は空集合を返し、その場合はFalseだと見なされる。

では、ウォッカがあって、クリームとベルモットがないものを選ぶ前節のサンプルを書き直そう。

```
>>> for name, contents in drinks.items():
...     if 'vodka' in contents and not contents & {'vermouth', 'cream'}:
...         print(name)
...
screwdriver
black russian
```

ここで、あとのサンプルでの入力を減らすために、次のふたつのカクテルの材料を変数に保存しておこう。

```
>>> bruss = drinks['black russian']
>>> wruss = drinks['white russian']
```

それでは、すべての集合演算をサンプルで実際に見ていこう。特殊記号を持つもの、専用の関数を持つもの、両方を持つものがある。テスト集合a（1と2を格納する）とb（2と3を格納する）を使う。

```
>>> a = {1, 2}
>>> b = {2, 3}
```

次に示すように、特殊記号の&か集合のintersection()関数を使えば、**積集合**（両方の集合に共通の要素からなる集合）が得られる。

```
>>> a & b
{2}
>>> a.intersection(b)
{2}
```

次の例は、先ほど保存したカクテルの変数を使っている。

```
>>> bruss & wruss
{'kahlua', 'vodka'}
```

次の例では、|演算子か集合のunion()関数を使って**和集合**（少なくともどちらかの集合に含まれている要素の集合）を得ている。

```
>>> a | b
{1, 2, 3}
>>> a.union(b)
{1, 2, 3}
```

アルコールバージョンも見てみよう。

```
>>> bruss | wruss
{'cream', 'kahlua', 'vodka'}
```

差集合（第1の集合には含まれているものの、第2の集合には含まれていない要素の集合）は、-記号かdifference()関数で得られる。

```
>>> a - b
{1}
>>> a.difference(b)
{1}

>>> bruss - wruss
set()
>>> wruss - bruss
{'cream'}
```

ここまでで、もっともよく使われる和集合、積集合、差集合の演算を取り上げた。ここからのサンプルでは、完全を期するために、ほかの演算を紹介するが、これらは使わないで終わってしまう可能性もある。

排他的OR（どちらか片方に含まれているが、両方には含まれていない要素の集合）は、^かsymmetric_difference()を使う。

```
>>> a ^ b
{1, 3}
>>> a.symmetric_difference(b)
{1, 3}
```

次のコードは、2種類のロシアカクテルのうちどちらか片方にしか含まれていない材料を見つける。

```
>>> bruss ^ wruss
{'cream'}
```

<=かissubset()を使えば、片方の集合がもう片方の集合の**部分集合**（サブセット）になっているかどうかをチェックできる。

```
>>> a <= b
False
>>> a.issubset(b)
False
```

ブラック・ルシアンにクリームを加えるとホワイト・ルシアンになる。そのため、bruss は wruss の部分集合になっている。

```
>>> bruss <= wruss
True
```

どの集合でも、自分自身の部分集合になっている。

```
>>> a <= a
True
>>> a.issubset(a)
True
```

第1の集合が第2の集合の**真部分集合**になるためには、第2の集合は第1の集合のすべての要素に加えて別の要素を持っていなければならない。真部分集合関係は、<で計算できる。

```
>>> a < b
False
>>> a < a
False

>>> bruss < wruss
True
```

上位集合（スーパーセット）は部分集合の逆で、第2の集合のすべての要素が第1の集合の要素にもなっている関係である。上位集合かどうかは、>=演算子か issuperset() 関数で調べる。

```
>>> a >= b
False
>>> a.issuperset(b)
False

>>> wruss >= bruss
True
```

すべての集合は、自分自身の上位集合である。

```
>>> a >= a
True
>>> a.issuperset(a)
True
```

最後に、>演算子を使えば、第1の集合が第2の集合の**真上位集合**（第1の集合に第2の集合のすべての要素とその他の要素が含まれている）かどうかがわかる。

```
>>> a > b
False

>>> wruss > bruss
True
```

集合は、自分自身の真上位集合にはならない。

```
>>> a > a
False
```

3.6 データ構造の比較

ここで、今までに学んだことを復習しておこう。リストは角かっこ（[]）、タプルはかっこ、辞書は波かっこ（{}）で作る。いずれにしても、角かっこを使えば単一の要素にアクセスできる。

```
>>> marx_list = ['Groucho', 'Chico', 'Harpo']
>>> marx_tuple = 'Groucho', 'Chico', 'Harpo'
>>> marx_dict = {'Groucho': 'banjo', 'Chico': 'piano', 'Harpo': 'harp'}
>>> marx_list[2]
'Harpo'
>>> marx_tuple[2]
'Harpo'
>>> marx_dict['Harpo']
'harp'
```

リストとタプルの場合、角かっこのなかに入れる値は整数のオフセットだ。それに対し、辞書の場合はキーになる。どの場合でも、結果は値である。

3.7 もっと大きいデータ構造

私たちは、単純なブール値、数値、文字列からリスト、タプル、集合、辞書に進んできた。これらの組み込みデータ構造を結合すれば、もっと大きくて複雑な独自のデータ構造を作ることができる。まず、3種類のリストを作ろう。

```
>>> marxes = ['Groucho', 'Chico', 'Harpo']
>>> pythons = ['Chapman', 'Cleese', 'Gilliam', 'Jones', 'Palin']
>>> stooges = ['Moe', 'Curly', 'Larry']
```

個々のリストを要素とするタプルを作ることができる。

```
>>> tuple_of_lists = marxes, pythons, stooges
>>> tuple_of_lists
(['Groucho', 'Chico', 'Harpo'],
['Chapman', 'Cleese', 'Gilliam', 'Jones', 'Palin'],
['Moe', 'Curly', 'Larry'])
```

また、3つのリストを含むリストを作ることができる。

```
>>> list_of_lists = [marxes, pythons, stooges]
>>> list_of_lists
[['Groucho', 'Chico', 'Harpo'],
['Chapman', 'Cleese', 'Gilliam', 'Jones', 'Palin'],
['Moe', 'Curly', 'Larry']]
```

最後に、リストの辞書を作ろう。キーとしてコメディグループの名前、値としてメンバーのリストを使う。

```
>>> dict_of_lists = {'Marxes': marxes, 'Pythons': pythons, 'Stooges':
stooges}
>>> dict_of_lists
{'Stooges': ['Moe', 'Curly', 'Larry'],
'Marxes': ['Groucho', 'Chico', 'Harpo'],
'Pythons': ['Chapman', 'Cleese', 'Gilliam', 'Jones', 'Palin']}
```

制限は、データ型自体にある。たとえば、辞書のキーはイミュータブルでなければならない。そのため、リスト、辞書、集合は他の辞書のキーにはなれない。しかし、タプルはキーになれる。たとえば、関心のある位置のGPS座標（緯度、経度、高度）をインデックスとすることができる。地図情報の活用例については、ほかに「B.6 マップ」を参照のこと。

```
>>> houses = {
        (44.79, -93.14, 285): 'My House',
        (38.89, -77.03, 13): 'The White House'
        }
```

3.8 復習課題

この章では、前章よりも複雑なリスト、タプル、辞書、集合というデータ構造を見てきた。これらと2章で説明した基本データ型（数値と文字列）を組み合わせれば、実世界のものをさまざまな形で表現できる。

3-1 誕生年から5歳の誕生日を迎える年までの各年を順に並べて`years_list`というリストを作ろう。たとえば、1980年生まれなら、リストは`years_list = [1980, 1981, 1982, 1983, 1984, 1985]`のようになる。
あなたが5歳未満でこの本を読んでいるのなら、私からは何も言うことはない。

3-2 `years_list`の要素で3歳の誕生日を迎えた年はどれか。最初の年は0歳だということを忘れないように。

3-3 `years_list`に含まれている年のなかで、あなたがもっとも年長だった年はどれか。

3-4 `"mozzarella"`、`"cinderella"`、`"salmonella"`（「モッツァレラ」、「シンデレラ」、「サルモネラ菌」）の3つの文字列を要素として`things`というリストを作ろう。

3-5 `things`の要素で人間を参照している文字列の先頭文字を大文字にして、リストを表示しよう。リスト内の要素は変わっただろうか。

3-6 `things`のなかでチーズの要素をすべて大文字にして、リストを表示しよう。

3-7 `things`リストから病気に関連する要素を削除してノーベル賞を受賞し（撲滅できればノーベル賞ものだろう）、リストを表示しよう。

3-8 `"Groucho"`、`"Chico"`、`"Harpo"`を要素として`surprise`というリストを作ろう。

3-9 `surprise`リストの最後の要素を小文字にして、逆順にしてから、先頭文字を大文字に戻そう。

3-10 `e2f`という英仏辞書を作り、それを表示しよう。この辞書は次のデータが初期状態で入っていることとする。`dog`は`chien`、`cat`は`chat`、`walrus`は`morse`。

3-11 3つの単語が含まれている辞書`e2f`を使って、`walrus`という単語に対応するフランス語の単語を表示しよう。

3-12 e2fからf2eという仏英辞書を作ろう。itemsメソッドを使うこと。

3-13 f2eを使って、フランス語のchienに対応する英語の単語を表示しよう。

3-14 e2fのキーから英単語の集合を作って表示しよう。

3-15 lifeという多重レベルの辞書を作ろう。最上位のキーとしては、'animals'、'plants'、'other'という文字列を使う。animalsキーは、'cats'、'octopi'、'emus'というキーを持つほかの辞書を参照するようにする。catsキーは、'Henri'、'Grumpy'、'Lucy'という文字列のリストを参照するようにする。ほかのキーはすべて空辞書を参照するようにする。

3-16 lifeの最上位のキーを表示しよう。

3-17 life['animals']のキーを表示しよう。

3-18 life['animals']['cats']の値を表示しよう。

4章
Pyの皮：コード構造

1章から3章まででさまざまなデータの例を見てきたが、データを使って大したことはまだ何もしていない。ほとんどのコード例は、対話型インタープリタを使っており、短かった。しかし、ここからはただデータを見ているだけではなく、データを処理するPythonコードを実装していく。

多くのコンピュータ言語は、波かっこ（{と}）やbegin、endなどのキーワードを使ってコードのセクションを区切る。そのような言語では、首尾一貫したインデントを使って自分にも他人にもプログラムを読みやすくするのがグッドプラクティス（よいこと）とされている。コードを綺麗にインデントするツールさえ存在する。

Guido van Rossumは、やがてPythonとなる言語を設計していたとき、インデントがあればそれだけでプログラムの構造を十分定義できると考え、かっこやら波かっこやらを使うことを避けた。Pythonは、**空白**を使ってプログラムの構造を定義するという点で普通の言語とは大きく異なる。これは、新人が最初に気づくことのひとつで、ほかの言語の経験がある人にとっては奇妙に感じるようだ。しかし、しばらくPythonを書いていると、このやり方が自然に感じられるようになり、いちいち意識しなくなる。タイピングが減った分、多くの仕事をするようにさえなってしまう。

4.1 #によるコメント

コメントは、プログラムのなかに含まれるテキストで、Pythonインタープリタからは無視される。コメントは、その近所のPythonコードの意味をはっきりと伝えたり、いつか修正すべき部分のメモとして使ったり、その他あらゆる目的に使える。コメントは、#文字を使って示す。#文字が現れたところからその行の行末までは、コメントになる。コメントは、次のように専用の行に書かれることが多い。

```
>>> # 60 sec/min * 60 min/hr * 24 hr/day
>>> seconds_per_day = 86400
```

コメントの対象となっているコードと同じ行に書かれることもある。

```
>>> seconds_per_day = 86400 # 60 sec/min * 60 min/hr * 24 hr/day
```

#文字には、**ハッシュ**、**シャープ**、**ポンド**など、さまざまな名前がある。あるいは**オクトソープ**と言うと、ちょっと不気味な感じだ[※1]。どう呼んでも[※2]、効果は出現した位置から行末までしかない。

Pythonには、複数行コメントはない。コメント行、コメントセクションの冒頭には、かならず#を入れなければならない。

```
>>> # I can say anything here, even if Python doesn't like it,
... # because I'm protected by the awesome
... # octothorpe.
...
>>>
```
ここでは、Pythonが嫌がることでもなんでも書ける。
何しろ威厳のあるオクトソープに守られているので。

しかし、文字列のなかに含まれているときには、この強力な文字はただの#文字に戻ってしまう。

```
>>> print("No comment: quotes make the # harmless.")
No comment: quotes make the # harmless.
```
コメントではない。クォートを使うと#は無力になる。

4.2 \による行の継続

プログラムは、行があまり長すぎない方が読みやすい。行の長さの上限は80字というところだろう（絶対的なものではない）。そんな長さでは言いたいことを言い尽くせないというのなら、**継続文字**の \（バックスラッシュ）を使うとよい。行末に \ を置くと、Pythonはまだ行替えをしていないのだと思って動くようになる。

たとえば、小さい文字列から長い文字列を作りたければ、次のように少しずつ作っ

※1　あの8本足の緑色の生き物のような。ほら、あなたの後ろにいる。
※2　戻ってくるので呼ばないように。

ていく方法がある。

```
>>> alphabet = ''
>>> alphabet += 'abcdefg'
>>> alphabet += 'hijklmnop'
>>> alphabet += 'qrstuv'
>>> alphabet += 'wxyz'
```

しかし、継続文字を使えば、次のように見づらくせずにワンステップで作ることもできる。

```
>>> alphabet = 'abcdefg' + \
...      'hijklmnop' + \
...      'qrstuv' + \
...      'wxyz'
```

Python式が複数行にまたがる場合にも、行継続が必要になる。

```
>>> 1 + 2 +
  File "<stdin>", line 1
    1 + 2 +
          ^
SyntaxError: invalid syntax
>>> 1 + 2 + \
... 3
6
>>>
```

4.3 if、elif、elseによる比較

今までこの本では、ほとんどデータ構造のことばかり話してきたが、やっとデータをプログラムに織り上げる**コード構造**に一歩足を踏み入れることができる（前章の集合の節で、予告篇的にこれらを少し使ってみたのを覚えておいでだろう）。最初の例は、ブール値のdisasterの内容をチェックして、適切なコメントを表示する簡単なPythonプログラムだ。

```
>>> disaster = True
>>> if disaster:
...     print("Woe!")
... else:
...     print("Whee!")
```

```
...
Woe!
>>>
```

if、else行は、条件（ここではdisasterの値）がTrueかどうかをチェックするPythonの**文**である。なお、print()は、通常は画面にメッセージを表示するPythonの**組み込み関数**だ。

他の言語でプログラミングしたことがある読者は、ifテストでかっこがいらないことにおやと思われたかもしれない。if (disaster == True)のような書き方をしてはならない。また、末尾の：（コロン）は必要だ。私のようにときどきコロンを入れ忘れると、Pythonがエラーメッセージを出してくれる。

print()文は、どちらも条件テストの下でインデントされている。ここでは、サブセクションのインデントのために4文字のスペースを使った。インデントのサイズは自由に決めてよいが、Pythonは、セクション内ではコードが首尾一貫しているはずだと考えて動く。つまり、インデントは同じ大きさで左端が揃っていなければならない。PEP8（http://bit.ly/pep-8）という推奨スタイルは、4個のスペースを使っている。タブを使ったりタブとスペースを併用したりすると、インデント数が狂うので使わない方がよい。

ここではさまざまなことをしている。それらは章が先に進んだところで詳しく説明していく。

- disasterという変数にTrueというブール値を代入した。
- ifとelseを使って**条件比較**を行い、disasterの値によって異なるコードを実行した。
- テキストを表示するために、print()関数を呼び出した。

テストのなかにさらにテストを入れることができる。このような入れ子構造は必要なだけ深くすることができる。

```
>>> furry = True
>>> small = True
>>> if furry:
...     if small:
```

```
...         print("It's a cat.")
...     else:
...         print("It's a bear!")
... else:
...     if small:
...         print("It's a skink!")
...     else:
...         print("It's a human. Or a hairless bear.")
...
It's a cat.
```

Pythonでは、インデントによってif、else節がどのように対応しているかを表現する。最初のテストはfurryのチェックで、furryがTrueなら、Pythonはインデントされたif smallテストに入っていく。そして、smallがTrueならif smallが評価され、Pythonは次の行に進んでIt's a cat.を出力する。

テスト結果が3種類以上に分かれる場合には、if、elif（else ifという意味）、elseを使う。

```
>>> color = "puce"
>>> if color == "red":
...     print("It's a tomato")
... elif color == "green":
...     print("It's a green pepper")
... elif color == "bee purple":
...     print("I don't know what it is, but only bees can see it")
... else:
...     print("I've never heard of the color", color)
...
I've never heard of the color puce
```

上の例では、==演算子で等しいかどうかをテストしている。Pythonの**比較演算子**をまとめると、**表4-1**のようになる。

表4-1 Pythonの比較演算子

意味	演算子
等しい	==
等しくない	!=
より小さい	<
以下	<=
より大きい	>
以上	>=
要素になっている	in ...

これらの演算子は、TrueかFalseのブール値を返す。これらがどのように働くのかをこれから見ていくが、その前にまず、xに値を代入しよう。

```
>>> x = 7
```

では、テスト開始だ。

```
>>> x == 5
False
>>> x == 7
True
>>> 5 < x
True
>>> x < 10
True
```

等価性のテストのために、ふたつの等号（==）が使われていることに注意しよう。ひとつの等号（=）は、変数に値を代入するときに使う。

同時に複数の比較をしなければならないときには、and、or、notの**ブール演算子**を使って最終的な真偽を判断する。

ブール演算子は、比較対象の要素よりも**優先順位**が低い。そのため、その比較対象となる要素が先に計算されてからブール演算が行われる。次の例では、xに7をセットしているため、5 < xはTrue、x < 10もTrueになり、最後は、True and Trueを処理することになる。

```
>>> 5 < x and x < 10
True
```

「2.2.2 優先順位」で示したように、優先順位に関して混乱しないようにしたければ、かっこを使うのがもっとも手っ取り早い。

```
>>> (5 < x) and (x < 10)
True
```

ほかのテストも見てみよう。

```
>>> 5 < x or x < 10
True
>>> 5 < x and x > 10
False
>>> 5 < x and not x > 10
True
```

1個の変数で複数の比較をandする場合、Pythonでは次のように書くことができる。

```
>>> 5 < x < 10
True
```

これは、`5 < x and x < 10`と同じ意味だ。もっと長い比較を書くこともできる。

```
>>> 5 < x < 10 < 999
True
```

4.3.1 Trueとは何か

チェックしている要素がブール値でなければどうなるのだろうか。Pythonは何を`True`、`False`と考えているのだろうか。

偽は、かならずしも明示的に`False`である必要はない。たとえば、**表4-2**に示すものは、すべて`False`と見なされる。

表4-2 Falseと見なされるもの

Falseと見なされるもの	値
ブール値	`False`
null	`None`
整数のゼロ	`0`
floatのゼロ	`0.0`
空文字列	`''`
空リスト	`[]`
空タプル	`()`
空辞書	`{}`
空集合	`set()`

その他のものはすべて`True`と見なされる。Pythonプログラムは、この「真実」の定義(この場合は、「偽」の定義と呼ぶべきだが)を使って、`False`だけでなく空データ構造かどうかをチェックしている。

```
>>> some_list = []
>>> if some_list:
...     print("There's something in here")
... else:
...     print("Hey, it's empty!")
...
Hey, it's empty!
```

テストしているものが単純な変数ではなく、式なら、Pythonは式を評価してブール値の結果を返す。そこで、たとえば次のように入力した場合、

```
if color == "red":
```

Pythonは、`color == "red"`を評価する。私たちの例では、`color`に`"puce"`を代入しているので、`color == "red"`は`False`であり、Pythonは次のテストに移る。

```
elif color == "green":
```

4.4 whileによる反復処理

`if`、`elif`、`else`によるテストは、上から下に進む。しかし、同じことを2回以上行わなければならないことがときどきある。そのようなときに必要なのは**ループ**だ。Pythonでもっとも単純なループのメカニズムは`while`である。対話型インタープリタを使って次の例を試してみよう。これは1から5までの数値を表示する単純なループだ。

```
>>> count = 1
>>> while count <= 5:
...     print(count)
...     count += 1
...
1
2
3
4
5
>>>
```

まず、`count`に1を代入している。そして、`while`ループは、`count`と5を比較しており、`count`が5以下ならループを続ける。ループ内では、`count`の値を表示してから、`count += 1`文で`count`を1ずつ**インクリメント**（加算）する。Pythonは、ループの先頭に戻って再び`count`と5を比較する。`count`の値は2になっているが、5以下なので、再び`while`ループが実行され、`count`はインクリメントされて3になる。

`count`がループの最後の行で5から6にインクリメントされるまで、これが続く。`count`が6になってから最初の行に戻ると、`count <= 5`が今度は`False`になり、`while`ループは終了する。Pythonは、その次の行に移動する。

4.4.1 breakによるループ中止

何かが起きるまでループを続けたいが、それがいつ起きるかがはっきりわからない場合には、break文を持つ**無限ループ**が使える。次のコードは、Pythonのinput()関数を使ってキーボードから入力行を読み出し、最初の文字を大文字に変換して入力行を表示する。そして、qだけの行を読み込んだらループを終了する。

```
>>> while True:
...     stuff = input("String to capitalize [type q to quit]: ")
...     if stuff == "q":
...         break
...     print(stuff.capitalize())
...
String to capitalize [type q to quit]: test
Test
String to capitalize [type q to quit]: hey, it works
Hey, it works
String to capitalize [type q to quit]: q
>>>
```

4.4.2 continueによる次のイテレーションの開始

なんらかの理由から、ループを抜け出してしまうのではなく、次のイテレーション（反復処理の1回分）をただちに始めたいという場合がある。次のサンプルはわざとらしいものだが、整数を読み、読んだ整数が奇数なら自乗し、偶数なら何もしない。コメントも加えてある。このプログラムも、qでループを終了できるようにしてある。

```
>>> while True:
...     value = input("Integer, please [q to quit]: ")
...     if value == 'q':      # 終了
...         break
...     number = int(value)
...     if number % 2 == 0:   # 偶数
...         continue
...     print(number, "squared is", number*number)
...
Integer, please [q to quit]: 1
1 squared is 1
Integer, please [q to quit]: 2
Integer, please [q to quit]: 3
3 squared is 9
Integer, please [q to quit]: 4
```

```
Integer, please [q to quit]: 5
5 squared is 25
Integer, please [q to quit]: q
>>>
```

4.4.3 elseによるbreakのチェック

whileループが正常終了したら（breakせずに終了したら）、制御はオプションのelse節に渡される。何かをチェックするためにwhileループを書き、それが見つかったらすぐにbreakするときにこれを使う。else節は、whileループが終了したものの、探しものが見つからなかったときに実行される。

```
>>> numbers = [1, 3, 5]
>>> position = 0
>>> while position < len(numbers):
...     number = numbers[position]
...     if number % 2 == 0:
...         print('Found even number', number)
...         break
...     position += 1
... else:  # breakが呼び出されていない
...     print('No even number found')
...
No even number found
```

elseのこの使い方はわかりにくいかもしれないが、breakチェッカーと考えるとよいだろう。

4.5 forによる反復処理

Pythonは、**イテレータ**（イテレーションごとにリスト、辞書などから要素をひとつずつ取り出して返すもの）を頻繁に使うが、それにはもっともな理由がある。イテレータを使えば、データ構造がどれくらいのサイズなのか、どのように実装されているのかを知らなくても、データ構造の各要素を操作できるのだ。その場で作ったデータもforで受け付けられるので、コンピュータのメモリに全部収めきれないようなデータ**ストリー**

ムも処理できる。

次のようにシーケンスをループで処理するのはPythonコードとして決して間違ってはいない。

```
>>> rabbits = ['Flopsy', 'Mopsy', 'Cottontail', 'Peter']
>>> current = 0
>>> while current < len(rabbits):
...     print(rabbits[current])
...     current += 1
...
Flopsy
Mopsy
Cottontail
Peter
```

しかし、次のようにした方がPythonらしいよいコードになる。

```
>>> for rabbit in rabbits:
...     print(rabbit)
...
Flopsy
Mopsy
Cottontail
Peter
```

rabbitsのようなリストは、文字列、タプル、辞書、集合、その他とともに、Pythonの**イテラブル**（イテレータに対応している）オブジェクトだ。タプルやリストをforで処理すると、一度にひとつずつ要素が取り出される。文字列をforで処理すると、次に示すように一度に1字ずつ文字が生成される。

```
>>> word = 'cat'
>>> for letter in word:
...     print(letter)
...
c
a
t
```

辞書（または辞書のkeys関数）をforで処理すると、キーが返される。次の例では、キーはボードゲーム『Clue』（北米以外では『Cluedo』）のカード種類を表す。

```
>>> accusation = {'room': 'ballroom', 'weapon': 'lead pipe', '
...                'person': 'Col. Mustard'}
```

```
>>> for card in accusation:  #  または for card in accusation.keys():
...     print(card)
...
room
weapon
person
```

キーではなく、値を反復処理したい場合には、辞書のvalues()関数を使えばよい。

```
>>> for value in accusation.values():
...     print(value)
...
ballroom
lead pipe
Col. Mustard
```

キーと値の両方をタプルの形で返したい場合には、items()関数を使う。

```
>>> for item in accusation.items():
...     print(item)
...
('room', 'ballroom')
('weapon', 'lead pipe')
('person', 'Col. Mustard')
```

タプルの各要素を個別の変数に代入する作業は、ワンステップでできることを覚えておこう。items()が返す個々のタプルについて、第1の値(キー)をcard、第2の値(値)をcontentsに代入することができる。

```
>>> for card, contents in accusation.items():
...     print('Card', card, 'has the contents', contents)
...
Card weapon has the contents lead pipe
Card person has the contents Col. Mustard
Card room has the contents ballroom
```

4.5.1 breakによる中止

forループにbreak文を入れると、whileループのときと同様に、そこでループを中止する。

4.5.2 continueによる次のイテレーションの開始

forループにcontinueを入れると、whileループのときと同様に、ループの次のイテレーションにジャンプする。

4.5.3 elseによるbreakのチェック

whileと同様に、forは正常終了したかどうかをチェックするオプションのelseを持っている。breakが呼び出され**なければ**、else文が実行される。

この機能は、forループがbreak呼び出しで途中で終了しておらず、最後まで実行されたことを確かめたいときに役に立つ。次の例のforループは、チーズショップにチーズがあれば、そのチーズの名前を表示してbreakする。

```
>>> cheeses = []
>>> for cheese in cheeses:
...     print('This shop has some lovely', cheese)
...     break
... else:  # breakしていないということはチーズがないということ
...     print('This is not much of a cheese shop, is it?')
...
This is not much of a cheese shop, is it?
```

whileのときと同様に、forループのelseはわかりにくいかもしれないが、何かを探すためにforループを使い、それが見つからなかったときにelseが呼び出されると考えれば意味がわかるだろう。elseを使わずに同じ効果を得るためには、次に示すように、forループ内で探していたものが見つかったかどうかを示す変数を使わなければならない。

```
>>> cheeses = []
>>> found_one = False
>>> for cheese in cheeses:
...     found_one = True
...     print('This shop has some lovely', cheese)
...     break
...
>>> if not found_one:
...     print('This is not much of a cheese shop, is it?')
...
This is not much of a cheese shop, is it?
```

4.5.4 zip()を使った複数のシーケンスの反復処理

forループには、もうひとつ巧妙なテクニックがある。zip()関数を使えば、複数のシーケンスを並列的に反復処理できるのだ。

```
>>> days = ['Monday', 'Tuesday', 'Wednesday']
>>> fruits = ['banana', 'orange', 'peach']
>>> drinks = ['coffee', 'tea', 'beer']
>>> desserts = ['tiramisu', 'ice cream', 'pie', 'pudding']
>>> for day, fruit, drink, dessert in zip(days, fruits, drinks, desserts):
...     print(day, ": drink", drink, "- eat", fruit, "- enjoy", dessert)
...
Monday : drink coffee - eat banana - enjoy tiramisu
Tuesday : drink tea - eat orange - enjoy ice cream
Wednesday : drink beer - eat peach - enjoy pie
```

zip()は、もっともサイズの小さいシーケンスの要素を処理しつくしたときに止まる。この例では、リストのなかのひとつ（desserts）だけがほかのリストよりも長い。そのため、ほかのリストを長くしない限り、プリン（pudding）をもらえる人はいない。

「3.4節 辞書」で説明したように、dictは、タプル、リスト、文字列などの2要素のシーケンスから辞書を作れる。zip()を使えば、複数のシーケンスをたどって、オフセットが共通する要素からタプルを作ることができる。同じ意味の英単語と仏単語のふたつのタプルを作ってみよう。

```
>>> english = 'Monday', 'Tuesday', 'Wednesday'
>>> french = 'Lundi', 'Mardi', 'Mercredi'
```

zip()を使って、これらのタプルからペアを作っていこう。zip()から返される値自体はタプルやリストではなく、タプルやリストにすることができるイテラブルな値だ。

```
>>> list( zip(english, french) )
[('Monday', 'Lundi'), ('Tuesday', 'Mardi'), ('Wednesday', 'Mercredi')]
```

zip()の結果を直接dict()に渡すと、小さな英仏辞書ができあがる。

```
>>> dict( zip(english, french) )
{'Monday': 'Lundi', 'Tuesday': 'Mardi', 'Wednesday': 'Mercredi'}
```

4.5.5 range()による数値シーケンスの生成

range()関数を使えば、あらかじめリストやタプルなどの大きなデータ構造体を作ってそこに値を格納しなくても、指定した範囲の数値のストリームを返すことができる。これを使えば、コンピュータのメモリを使い尽くしてプログラムをクラッシュさせたりせずに、非常に大きな範囲の数値を作ることができる。

range()は、range(*start*, *end*, *step*)というスライスとよく似た形式で使う。*start*を省略すると、0が先頭になる。唯一の必須引数は*end*で、スライスと同様に、作成される最後の値は*stop*の直前である。*step*のデフォルト値は1だが、-1を指定して逆順にすることができる。

zip()と同様に、range()は**イテラブルな**オブジェクトを返すので、戻り値はfor ... inで反復処理するか、リストなどのシーケンスに変換する必要がある。0, 1, 2という範囲を作ってみよう。

```
>>> for x in range(0,3):
...     print(x)
...
0
1
2
>>> list( range(0, 3) )
[0, 1, 2]
```

2から0までの範囲は、次のようにして作る。

```
>>> for x in range(2, -1, -1):
...     print(x)
...
2
1
0
>>> list( range(2, -1, -1) )
[2, 1, 0]
```

次のコードは、ステップサイズ2を使って0から10までの偶数を手に入れている。

```
>>> list( range(0, 11, 2) )
[0, 2, 4, 6, 8, 10]
```

4.5.6 その他のイテレータ

8章では、ファイルの反復処理の方法を示す。6章では、ユーザー定義オブジェクトをイテラブルオブジェクトにする方法を示す。

4.6 内包表記

内包表記は、ひとつ以上のイテレータからPythonデータ構造をコンパクトに作れる形式だ。内包表記を使えば、ループや条件テストを寡黙な構文で結合できる。内包表記が使えているかどうかは、Python初心者レベルを卒業できているかどうかの目印になる。

4.6.1 リスト内包表記

1から5までの整数のリストは、次のように一度にひとつずつ要素を追加しても作れる。

```
>>> number_list = []
>>> number_list.append(1)
>>> number_list.append(2)
>>> number_list.append(3)
>>> number_list.append(4)
>>> number_list.append(5)
>>> number_list
[1, 2, 3, 4, 5]
```

forループとrange()関数でも作れる。

```
>>> number_list = []
>>> for number in range(1, 6):
...     number_list.append(number)
...
>>> number_list
[1, 2, 3, 4, 5]
```

さらには、range()の出力を直接リストに変換しても作れる。

```
>>> number_list = list(range(1, 6))
>>> number_list
[1, 2, 3, 4, 5]
```

これらはどれも有効なPythonコードであり、同じ結果を生み出すが、**リスト内包表記**を使った方がPythonらしいコードになる。リスト内包表記のもっとも単純な形式は、次のとおりだ。

```
[ expression for item in iterable ]
```

リスト内包表記を使って先ほどの整数リストを作るには、次のようにする。

```
>>> number_list = [number for number in range(1,6)]
>>> number_list
[1, 2, 3, 4, 5]
```

第1行の最初のnumber変数は、リストに入れる値を作るために必要だ。つまり、ループの実行結果をnumber_listに格納するのである。第2のnumberは、forループの一部だ。最初のnumberが式だということを示すために、少し書き換えた次のコードを試してみよう。

```
>>> number_list = [number-1 for number in range(1,6)]
>>> number_list
[0, 1, 2, 3, 4]
```

リスト内包表記では、角かっこのなかにループが記述される。この内包表記のサンプルは最初のものよりも複雑だったが、もっと複雑なものがある。次に示すように、リスト内包表記には条件式も追加できるのだ。

[*expression* for *item* in *iterable* if *condition*]

では、1から5までの奇数だけのリストを作る新しい内包表記を作ってみよう（number % 2は、奇数ではTrue、偶数ではFalseになることを覚えておこう）。

```
>>> a_list = [number for number in range(1,6) if number % 2 == 1]
>>> a_list
[1, 3, 5]
```

この内包表記は、次のような古くからの書き方と比べて少しコンパクトになっている。

```
>>> a_list = []
>>> for number in range(1,6):
...     if number % 2 == 1:
...         a_list.append(number)
...
>>> a_list
[1, 3, 5]
```

最後に、ループをネストできるのと同じように、内包表記でもfor ...節を複数使うことができる。まず、古くからのネストされたループを書いて結果を表示してみよう。

```
>>> rows = range(1,4)
>>> cols = range(1,3)
```

```
>>> for row in rows:
...     for col in cols:
...         print(row, col)
...
1 1
1 2
2 1
2 2
3 1
3 2
```

次に、包括表記を使って結果を(row, col)形式のタプルにして、cells変数に代入しよう。

```
>>> rows = range(1,4)
>>> cols = range(1,3)
>>> cells = [(row, col) for row in rows for col in cols]
>>> for cell in cells:
...     print(cell)
...
(1, 1)
(1, 2)
(2, 1)
(2, 2)
(3, 1)
(3, 2)
```

なお、**タプルのアンパック**を使って、cellsリストを反復処理しながらタプルからrow、colの値を引き抜くこともできる。

```
>>> for row, col in cells:
...     print(row, col)
...
1 1
1 2
2 1
2 2
3 1
3 2
```

リスト内包表記内のfor row ...、for col ...には、それぞれ専用のifテストも付けられる。

4.6.2 辞書包括表記

ただのリストだけではない。辞書にも内包表記がある。もっとも単純な形式は、もうわかるだろう。

{ *key_item* : *value_item* for *item* in *iterable* }

リスト内包表記と同様に、辞書内包表記もifテストと複数のfor節を持てるようになっている。

```
>>> word = 'letters'
>>> letter_counts = {letter: word.count(letter) for letter in word}
>>> letter_counts
{'l': 1, 'e': 2, 't': 2, 'r': 1, 's': 1}
```

'letters'という文字列に含まれる7個の文字を反復処理し、その文字が何回現れたかを数える。しかし、すべてのeを2回、すべてのtを2回数えなければならないので、2回分のword.count(letter)の実行時間が無駄になる。しかし、2回目にeを数えたとき、すでにある辞書エントリを同じ値に置き換えるだけなので、実害はない。同じことがtの計算にも言える。そこで、次のようにすれば、ほんの少しだけPythonらしさが増す。

```
>>> word = 'letters'
>>> letter_counts = {letter: word.count(letter) for letter in set(word)}
>>> letter_counts
{'t': 2, 'l': 1, 'e': 2, 'r': 1, 's': 1}
```

辞書のキーの順序が先ほどのサンプルとは異なるが、これはset(word)が文字列wordとは別の順序で文字を返してくるからだ。

4.6.3 集合内包表記

誰だって仲間はずれにされるのはいやなので、集合でさえ内包表記を持っている。もっとも単純なバージョンは、今見たばかりの辞書内包表記とよく似ている。

{ *item* for *item* in *iterable* }

集合でも、長いバージョン（ifテスト、複数のfor節）が使える。

```
>>> a_set = {number for number in range(1,6) if number % 3 == 1}
>>> a_set
{1, 4}
```

4.6.4 ジェネレータ内包表記

実は、タプルには内包表記がない。リスト内包表記の角かっこを普通のかっこに変えれば、タプル内包表記ができると思われたかもしれない。実際、次のように入力しても例外は起きないので、それで動作するように見える。

```
>>> number_thing = (number for number in range(1, 6))
```

かっこの間のものは、**ジェネレータ内包表記**であり、このコードは**ジェネレータオブジェクト**を返す。

```
>>> type(number_thing)
<class 'generator'>
```

ジェネレータについては、「4.8 ジェネレータ」で詳しく説明するが、イテレータにデータを供給する方法のひとつである。

次に示すように、このジェネレータオブジェクトは直接forループで処理できる。

```
>>> for number in number_thing:
...     print(number)
...
1
2
3
4
5
```

ジェネレータ包括表記をlist()呼び出しでラップすれば、リスト内包表記のように動作させることができる。

```
>>> number_list = list(number_thing)
>>> number_list
[1, 2, 3, 4, 5]
```

ジェネレータは一度だけしか実行できない。リスト、集合、文字列、辞書はメモリ内にあるが、ジェネレータは一度にひとつずつその場で値を作り、イテレータに渡していってしまうので、作った値を覚えていない。そのため、ジェネレータをもう一度使ったり、バックアップしたりすることはできない。

もう一度このジェネレータを使おうとすると、もう何も出てこないことがわかる。

```
>>> try_again = list(number_thing)
>>> try_again
[]
```

ジェネレータは、ここで行ったようにジェネレータ内包表記から作ることができるほか、**ジェネレータ関数**からも作れる。まず、一般的な関数について話してから、ジェネレータ関数という特殊条件を取り上げる。

4.7 関数

これまでのすべてのPythonコードは、小さな断片だった。小さな仕事には、こういうコードも役に立つが、小さなコードを繰り返しタイプしたいと思う人はいない。大きなコードを管理できる部品にまとめる方法が必要だ。

コードの再利用のための第一歩は、**関数**である。関数とは、名前の付いたコードで、ほかのコードから切り離されているもののことだ。関数は任意の型、任意の個数の入力**引数**を取り、任意の型、任意の数の**結果**を出力する。

プログラマーは、関数に対して次のふたつのことをできる。

- 関数の**定義**
- 関数の**呼び出し**

Python関数を定義するには、defと入力し、関数名を書き、関数に対する入力引数をかっこに囲んで書き、最後にコロン(:)を書く。関数名は、変数名と同じ規則に従う(先頭は英字か_でなければならず、英字、数字、_以外使えない)。

一度に一歩ずつ進むことにしよう。まず、引数を取らない関数を定義して呼び出す。次に示すのは、Pythonでもっとも単純な関数だ。

```
>>> def do_nothing():
...     pass
```

この関数のように、引数を取らない関数でも、定義のなかにはかっことコロンが必要だ。次の行は、if文の下のコードをインデントするのと同じように、インデントされていなければならない。この関数が何もしないことを示すためには、pass文が必要だ。こうすると、**このページを意図的に空白にする**のと同じことになる（もう空白ではないが）。

この関数を呼び出すには、名前をとかっこを入力する。ここでは、名前どおり何もしない。

```
>>> do_nothing()
>>>
```

では、引数がないが1個の単語を出力する別の関数を定義して呼び出そう。

```
>>> def make_a_sound():
...     print('quack')
...
>>> make_a_sound()
quack
```

make_a_sound()関数を呼び出すと、Pythonが定義のなかのコードを実行する。この場合は、1個の単語を出力して、メインプログラムに制御を返す。

次に、引数がないが値を**返す**関数を試してみよう。

```
>>> def agree():
...    return True
...
```

関数を呼び出し、ifを使って戻り値をテストすることができる。

```
>>> if agree():
...     print('Splendid!')
... else:
...     print('That was unexpected.')
...
Splendid!
```

実は、これは大きな一歩だ。ifなどの条件のテストやwhileなどのループと関数を組み合わせると、今まではできなかったことができるようになるのである。

ここで、かっこの間に何かを入れてみることにしよう。anythingという1個の引数を取るecho()という関数を定義しよう。この関数は、return文を使って、anythingの値を2回、間にスペースをはさんで呼び出し元に送り返す。

```
>>> def echo(anything):
...     return anything + ' ' + anything
...
>>>
```

では、'Rumplestiltskin'という文字列を引数としてecho()を呼び出してみよう。

```
>>> echo('Rumplestiltskin')
'Rumplestiltskin Rumplestiltskin'
```

関数を呼び出すときに関数に渡される値も**引数**と呼ばれる※1。**(実)** 引数を渡して関数を呼び出すとき、それらの値は関数内の対応する **(仮)** 引数にコピーされる。上の例では、echo()関数は'Rumplestiltskin'という実引数とともに呼び出されている。この値は、echo()内のanythingという仮引数にコピーされ、呼び出し元に返される（間にスペースをはさんでふたつにして）。

以上の関数のサンプルはごく基本的なものだ。入力引数を受け付け、実際にその引数になんらかの処理を行う関数を書いてみよう。先ほどの色に対してコメントするコードに修正を加えて、colorという入力文字列引数を取るcommentaryという名前の関数にする。この関数は、呼び出し元に渡された引数に対するコメントを返す。呼び出し元は、返されたコメントをどう処理するかを自由に決められる。

```
>>> def commentary(color):
...     if color == 'red':
...         return "It's a tomato."
...     elif color == "green":
...         return "It's a green pepper."
...     elif color == 'bee purple':
...         return "I don't know what it is, but only bees can see it."
```

※1　訳注：関数定義で使われる方を**仮引数**（parameter）、呼び出し時に実際に渡される方を**実引数**（argument）と呼ぶが、英語でparameter、argumentを比較的よく使い分けるのと比べて、実引数、仮引数の使い分けは関数のこの部分の説明以外ではあまり見かけず、どちらもただ引数と呼ばれることが多い。実引数と仮引数の違いに注目していない部分では、どちらも引数と呼ぶことにする。

```
...     else:
...         return "I've never heard of the color "  color  "."
...
>>>
```

では、'blue'という実引数とともにcommentary()関数を呼び出してみよう。

```
>>> comment = commentary('blue')
```

関数は次のことを行う。

- 関数内部のcolor仮引数に'blue'という値を代入する。
- if-elif-elseのコードを実行する。
- 文字列を返す。
- comment変数に文字列を代入する。

では、何が返されているのかを見てみよう。

```
>>> print(comment)
I've never heard of the color blue.
```

関数は、任意の型の引数をいくつでも（ゼロを含む）受け付けることができる。そして、任意の型の戻り値をいくつでも（ゼロを含む）返すことができる。関数が明示的にreturnを呼び出さなければ、呼び出し元は戻り値としてNoneを受け取る。

```
>>> print(do_nothing())
None
```

Noneは役に立つ

NoneはPythonの特殊な値で、何も言うべきことがないときに使われる。Noneは、ブール値として評価すると偽になるが、ブール値のFalseと同じではない。例を見てみよう。

```
>>> thing = None
>>> if thing:
...     print("It's some thing")
... else:
```

```
...     print("It's no thing")
...
It's no thing
```

ブール値のFalseとNoneを区別するには、Pythonのis演算子を使えばよい。

```
>>> if thing is None:
...     print("It's nothing")
... else:
...     print("It's something")
...
It's nothing
```

これは細かい区別に感じられるかもしれないが、Pythonでは重要な意味を持つ。Noneは、「空の値」と「存在しない値」を区別するために必要なのである。ゼロの整数とfloat、空文字列（''）、空リスト（[]）、空タプル（(,)）、空辞書（{}）、空集合（set()）は、どれもFalseだが、Noneとは等しくない。

引数がNoneかどうかを表示する簡単な関数を書いてみよう。

```
>>> def is_none(thing):
...     if thing is None:
...         print("It's None")
...     elif thing:
...         print("It's True")
...     else:
...         print("It's False")
...
```

テストしてみよう。

```
>>> is_none(None)
It's None
>>> is_none(True)
It's True
>>> is_none(False)
It's False
>>> is_none(0)
It's False
>>> is_none(0.0)
It's False
>>> is_none(())
```

```
It's False
>>> is_none([])
It's False
>>> is_none({})
It's False
>>> is_none(set())
It's False
```

4.7.1 位置引数

Pythonは、関数に渡された引数の処理ということでは、一般にほかの言語の多くと比べて柔軟性が高い。もっともよく知られた引数のタイプは、先頭から順に対応する位置の仮引数にコピーされる**位置引数**である。

次の関数は、位置引数から辞書を作って返す。

```
>>> def menu(wine, entree, dessert):
...     return {'wine': wine, 'entree': entree, 'dessert': dessert}
...
>>> menu('chardonnay', 'chicken', 'cake')
{'dessert': 'cake', 'wine': 'chardonnay', 'entree': 'chicken'}
```

位置引数は、非常によく使われているが、個々の位置の意味を覚えておかなければならないという欠点がある。位置の意味を忘れてワインを最初の引数ではなく最後の引数として呼び出してしまうと、食事はずいぶん違うものになってしまう。

```
>>> menu('beef', 'bagel', 'bordeaux')
{'dessert': 'bordeaux', 'wine': 'beef', 'entree': 'bagel'}
```

4.7.2 キーワード引数

位置引数の混乱を避けるには、対応する仮引数の名前を指定して実引数を指定すればよい。関数定義と引数の順序が異なっていてもかまわない。

```
>>> menu(entree='beef', dessert='bagel', wine='bordeaux')
{'dessert': 'bagel', 'wine': 'bordeaux', 'entree': 'beef'}
```

位置引数とキーワード引数は併用できる。まずワインを指定してから、アントレとデザートをキーワード引数で指定してみよう。

```
>>> menu('frontenac', dessert='flan', entree='fish')
{'entree': 'fish', 'dessert': 'flan', 'wine': 'frontenac'}
```

位置引数とキーワード引数の両方を使って関数を呼び出す場合には、まず先に位置引数を指定しなければならない。

4.7.3 デフォルト引数値の指定

仮引数にはデフォルト値を指定できる。このデフォルト値は、呼び出し元が対応する実引数を渡してこなかったときに使われる。このパッとしない響きの機能が、実際にはかなり役に立つ。前のサンプルを少し改造して次のように定義したとする。

```
>>> def menu(wine, entree, dessert='pudding'):
...     return {'wine': wine, 'entree': entree, 'dessert': dessert}
```

そして、dessert引数を指定せずにmenu()を呼び出してみよう。

```
>>> menu('chardonnay', 'chicken')
{'dessert': 'pudding', 'wine': 'chardonnay', 'entree': 'chicken'}
```

引数を指定すれば、それがデフォルト値の代わりに使われる。

```
>>> menu('dunkelfelder', 'duck', 'doughnut')
{'dessert': 'doughnut', 'wine': 'dunkelfelder', 'entree': 'duck'}
```

デフォルト引数の値が計算されるのは、関数が実行されたときではなく、定義されたときだ。新人の（そしてときどきはそれほど新人でもない）Pythonプログラマーがよく犯す誤りは、リストや辞書などのミュータブルなデータ型をデフォルト引数値として使ってしまうことだ。

次のコードで、buggy()関数は、空のresultリストを毎回もらって実行されるという想定で書かれている。そして、関数はresultにarg引数を追加して要素が1個のリストを表示する。しかし、このコードにはバグがある。リストが空なのは、初めて呼び出されたときだけなのだ。2回目に呼び出されたとき、resultには前回の呼び出しでセットされた1個の要素がまだ残っている。

```
>>> def buggy(arg, result=[]):
...     result.append(arg)
...     print(result)
```

```
...
>>> buggy('a')
['a']
>>> buggy('b')   # ['b']にならないといけない
['a', 'b']
```

このコードは、次のように書いておけば正しく動作しただろう。

```
>>> def works(arg):
...     result = []
...     result.append(arg)
...     return result
...
>>> works('a')
['a']
>>> works('b')
['b']
```

最初の呼び出しだということを示す別のものを渡すという方法もある。

```
>>> def nonbuggy(arg, result=None):
...     if result is None:
...         result = []
...     result.append(arg)
...     print(result)
...
>>> nonbuggy('a')
['a']
>>> nonbuggy('b')
['b']
```

4.7.4 *による位置引数のタプル化

C、C++プログラミングの経験があるプログラマーは、Pythonプログラムの*（アスタリスク）にもポインタと関連する意味があるだろうと思うだろう。しかし、Pythonにはポインタはない。

関数定義のなかで仮引数の一部として*を使うと、可変個の位置引数をタプルにまとめてその仮引数にセットする。次の例では、print_args()関数に渡された実引数から作ったタプルをargs仮引数にセットしている。

```
>>> def print_args(*args):
...     print('Positional argument tuple:', args)
...
```

実引数なしで呼び出すと、*argsには何も入らない。

```
>>> print_args()
Positional argument tuple: ()
```

渡した位置引数はどのようなものであれargsタプルとして表示される。

```
>>> print_args(3, 2, 1, 'wait!', 'uh...')
Positional argument tuple: (3, 2, 1, 'wait!', 'uh...')
```

この機能は、print()のように可変個の実引数を受け付ける関数を書くときに役立つ。必須の位置引数がある場合には、位置引数の最後に*argsを書くと、必須引数以外のすべての位置引数をひとつにまとめることができる。

```
>>> def print_more(required1, required2, *args):
...     print('Need this one:', required1)
...     print('Need this one too:', required2)
...     print('All the rest:', args)
...
>>> print_more('cap', 'gloves', 'scarf', 'monocle', 'mustache wax')
Need this one: cap
Need this one too: gloves
All the rest: ('scarf', 'monocle', 'mustache wax')
```

*を使うときにタプル仮引数をargsと呼ぶ必要は特にないが、Pythonコミュニティでは一般的な慣習となっている。

4.7.5 **によるキーワード引数の辞書化

ふたつのアスタリスク（**）を使えば、キーワード引数を1個の辞書にまとめることができる。引数の名前は辞書のキー、引数の値は辞書の値になる。次の例は、キーワード引数を表示するprint_kwargs()関数を定義している。

```
>>> def print_kwargs(**kwargs):
...     print('Keyword arguments:', kwargs)
...
```

では、いくつかキーワード引数を付けてこの関数を呼び出してみよう。

```
>>> print_kwargs(wine='merlot', entree='mutton', dessert='macaroon')
Keyword arguments: {'dessert': 'macaroon', 'wine': 'merlot', 'entree': 'mutton'}
```

関数内では、kwargesは辞書である。

位置引数をまとめる*argsと**kwargsを併用する場合、このふたつはこの順序で並べなければならない。argsと同様に、この引数をkwargsと呼ぶ必要はないが、一般にこの名前が使われている。

4.7.6 docstring

Python公案は、「読みやすさは大切だ」と言っている。関数本体の先頭に文字列を組み込めば、関数定義にドキュメントを付けることができる。これを関数のdocstringと呼ぶ。

```
>>> def echo(anything):
...     'echoは、与えられた入力引数を返す'
...     return anything
```

好み次第だが、次のようにすれば、docstringを非常に長いものにして、バラエティ豊かな書式整形を施すことができる。

```
def print_if_true(thing, check):
    '''
    第2引数が真なら、第1引数を表示する
    処理内容：
        1. *第2*引数が真かどうかをチェックする。
        2. 真なら*第1*引数を表示する。
    '''
    if check:
        print(thing)
```

関数のdocstringを表示するには、Pythonのhelp()関数を呼び出す。関数名を渡すと、引数リストとともに、きれいに整形されたdocstringが返される。

```
>>> help(echo)
Help on function echo in module __main__:

echo(anything)
    echoは、与えられた入力引数を返す
```

整形前の素のままのdocstringを見たい場合には、次のようにする。

```
>>> print(echo.__doc__)
echoは、与えられた入力引数を返す
```

__doc__というちょっと変な感じに見えるものは、関数内の変数としてのdocstringの名前だ。「4.10.1 名前のなかの_と__の用途」では、これらのアンダースコアの意味を説明する。

4.7.7 一人前のオブジェクトとしての関数

Pythonでは、**すべてのものがオブジェクトだ**ということについてはすでに触れた。ここで言うすべてのものには、数値、文字列、タプル、リスト、辞書などが含まれる。そして、関数もだ。関数は、Pythonでは一人前のオブジェクトである。変数に関数を代入したり、ほかの関数の引数として関数を使ったり、関数からの戻り値として関数を返したりできる。そのおかげで、ほかの言語の多くでは難しいか不可能なことをPythonでは行える。

これをテストするために、answer()という簡単な関数を定義しよう。この関数は引数を取らず、単に42という数値を表示する。

```
>>> def answer():
...     print(42)
```

この関数を実行すると、どうなるかはわかる。

```
>>> answer()
42
```

次に、run_somethingという名前の別の関数を定義しよう。この関数は、実行する関数を示すfuncという名前の引数を取る。run_somethingは、渡されたfuncを呼び出す。

```
>>> def run_something(func):
...     func()
```

run_something()にanswerを渡すと、ほかのデータ型と同様に、関数をデータとして使っていることになる。

```
>>> run_something(answer)
42
```

answer()ではなくanswerを渡したことに注意しよう。Pythonでは、このかっこは**関数呼び出し**を意味する。かっこがなければ、Pythonは関数をほかのオブジェクトと同じように扱う。それは、Pythonではほかのすべてのものと同様に、関数も**オブジェクト**だからだ。

```
>>> type(run_something)
<class 'function'>
```

では、引数を渡して関数を実行してみよう。arg1、arg2というふたつの数値引数の和を表示するadd_args()を定義する。

```
>>> def add_args(arg1, arg2):
...     print(arg1 + arg2)
```

そして、add_argsとは何なのだろうか。

```
>>> type(add_args)
<class 'function'>
```

ここで、次の3つの引数を取るrun_something_with_args()という関数を定義しよう。

func

実行する関数。

arg1

funcの第1引数。

arg2

funcの第2引数。

```
>>> def run_something_with_args(func, arg1, arg2):
...     func(arg1, arg2)
```

run_something_with_args()では、呼び出し元からfunc引数に代入される関数が渡される。arg1とarg2の値は、そのあとに続く引数リストから得られる。そして、func(arg1, arg2)を実行すると、かっこが記述されているため、ふたつの引数を渡して関数が実行される。

それでは、関数名としてadd_args、引数として5と9を渡してrun_something_with_args()を試してみよう。

```
>>> run_something_with_args(add_args, 5, 9)
14
```

run_something_with_args()関数のなかでは、add_argsという関数名の引数がfuncに代入され、5がarg1、9がarg2に代入される。すると、次のコードが実行されることになる。

```
add_args(5, 9)
```

これに*args、**kwargsのテクニックを組み合わせることもできる。

それでは、任意の数の位置引数を取り、sum()関数でそれらの合計を計算して返すテスト関数を定義しみよう。

```
>>> def sum_args(*args):
...     return sum(args)
```

sum()は初めて出てくる関数だが、Pythonの組み込み関数で、イテラブルな数値（整数、float）引数に格納されている値の合計を計算する。

それでは、関数と任意の数の位置引数を取る、run_with_positional_args()という新関数を定義する。

```
>>> def run_with_positional_args(func, *args):
...     return func(*args)
```

それでは、さらに先に進んでこれを呼び出そう。

```
>>> run_with_positional_args(sum_args, 1, 2, 3, 4)
10
```

関数は、リスト、タプル、集合、辞書の要素として使う事ができる。関数はイミュータブルなので、辞書のキーとして使うこともできる。

4.7.8 関数内関数

関数をほかの関数のなかで定義することができる。

```
>>> def outer(a, b):
...     def inner(c, d):
...         return c + d
...     return inner(a, b)
...
>>>
>>> outer(4, 7)
11
```

関数内関数は、ループやコードの重複を避けるために役立つ。複数回実行される複雑な処理をほかの関数で実行するのである。文字列の例を見てみよう。この関数内関数は、引数にテキストを追加する。

```
>>> def knights(saying):
...     def inner(quote):
...         return "We are the knights who say: '%s'" % quote
...     return inner(saying)
...
>>> knights('Ni!')
"We are the knights who say: 'Ni!'"
```

4.7.9 クロージャ

関数内関数は、**クロージャ**として機能する。クロージャとは、他の関数によって動的に生成される関数で、その関数の外で作られた変数の値を覚えておいたり、変えたりすることができる。

次の例は、先ほどのknights()と同じものを作る。面倒なので、新しい関数はknights2()という名前にしよう。そして、inner()関数は、inner2()というクロージャにする。違いをまとめると、次のようになる。

- inner2()は、引数を要求せず、外側の関数に対するsaying引数を直接使う。
- knight2()は、inner2を呼び出すのではなく、その関数名を返す。

```
>>> def knights2(saying):
...     def inner2():
...         return "We are the knights who say: '%s'" % saying
...     return inner2
...
```

inner2()関数は、knight2に渡されたsayingの値を知っており、覚えている。return inner2という行は、このinner2関数のために専用のコピーを返す（しかし呼び出さない）。inner2は動的に作成された関数であり、どのように作成されたかを覚えている。これがすなわち「クロージャ」である。

異なる引数を使ってknights2を2回呼び出してみよう。

```
>>> a = knights2('Duck')
>>> b = knights2('Hasenpfeffer')
```

では、aとbは何だろうか。

```
>>> type(a)
<class 'function'>
>>> type(b)
<class 'function'>
```

これらは関数だが、クロージャでもある。

```
>>> a
<function knights2.<locals>.inner2 at 0x10193e158>
>>> b
<function knights2.<locals>.inner2 at 0x10193e1e0>
```

これらを呼び出すと、ふたつのクロージャはknights2に自分たちが作られたときに使われていたsayingの内容を覚えている。

```
>>> a()
"We are the knights who say: 'Duck'"
>>> b()
"We are the knights who say: 'Hasenpfeffer'"
```

4.7.10 無名関数：ラムダ関数

Pythonでは、**ラムダ関数**は、ひとつの文で表現される無名関数だ。

この具体的な意味を示すために、まず通常の関数を使った例を作ってみよう。引数は次のとおりだ。

`words`

　　単語のリスト。

`func`

　　words内の個々の単語に適用される関数。

```
>>> def edit_story(words, func):
...     for word in words:
...         print(func(word))
```

この関数を試すには、単語のリストと個々の単語に適用される関数が必要だ。単語については、私の猫が（仮説的に）階段を1段踏み外したときに立てる（仮説的な）音のリストを使う。

```
>>> stairs = ['thud', 'meow', 'thud', 'hiss']
```

そして、関数については、個々の単語の先頭を大文字に変え、末尾に感嘆符を追加するものを作る。ネコ科向けタブロイド新聞の見出し用としてもってこいではないだろうか。

```
>>> def enliven(word):   # 文の衝撃力を上げる
...     return word.capitalize() + '!'
```

素材を全部組み合わせてみよう。

```
>>> edit_story(stairs, enliven)
Thud!
Meow!
Thud!
Hiss!
```

やっとラムダの話をすることができる。enliven()関数はとても短いので、ラムダに取り替えてしまえばよい。

```
>>> edit_story(stairs, lambda word: word.capitalize() + '!')
Thud!
Meow!
Thud!
Hiss!
>>>
```

このラムダは1個の引数を取り、ここではそれをwordと呼んでいる。コロンから末尾のかっこまでの部分は、すべて関数定義である。

ラムダを使うよりもenliven()のような本物の関数を使った方がコードが明確になることが多いが、ラムダを使わなければ小さな関数をいくつも作ってその名前を覚えておかなければならないような場面では、ラムダが効果的だ。特に、GUIで**コールバック関数**を定義するときにはラムダが役に立つ。実際の例は、付録Aを参照していただきたい。

4.8 ジェネレータ

ジェネレータは、Pythonのシーケンスを作成するオブジェクトである。ジェネレータがあれば、シーケンス全体を作ってメモリに格納しなくても、(巨大になることがある) シーケンスを反復処理できる。ジェネレータは、イテレータのデータソースになることが多い。今までのサンプルコードでも、すでにジェネレータのひとつであるrange()を使って一連の整数を生成している。Python 2では、range()はリストを返すが、それではメモリに収まる以上の整数を生成できない。Python 2には、ジェネレータになっているxrange()があるが、Python 3では、それが普通のrange()になった。次の例は、1から100までのすべての整数の合計を計算している。

```
>>> sum(range(1, 101))
5050
```

ジェネレータは、反復処理のたびに、最後に呼び出されたときにどこにいたかを管理し、次の値を返す。これは、以前の呼び出しについて何も覚えておらず、いつも同じ状態で1行目を実行する通常の関数とは異なる。

大きくなる可能性があるシーケンスを作りたいが、ジェネレータ内包表記に収めるにはコードが大きすぎるときには、**ジェネレータ関数**を書く。値をreturnで返す代わりにyield文で返すことを除けば、通常の関数と同じだ。それでは、独自バージョンのrange()を書いてみよう。

```
>>> def my_range(first=0, last=10, step=1):
...     number = first
...     while number < last:
...         yield number
...         number += step
...
```

my_rangeは通常の関数である。

```
>>> my_range
<function my_range at 0x10193e268>
```

そして、ジェネレータオブジェクトを返す。

```
>>> ranger = my_range(1, 5)
>>> ranger
<generator object my_range at 0x101a0a168>
```

このジェネレータオブジェクトを対象としてforによる反復処理をすることができる。

```
>>> for x in ranger:
...     print(x)
...
1
2
3
4
```

4.9 デコレータ

ソースコードを書き換えずに既存の関数に変更を加えたいことがある。よく知られているのは、引数として何が渡されたかを見るためのデバッグ文の追加だ。

デコレータは、入力として関数をひとつ取り、別の関数を返す関数である。私たちが身につけてきたPythonトリックの山から、次のものを使う。

- *argsと**kwargs
- 関数内関数
- 引数としての関数

document_it()関数は、次のことを行うデコレータだ。

- 関数名と引数の値を表示する
- その引数を渡して関数を実行する
- 結果を表示する
- 実際に使うために変更後の関数を返す

コードは、次のようになる。

```
>>> def document_it(func):
...     def new_function(*args, **kwargs):
...         print('Running function:', func.__name__)
...         print('Positional arguments:', args)
...         print('Keyword arguments:', kwargs)
...         result = func(*args, **kwargs)
...         print('Result:', result)
...         return result
```

```
...         return new_function
```

document_it()にどんなfuncを渡しても、document_it()が追加した文を含む新しい関数が返される。デコレータは、funcのコードを一切実行しなくてもよいのだが、document_it()は途中でfuncを呼び出し、追加コードの結果とともにfuncの結果も得られるようにしている。

では、これをどのように使えばよいのだろうか。次のように手作業でデコレータを使うこともできる。

```
>>> def add_ints(a, b):
...     return a + b
...
>>> add_ints(3, 5)
8
>>> cooler_add_ints = document_it(add_ints)  # 手作業でデコレータの戻り値を代入
>>> cooler_add_ints(3, 5)
Running function: add_ints
Positional arguments: (3, 5)
Keyword arguments: {}
Result: 8
8
```

上のように手作業でデコレータの戻り値を代入しなくても、デコレートしたい関数の直前に@decorator_nameを追加すれば変更後の動作が得られる。

```
>>> @document_it
... def add_ints(a, b):
...     return a + b
...
>>> add_ints(3, 5)
Start function add_ints
Positional arguments: (3, 5)
Keyword arguments: {}
Result: 8
8
```

関数に対するデコレータは複数持てる。結果を自乗するsquare_it()という別のデコレータを書いてみよう。

```
>>> def square_it(func):
...     def new_function(*args, **kwargs):
...         result = func(*args, **kwargs)
```

```
...         return result * result
...     return new_function
...
```

関数にもっとも近いデコレータ（defのすぐ上）が先に実行され、次にその上のデコレータが実行される。どの順番でも最終的な結果は同じだが、中間の手順が変わることがわかる。

```
>>> @document_it
... @square_it
... def add_ints(a, b):
...     return a + b
...
>>> add_ints(3, 5)
Running function: new_function
Positional arguments: (3, 5)
Keyword arguments: {}
Result: 64
64
```

デコレータの順序を逆にしてみよう。

```
>>> @square_it
... @document_it
... def add_ints(a, b):
...     return a + b
...
>>> add_ints(3, 5)
Running function: add_ints
Positional arguments: (3, 5)
Keyword arguments: {}
Result: 8
64
```

4.10 名前空間とスコープ

名前はどこで使われているかによって別々のものを参照することができる。Pythonプログラムは、さまざまな**名前空間**を持っている。名前空間とは、特定の名前の意味が一意に決まり、ほかの名前空間の同じ名前とは無関係になる領域のことだ。

各関数は、それぞれ専用の名前空間を定義する。メインプログラムでxという変数を定義し、関数内でxという名前の別の変数を定義すると、ふたつのxは別々のものを参照する。しかし、この壁は突破できる。必要なら、さまざまな方法でほかの名前空間の名前にアクセスすることができる。

プログラムのメイン部分は、**グローバル**名前空間を定義する。そのため、この名前空間の変数は、**グローバル変数**と呼ばれる。

グローバル変数の値は、関数内から参照できる。

```
>>> animal = 'fruitbat'
>>> def print_global():
...     print('inside print_global:', animal)
...
>>> print('at the top level:', animal)
at the top level: fruitbat
>>> print_global()
inside print_global: fruitbat
```

しかし、関数内でグローバル変数の値を取得し、さらに書き換えようとするとエラーが起きる。

```
>>> def change_and_print_global():
...     print('inside change_and_print_global:', animal)
...     animal = 'wombat'
...     print('after the change:', animal)
...
>>> change_and_print_global()
Traceback (most recent call last):
  File "<stdin>", line 1, in <module>
  File "<stdin>", line 2, in change_and_report_it
UnboundLocalError: local variable 'animal' referenced before assignment
```

ここでは、同じanimalという関数内で定義された変数を書き換えようとする。しかし、そのような変数は定義されていない。

```
>>> animal = 'fruitbat'
>>> def change_local():
...     animal = 'wombat'
...     print('inside change_local:', animal, id(animal))
...
>>> change_local()
inside change_local: wombat 4330406160
>>> animal
'fruitbat'
>>> id(animal)
4330390832
```

何が起きたのだろうか。第1行は、グローバル変数のanimalに'fruitbat'という文字列を代入している。change_local()関数もanimalという変数を持っているが、その変数は関数のローカル名前空間内の存在だ。

ここでPythonのid()関数を使って個々のオブジェクトに与えられる一意な値を表示しているのは、change_local()のなかのanimal変数がプログラムのメインレベルのanimal変数とは別のものだということを証明するためだ。

関数内からローカル変数ではなく、グローバル変数の方にアクセスするには、globalキーワードを使ってそのことを明示しなければならない（Python公案の「暗黙より明示の方がいい」を思い出そう）。

```
>>> animal = 'fruitbat'
>>> def change_and_print_global():
...     global animal
...     animal = 'wombat'
...     print('inside change_and_print_global:', animal)
...
>>> animal
'fruitbat'
>>> change_and_print_global()
inside change_and_print_global: wombat
>>> animal
'wombat'
```

関数内でglobalと書かなければ、Pythonはローカル名前空間を使い、animal変数はローカルになる。関数が終わったら、ローカル変数は消えてなくなる。

Pythonは、名前空間の内容にアクセスするための関数をふたつ用意している。

- locals()は、ローカル名前空間の内容を示す辞書を返す。
- globals()は、グローバル名前空間の内容を示す辞書を返す。

ふたつの辞書は、次のようにして使う。

```
>>> animal = 'fruitbat'
>>> def change_local():
...     animal = 'wombat'  # ローカル変数
...     print('locals:', locals())
...
>>> animal
'fruitbat'
>>> change_local()
```

```
locals: {'animal': 'wombat'}
>>> print('globals:', globals()) # 見やすくするため出力結果に改行を入れて整形
globals: {'animal': 'fruitbat',
'__doc__': None,
'change_local': <function change_it at 0x1006c0170>,
'__package__': None,
'__name__': '__main__',
'__loader__': <class '_frozen_importlib.BuiltinImporter'>,
'__builtins__': <module 'builtins'>}
>>> animal
'fruitbat'
```

change_local()のローカル名前空間には、animalローカル変数しか含まれていないが、グローバル名前空間には、別のanimalグローバル変数以外にもいくつか変数が含まれている。

4.10.1 名前のなかの_と__

先頭と末尾が2個のアンダースコア（_）になっている名前は、Pythonが使う変数として予約されている。自分自身の変数としてこの種のものを使ってはならない。このパターンが選ばれたのは、アプリケーションデベロッパーが自分の変数のためにこのような名前を選ぶことはまずないだろうと思われたからだ。

たとえば、関数の名前はシステム変数の*function*.__name__、docstringは*function*.__doc__に格納されている。

```
>>> def amazing():
...     '''これはすばらしい関数だ。
...     もう一度見る？'''
...     print('この関数の名前：', amazing.__name__)
...     print('docstring:', amazing.__doc__)
...
>>> amazing()
この関数の名前： amazing
docstring: これはすばらしい関数だ。
    もう一度見る？
```

また、先ほどのglobalsの内容からもわかるように、メインプログラムには__main__という特別な名前が与えられている。

4.11 エラー処理とtry、except

するか、しないかだ。お試しはない。 ── Yoda

関数の戻り値を特別な値にしてエラーを示すといった言語も存在するが、Pythonは**例外**を使っている。例外とは、エラーが起きたときに実行されるコードのことだ。

すでに例外はいくつか示してきた。リストやタプルに範囲外の位置を指定してアクセスしようとしたときや、存在しないキーで辞書にアクセスしようとしたときなどだ。特定の条件のもとでは失敗するコードを実行するときには、適切な**例外ハンドラ**を作って、起きる可能性のあるエラーをすべてキャッチする必要がある。

例外が起きそうなところにはすべて例外処理を追加して、ユーザーに何が起きるのかを知らせておくのはグッドプラクティスだとされている。問題を解決できないかもしれないが、少なくとも状況を知らせて穏便にプログラムを終了させることはできる。ある関数で例外が起き、その関数で例外をキャッチしなければ、上位の関数の対応するハンドラがキャッチするまで例外は**バブルアップ**していく。プログラム内で独自の例外ハンドラを用意できていなければ、次のコードが示すように、Pythonはエラーメッセージとエラー発生箇所についての情報を出力し、プログラムを強制終了する。

```
>>> short_list = [1, 2, 3]
>>> position = 5
>>> short_list[position]
Traceback (most recent call last):
  File "<stdin>", line 1, in <module>
IndexError: list index out of range
```

このように成り行きに任せるのではなく、tryを使って例外が起きそうな場所を囲み、exceptを使って例外処理を提供すべきだ。

```
>>> short_list = [1, 2, 3]
>>> position = 5
>>> try:
...     short_list[position]
... except:
...     print('Need a position between 0 and', len(short_list)-1,
...           ' but got', position)
...
Need a position between 0 and 2 but got 5
```

tryブロックのコードは実行される。そこでエラーが起きると、例外が生成され、exceptブロックのコードが実行される。例外が起きなければ、exceptブロックは実行されない。

ここで行っているように、引数なしのexceptを指定すると、あらゆる例外型がキャッチされる。しかし、複数の例外が起きる可能性があるときには、それぞれのために別々の例外ハンドラを用意した方がよい。とは言え、これは強制ではない。ただのexceptを使ってすべての例外をキャッチすることはできるが、その処理はおそらく一般的で役に立たないものになるだろう（「なんらかのエラーが発生しました」と表示するなど）。専用例外ハンドラはいくつでも指定できる。

例外について型だけでなく詳細情報がわかるようにしたい場合がある。次のようにすれば、*name*変数に完全な例外オブジェクトを格納できる。

except *exceptiontype* as *name*

次の例では、まずIndexErrorを探す。シーケンスに無効な位置を指定したときに返される例外型がこれなのだ。コードは、err変数にIndexError例外、other変数にほかの例外を保存する。そして、otherに格納されたすべての情報を表示して、どのような例外が発生したかを示す。

```
>>> short_list = [1, 2, 3]
>>> while True:
...     value = input('Position [q to quit]? ')
...     if value == 'q':
...         break
...     try:
...         position = int(value)
...         print(short_list[position])
...     except IndexError as err:
...         print('Bad index:', position)
...     except Exception as other:
...         print('Something else broke:', other)
...
Position [q to quit]? 1
2
Position [q to quit]? 0
1
Position [q to quit]? 2
3
Position [q to quit]? 3
```

```
Bad index: 3
Position [q to quit]? 2
3
Position [q to quit]? two
Something else broke: invalid literal for int() with base 10: 'two'
Position [q to quit]? q
```

位置3を入力すると、予想どおりIndexErrorが発生する。twoを入力すると、int()関数を困らせることになる。ここで発生した例外は、すべてを拾う第2のexceptコードで処理される。

4.12 独自例外の作成

前節では例外処理を取り上げたが、例外はどれも（IndexErrorなど）Pythonかその標準ライブラリで定義済みのものだった。これらの例外は、自分の目的で自由に使える。また、自分のプログラムのなかで発生することのある特殊な状況に対処するために独自の例外型を定義することもできる。

そのためには、**クラス**を使って新しいオブジェクト型を定義する必要がある。しかし、クラスの作り方については6章まで深入りしない。そこで、クラスがよくわからないという読者は、あとでこの節に戻るとよいだろう。

例外はクラスであり、Exceptionクラスの子クラスだ。UppercaseExceptionというクラスを作り、文字列に大文字の単語が含まれていたら生成されるようにしてみよう。

```
>>> class UppercaseException(Exception):
...     pass
...
>>> words = ['eeenie', 'meenie', 'miny', 'MO']
>>> for word in words:
...     if word.isupper():
...         raise UppercaseException(word)
...
Traceback (most recent call last):
  File "<stdin>", line 3, in <module>
__main__.UppercaseException: MO
```

ここでは、UppercaseExceptionのふるまいさえ定義していない（passを使っていたことに注意しよう）。例外が生成されたときに何を表示すべきかも、親クラスのExceptionに任せている。

例外オブジェクト自体にアクセスして、情報を表示することもできる。

```
>>> try:
...     raise OopsException('panic')
... except OopsException as exc:
...     print(exc)
...
panic
```

4.13 復習課題

4-1 変数guess_meに7を代入しよう。次に、guess_meが7よりも小さければ'too low'、7よりも大きければ'too high'を表示し、7に等しければ'just right'と表示する条件テスト（if、else、elif）を書こう。

4-2 変数guess_meに7、変数*start*に1を代入し、*start*とguess_meを比較するwhileループを書こう。ループは、*start*がguess_meよりも小さければ'too low'を表示し、*start*とguess_meが等しければ'found it!'を表示し、*start*がguess_meよりも大きければ'oops'と表示してループを終了するものとする。ループの最後の部分で*start*をインクリメントすること。

4-3 forループを使ってリスト[3, 2, 1, 0]の値を表示しよう。

4-4 リスト内包表記を使って、range(10)の偶数のリストを作ろう。

4-5 辞書内包表記を使って、squaresという辞書を作ろう。ただし、range(10)を使ってキーを返し、各キーの自乗をその値とする。

4-6 集合内包表記を使って、range(10)の奇数からoddという集合を作ろう。

4-7 ジェネレータ内包表記を使ってrange(10)の数値に対しては、'Got '　と数値を返そう。forループを使って反復処理すること。

4-8 ['Harry', 'Ron', 'Hermione']というリストを返すgoodという関数を定義し

よう。

4-9 range(10)から奇数を返すget_oddsというジェネレータ関数を定義しよう。また、forループを使って、返された3番目の値を見つけて表示しよう。

4-10 関数が呼び出されたときに'start'、終了したときに'end'を表示するtestというデコレータを定義しよう。

4-11 OopsExceptionという例外を定義しよう。次に、何が起きたかを知らせるためにこの例外を生成するコードと、この例外をキャッチして'Caught an oops'と表示するコードを書こう。

4-12 zip()を使ってmoviesという辞書を作ろう。辞書は、titles = ['Creature of Habit', 'Crewel Fate']というリストとplots = ['A nun turns into a monster', 'A haunted yarn shop']というリストを組み合わせて作るものとする。

5章
Pyの化粧箱：モジュール、パッケージ、プログラム

基礎力の養成の段階では、組み込みデータ型からもっと大きなデータ構造、さらにはコード構造の構築に進んだ。この章では、ついに本題に入って、Pythonで現実的な大規模プログラムを書くための方法を学ぶ。

5.1 スタンドアロンプログラム

今までは、Pythonの対話型インタープリタのなかで次のようなコードの断片を書いて実行していた。

```
>>> print("This interactive snippet works.")
This interactive snippet works.
```

いよいよ初めてのスタンドアロンプログラムを書こう。手持ちのコンピュータで次の1行のPythonコードを含むtest1.pyというファイルを作る。

```
print("This standalone program works!")
```

>>>プロンプトがないことに注意しよう。1行のPythonコードだけだ。printの前にインデントを入れないようにしていただきたい。

テキストターミナル、またはターミナルウィンドウでPythonを実行している場合は、Pythonプログラムの名前に続いてプログラムファイル名を入力する。

```
$ python test1.py
This standalone program works!
```

本書で今までに示してきた対話型コードは、ファイルに保存すればすべて直接実行できる。カットアンドペーストをするときには、冒頭の>>>と...（直後の1個のスペースも含む）を削除するのを忘れないようにしよう。

5.2 コマンドライン引数

コンピュータ上で次の2行を含むtest2.pyというファイルを作ろう。

```
import sys
print('Program arguments:', sys.argv)
```

手持ちのPythonを使ってこのプログラムを実行する。LinuxやMac OS Xのターミナルウィンドウで標準のシェルプログラムを使うと、次のような感じになる。

```
$ python test2.py
Program arguments: ['test2.py']
$ python test2.py tra la la
Program arguments: ['test2.py', 'tra', 'la', 'la']
```

5.3 モジュールとimport文

Pythonコードを複数のファイルで作り、それらを使うという新たなレベルにステップアップしよう。**モジュール**は、Pythonコードをまとめたファイルである。

本書のテキストは階層構造になっている。単語、文、段落、章。そうなっていなければ、1、2ページ読んだだけでとても読めないという感じになってしまうだろう。コードにも同じようなボトムアップの構造がある。データ型が単語、文が文、関数が段落、モジュールが章に当たる。さらにこの喩えを使っていくと、本書では、たとえば何かを8章で説明すると言うことがあるが、それはプログラミングでほかのモジュールのコードを参照するのと似ている。

ほかのモジュールのコードは、import文で参照する。こうすると、インポートしたモジュールのコード、変数をプログラム内で使えるようになる。

5.3.1 モジュールのインポート

import文のもっとも単純な使い方は、import *module*というものだ。ここで、*module*の部分は、ほかのPythonファイルのファイル名から拡張子の.pyを取り除いたものである。気象台をシミュレートして、天気予報を表示してみよう。メインプログラムが予報を表示する。そして、ひとつの関数を含む別のモジュールが、予報で使われる天気についての説明を返す。

メインプログラムは次のようになる(weatherman.pyと呼ぶことにする)。

```
import report

description = report.get_description()
print("Today's weather:", description)
```

そして、モジュールは次のとおりだ(report.py)。

```
def get_description():  # 下記docstringを参照
    """プロと同じようにランダムな天気を返す"""
    from random import choice
    possibilities = ['rain', 'snow', 'sleet', 'fog', 'sun', 'who knows']
    return choice(possibilities)
```

これらふたつのファイルを同じディレクトリに置き、Pythonにweatherman.pyをメインプログラムとして実行せよと指示すると、weatherman.pyはreportモジュールにアクセスし、そのget_description()関数を実行する。このバージョンのget_description()は、文字列リストからランダムな結果を返すように作られているので、メインプログラムはその結果を手に入れて表示する。

```
$ python weatherman.py
Today's weather: who knows
$ python weatherman.py
Today's weather: sun
$ python weatherman.py
Today's weather: sleet
```

このプログラムでは、ふたつの別々の場所でインポートを使っている。

- メインプログラムのweatherman.pyは、reportモジュールをインポートしている。

- モジュールファイルreport.pyのget_description()関数は、Python標準のrandomモジュールからchoice関数をインポートしている。

ふたつのインポートはインポートの方法も異なる。

- weatherman.pyはimport reportを呼び出し、次にreport.get_description()を実行している。
- report.pyのget_description()関数は、from random import choiceを呼び出してから、choice(possibilities)を呼び出している。

ひとつ目の方法は、reportモジュール全体をインポートしているが、get_description()のプレフィックスとしてreportを使わなければならない。このimport文を通り過ぎると、メインプログラムはreport.というプレフィックスを付ける限り、report.pyに含まれるすべての部分にアクセスできるようになる。モジュールの名前でモジュールの内容を**修飾**することにより、名前の衝突が避けられる。どこかほかのモジュールにget_description()関数があっても、間違ってそれを呼び出すことはない。

第2の方法では、私たちは関数のなかにおり、ほかにchoiceという名前のものはないことがわかっているので、randomモジュールから直接choice()関数をインポートしている。そのため、get_description()関数は、次のようにランダムな結果を返すコードとして書くこともできた。

```
def get_description():
    import random
    possibilities = ['rain', 'snow', 'sleet', 'fog', 'sun', 'who knows']
    return random.choice(possibilities)
```

プログラミングのさまざまな側面と同様に、自分にとってもっとも明確と思えるスタイルを選ぶようにしよう。モジュール修飾名（random.choice）の方が安全だが、少し余分にタイプしなければならない。

今までのget_description()サンプルでは、**何**をインポートするかについては異なる例を示していたが、**どこ**でインポートをするかについてはそうではなかった。どれもimportを呼び出していたのは関数のなかだった。randomは関数の外からでもインポートできる。

```
>>> import random
>>> def get_description():
...     possibilities = ['rain', 'snow', 'sleet', 'fog', 'sun', 'who knows']
...     return random.choice(possibilities)
...
>>> get_description()
'who knows'
>>> get_description()
'rain'
```

インポートされるコードが複数の場所で使われる場合には、関数の外でインポートすることを考えるとよい。使われる場所が限定されている場合には、使う関数のなかから呼び出す。コードの依存関係をすべてはっきりとわかるようにするために、ファイルの冒頭ですべてのインポートをするという人々もいる。どちらでも機能する。

5.3.2 別名によるモジュールのインポート

先ほどはメインプログラムのweatherman.pyでimport reportを呼び出した。しかし、同じ名前の別のモジュールが必要なときや、もっと覚えやすい名前や簡潔な名前を使いたい場合にはどうすればよいだろうか。そのようなときには、**別名**を使ってインポートすればよい。wrという別名を使ってみよう。

```
import report as wr
description = wr.get_description()
print("Today's weather:", description)
```

5.3.3 必要なものだけをインポートする方法

Pythonでは、モジュールからひとつ以上の部品だけをインポートすることができる。もとの名前にするか別名を使うかは部品ごとに決められる。まず、reportからget_description()をもとの名前でインポートしてみよう。

```
from report import get_description
description = get_description()
print("Today's weather:", description)
```

次に、do_itという名前でインポートする。

```
from report import get_description as do_it
description = do_it()
print("Today's weather:", description)
```

5.3.4 モジュールサーチパス

Pythonは、インポートするファイルをどこに探しに行くのだろうか。標準のsysモジュールのpath変数に格納されているディレクトリ名やZIPアーカイブ名のリストを使うのである。このリストにはアクセスして書き換えることができる。私のMacのPython 3.3では、sys.pathは次のように定義されている。

```
>>> import sys
>>> for place in sys.path:
...     print(place)
...

/Library/Frameworks/Python.framework/Versions/3.3/lib/python33.zip
/Library/Frameworks/Python.framework/Versions/3.3/lib/python3.3
/Library/Frameworks/Python.framework/Versions/3.3/lib/python3.3/plat-darwin
/Library/Frameworks/Python.framework/Versions/3.3/lib/python3.3/lib-dynload
/Library/Frameworks/Python.framework/Versions/3.3/lib/python3.3/site-
packages
```

最初の空行は空文字列の''で、カレントディレクトリという意味である。sys.pathの先頭が''なら、あなたが何かをインポートしようとしているときに、Pythonはまずカレントディレクトリを見るようになる。import reportは、report.pyを探す。

使われるのは、最初にマッチしたファイルだ。そのため、自分でrandomというモジュールを定義し、それが標準ライブラリよりも前のサーチパスに含まれている場合、標準ライブラリのrandomにはアクセスできないということになる。

5.4 パッケージ

私たちは1行のコードから複数行の関数、スタンドアロープログラムを経て、同一ディレクトリ上の複数のモジュールまで進んできた。Pythonアプリケーションをもっと大規模なものにするために、モジュールは**パッケージ**と呼ばれる階層構造に組織することができる。

たとえば、異なるタイプの天気予報のテキストが欲しいものとする。ひとつは翌日のもの、もうひとつは翌週のものだ。このようなとき、たとえばsourcesというディレクトリを作り、そのなかにdaily.pyとweekly.py.のふたつのモジュールを作って、両方のモジュールにforecastという関数を作る。dailyバージョンは1個の文字列を返すのに対し、weeklyバージョンは7個の文字列のリストを返す。

それでは、メインプログラムとふたつのモジュールを見ていこう（enumerate()関数は、リストを分解してforループにリストの個々の要素を供給する。このとき、ちょっとしたボーナスとして個々の要素に番号を追加する）。

メインプログラム：boxes/weather.py

```
from sources import daily, weekly

print("Daily forecast:", daily.forecast())
print("Weekly forecast:")
for number, outlook in enumerate(weekly.forecast(), 1):
    print(number, outlook)
```

モジュール1：boxes/sources/daily.py

```
def forecast():
    'ニセの天気予報'
    return 'like yesterday'
```

モジュール2：boxes/sources/weekly.py

```
def forecast():
    """ニセの週間天気予報"""
    return ['snow', 'more snow', 'sleet',
        'freezing rain', 'rain', 'fog', 'hail']
```

sourcesディレクトリには、もうひとつ__init__.pyという名前のファイルを作る必要がある。中身は空でよいが、Pythonはこのファイルがあるディレクトリをパッケージとして扱うのである。

メインプログラムのweather.pyを実行して、何が起きるかを見てみよう。

```
$ python weather.py
Daily forecast: like yesterday
Weekly forecast:
1 snow
2 more snow
3 sleet
4 freezing rain
5 rain
6 fog
7 hail
```

5.5 Python標準ライブラリ

Pythonの主張のなかでも目立つもののひとつが「バッテリー同梱」だ。Pythonには、さまざまな役に立つ仕事をしてくれるモジュールを集めた大規模な標準ライブラリがあり、コア言語が膨れ上がるのを防ぐために、別に管理されている。Pythonコードを書こうとするときには、まず、求めていることをすでに実行している標準モジュールを探してみるとよい。標準ライブラリできらりと光る宝石のようなコードを見つけることは驚くほど多い。Pythonは、モジュールの公式ドキュメント集（http://docs.python.org/3/library）、標準ライブラリチュートリアル（http://bit.ly/library-tour）も提供している。また、Doug Hellmannの今週のPythonモジュール（http://bit.ly/py-motw）、彼の著書、『The Python Standard Library by Example』（Addison-Wesley Professional、http://bit.ly/py-libex）も役に立つガイドだ。

本書のこれからの章では、ウェブ、システム、データベース等々の個別分野を対象とする標準モジュールを多数使っていく。この節では、汎用的に使える標準モジュールの一部を取り上げる。

5.5.1 setdefault()とdefaultdict()による存在しないキーの処理

すでに説明したように、存在しないキーで辞書にアクセスしようとすると例外が生成される。辞書のget()関数を使って、キーが存在しない場合はデフォルト値を返すようにすれば、例外を避けられる。setdefault()関数はget()と似ているが、キーがなければさらに辞書に要素を追加するところが異なる。

```
>>> periodic_table = {'Hydrogen': 1, 'Helium': 2}
>>> print(periodic_table)
{'Helium': 2, 'Hydrogen': 1}
```

キーがまだ辞書になければ、新しい値とともに辞書に追加される。

```
>>> carbon = periodic_table.setdefault('Carbon', 12)
>>> carbon
12
>>> periodic_table
{'Helium': 2, 'Carbon': 12, 'Hydrogen': 1}
```

既存のキーに別のデフォルト値を代入しようとしても、元の値が返され、辞書は一切変更されない。

```
>>> helium = periodic_table.setdefault('Helium', 947)
>>> helium
2
>>> periodic_table
{'Helium': 2, 'Carbon': 12, 'Hydrogen': 1}
```

defaultdict()も例外を防ぐという点では似ているが、辞書作成時にあらゆる新キーのためにあらかじめデフォルト値を設定するところが異なる。引数は関数である。次の例では、int関数を渡している。このintはint()という形で呼び出され、整数の0を返す。

```
>>> from collections import defaultdict
>>> periodic_table = defaultdict(int)
```

これで、存在しないキーに対する値は整数(int)の0になる。

```
>>> periodic_table['Hydrogen'] = 1
>>> periodic_table['Lead']
0
>>> periodic_table
defaultdict(<class 'int'>, {'Lead': 0, 'Hydrogen': 1})
```

defaultdict()に存在しないキーを用いた場合、そのキーが自動で生成される。そのキーの値は、defaultdict()に渡された引数の型が設定される。次の例では、値が必要になったときにno_idea()が呼び出される。

```
>>> from collections import defaultdict
>>>
>>> def no_idea():
...     return 'Huh?'
...
>>> bestiary = defaultdict(no_idea)
>>> bestiary['A'] = 'Abominable Snowman'
>>> bestiary['B'] = 'Basilisk'
>>> bestiary['A']
'Abominable Snowman'
>>> bestiary['B']
'Basilisk'
>>> bestiary['C']
'Huh?'
```

int()、list()、dict()を使えば、これらの型の空の値を返して存在しないキーのデフォルト値にすることができる。int()は0、list()は空リスト([])、dict()は空辞書({})を返す。デフォルト値引数を省略すると、新しいキーに与えられるデフォルト値はNoneになる。

なお、lambdaを使えば、defaultdict()呼び出しのなかでデフォルト作成関数を定義できる。

```
>>> bestiary = defaultdict(lambda: 'Huh?')
>>> bestiary['E']
'Huh?'
```

intは、独自カウンタを作るための手段になり得る。

```
>>> from collections import defaultdict
>>> food_counter = defaultdict(int)
>>> for food in ['spam', 'spam', 'eggs', 'spam']:
...     food_counter[food] += 1
...
>>> for food, count in food_counter.items():
...     print(food, count)
...
eggs 1
spam 3
```

上の例で、food_counterがdefaultdictではなく、通常の辞書だったら、辞書の要素のfood_counter[food]は初期化されていないため、これを初めてインクリメントしようとするたびにPythonは例外を生成していただろう。次に示すように、余分な作業が必要になっていたはずだ。

```
>>> dict_counter = {}
>>> for food in ['spam', 'spam', 'eggs', 'spam']:
...     if not food in dict_counter:
...         dict_counter[food] = 0
...     dict_counter[food] += 1
...
>>> for food, count in dict_counter.items():
...     print(food, count)
...
eggs 1
spam 3
```

5.5.2 Counter()による要素数の計算

カウンタが話題になったが、Python標準ライブラリには、上の例で行ったことだけでなく、さらに多くの機能を持った関数が含まれている。

```
>>> from collections import Counter
>>> breakfast = ['spam', 'spam', 'eggs', 'spam']
>>> breakfast_counter = Counter(breakfast)
>>> breakfast_counter
Counter({'spam': 3, 'eggs': 1})
```

most_common()関数は、すべての要素を降順で返す。引数として整数を指定すると、最上位から数えてその個数分だけを表示する。

```
>>> breakfast_counter.most_common()
[('spam', 3), ('eggs', 1)]
>>> breakfast_counter.most_common(1)
[('spam', 3)]
```

カウンタを結合することもできる。まず、breakfast_counterの内容を確認しておこう。

```
>>> breakfast_counter
>>> Counter({'spam': 3, 'eggs': 1})
```

次に、lunchという新しいリストとlunch_counterというカウンタを作る。

```
>>> lunch = ['eggs', 'eggs', 'bacon']
>>> lunch_counter = Counter(lunch)
>>> lunch_counter
Counter({'eggs': 2, 'bacon': 1})
```

ふたつのカウンタを結合する第1の方法は、+を使った加算だ。

```
>>> breakfast_counter + lunch_counter
Counter({'spam': 3, 'eggs': 3, 'bacon': 1})
```

片方からもう片方を引くには、-を使う。朝食では使われているが昼食では使われていないものは何か。

```
>>> breakfast_counter - lunch_counter
Counter({'spam': 3})
```

朝食では食べないが、昼食では食べるものは何だろうか。

```
>>> lunch_counter - breakfast_counter
Counter({'bacon': 1, 'eggs': 1})
```

4章の集合と同様に、積集合演算子の&を使えば、共通要素が得られる。

```
>>> breakfast_counter & lunch_counter
Counter({'eggs': 1})
```

積集合は共通要素（'eggs'）を選択し、カウンタは小さい方の値になっている。これは正しい。朝食の卵はひとつだけでなので、共通の個数は1ということになる。

最後に、和集合演算子の|を使えば、すべての要素を得ることができる。

```
>>> breakfast_counter | lunch_counter
Counter({'spam': 3, 'eggs': 2, 'bacon': 1})
```

ここでも、共通要素の'eggs'をどう処理するかが問題になる。加算のときと異なり、和集合はカウンタを加算せず、大きい方のカウンタ値を使う。

5.5.3 OrderedDict()によるキー順のソート

今までの多くのサンプルコードでは、辞書のキーの順序は予測不能だということを示してきた。a、b、cというキーをその順序で追加しても、keys()はc、a、bと返してくることがある。次に示すのは、1章ですでに使ったサンプルだ。

```
>>> quotes = {
...     'Moe': 'A wise guy, huh?',
...     'Larry': 'Ow!',
...     'Curly': 'Nyuk nyuk!',
...     }
>>> for stooge in quotes:
...  print(stooge)
...
Larry
Curly
Moe
```

OrderedDict()は、キーが追加された順序を覚えていて、イテレータから同じ順序でキーを返す。(*key*、*value*)タプルのシーケンスからOrderedDictを作ってみよう。

```
>>> from collections import OrderedDict
>>> quotes = OrderedDict([
...     ('Moe', 'A wise guy, huh?'),
...     ('Larry', 'Ow!'),
```

```
...     ('Curly', 'Nyuk nyuk!'),
...     ])
>>>
>>> for stooge in quotes:
...     print(stooge)
...
Moe
Larry
Curly
```

5.5.4 スタック+キュー=デック

deque（デックと発音する）は、両端キューのことで、スタックとキューの両方の機能を持っている。シーケンスのどちらの端でも要素を追加、削除できるようにしたいときに便利だ。次のサンプルは、単語の両端から中央に向かって文字をひとつずつ処理し、単語が回文（前から読んでも後から読んでも同じように読める文）になっているかどうかをチェックする。popleft()はデックから左端の要素を削除して返す。pop()は右端の要素を削除して返す。これらを組み合わせれば、両端から中央に向かって文字をひとつずつ処理できる。両端の文字が等しければ、中央に到達するまで文字の削除を続けていく。

```
>>> def palindrome(word):
...     from collections import deque
...     dq = deque(word)
...     while len(dq) > 1:
...        if dq.popleft() != dq.pop():
...            return False
...     return True
...
...
>>> palindrome('a')
True
>>> palindrome('racecar')
True
>>> palindrome('')
True
>>> palindrome('radar')
True
>>> palindrome('halibut')
False
```

このコードはデックの使い方の単純な例として使ったまでであり、高速な回文チェッカーが本当に必要なら、逆順の文字列と比較した方がはるかに簡単だ。Pythonは、文字列で使えるreverse()関数を持っていないが、次のようにスライスを使えば逆順の文字列を作れる。

```
>>> def another_palindrome(word):
...     return word == word[::-1]
...
>>> another_palindrome('radar')
True
>>> another_palindrome('halibut')
False
```

5.5.5 itertoolsによるコード構造の反復処理

itertools（http://bit.ly/py-itertools）には、特別な目的を持つイテレータ関数が含まれている。これらは、for ... inループ内で呼び出されると、一度に1個の要素を返し、呼び出しの間も自分の状態を覚えている。

chain()は、引数全体がひとつのイテラブルであるかのように扱い、そのなかの要素を反復処理する。

```
>>> import itertools
>>> for item in itertools.chain([1, 2], ['a', 'b']):
...     print(item)
...
1
2
a
b
```

cycle()は無限反復子で、引数から循環的に要素を返す。

```
>>> import itertools
>>> for item in itertools.cycle([1, 2]):
...     print(item)
...
1
2
1
2
.
```

```
.
.
```

これが永遠に続く。止める場合はCtrl-Cキーを押す。

accumulate()は、要素をひとつにまとめた値を計算する。デフォルトでは和を計算する。

```
>>> import itertools
>>> for item in itertools.accumulate([1, 2, 3, 4]):
...     print(item)
...
1
3
6
10
```

accumulate()は、第2引数として関数を受け付け、この引数が加算の代わりに使われる。この関数は、2個の引数を受け付け、1個の結果を返すものでなければならない。次の例は、総乗を計算している。

```
>>> import itertools
>>> def multiply(a, b):
...     return a * b
...
>>> for item in itertools.accumulate([1, 2, 3, 4], multiply):
...     print(item)
...
1
2
6
24
```

itertoolsモジュールは、これら以外にも多くの関数を定義している。特に、順列、組み合わせの関数は、必要なときには時間の節約になる。

5.5.6 pprint()によるきれいな表示

本書のサンプルは、すべてprint()を使って表示してきた（あるいは、対話型インタープリタで単に変数名を入力して表示した）。しかし、ときどき結果は見栄えの悪いものになってしまった。pprintのようにきれいに表示してくれるものが必要だ。

```
>>> from pprint import pprint
>>> quotes = OrderedDict([
...     ('Moe', 'A wise guy, huh?'),
...     ('Larry', 'Ow!'),
...     ('Curly', 'Nyuk nyuk!'),
...     ])
>>>
```

ただのprint()は、続けて表示してしまう。

```
>>> print(quotes)
OrderedDict([('Moe', 'A wise guy, huh?'), ('Larry', 'Ow!'), ('Curly',
'Nyuk nyuk!')])
```

しかし、pprint()は、読みやすくするために要素の位置を揃えようとする。

```
>>> pprint(quotes)
{'Moe': 'A wise guy, huh?',
 'Larry': 'Ow!',
 'Curly': 'Nyuk nyuk!'}
```

5.6 バッテリー補充：ほかのPythonコードの入手方法

標準ライブラリには必要な処理をしてくれる関数がなかったり、微妙に動作が要求とは異なる関数しかなかったりすることがある。しかし、標準ライブラリ以外にも、オープンソースのサードパーティーPythonソフトウェアの世界がある。優れたリソースとしては、次のものがある。

- PyPI（http://pypi.python.org）[※1]
- github（https://github.com/Python）
- readthedocs（https://readthedocs.org/）

また、activestate（http://code.activestate.com/recipes/langs/python/）には、比較的小さなコードサンプルが多数揃っている。

本書のほぼすべてのPythonコードは、コンピュータに標準でインストールされるPythonシステムの内容を使っている。そのなかには、すべての組み込みライブラリと

※1　テレビ番組『空飛ぶモンティ・パイソン』にちなんでチーズショップ（Cheese Shop）とも呼ばれる。

標準ライブラリが含まれている。しかし、外部パッケージも使っているところがある。1章ではrequestsを使ったが、9.1.3節ではその詳細を説明する。また、付録Dでは、サードパーティーPythonソフトウェアのインストール方法、その他の開発上必要な細部を示す。

5.7 復習課題

5-1 zoo.pyというファイルを作り、そのなかに'Open 9-5 daily'という文字列を表示するhours()という関数を定義しよう。次に、対話型インタープリタでzooモジュールをインポートし、そのhours()関数を呼び出そう。

5-2 対話型インタープリタのなかでzooモジュールをmenagerieという名前でインポートし、そのhours()関数を呼び出そう。

5-3 対話型インタープリタにそのまま残り、zooのhours()関数を直接インポートして呼び出そう。

5-4 hours()関数をinfoという名前でインポートし、呼び出そう。

5-5 'a': 1、'b': 2、'c': 3というキー/値ペアを使ってplainという辞書を作り、内容を表示しよう。

5-6 上の5-5と同じペアからfancyという名前のOrderedDictを作り、内容を表示しよう。plainと同じ順序で表示されただろうか。

5-7 dict_of_listsという名前のdefaultdictを作り、list引数を渡そう。次に、一度の操作で、dict_of_lists['a']というリストを作り、'something for a'という値を追加しよう。最後に、dict_of_lists['a']を表示しよう。

6章
オブジェクトとクラス

不思議なものなんてない。不思議なのはあなたの目だ。
—— エリザベス・ボウエン

ものを手に取れ。それに何かをしろ。それに何かほかのことをしろ。
—— ジャスパー・ジョーンズ

今までの部分では、文字列や辞書などのデータ構造と関数やモジュールなどのコード構造を見てきた。この章では、**オブジェクト**というカスタムデータ構造を扱う。

6.1 オブジェクトとは何か

2章で触れたように、Pythonに含まれるものは、数値からモジュールに至るまで、すべてオブジェクトだ。しかし、Pythonは、オブジェクトのからくりの大半を特殊構文によって隠している。`num = 7`と書けば、値7の整数型のオブジェクトを作って、`num`という名前にオブジェクト参照を代入できる。オブジェクトのなかを見なければならなくなるのは、独自のオブジェクトを作りたいときと、既存のオブジェクトの動作を変えたいときだけだ。両方の方法は、ともにこの章で説明する。

オブジェクトには、データ（変数、**属性**と呼ばれる）とコード（関数、**メソッド**と呼ばれる）の両方が含まれている。オブジェクトは、なんらかの具体的なものの一意なインスタンス（実体、実例）を表している。たとえば、値7を持つ整数オブジェクトは、「2.2 数値」で示したように、加算や乗算などを実行しやすくするオブジェクトである。つまり、Pythonには整数のクラスがあり、そこには7も8も属している。`'cat'`、`'duck'`などの文字列も、Pythonではオブジェクトであり、`capitalize()`、`replace()`などのメソッドを持っている。

今まで誰も作ったことのない新しいオブジェクトを作るときには、オブジェクトの内容を示すクラスを作らなければならない。

オブジェクトは名詞、オブジェクトのメソッドは動詞と考えることができる。オブジェクトは個別のものを表現し、メソッドはほかのものとどのようなやり取りをするかを定義する。

モジュールとは異なり、それぞれ値や属性の異なる複数のオブジェクトを同時に持つことができる。オブジェクトは、コードが放り込まれた超データ構造と言うことができるだろう。

6.2 classによるクラスの定義

2章では、オブジェクトをプラスチックのボックスに喩えた。クラスは、そのようなボックスを作るための鋳型のようなものだ。たとえば、Stringは'cat'や'duck'などの文字列オブジェクトを作るPython組み込みクラスである。Pythonは、そのほかにもリスト、辞書など、その他の標準データ型を作るための組み込みクラスを多数持っている。Pythonでカスタムオブジェクトを作るためには、まずclassキーワードを使ってクラスを定義しなければならない。単純な例を見ていこう。

人についての情報を表現するためにオブジェクトを定義したいものとする。個々のオブジェクトはひとりの人間を表す。まず、鋳型としてPersonというクラスを定義する。次のサンプルでは、このクラスの複数のバージョンを試してみる。そうして、もっとも単純なクラスを元に、実際に役に立つものを作っていく。

最初は考えられる限りもっとも単純なクラス、空クラスから始めよう。

```
>>> class Person():
...     pass
```

関数の場合と同様に、クラスが空だということを示すためにpassと言う必要がある。この定義は、オブジェクトを作るために必要な最小限のものである。オブジェクトは、クラス名をまるで関数のように呼び出して作る。

```
>>> someone = Person()
```

この場合、Person()は、Personクラスから1個のオブジェクトを作る。しかし、Personクラスは空なので、そこから作ったsomeoneオブジェクトはただ存在するというだけで、ほかに何もできない。実際にこのようなクラスを定義することはないだろう。ここでこれを示しているのは、次のサンプルを作るためだ。

今度は、Pythonオブジェクトを初期化する特殊メソッド__init__を含む形でもう一度クラスを定義しよう。

```
>>> class Person():
...     def __init__(self):
...         pass
```

これは、実際のPythonクラス定義に含まれているものだ。`__init__()`と`self`は見慣れない感じだろう。`__init__()`は、クラス定義から個々のオブジェクトを作るときにそれを初期化するメソッドに付けられた特殊名である※1。`self`引数は、作られたオブジェクト自体を参照することを示す。

クラス定義で`__init__()`を定義するときには、第1引数は`self`でなければならない。`self`はPythonの予約語ではないが、一般にこの目的で使われる。`self`を使っておけば、あとでこのコードを読む人（あなたも含む！）は、それがどういう意味なのかを推測しなくて済む。

しかし、それでも`Person`の第2の定義では、なんらかを行うオブジェクトは作られない。第3の定義では、Pythonで単純なオブジェクトを作る方法を示す。今回は、初期化メソッドにnameというパラメータを追加する。

```
>>> class Person():
...     def __init__(self, name):
...         self.name = name
...
>>>
```

name引数として文字列を渡せば、`Person`クラスからオブジェクトを作れるようになった。

```
>>> hunter = Person('Elmer Fudd')
```

このコード行が行うことは、次のとおりだ。

- `Person`クラスの定義を探し出す。
- メモリ内に新しいオブジェクトの**インスタンス**を作成する。
- 新しく作ったオブジェクトを`self`、もうひとつの引数（`'Elmer Fudd'`）をnameとして渡して、オブジェクトの`__init__`メソッドを呼び出す。
- nameの値をオブジェクトに格納する。

※1 Pythonの名前ではさまざまなダブルアンダースコアを見ることになるだろう。ダブルアンダースコアを略してダンダー（dunder）と言う人もいる。

- その新しいオブジェクトを返す。
- オブジェクトにhunterという名前を与える。

この新しいオブジェクトは、Pythonのほかのオブジェクトとよく似ている。このオブジェクトは、リスト、タプル、辞書、集合の要素として使うことができる。関数に引数として渡したり、関数から結果として返したりすることもできる。

渡したnameの値はどうなるのだろうか。この値は、属性としてオブジェクトとともに保存される。属性は直接読み書きできる。

```
>>> print('The mighty hunter: ', hunter.name)
The mighty hunter: Elmer Fudd
```

なお、Personクラスの**内部**では、name属性にはself.nameという形でアクセスする。hunterのようなオブジェクトを作ったとき、オブジェクトの外からはhunter.nameと呼ぶ。

すべてのクラス定義が__init__を持たなければならないわけでは**ない**。__init__は、同じクラスから作られたほかのオブジェクトからこのオブジェクトを区別するために必要な処理をするために使われる。

6.3 継承

コーディング上の問題を解決しようとしているとき、既存のクラスで必要なことをほとんどしてくれるオブジェクトが作れそうだということがよくある。そういうときにはどうすればよいだろうか。そのクラスを書き換えてもよいが、そうするとクラスは複雑になり、今まで動いていたものを壊してしまう恐れがある。

もちろん、元のクラスをコピーアンドペーストし、自分のコードを追加して新しいクラスを作ることもできる。しかし、こうするとメンテナンスしなければならないコードが増えてしまうし、新旧のクラスでまったく同じように動作していた部分が、ふたつのクラスに含まれることになるため、互いにかけ離れた処理を行うように実装されていくかもしれない。

このようなときに使うべき方法は、**継承**だ。使いたい既存のクラスを指定し、追加、変更したい一部だけを定義する新しいクラスを作るのである。継承はコードの再利用を見事に実現するすばらしい方法だ。継承を使えば、新しいクラスは古いクラスのすべてのコードを切り貼りせずに自動的に利用できる。

新クラスでは、追加、変更したい部分だけを定義する。するとこの定義が実際に使われ、上書きされた古いクラスの動作は使われない。これを**オーバーライド**と言う。元のクラスは**親**、**スーパークラス**、**基底クラス**、新しいクラスは**子**、**サブクラス**、**派生クラス**と呼ばれる。これらの用語は、オブジェクト指向プログラミング全般で使われている。

では、実際に継承をしてみよう。Carという空クラスを定義してから、YugoというCarのサブクラスを定義する[※1]。サブクラスは、同じclassキーワードを使って定義するが、かっこ内に親クラスの名前を入れる（下のclass Yugo(Car)のような形）。

```
>>> class Car():
...     pass
...
>>> class Yugo(Car):
...     pass
...
```

次に、それぞれのクラスからオブジェクトを作る。

```
>>> give_me_a_car = Car()
>>> give_me_a_yugo = Yugo()
```

子クラスは、親クラスを専門特化したものである。これを、オブジェクト指向の専門用語では、「YugoはCar**である**」を満たす「**である**（is-a）」関係だと言う。give_me_a_yugoオブジェクトはYugoクラスのインスタンスだが、Carができることを継承してもいる。しかしこのままでは、CarとYugoは、潜水艦の甲板と同じくらい役に立たないので、実際に何かをする新しい定義を試してみよう。

```
>>> class Car():
...     def exclaim(self):
...         print("I'm a Car!")
...
>>> class Yugo(Car):
...     pass
...
```

※1　訳注：ユーゴは、旧ユーゴスラビア時代にザスタバ社が海外向けに販売していた自動車のブランド。現在は作られていない。

最後に、それぞれのクラスからオブジェクトをひとつずつ作り、exclaimメソッドを呼び出してみよう。

```
>>> give_me_a_car = Car()
>>> give_me_a_yugo = Yugo()
>>> give_me_a_car.exclaim()
I'm a Car!
>>> give_me_a_yugo.exclaim()
I'm a Car!
```

特別なことは何もしていないのに、YugoはCarのexclaim()メソッドを継承している。実際に、Yugoが自分はCar**である**と言っているのである。しかし、これではアイデンティティの危機に陥りかねない。そのようなときの対処方法を見てみよう。

6.4 メソッドのオーバーライド

今見てきたように、新しいクラスは親クラスからすべてのものを継承する。ここでは一歩進んで、親クラスのメソッドを上書き(**オーバーライド**)する方法を示す。Yugoには、おそらくCarとは異なる部分があるはずだ。そうでなければ、新しいクラスを定義した意味はないだろう。exclaim()メソッドの動作をYugo向けに変えてみよう。

```
>>> class Car():
...     def exclaim(self):
...         print("I'm a Car!")
...
>>> class Yugo(Car):
...     def exclaim(self):
...         print("I'm a Yugo! Much like a Car, but more Yugo-ish.")
...
```

これらのクラスからオブジェクトを作ろう。

```
>>> give_me_a_car = Car()
>>> give_me_a_yugo = Yugo()
```

ふたつのオブジェクトはどう言うだろうか。

```
>>> give_me_a_car.exclaim()
I'm a Car!
>>> give_me_a_yugo.exclaim()
I'm a Yugo! Much like a Car, but more Yugo-ish.
```

この例でオーバーライドしたのはexclaim()メソッドだが、__init__()を含むあらゆるメソッドをオーバーライドできる。次に示すのは、先ほどのPersonクラスを使った別の例だ。医者(MDPerson)と弁護士(JDPerson)を表すサブクラスを作ろう。

```
>>> class Person():
...     def __init__(self, name):
...         self.name = name
...
>>> class MDPerson(Person):
...     def __init__(self, name):
...         self.name = "Doctor " + name
...
>>> class JDPerson(Person):
...     def __init__(self, name):
...         self.name = name + ", Esquire"
...
```

ここで、初期化メソッドの__init__()は、親のPersonクラスと同じ引数を取っているが、オブジェクトに格納されるnameの値を変えている。

```
>>> person = Person('Fudd')
>>> doctor = MDPerson('Fudd')
>>> lawyer = JDPerson('Fudd')
>>> print(person.name)
Fudd
>>> print(doctor.name)
Doctor Fudd
>>> print(lawyer.name)
Fudd, Esquire
```

6.5 メソッドの追加

子クラスは、親クラスになかったメソッドを**追加**することもできる。CarとYugoの例に戻り、Yugoクラスだけにneed_a_push()メソッドを定義しよう。

```
>>> class Car():
...     def exclaim(self):
...         print("I'm a Car!")
...
>>> class Yugo(Car):
...     def exclaim(self):
...         print("I'm a Yugo! Much like a Car, but more Yugo-ish.")
```

```
...     def need_a_push(self):
...         print("A little help here?")
...
```

そして両方のオブジェクトを作る。

```
>>> give_me_a_car = Car()
>>> give_me_a_yugo = Yugo()
```

Yugoオブジェクトは、need_a_push()メソッド呼び出しに反応できる。

```
>>> give_me_a_yugo.need_a_push()
A little help here?
```

しかし、汎用的なCarオブジェクトは反応できない。

```
>>> give_me_a_car.need_a_push()
Traceback (most recent call last):
  File "<stdin>", line 1, in <module>
AttributeError: 'Car' object has no attribute 'need_a_push'
```

これでYugoはCarができないことをできるようになり、Yugoという個性がはっきりしてきた。

6.6 superによる親への支援要請

子クラスが親のメソッドをオーバーライドしたり、新しいメソッドを追加したりする方法はすでに説明した。しかし、子クラスが親メソッドを呼び出したいときにはどうすればよいのだろうか。きっとsuper()が、「よくぞ聞いてくれました」と言っているはずだ。ここでは、電子メールアドレスを持っているPersonを表現するEmailPersonという新クラスを定義する。まず、親のPersonを定義しよう。

```
>>> class Person():
...     def __init__(self, name):
...         self.name = name
...
```

次のサブクラスの__init__()呼び出しには、email引数が追加されていることに注意しよう。

```
>>> class EmailPerson(Person):
...     def __init__(self, name, email):
...         super().__init__(name)
...         self.email = email
```

サブクラスのために__init__()メソッドを定義するということは、親クラスの__init__()メソッドを置き換えようとしているということであり、親クラスバージョンはもう自動的に呼び出されなくなる。そのため、親クラスバージョンを呼び出すためには、明示的に呼び出しをしなければならない。ここで行われているのは次のようなことだ。

- super()が親クラスのPersonの定義を取り出す。
- _super()._init__()メソッド呼び出しは、Person.__init__()メソッドを呼び出す。このとき、self引数の親クラスへの受け渡しはPythonが処理するので、プログラマーはオプションの引数を適切に渡すことだけをきちんとやればよい。この場合は、Person()が受け付けるオプション引数はnameだけである。
- self.email = email行はPersonに含まれていない新しいコードだ。これによって、EmailPersonがPersonと差別化されている。

先に進んで、EmailPersonクラスのオブジェクトをひとつ作ろう。

```
>>> bob = EmailPerson('Bob Frapples', 'bob@frapples.com')
```

nameとemailの両方の属性にアクセスできるはずだ。

```
>>> bob.name
'Bob Frapples'
>>> bob.email
'bob@frapples.com'
```

なぜ、次のように新クラスを定義しなかったのだろうか。

```
>>> class EmailPerson(Person):
...     def __init__(self, name, email):
...         self.name = name
...         self.email = email
```

そうすることは不可能ではないが、そうしてしまうと継承を使っている意味がなくなってしまう。先ほどのコードでは、super()を使ってPersonにただのPersonオブジェクトと同じ仕事をさせた。これには別のメリットがある。Personの定義が将来変わっても、super()を使っていれば、EmailPersonがPersonから継承している属性やメソッドは、その変更を反映したものになるのである。

子が独自の処理をしつつ、親の助けも必要な場合には(現実の親子のように)、super()を使うようにしよう。

6.7 selfの自己弁護

インスタンスメソッド(今までの例で見てきたようなメソッド)の第1引数としてselfを組み込まなければならないことは、インデントの強要と並んでPythonの欠点として批判されることがある。Pythonは、このself引数を使って、適切なオブジェクトの属性とメソッドを見つけてくる。具体的な例として、オブジェクトのメソッド呼び出しのコードを示し、その背後でPythonが実際に行っていることを説明しよう。

この章の前の方でCarクラスを作ったが、そのexclaim()メソッドを再び呼び出してみよう。

```
>>> car = Car()
>>> car.exclaim()
I'm a Car!
```

このコードの背後でPythonが実際に行っているのは次のようなことだ。

- carオブジェクトのクラス(Car)を探し出す。
- Carクラスのexclaim()メソッドにself引数としてcarオブジェクトを渡す。

ちなみに、自分で次のような形で実行することができ、そうすると通常の構文(car.exclaim())のときと同じ動作が得られる。

```
>>> Car.exclaim(car)
I'm a Car!
```

しかし、この長いスタイルをあえて使う理由はない。

6.8 プロパティによる属性値の取得、設定

オブジェクト指向言語のなかには、外部から直接アクセスできない非公開というオブジェクト属性をサポートしているものがある。そのような非公開属性の値を読み書きできるようにするために、プログラマーは**ゲッター**、**セッター**メソッドを書かなければならなくなることがよくある。

Pythonは、すべての属性とメソッドが公開であり、プログラマーが行儀よくふるまうのが前提になっているので、ゲッター、セッターを書く必要はない。それでも、属性への直接アクセスは落ち着かないという場合には、ゲッター、セッターを書くことはできる。しかし、Pythonらしくしよう。**プロパティ**を使うのである。

次のサンプルでは、属性としてhidden_nameというものだけを持つDuckクラスを定義する（非公開にしておきたい属性のためのよりよい命名方法については次節で説明する）。この属性が直接アクセスされるのを避けるために、ゲッター（get_name()）とセッター（set_name()）のふたつのメソッドを定義する。これらのメソッドには、呼び出されたタイミングがわかるようにprint()文を追加してある。最後に、これらのメソッドをnameプロパティのゲッター、セッターとして定義する。

```
>>> class Duck():
...     def __init__(self, input_name):
...         self.hidden_name = input_name
...     def get_name(self):
...         print('inside the getter')
...         return self.hidden_name
...     def set_name(self, input_name):
...         print('inside the setter')
...         self.hidden_name = input_name
...     name = property(get_name, set_name)
```

新メソッドは、最後の行がなければ通常のゲッター、セッターとして機能する。しかし、最後の行は、ふたつのメソッドをnameというプロパティのセッター、ゲッターとして定義している。property()の第1引数はゲッターメソッド、第2引数はセッターメソッドである。これにより、Duckオブジェクトのnameを参照すると、実際にはget_name()メソッドが呼び出されるようになる。

```
>>> fowl = Duck('Howard')
>>> fowl.name
inside the getter
```

```
'Howard'
```

それでも、通常のゲッターメソッドのようにget_name()を直接呼び出すこともできる。

```
>>> fowl.get_name()
inside the getter
'Howard'
```

一方、nameプロパティに値を代入すると、set_nameメソッドが呼び出される。

```
>>> fowl.name = 'Daffy'
inside the setter
>>> fowl.name
inside the getter
'Daffy'
```

この場合も、set_name()メソッドを直接呼び出すことはできる。

```
>>> fowl.set_name('Daffy')
inside the setter
>>> fowl.name
inside the getter
'Daffy'
```

プロパティは、**デコレータ**で定義することもできる。次のサンプルでは、ともにname()という名前を持つが、前に付くデコレータが異なるふたつのメソッドを定義する。

@property

ゲッターメソッドの前に付けるデコレータ。

@name.setter

セッターメソッドの前に付けるデコレータ。

コードで実際にこれらのデコレータを使っている例を見てみよう。

```
>>> class Duck():
...     def __init__(self, input_name):
...         self.hidden_name = input_name
...     @property
...     def name(self):
...         print('inside the getter')
```

```
...             return self.hidden_name
...         @name.setter
...         def name(self, input_name):
...             print('inside the setter')
...             self.hidden_name = input_name
```

これらを定義しても、まるで属性であるかのようにnameにアクセスすることはできるが、目に見えるget_name()、set_name()メソッドはない。

```
>>> fowl = Duck('Howard')
>>> fowl.name
inside the getter
'Howard'
>>> fowl.name = 'Donald'
inside the setter
>>> fowl.name
inside the getter
'Donald'
```

属性に付けた名前はhidden_nameのはずなのに、と思われたかもしれない。fowl.hidden_nameは、属性として直接読み書きできる。次節では、Pythonが非公開属性に名前を付けるための特別な方法を提供していることを説明する。

上のふたつのサンプルでは、オブジェクト内に格納されている単一の属性（hidden_name）を参照するために、nameプロパティを使っていた。プロパティは、**計算された値**も参照できる。radius（半径）属性と計算されたdiameter（直径）プロパティを持つCircleクラスを定義しよう。

```
>>> class Circle():
...     def __init__(self, radius):
...         self.radius = radius
...     @property
...     def diameter(self):
...         return 2 * self.radius
...
```

Circleオブジェクトを作るときには、radius属性の初期値を指定する。

```
>>> c = Circle(5)
>>> c.radius
5
```

diameterは、radiusのような属性とまったく同じように参照できる。

```
>>> c.diameter
10
```

面白いのはここからだ。radius属性はいつでも書き換えられる。そして、diameterプロパティは、radiusの現在の値から計算される。

```
>>> c.radius = 7
>>> c.diameter
14
```

プロパティのセッターを指定しなければ、外部からプロパティを設定することはできない。これは、読み出し専用のプロパティを作るときに便利だ。

```
>>> c.diameter = 20
Traceback (most recent call last):
  File "<stdin>", line 1, in <module>
AttributeError: can't set attribute
```

プロパティには、属性の直接アクセスよりも優れている大きなメリットがもうひとつある。プロパティの定義を書き換えても、クラス定義内のコードを書き換えるだけで済み、呼び出し元には手を付ける必要はないことだ。

6.9 非公開属性のための名前のマングリング

前節のDuckクラスの例では、隠し属性（と言っても完全に隠せないが）にhidden_nameという名前を付けた。Pythonは、クラス定義の外からは見えないようにすべき属性の命名方法を持っている。先頭にふたつのアンダースコア（__）を付けるのである。

それでは、hidden_nameの名前を__nameに変えて、実際にこの方法を試してみよう。

```
>>> class Duck():
...     def __init__(self, input_name):
...         self.__name = input_name
...     @property
```

```
...     def name(self):
...         print('inside the getter')
...         return self.__name
...     @name.setter
...     def name(self, input_name):
...         print('inside the setter')
...         self.__name = input_name
...
```

少し時間を割いて、すべてがまだ正しく動作しているかどうかを確かめておこう。

```
>>> fowl = Duck('Howard')
>>> fowl.name
inside the getter
'Howard'
>>> fowl.name = 'Donald'
inside the setter
>>> fowl.name
inside the getter
'Donald'
```

よさそうだ。そして、__name属性にはアクセスできない。

```
>>> fowl.__name
Traceback (most recent call last):
  File "<stdin>", line 1, in <module>
AttributeError: 'Duck' object has no attribute '__name'
```

この命名方法を使っても、実際に属性が非公開になるわけではないが、Pythonは、外部コードが偶然当てたりしないようなものになるように名前を**マングリング**する（ぐちゃぐちゃに変形する）。みんなにばらさないと約束してくれるなら、興味のある読者にマングリングによって名前がどうなるのかをお見せしよう。

```
>>> fowl._Duck__name
'Donald'
```

inside the getterが表示されていないことに注意しよう。これは完全な保護とは言えないが、名前のマングリングは属性に対する意図せぬ（あるいは意図した）直接アクセスをある程度防ぐことはできる。

6.10 メソッドのタイプ

一部のデータ（**属性**）と関数（**メソッド**）はクラス自体の一部であり、それ以外のデータと関数がクラスから作られたオブジェクトの一部となっている。

クラス定義のなかでメソッドの第1引数がselfになっていたら、それは**インスタンスメソッド**だ。これは、独自クラスを作るときに普通書くタイプのメソッドである。インスタンスメソッドの第1引数はselfであり、メソッドが呼び出されるとPythonはメソッドにオブジェクトを与える。

それに対し、**クラスメソッド**はクラス全体に影響を与える。クラスに加えた変更は、すべてのオブジェクトに影響を与える。クラス定義のなかで、@classmethodというデコレータを入れると、その次の関数はクラスメソッドになる。また、メソッドの第1引数は、クラス自体になる。Pythonの伝統では、この引数をclsと呼ぶことになっているが、それはclassが予約語でこのような場面では使えないからだ。それでは、Aクラスのために、何個のオブジェクトインスタンスが作られたかを数えるクラスメソッドを定義してみよう。

```
>>> class A():
...     count = 0
...     def __init__(self):
...         A.count += 1
...     def exclaim(self):
...         print("I'm an A!")
...     @classmethod
...     def kids(cls):
...         print("A has", cls.count, "little objects.")
...
>>>
>>> easy_a = A()
>>> breezy_a = A()
>>> wheezy_a = A()
>>> A.kids()
A has 3 little objects.
```

self.count（これでは、オブジェクトインスタンスの属性になってしまう）ではなく、A.count（クラス属性）を参照していることに注意しよう。kids()メソッドのなかではcls.countを使ったが、A.countを使ってもよかったところだ。

クラス定義に含まれる第3のタイプのメソッドは、クラスにもオブジェクトにも影響を与えない。独立した存在としてふらふらしているよりも都合がいいのでクラス定義のなかにいるだけだ。それは、@staticmethodデコレータを付けた**静的メソッド**である。静的メソッドは、第1引数としてselfやclsを取らない。次に示すのは、CoyoteWeaponクラスの宣伝として静的メソッドを使っている例だ。

```
>>> class CoyoteWeapon():
...     @staticmethod
...     def commercial():
...         print('This CoyoteWeapon has been brought to you by Acme')
...
>>>
>>> CoyoteWeapon.commercial()
This CoyoteWeapon has been brought to you by Acme
```

このメソッドは、CoyoteWeaponクラスからオブジェクトを作らずに実行できることに注意しよう。

6.11 ダックタイピング

Pythonは、**ポリモーフィズム**の緩やかな実装を持っている。クラスの種類にかかわらず、異なるオブジェクトに対して同じ操作を適用するのである。

同じ__init__()を共有する3種類のQuoteクラスを定義しよう。このクラスには、次のふたつの関数を追加する。

- who()は、保存されているperson文字列を単純に返す。
- says()は、保存されているwordsにクラスごとに異なる記号を付けて返す。

実際のコードを見てみよう。

```
>>> class Quote():
...     def __init__(self, person, words):
...         self.person = person
...         self.words = words
...     def who(self):
...         return self.person
...     def says(self):
...         return self.words + '.'
...
>>> class QuestionQuote(Quote):
...      def says(self):
```

```
...             return self.words + '?'
...
>>> class ExclamationQuote(Quote):
...         def says(self):
...             return self.words + '!'
...
>>>
```

QuestionQuoteやExclamationQuoteの初期化の方法はQuoteと変わらないので、__init__()メソッドのオーバーライドはしていない。そこで、Pythonは、インスタンス変数のpersonとwordの保存のために自動的に親クラスのQuoteの__init__()メソッドを呼び出す。QuestionQuote、ExclamationQuoteサブクラスから作られたオブジェクトのself.wordsにアクセスできるのはそのためだ。

次に、いくつかオブジェクトを作ろう。

```
>>> hunter = Quote('Elmer Fudd', "I'm hunting wabbits")
>>> print(hunter.who(), 'says:', hunter.says())
Elmer Fudd says: I'm hunting wabbits.


>>> hunted1 = QuestionQuote('Bugs Bunny', "What's up, doc")
>>> print(hunted1.who(), 'says:', hunted1.says())
Bugs Bunny says: What's up, doc?


>>> hunted2 = ExclamationQuote('Daffy Duck', "It's rabbit season")
>>> print(hunted2.who(), 'says:', hunted2.says())
Daffy Duck says: It's rabbit season!
```

異なる3種類のsays()メソッドが3つのクラスのために異なる動作を提供する。これがオブジェクト指向言語の伝統的なポリモーフィズムだ。Pythonはそこからさらに少し進んで、who()、says()メソッドを持ちさえすればどのようなオブジェクトであっても（つまり、継承など利用しなくても）、共通のインターフェイスを持つオブジェクトとして扱うことができる。それでは、先ほどの森の猟師と獲物たち（Quoteクラスの子孫たち）とは無関係なBabblingBrookというクラスを定義しよう。

```
>>> class BabblingBrook():
...     def who(self):
...         return 'Brook'
...     def says(self):
...         return 'Babble'
```

```
...
>>> brook = BabblingBrook()
```

そして、さまざまなオブジェクトのwho()、says()メソッドを実行してみよう。そのうちのひとつ(brook)は、ほかのものとはまったく無関係である。

```
>>> def who_says(obj):
...     print(obj.who(), 'says', obj.says())
...
>>> who_says(hunter)
Elmer Fudd says I'm hunting wabbits.
>>> who_says(hunted1)
Bugs Bunny says What's up, doc?
>>> who_says(hunted2)
Daffy Duck says It's rabbit season!
>>> who_says(brook)
Brook says Babble
```

このような動作は、古いことわざにちなんで**ダックタイピング**と呼ばれる。

> アヒルのように歩き、アヒルようにクワッと鳴くなら、それはアヒルだ。
>
> ── 賢者

6.12 特殊メソッド

これで基本的なオブジェクトは作って使えるようになったが、もう少し深く掘り下げてまだしていないことをしてみよう。

たとえば、a = 3 + 8のようなコードを入力したとき、値3や8を持つ整数オブジェクトは、+の実装方法をどのようにして知るのだろうか。また、aは、計算結果を得るための=の使い方をどのようにして知るのだろうか。これらの演算子には、**特殊メソッド**を使うとたどり着く(**マジックメソッド**と呼ばれているところを見かけるかもしれない)。マジックのためにGandalf[※1]を呼び出す必要はない。仕組みは複雑でさえない。

これらのメソッドの名前は、先頭と末尾がダブルアンダースコア(__)になっている。こういうメソッドは今までにも登場している。__init__()は、渡された引数を使って、

※1　訳注：ガンダルフは『ホビットの冒険』、『指輪物語』に登場する魔法使い。

クラス定義から新しく作成されたオブジェクトを初期化する。

たとえば、単純なWordクラスがあり、ふたつの単語を（大文字と小文字の区別をせずに）比較するequals()メソッドが必要だとする。つまり、値'ha'を持つWordと'HA'を持つWordは等しいと見なされる。

次のコードは、equals()と呼んでいる通常のメソッドを使った最初の試みだ。self.textは、このWordオブジェクトが格納する文字列で、equals()メソッドは、これとword2（別のWordオブジェクト）の文字列を比較する。

```
>>> class Word():
...     def __init__(self, text):
...         self.text = text
...
...     def equals(self, word2):
...         return self.text.lower() == word2.text.lower()
...
```

そして、3つの異なる文字列から3個のWordオブジェクトを作る。

```
>>> first = Word('ha')
>>> second = Word('HA')
>>> third = Word('eh')
```

'ha'という文字列と'HA'という文字列は、小文字に変換してから比較すれば、等しいと見なされる。

```
>>> first.equals(second)
True
```

しかし、'eh'という文字列と'ha'という文字列は同じにはならない。

```
>>> first.equals(third)
False
```

この小文字への変換と比較を実行するようにequals()メソッドを定義したが、Pythonの組み込み型と同じように、if first == secondと書ければ便利である。ではその仕事に取り掛かろう。equals()メソッドを__eq__()という特殊名に変更する（理由はすぐあとで説明する）。

```
>>> class Word():
...     def __init__(self, text):
...         self.text = text
...     def __eq__(self, word2):
```

```
...         return self.text.lower() == word2.text.lower()
...
```

うまく動作するかどうかを見てみよう。

```
>>> first = Word('ha')
>>> second = Word('HA')
>>> third = Word('eh')
>>> first == second
True
>>> first == third
False
```

手品のようだ！必要な物は、等価性テストのPythonの特殊メソッド名`__eq__()`だけだったのだ。**表6-1**、**表6-2**は、もっとも役に立つ特殊メソッドの名前をまとめたものである。

表6-1　比較のための特殊メソッド

メソッド	意味
`__eq__(` *self*, *other* `)`	*self* == *other*
`__ne__(` *self*, *other* `)`	*self* != *other*
`__lt__(` *self*, *other* `)`	*self* < *other*
`__gt__(` *self*, *other* `)`	*self* > *other*
`__le__(` *self*, *other* `)`	*self* <= *other*
`__ge__(` *self*, *other* `)`	*self* >= *other*

表6-2　算術計算のための特殊メソッド

メソッド	意味
`__add__(` *self*, *other* `)`	*self* + *other*
`__sub__(` *self*, *other* `)`	*self* - *other*
`__mul__(` *self*, *other* `)`	*self* * *other*
`__floordiv__(` *self*, *other* `)`	*self* // *other*
`__truediv__(` *self*, *other* `)`	*self* / *other*
`__mod__(` *self*, *other* `)`	*self* % *other*
`__pow__(` *self*, *other* `)`	*self* ** *other*

+（特殊メソッド`__add__()`）や-（特殊メソッド`__sub__()`）などの数学演算子の用途は数値だけに限らない。たとえば、Pythonの文字列オブジェクトは+を連結のために、*を繰り返しの用途に使っている。特殊メソッド名はほかにもたくさんあり、http://bit.ly/pydocs-smnでドキュメント化されている。そのなかでももっとも一般的なものを**表6-3**にまとめた。

表6-3 その他の特殊メソッド

メソッド	意味
`__str__( self )`	`str( self )`
`__repr__( self )`	`repr( self )`
`__len__( self )`	`len( self )`

`__init__()`を別にすれば、メソッドのなかでもっともよく使っているのは`__str__()`かもしれない。オブジェクトを表示するときには、これを使う。このメソッドは、`print()`、`str()`、その他7章で説明する文字列整形関数で使われている。対話型インタープリタは、`__repr__()`関数を使って変数をエコー出力している。`__str__()`または`__repr__()`を定義し忘れると、Pythonが定義しているオブジェクトのデフォルトの文字列バージョンが使われる。

```
>>> first = Word('ha')
>>> first
<__main__.Word object at 0x1006ba3d0>
>>> print(first)
<__main__.Word object at 0x1006ba3d0>
```

それでは、`Word`クラスに`__str__()`、`__repr__()`メソッドを追加して、表示を見やすくしよう。

```
>>> class Word():
...     def __init__(self, text):
...         self.text = text
...     def __eq__(self, word2):
...         return self.text.lower() == word2.text.lower()
...     def __str__(self):
...         return self.text
...     def __repr__(self):
...         return 'Word("' + self.text + '")'
...
>>> first = Word('ha')
>>> first            # __repr__を使う
Word("ha")
>>> print(first)     # __str__を使う
ha
```

その他の特殊メソッドについても深く知りたい場合は、Pythonドキュメントのhttp://bit.ly/pydocs-smnを参照していただきたい。

6.13 コンポジション

継承は、子クラスにほとんどのケースに親クラスと同じ動作をさせたいときにはよいテクニックであり、非常に凝った継承階層を作りたくなる誘惑にかられる。しかし、継承よりも**コンポジション**や**集約**の方が理にかなっている場合がある（xがyを**持っている**つまりhas-a関係の場合）。アヒルは鳥**である**と同時に、しっぽを**持っている**。しっぽはアヒルの種類ではなく、アヒルの一部だ。次のサンプルでは、bill（くちばし）、tail（しっぽ）オブジェクトを作り、それを新しいduckオブジェクトに与える。

```
>>> class Bill():
...     def __init__(self, description):
...         self.description = description
...
>>> class Tail():
...     def __init__(self, length):
...         self.length = length
...
>>> class Duck():
...     def __init__(self, bill, tail):
...         self.bill = bill
...         self.tail = tail
...     def about(self):
...         print('This duck has a', self.bill.description, 'bill and
a', self.tail.length, 'tail')
...
>>> tail = Tail('long')
>>> bill = Bill('wide orange')
>>> duck = Duck(bill, tail)
>>> duck.about()
This duck has a wide orange bill and a long tail
```

6.14 モジュールではなくクラスとオブジェクトを使うべきなのはいつか

ここで、コードをクラスにまとめるか、モジュールにまとめるかを決めるためのガイドラインを示しておこう。

- 動作（メソッド）は同じだが、内部状態（属性）は異なる複数のインスタンスを必要とするときには、オブジェクトがもっとも役に立つ。

- クラスは継承をサポートするが、モジュールはサポートしない。
- 何かをひとつだけ必要とするときには、モジュールがよい。Pythonモジュールは、プログラムに何度参照されても、1個のコピーしかロードされない(Java、C++プログラマーへ。GoF本『オブジェクト指向における再利用のためのデザインパターン』をよく知っている読者なら、Pythonモジュールは**シングルトン**として使える)。
- 複数の値を持つ変数があり、これらを複数の関数に引数として渡せるときには、それをクラスとして定義した方がよい場合がある。たとえば、カラーイメージを表現するために、`size`、`color`などのキーを持つ辞書を使っていたとする。プログラム内のカラーイメージごとに別々の辞書を作り、それを`scale()`、`transform()`などの関数に引数として渡してもよいのだが、キーや関数が増えていくとごちゃごちゃしてくる。それよりも、`size`、`color`などの属性を持ち、`scale()`、`transform()`などのメソッドを持つ`Image`クラスを定義した方がすっきりとする。こうすれば、カラーイメージのためのすべてのデータ、メソッドを1か所にまとめられる。
- 問題にとってもっとも単純な方法を使う。辞書、リスト、タプルは、モジュールよりも単純で小さく高速であり、クラスよりも普通は単純だ。

Guidoのアドバイス

> データ構造を作り込みすぎないようにしよう。オブジェクトよりもタプルの方がいい(名前付きタプルも試してみよう)。ゲッター/セッター関数よりも単純なフィールドを選ぶようにしよう。組み込みデータ型はプログラマーの友達だ。数値、文字列、タプル、リスト、集合、辞書をもっと使おう。そして、コレクションライブラリ、特にデックをチェックしよう。
>
> —— Guido van Rossum (http://bit.ly/guido-vr)

6.14.1 名前付きタプル

Guidoが触れた**名前付きタプル**を本書ではまだ説明していないので、ここで取り上げておこう。名前付きタプルはタプルのサブクラスで、位置(`[`*`offset`*`]`)だけでなく名前(*`.name`*)でも値にアクセスできる。

前節で使ったサンプルから`Duck`クラスを名前付きタプルに変換してみよう。この名前付きタプルは、文字列属性としてbillとtailを持つ。namedtuple関数には、ふたつの引数を渡す。

- 名前
- 空白区切りのフィールド名の文字列

名前付きタプルはPythonが自動的に供給するデータ構造ではないので、使うためにはモジュールをロードしなければならない。次のサンプルの先頭行はそれを行っている。

```
>>> from collections import namedtuple
>>> Duck = namedtuple('Duck', 'bill tail')
>>> duck = Duck('wide orange', 'long')
>>> duck
Duck(bill='wide orange', tail='long')
>>> duck.bill
'wide orange'
>>> duck.tail
'long'
```

名前付きタプルは辞書からも作れる。

```
>>> parts = {'bill': 'wide orange', 'tail': 'long'}
>>> duck2 = Duck(**parts)
>>> duck2
Duck(bill='wide orange', tail='long')
```

上のコードでは、**partsに注意しよう。これは**キーワード引数**だ。**partsはparts辞書のキーと値を抽出してDuck()に引数として渡す。次のように書くのと同じ意味になる。

```
>>> duck2 = Duck(bill = 'wide orange', tail = 'long')
```

名前付きタプルはイミュータブルだが、1個以上のフィールドを交換した別の名前付きタプルを返すことはできる。

```
>>> duck3 = duck2._replace(tail='magnificent', bill='crushing')
>>> duck3
Duck(bill='crushing', tail='magnificent')
```

duckは辞書として定義することもできただろう。

```
>>> duck_dict = {'bill': 'wide orange', 'tail': 'long'}
>>> duck_dict
{'tail': 'long', 'bill': 'wide orange'}
```

辞書にはフィールドを追加できる。

```
>>> duck_dict['color'] = 'green'
>>> duck_dict
{'color': 'green', 'tail': 'long', 'bill': 'wide orange'}
```

しかし、名前付きタプルには追加できない。

```
>>> duck.color = 'green'
Traceback (most recent call last):
  File "<stdin>", line 1, in <module>
AttributeError: 'dict' object has no attribute 'color'
```

以上から名前付きタプルの長所をまとめると次のようになるだろう。

- イミュータブルなオブジェクトのようにふるまう。
- オブジェクトよりも空間的、時間的に効率がよい。
- 辞書スタイルの角かっこではなく、ドット記法で属性にアクセスできる。
- 辞書のキーとして使える。

6.15 復習課題

6-1 中身のないThingというクラスを作り、表示しよう。次に、このクラスからexampleというオブジェクトを作り、これも表示しよう。表示される値は同じか、それとも異なるか。

6-2 Thing2という新しいクラスを作り、lettersというクラス属性に'abc'という値を代入して、lettersを表示しよう。

6-3 さらにもうひとつクラスを作ろう。名前はもちろんThing3だ。今度は、lettersというインスタンス（オブジェクト）属性に'xyz'という値を代入し、lettersを表示しよう。これを行うためには、クラスからオブジェクトを作ることが必要か。

6-4 name、symbol、numberというインスタンス属性を持つElementというクラスを作り、'Hydrogen'、'H'、1という値を持つこのクラスのオブジェクトを作ろう。

6-5 'name': 'Hydrogen', 'symbol': 'H', 'number': 1というキー/値ペアを持つ辞書を作ろう。次に、この辞書を使ってElementクラスのhydrogenオブジェクトを作ろう。

6-6 Elementクラスのために、オブジェクトの属性（name、symbol、number）の値を表示するdump()というメソッドを定義しよう。この新しい定義からhydrogenオブジェクトを作り、dump()を使って属性を表示しよう。

6-7 print(hydrogen)を呼び出そう。次に、Elementの定義のなかでdumpというメソッド名を__str__に変更し、新しい定義のもとでhydrogenオブジェクトを作って、print(hydrogen)をもう一度呼び出そう。

6-8 Elementを書き換え、name、symbol、number属性を非公開にしよう。そして、それぞれについて値を返すゲッターを定義しよう。

6-9 Bear、Rabbit、Octothorpe[※1]の3つのクラスを定義しよう。それぞれについて唯一のメソッド、eats()を定義する。eats()は、'berries'（Bear）、'clover'（Rabbit）、'campers'（Octothorpe）を返すものとする。それぞれのクラスからオブジェクトを作り、何を食べるのかを表示しよう。

6-10 Laser、Claw、SmartPhoneクラスを定義しよう。3つのクラスは唯一のメソッドとしてdoes()を持っている。does()は、'disintegrate'（Laser）、'crush'（Claw）、'ring'（SmartPhone）を返す。次に、これらのインスタンス（オブジェクト）をひとつずつ持つRobotクラスを定義する。Robotクラスのために、コンポーネントオブジェクトがすることを表示するdoes()メソッドを定義しよう。

※1 訳注：既出だが#記号のことである。

7章
プロのようにデータを操る

この章では、データを自在に操るためのさまざまなテクニックを学ぶ。その大半は次の組み込みデータ型に関係するものだ。

文字列

Unicode文字のシーケンス。テキストデータで使われる。

バイトとバイト列

8ビット整数のシーケンス。バイナリデータで使われる。

7.1 文字列

テキスト（文字列）はほとんどの読者にとってもっとも馴染み深いデータだろう。そこで、Python文字列の強力な機能から説明を始めることにしよう。

7.1.1 Unicode

本書の今までのテキスト関連のサンプルは、すべてASCIIを使ってきた。ASCIIは、コンピュータが冷蔵庫ほどの大きさで、計算が少し得意なだけだった1960年代に定義されたものだ。コンピュータの記憶の基本単位は**バイト**で、8個の**ビット**を使って256種類の一意な値を表現できる。さまざまな理由から、ASCIIは7ビット（128種類の一意な値）しか使っていない。26種類の大文字、26種類の小文字、10種類の数字、いくつかの記号、いくつかの空白文字、そしていくつかの表示されない制御コードが含まれている。

残念ながら、世界にはASCIIで表現できる以上の文字がある。夕食にホットドッグは食べられても、カフェ（café）でGewürztraminer[※1]を飲むことはできなくなってしまう。文字と記号を増やすために、さまざまな試みがなされてきた。ときどき、それを見かけることもあるだろう。そのような試みからふたつだけを紹介しておこう。

- Latin-1、あるいはISO 8859-1
- Windowsコードページ1252

これらは8ビットをフルに使っているが、それでも十分ではないことがある。特に、ヨーロッパ以外の言語が必要になったときにはそうだ。**Unicode**は、世界の言語のすべての文字と数学、その他の分野の記号を定義しようという発展途上の国際標準である。

> Unicodeは、プラットフォーム、プログラム、言語にかかわらず、すべての文字に一意な番号を与える。
>
> ── The Unicode Consortium

Unicodeのコード一覧ページ（http://www.unicode.org/charts）には、現在定義されているすべてのキャラクタセットとそのイメージへのリンクが含まれている。最新バージョン（8.0）は、12万字を越える文字、記号を定義しており、それぞれに一意な名前とID番号を与えている。文字は、**面**と呼ばれる8ビットセットに分割される。最初の256面は、基本多言語面である。詳しくは、WikipediaのUnicode面についてのページ（https://ja.wikipedia.org/wiki/面_(文字コード)、http://bit.ly/unicode-plane）を参照していただきたい。

7.1.1.1 Python 3のUnicode文字列

Python 3の文字列はUnicode文字列で、バイト列ではない。Python 2から3への移行で、これがもっとも大きな変更だ。Python 2は、1バイト文字列とUnicode文字列を区別していた。

文字のUnicode IDまたは名前を知っている場合、Python文字列でそれを使うことができる。例をいくつか示そう。

※1 このワインはドイツ語ではウムラウトがつくが、フランス語ではアクセント記号なしになる。

- \uの後ろに4個の16進数字[※1]を続けたものは、256の基本多言語面のどれかに含まれる文字に対応する。最初の2桁は面番号(00からFFまで)、後半の2桁はその面のなかでの文字のインデックスを表す。面00はASCIIであり、面内での文字の位置もASCIIと同じになっている。
- 上位面の文字は、基本多言語面の文字よりも多くのビットを必要とする。Pythonのエスケープシーケンスは、\Uの後ろに8個の16進文字を続けたものである。左端の数字は0でなければならない。
- すべての文字について、\N{*name*}を使えば、標準の**名前**を通じてひとつの文字を指定できる。名前のリストは、Unicode文字名索引(http://www.unicode.org/charts/charindex.html)にまとめられている。

Pythonのunicodedataモジュールには、双方向の変換関数が含まれている。

lookup()

名前(大文字と小文字を区別しない)を与えると、Unicode文字が返される。

name()

Unicode文字を与えると、大文字の名前が返される。

次のサンプルでは、Unicode文字を引数とするテスト関数を書いている。文字から名前を引き出し、名前から文字を引き出している(最初の文字と一致するはずだ)。

```
>>> def unicode_test(value):
...     import unicodedata
...     name = unicodedata.name(value)
...     value2 = unicodedata.lookup(name)
...     print('value="%s", name="%s",
...             value2="%s"' % (value, name, value2))
...
```

いくつかの文字を試してみよう。最初はごく平凡なASCII文字だ。

```
>>> unicode_test('A')
value="A", name="LATIN CAPITAL LETTER A", value2="A"
```

次はASCIIの記号である。

※1 基数16で、0から9までの数字とAからFまでの文字で表現する。

```
>>> unicode_test('$')
value="$", name="DOLLAR SIGN", value2="$"
```

Unicodeの通貨記号を見てみよう。

```
>>> unicode_test('\u00a2')
value="¢", name="CENT SIGN", value2="¢"
```

Unicodeの別の通貨記号だ。

```
>>> unicode_test('\u20ac')
value="€", name="EURO SIGN", value2="€"
```

このテストをしていて問題になりそうなことは、テキストの表示に使っているフォントだけだ。すべてのフォントがすべてのUnicode文字のイメージを持っているわけではなく、イメージのない文字に対してはそのことを表す代替記号を表示する。たとえば、次に示すのは、Unicodeの「雪だるま」記号である。dingbatフォントに含まれている記号と同じようなものだ。

```
>>> unicode_test('\u2603')
value="☃", name="SNOWMAN", value2="☃"
```

Pythonの文字列にcaféという単語を保存したいときにはどうすればよいだろうか。ファイルやウェブサイトからコピーアンドペーストしてうまくいくように祈るのもひとつの方法だ。

```
>>> place = 'café'
>>> place
'café'
```

これでうまくいったのは、テキストのためにUTF-8エンコーディング（すぐあとで説明する）を使っているソースからコピーアンドペーストしたからである。

最後のéの文字はどのようにして指定すればよいのだろうか。Eの文字名索引（http://bit.ly/e-index）を見ると、`E WITH ACUTE, LATIN SMALL LETTER`という名前は`00E9`という値を持っていることがわかる。今いじってみた`name()`、`lookup()`関数でチェックしてみよう。まず、コードから名前を調べてみる。

```
>>> unicodedata.name('\u00e9')
'LATIN SMALL LETTER E WITH ACUTE'
```

次に、名前からコードを調べてみる。

```
>>> unicodedata.lookup('E WITH ACUTE, LATIN SMALL LETTER')
Traceback (most recent call last):
  File "<stdin>", line 1, in <module>
KeyError: "undefined character name 'E WITH ACUTE, LATIN SMALL LETTER'"
```

Unicode文字名索引ページは、ソート、表示に適したように整形されている。実際のUnicode名（Pythonが使っているもの）に変換するためには、カンマを削除し、カンマの後ろの部分を前に移動する。そこで、E WITH ACUTE, LATIN SMALL LETTERは、LATIN SMALL LETTER E WITH ACUTEになる。

```
>>> unicodedata.lookup('LATIN SMALL LETTER E WITH
ACUTE')
'é'
```

これで、コードか名前によってcaféという文字列を指定できるようになった。

```
>>> place = 'caf\u00e9'
>>> place
'café'
>>> place = 'caf\N{LATIN SMALL LETTER E WITH ACUTE}'
>>> place
'café'
```

上のコードでは、文字列にéを直接挿入していたが、文字を追加して文字列を組み立てていくこともできる。

```
>>> u_umlaut = '\N{LATIN SMALL LETTER U WITH DIAERESIS}'
>>> u_umlaut
'ü'
>>> drink = 'Gew' + u_umlaut + 'rztraminer'
>>> print('Now I can finally have my', drink, 'in a', place)
Now I can finally have my Gewürztraminer in a café
```

文字列のlen関数は、バイト数ではなく、Unicodeの**文字数**を数える。

```
>>> len('$')
1
>>> len('\U0001f47b')
1
```

7.1.1.2 UTF-8によるエンコード、デコード

通常の文字列処理をしているときには、Pythonが個々のUnicode文字をどのように格納しているかについて心配する必要はない。

しかし、外部の世界との間でデータをやり取りするときには、次のふたつのことが必要になる。

- 文字列をバイト列に**エンコード**する手段
- バイト列を文字列に**デコード**する手段

Unicodeが64,000文字よりも少なければ、個々のUnicode文字IDを2バイトに格納できたところだが、実際にはもっと多い。3、4バイトあればすべてのIDをエンコードできるが、それではごく普通の文字列のためにメモリやディスクで必要な容量が3、4倍に増えてしまう。

Ken ThompsonとRob Pikeと言えば、Unixデベロッパーにはおなじみの名前だろう。動的エンコード方式の**UTF-8**は、ある晩彼らがニュージャージーの食堂の一角で設計したものである。UTF-8は、個々のUnicode文字のために1バイトから4バイトを使っている。

- ASCIIは1バイト
- ほとんどのローマ字系言語には2バイト（ただしキリル文字は除く）
- 基本多言語面のその他については3バイト
- 一部のアジアの言語、記号を含むその他については4バイト

UTF-8は、Python、Linux、HTMLでは標準的なテキストエンコーディングであり、非常によく機能している。コード全体を通じてUTF-8エンコーディングを使うなら、さまざまなエンコーディングの間を行き来するよりもはるかに仕事が楽になる。

ウェブページなどのほかのソースからコピーアンドペーストでPython文字列を作るときには、ソースがUTF-8形式でエンコードされていることを確かめなければならない。Latin-1やWindows 1252でエンコードされたテキストをPython文字列にコピーしている例は**非常**によく見かける。すると、あとで無効なバイトシーケンスだとして例外を引き起こすことになる。

7.1.1.3 エンコーディング

文字列をエンコードして**バイト**にする。文字列のencode()関数の第1引数は、エンコーディング名だ。**表7-1**にまとめられているものから選べる。

表7-1 エンコーディング

エンコーディング名	意味
'ascii'	古き良き7ビットASCII
'utf-8'	8ビット可変長エンコーディング。ほとんどかならずこれを使うことになる
'latin-1'	ISO 8859-1とも呼ばれているもの
'cp-1252'	一般的なWindowsエンコーディング
'unicode-escape'	Python Unicodeリテラル形式。\uxxxxまたは\Uxxxxxxxx

どんなものでもUTF-8としてエンコードすることができる。snowmanという変数にUnicode文字列'\u2603'を代入してみよう。

```
>>> snowman = '\u2603'
```

Python内部に格納するために何バイトかかったかにかかわらず、snowmanは、1文字のPython Unicode文字列だ。

```
>>> len(snowman)
1
```

次に、このUnicode文字をバイトシーケンスにエンコードしてみよう。

```
>>> ds = snowman.encode('utf-8')
```

先ほども触れたように、UTF-8は可変長エンコーディングだ。この場合、Unicodeのたったひとつの文字をエンコードするために3バイトを使っている。

```
>>> len(ds)
3
>>> ds
b'\xe2\x98\x83'
```

今度は、len()がバイト数(3)を返しているが、それはdsがbytes変数(「7.2.1 バイトとバイト列」参照)だからだ。

UTF-8以外のエンコーディングも使えるが、そのエンコーディングでUnicode文字列が処理できない場合はエラーが返される。たとえば、asciiエンコーディングを使うと、Unicode文字が有効なASCII文字にもなっている場合でなければエラーになる。

```
>>> ds = snowman.encode('ascii')
Traceback (most recent call last):
  File "<stdin>", line 1, in <module>
UnicodeEncodeError: 'ascii' codec can't encode character '\u2603'
in position 0: ordinal not in range(128)
```

encode()関数は、エンコード例外を起こしにくくするための第2引数を持っている。デフォルト値は、今までの例のような動作をする'strict'で、ASCII以外の文字が使われているとUnicodeEncodeErrorを起こす。しかし、ほかの値も指定できる。'ignore'を使えば、エンコードできないものを捨ててしまう。

```
>>> snowman.encode('ascii', 'ignore')
b''
```

'replace'を使えば、エンコードできない文字を?に置き換える。

```
>>> snowman.encode('ascii', 'replace')
b'?'
```

'backslashreplace'を使えば、unicode-escape形式のPython Unicode文字列を生成する。

```
>>> snowman.encode('ascii', 'backslashreplace')
b'\\u2603'
```

Unicodeエスケープシーケンスの表示可能バージョンが必要なら、これを使うことになるだろう。

次のコードは、ウェブページで使えるエンティティの文字列を生成する。

```
>>> snowman.encode('ascii', 'xmlcharrefreplace')
b'&#9731;'
```

7.1.1.4 デコーディング

バイト列をデコードしてUnicode文字列にする。なんらかの外部ソース（ファイル、データベース、ウェブサイト、ネットワークAPIなど）からテキストを取り出したとき、そのテキストはバイト列としてエンコードされている。難しいのは、実際にどのエンコーディングが使われているのかを知ることだ。それがわからなければ、エンコードの

「逆」をやってUnicode文字列を得ることができない。

しかし、バイト列自体のなかには、どのエンコーディングが使われているかを教えてくれるものはない。ウェブサイトからのコピーアンドペーストの危険性については先ほど触れた。古き良きASCII文字が表示されるべきところに奇妙な文字が表示されているウェブサイトを見かけたことはあるだろう。

では、placeという変数で、値が'café'のUnicode文字列を作ってみよう。

```
>>> place = 'caf\u00e9'
>>> place
'café'
>>> type(place)
<class 'str'>
```

これをUTF-8形式でエンコードしてplace_bytesというbytes変数に格納しよう。

```
>>> place_bytes = place.encode('utf-8')
>>> place_bytes
b'caf\xc3\xa9'
>>> type(place_bytes)
<class 'bytes'>
```

place_bytesが5バイトだということに注意しよう。最初の3バイトはASCIIと同じ（UTF-8の長所）で、最後の2バイトが'é'をエンコードしている。では、バイト列をUnicode文字列にデコードしてみよう。

```
>>> place2 = place_bytes.decode('utf-8')
>>> place2
'café'
```

これがうまく動作したのは、UTF-8にエンコードし、UTF-8からデコードしたからだ。ほかのエンコーディングからのデコードを指示したらどうなるだろうか。

```
>>> place3 = place_bytes.decode('ascii')
Traceback (most recent call last):
  File "<stdin>", line 1, in <module>
UnicodeDecodeError: 'ascii' codec can't decode byte 0xc3 in position 3:
ordinal not in range(128)
```

ASCIIデコーダは、0xc3というバイト値がASCIIでは無効なので例外を投げている。8ビットキャラクタセットのエンコーディングでは、128（16進80）から255（16進FF）までの間に有効な値を持つものがあるが、それはUTF-8とは異なる値だ。

```
>>> place4 = place_bytes.decode('latin-1')
>>> place4
'cafÃ©'
>>> place5 = place_bytes.decode('windows-1252')
>>> place5
'cafÃ©'
```

これではダメである。

ここから得られる教訓は、可能な限りUTF-8エンコーディングを使えということだ。UTF-8なら正しく動作し、どこでもサポートされているし、すべてのUnicode文字を表現でき、すばやくデコード、エンコードできる。

7.1.1.5 詳しく学びたい人のために

エンコード、デコードについてもっと学びたい場合は、次のリンクが役に立つだろう。

- Unicode HOWTO（http://bit.ly/unicode-howto）
- Pragmatic Unicode（http://bit.ly/pragmatic-uni）
- The Absolute Minimum Every Software Developer Absolutely, Positively Must Know About Unicode and Character Sets (No Excuses!)※1（http://bit.ly/jspolsky）

7.1.2 書式指定

今までは、テキストの形式を整えるということをずっと無視してきた。2章では、位置合わせの関数を紹介したが、サンプルコードでは単純なprint()文を使うか、対話型インタープリタに値を表示させてきた。しかし、ここでは文字列にデータを**差し込む**方法を学ぼう。言い換えれば、文字列のなかにさまざまな形式で値を入れていくということだ。報告書などのように、出力がきちんとした形になっていなければならないものを作りたいときには、この方法を使う。

※1　訳注：すべてのソフトウェアデベロッパーがUnicodeとキャラクタセットについて完全明確に知っていなければならない絶対最小限のこと（問答無用！）

Pythonは、文字列の書式設定の方法を2種類用意している。これらは、大雑把に**古いスタイル**、**新しいスタイル**と呼ばれている。Python 2、3とも両方をサポートしている（新しいスタイルはPython 2.6以上）。古いスタイルの方が単純なので、そちらから見ていこう。

7.1.2.1 %を使った古いスタイル

古いスタイルの書式指定は、*string* % *data*という形式を使う。文字列（*string*）のなかには、データ（*data*）を差し込むポイントが含まれている。**表7-2**は、%の後ろにデータ型を示す文字が続く差し込みポイントの形式と、対応するデータ型をまとめてある。

表7-2 変換型

指定	データ型
%s	文字列
%d	10進整数
%x	16進整数
%o	8進整数
%f	10進float
%e	指数形式float
%g	10進floatまたは指数形式float
%%	リテラルの%

単純な例を示そう。まず整数だ。

```
>>> '%s' % 42
'42'
>>> '%d' % 42
'42'
>>> '%x' % 42
'2a'
>>> '%o' % 42
'52'
```

次はfloatである。

```
>>> '%s' % 7.03
'7.03'
>>> '%f' % 7.03
'7.030000'
>>> '%e' % 7.03
```

```
'7.030000e+00'
>>> '%g' % 7.03
'7.03'
```

整数とリテラルの%。

```
>>> '%d%%' % 100
'100%'
```

文字列と整数の挿入を見てみよう。

```
>>> actor = 'Richard Gere'
>>> cat = 'Chester'
>>> weight = 28


>>> "My wife's favorite actor is %s" % actor
"My wife's favorite actor is Richard Gere"

>>> "Our cat %s weighs %s pounds" % (cat, weight)
'Our cat Chester weighs 28 pounds'
```

文字列のなかの%sは、そこに文字列を挿入するということだ。文字列のなかの%の数と%のあとのデータの数は一致していなければならない。%の後ろに1個のデータを置くときには、actorのようにそのままデータを置けばよいが、複数のデータを置くときには、(cat, weight)のようにタプルにまとめなければならない（かっこで囲み、カンマで区切る）。

weightは整数だが、文字列のなかの%sにより、文字列に変換されている。

%と型指定子の間には、幅の下限、文字数の上限、配置、パディングを指定する別の値を入れることができる。

変数として整数n、floatのf、文字列sを定義しよう。

```
>>> n = 42
>>> f = 7.03
>>> s = 'string cheese'
```

デフォルトの幅で表示すると次のようになる。

```
>>> '%d %f %s' % (n, f, s)
'42 7.030000 string cheese'
```

各変数について最小限の幅10を設定し、右揃えにして、左側のあまった部分にスペースを詰める。

```
>>> '%10d %10f %10s' % (n, f, s)
'        42   7.030000 string cheese'
```

同じ幅を使って左揃えにする。

```
>>> '%-10d %-10f %-10s' % (n, f, s)
'42         7.030000   string cheese'
```

次は、フィールドの幅は同じで文字数の上限を4にして右揃えにする。こうすると、文字列は一部が切り捨てられ、floatは小数点以下が4桁になる。

```
>>> '%10.4d %10.4f %10.4s' % (n, f, s)
'      0042     7.0300       stri'
```

フィールド幅の下限を指定せず、字数制限を行う。

```
>>> '%.4d %.4f %.4s' % (n, f, s)
'0042 7.0300 stri'
```

最後に、フィールド幅と文字数をハードコードせず、引数から指定する。

```
>>> '%*.*d %*.*f %*.*s' % (10, 4, n, 10, 4, f, 10, 4, s)
'      0042     7.0300       stri'
```

7.1.2.2 {}と書式指定を使った新しいスタイル

古いスタイルの書式指定はまだサポートされている。Python 2では、ver.2.7の状態でフリーズされ、永遠にサポートされる。しかし、Python 3を使うなら、新しいスタイルの整形を使う方がよい。

もっとも簡単な使い方は次のとおりだ。

```
>>> '{} {} {}'.format(n, f, s)
'42 7.03 string cheese'
```

古いスタイルでは、%プレースホルダーが文字列内に出てきた順序で引数を渡さなければならなかったが、新しいスタイルでは、書式指定文字列のなかで引数の順序を指定できる。

```
>>> '{2} {0} {1}'.format(f, s, n)
'42 7.03 string cheese'
```

値0は第1引数のfloatのf、値1は文字列のs、値2は最後の引数の整数nを指している。

引数は、辞書やキーワード引数でもよい。そして、書式指定にキー、名前を入れることができる。

```
>>> '{n} {f} {s}'.format(n=42, f=7.03, s='string cheese')
'42 7.03 string cheese'
```

次の例では、使ってきた3つの値を辞書にまとめて渡してみよう。辞書は次のようになる。

```
>>> d = {'n': 42, 'f': 7.03, 's': 'string cheese'}
```

次の例で、{0}は辞書全体を指すのに対し、{1}は辞書の後ろの文字列'other'を指す。

```
>>> '{0[n]} {0[f]} {0[s]} {1'.format(d, 'other') }
'42 7.03 string cheese other'
```

今までのサンプルは、すべて引数をデフォルトの書式で表示していた。古いスタイルは、文字列内の%のあとに型指定子を入れられたが、新しいスタイルは:の後ろに型指定子を入れる。まず、位置引数とともに型指定子を使う。

```
>>> '{0:d} {1:f} {2:s}'.format(n, f, s)
'42 7.030000 string cheese'
```

次の例では、同じ値を使っているが、キーワード引数で指定している。

```
>>> '{n:d} {f:f} {s:s}'.format(n=42, f=7.03, s='string cheese')
'42 7.030000 string cheese'
```

その他のオプション（フィールド幅の下限。文字数の上限、位置合わせなど）もサポートされている。

フィールド幅の下限を10として、デフォルトの右揃えにするには、次のように指定する。

```
>>> '{0:10d} {1:10f} {2:10s}'.format(n, f, s)
'        42   7.030000 string cheese'
```

次の例も上の例と同じ結果になるが、>文字を使っている分、右揃えだということがより明確になる。

```
>>> '{0:>10d} {1:>10f} {2:>10s}'.format(n, f, s)
'        42   7.030000 string cheese'
```

今度はフィールド幅の下限は10のままで左揃えにする。

```
>>> '{0:<10d} {1:<10f} {2:<10s}'.format(n, f, s)
'42         7.030000   string cheese'
```

そして、フィールド幅の下限10で中央揃えにする。

```
>>> '{0:^10d} {1:^10f} {2:^10s}'.format(n, f, s)
'    42      7.030000  string cheese'
```

古いスタイルから変わったことがひとつある。小数点の後ろで指定する**精度**は、floatなら小数点以下の桁数、文字列なら文字数の上限を指定するが、整数では使えなくなった。

```
>>> '{0:>10.4d} {1:>10.4f} {2:10.4s}'.format(n, f, s)
Traceback (most recent call last):
  File "<stdin>", line 1, in <module>
ValueError: Precision not allowed in integer format specifier
>>> '{0:>10d} {1:>10.4f} {2:>10.4s}'.format(n, f, s)
'        42     7.0300       stri'
```

最後のオプションは**パディング**である。出力フィールドの隙間の部分をスペース以外の文字で埋めたい場合、:の直後、位置揃え(<、>、^)や幅の指定の前に指定する。

```
>>> '{0:!^20s}'.format('BIG SALE')
'!!!!!!BIG SALE!!!!!!'
```

7.1.3　正規表現とのマッチング

2章では、単純な文字列操作に触れた。さらに、コマンドラインでは、`ls *.py`のような単純な「ワイルドカード」パターンを使ったことがあるだろう。これは、「`.py`で終わるすべてのファイル名を表示する」という意味だ。

基礎知識は十分だろう。それでは、**正規表現**を使った複雑なパターンマッチングを探ってみよう。正規表現機能は、標準モジュールの`re`が提供するもので、使うためにはこのモジュールをインポートする。マッチングの対象となる文字列の**パターン**とマッチングする**ソース**文字列を定義する。単純なものの場合、使い方は次のようになる。

```
result = re.match('You', 'Young Frankenstein')
```

ここでは、'You'が**パターン**、'Young Frankenstein'が**ソース**文字列で、match()は、**ソース**の先頭が**パターン**になっているかどうかをチェックする。

より複雑なマッチでは、先にパターンを**コンパイル**して、あとで行うマッチングのスピードを上げることができる。

```
youpattern = re.compile('You')
```

そして、コンパイルしたパターンを対象としてマッチングする。

```
result = youpattern.match('Young Frankenstein')
```

パターンとソースを比較する方法はmatch()だけではない。ほかにも次のようなメソッドを使える。

- search()は、最初のマッチを返す(ある場合)。
- findall()は、重なり合わないすべてのマッチのリストを返す(ある場合)。
- split()は、**パターン**にマッチしたところで**ソース**を分割し、部分文字列のリストを返す。
- sub()は、**置換文字列**引数を取り、**ソース**のうち、**パターン**にマッチするすべての部分を**置換文字列**に置き換える。

7.1.3.1 match()による正確なマッチ

'Young Frankenstein'という文字列の先頭に'You'は含まれているだろうか。コメントを付けたコードを見ていただきたい。

```
>>> import re
>>> source = 'Young Frankenstein'
>>> m = re.match('You', source)  # matchはsourceの先頭がパターンに一致するかどうかを見る
>>> if m:  # matchはオブジェクトを返す。マッチした部分を確かめる
...     print(m.group())
...
You
>>> m = re.match('^You', source) # パターンの先頭に^を付けても同じ意味になる
>>> if m:
...     print(m.group())
```

```
...
You
```

では'Frank'はどうだろうか。

```
>>> m = re.match('Frank', source)
>>> if m:
...     print(m.group())
...
```

今回はmatch()は何も返しておらず、ifはprint文を実行しない。先ほども説明したように、match()はパターンがソースの先頭になければ成功しない。しかし、search()なら、パターンがどこにあってもマッチする。

```
>>> m = re.search('Frank', source)
>>> if m:
...     print(m.group())
...
Frank
```

パターンを変えてみよう。

```
>>> m = re.match('.*Frank', source)
>>> if m:  # matchはオブジェクトを返す
...     print(m.group())
...
Young Frank
```

この新しいパターンの意味を簡単に説明しておこう。

- .は**任意の1文字**という意味である。
- *は**任意の個数の直前のもの**という意味である。.*全体では、任意の個数(0を含む)の任意の文字という意味になる。
- Frankは、探しているフレーズである。

match()は.*Frankにマッチした文字列、'Young Frank'を返している。

7.1.3.2 search()による最初のマッチ

search()を使えば、.*というワイルドカードを使わずに、ソース文字列'Young Frankenstein'の任意の位置にあるパターン'Frank'を探せる。

```
>>> m = re.search('Frank', source)
>>> if m:  # searchはオブジェクトを返す
...     print(m.group())
...
Frank
```

7.1.3.3 findall()によるすべてのマッチの検索

今までのサンプルは、ひとつマッチが見つかったらそこで処理を終えていた。しかし、文字列のなかに'n'という1文字の文字列が何個あるかを知りたいときにはどうすればよいだろうか。

```
>>> m = re.findall('n', source)
>>> m   # findallはリストを返す
['n', 'n', 'n', 'n']
>>> print('Found', len(m), 'matches')
Found 4 matches
```

'n'の後ろに任意の文字が続いているものならどうか。

```
>>> m = re.findall('n.', source)
>>> m
['ng', 'nk', 'ns']
```

最後の'n'にはマッチしていないことに注意しよう。これもマッチさせたければ、'n'のあとの文字はオプションだということを示す?を使う必要がある。

```
>>> m = re.findall('n.?', source)
>>> m
['ng', 'nk', 'ns', 'n']
```

7.1.3.4 split()によるマッチを利用した分割

次の例は、単純な文字列ではなく、パターンで文字列を分割し、部分文字列のリストを作る方法を示している。

```
>>> m = re.split('n', source)
>>> m    # splitはリストを返す
['You', 'g Fra', 'ke', 'stei', '']
```

7.1.3.5 sub()によるマッチした部分の置換

これは文字列のreplace()メソッドと似ているが、置換対象としてリテラル文字列ではなくパターンを指定する。

```
>>> m = re.sub('n', '?', source)
>>> m    # subは文字列を返す
'You?g Fra?ke?stei?'
```

7.1.3.6 パターンの特殊文字

正規表現の説明の多くは、いきなり定義方法の詳細から始まってしまうが、私はそれは間違いだと思う。正規表現は、一度で細部をすべて頭に叩き込めるほど小規模な技術ではない。正規表現は非常に多くの記号を使っており、マンガのキャラクタがののしり合っているように見える。

match()、search()、findall()、sub()の関数を理解したら、正規表現を組み立てるための詳細に踏み込んでいこう。作ったパターンは、これらすべての関数で使える。

すでに基礎的なものは見てきている。

- 特殊文字でないすべての文字は対応するリテラルにマッチする。
- .は、\n以外の任意の1文字にマッチする。
- *は、任意の個数（0を含む）の直前の文字にマッチする。
- ?は、0個か1個の直前の文字にマッチする（オプション）。

まず、表7-3のような特殊文字がある。

表7-3　特殊文字

パターン	マッチ対象
\d	1個の数字
\D	1個の数字以外の文字
\w	1個の英字
\W	1個の英字以外の文字
\s	1個の空白文字
\S	1個の空白以外の文字
\b	単語の境界（\wと\Wの間。順序はどちらでもよい）
\B	単語の境界以外の文字間

Pythonのstringモジュールは、テストのために使える文字列定数をあらかじめ定義している。ここでは、大文字小文字の英字と数字、空白文字と記号類を含む100種類の印刷可能ASCII文字を含むprintableを使う。

```
>>> import string
>>> printable = string.printable
>>> len(printable)
100
>>> printable[0:50]
'0123456789abcdefghijklmnopqrstuvwxyzABCDEFGHIJKLMN'
>>> printable[50:]
'OPQRSTUVWXYZ!"#$%&\'()*+,-./:;<=>?@[\\]^_`{|}~ \t\n\r\x0b\x0c'
```

printableのなかで数字はどれか。

```
>>> re.findall('\d', printable)
['0', '1', '2', '3', '4', '5', '6', '7', '8', '9']
```

printableのなかで数字、英字、アンダースコアのいずれかに含まれるものはどれか。

```
>>> re.findall('\w', printable)
['0', '1', '2', '3', '4', '5', '6', '7', '8', '9', 'a', 'b',
'c', 'd', 'e', 'f', 'g', 'h', 'i', 'j', 'k', 'l', 'm', 'n',
'o', 'p', 'q', 'r', 's', 't', 'u', 'v', 'w', 'x', 'y', 'z',
'A', 'B', 'C', 'D', 'E', 'F', 'G', 'H', 'I', 'J', 'K', 'L',
'M', 'N', 'O', 'P', 'Q', 'R', 'S', 'T', 'U', 'V', 'W', 'X',
'Y', 'Z', '_']
```

空白文字はどれか。

```
>>> re.findall('\s', printable)
[' ', '\t', '\n', '\r', '\x0b', '\x0c']
```

正規表現はASCIIだけに制限されているわけではない。\dは、ASCIIの'0'から'9'だけではなく、Unicodeが数字と呼んでいるあらゆるものにマッチする。

このテストでは、次の文字をつなげたものを使う。

- 3個のASCII英字
- \wにマッチしない記号
- UnicodeのLATIN SMALL LETTER E WITH CIRCUMFLEX (\u00ea)
- UnicodeのLATIN SMALL LETTER E WITH BREVE (\u0115)

```
>>> x = 'abc' + '-/*' + '\u00ea' + '\u0115'
```

このパターンは、予想どおり英字（アクセント記号付きも含む）だけがマッチする。

```
>>> re.findall('\w', x)
['a', 'b', 'c', 'ê', 'ĕ']
```

7.1.3.7 パターン：メタ文字

それでは、正規表現の主役的なメタ文字を使って「記号のピザ」を作ろう。メタ文字は、**表7-4**にまとめられている。

表のなかの*expr*などの斜字の単語は、任意の有効な正規表現を指す。

表7-4 メタ文字

パターン	マッチ対象
abc	リテラルのabc
(*expr*)	*expr*
expr1 | *expr2*	*expr1*または*expr2*
.	\n以外の任意の文字
^	ソース文字列の先頭
$	ソース文字列の末尾
prev ?	0個か1個の*prev*
prev *	0個以上の*prev*（欲張り）
prev *?	0個以上の*prev*（控えめ）
prev +	1個以上の*prev*（欲張り）
prev +?	1個以上の*prev*（控えめ）
prev { *m* }	*m*個の連続した*prev*
prev { *m*, *n* }	*m*個以上*n*個未満の連続した*prev*（欲張り）
prev { *m*, *n* }?	*m*個以上*n*個未満の連続した*prev*（控えめ）
[*abc*]	*a*または*b*または*c*（*a* | *b* | *c*と同じ）
[^ *abc*]	*a*または*b*または*c*以外
prev (?= *next*)	*next*が続いている*prev*
prev (?! *next*)	*next*が続いていない*prev*
(?<= *prev*) *next*	*prev*が前にある*next*
(?<! *prev*) *next*	*prev*が前にない*next*

これからのサンプルを読もうとすると、目が永遠に寄り目になってしまうかもしれない。まず、ソース文字列を定義しよう。

```
>>> source = '''I wish I may, I wish I might
... Have a dish of fish tonight.'''
```

ひとつ目の正規表現は、任意の位置にあるwishを探してくる。

```
>>> re.findall('wish', source)
['wish', 'wish']
```

次は、任意の位置にあるwishかfishを探す。

```
>>> re.findall('wish|fish', source)
['wish', 'wish', 'fish']
```

次は先頭でwishを探す。

```
>>> re.findall('^wish', source)
[]
```

先頭でI wishを探す。

```
>>> re.findall('^I wish', source)
['I wish']
```

末尾でfishを探す。

```
>>> re.findall('fish$', source)
[]
```

最後に、末尾でfish tonightを探す。

```
>>> re.findall('fish tonight.$', source)
['fish tonight.']
```

^と$は、**アンカー**（錨）と呼ばれている。^はサーチをソース文字列の先頭に固定し、$はソース文字列の末尾に固定する。.$は、行末の任意の文字（ピリオドを含む）にマッチする。だから、今の検索はマッチしたのである。より正確にリテラルにマッチさせるには、ドットをエスケープすべきだ（ドットの前にエスケープ文字の\を置くということ）。

```
>>> re.findall('fish tonight\.$', source)
['fish tonight.']
```

新しいシリーズでは、まずwかfのあとにishが続いているものを探す。

```
>>> re.findall('[wf]ish', source)
['wish', 'wish', 'fish']
```

w、s、hのどれかが1個以上続いているところを探す。

```
>>> re.findall('[wsh]+', source)
['w', 'sh', 'w', 'sh', 'h', 'sh', 'sh', 'h']
```

ghtの後ろに英数字以外のものが続いているところを探す。

```
>>> re.findall('ght\W', source)
['ght\n', 'ght.']
```

I (Iとスペース) の後ろにwishが続くところを探す。

```
>>> re.findall('I (?=wish)', source)
['I ', 'I ']
```

そして最後に、wishの前にI (Iとスペース) があるところを探す。

```
>>> re.findall('(?<=I) wish', source)
[' wish', ' wish']
```

正規表現のパターンの規則とPythonの文字列の規則が矛盾を起こすところがいくつかある。次のパターンは、先頭がfishになっている単語にマッチするはずだ。

```
>>> re.findall('\bfish', source)
[]
```

どうしてうまくいかないのだろうか。2章で説明したように、Pythonは文字列のために少数の**エスケープ文字**を使っている。たとえば、\bは文字列ではバックスペースという意味になるが、正規表現のミニ言語では単語の境界という意味になる。正規表現文字列を定義するときには、Pythonの**文字列そのもの**を使って誤ってエスケープ文字を使うのを避けなければならない。正規表現のパターン文字列を定義するときには、かならずその前に、rの文字を追加するようにしよう。そうすれば、次に示すように、Pythonのエスケープ文字は無効になる。

```
>>> re.findall(r'\bfish', source)
['fish']
```

7.1.3.8 パターン：マッチした文字列の出力の指定

match()やsearch()を使ったときは、結果オブジェクトのmからm.group()という形ですべてのマッチを取り出すことができる。パターンをかっこで囲むと、マッチは独自のグループに保存される。そして、次に示すように、m.groups()を呼び出せば、それらのタプルが得られる。

```
>>> m = re.search(r'(. dish\b).*(\bfish)', source)
>>> m.group()
'a dish of fish'
>>> m.groups()
('a dish', 'fish')
```

(?P< *name* > *expr*)という形式を使うと、*expr*にマッチした部分は*name*という名前のグループに保存される。

```
>>> m = re.search(r'(?P<DISH>. dish\b).*(?P<FISH>\bfish)', source)
>>> m.group()
'a dish of fish'
>>> m.groups()
('a dish', 'fish')
>>> m.group('DISH')
'a dish'
>>> m.group('FISH')
'fish'
```

7.2 バイナリデータ

ある操作を行いたいとき、テキストデータでは難しいが、バイナリデータでは効率よく(そして、面白く)なることがある。そのためには、**エンディアン**(コンピュータのプロセッサがデータをどのようにバイトに分割するか)や整数の**符号ビット**などの概念を知っておく必要がある。データを抽出したり、書き換えたりするために、バイナリファイル形式やネットワークパケットの細部に飛び込まなければならないことがある。この節では、Pythonでのバイナリデータ処理の基礎を説明する。

7.2.1 バイトとバイト列

Python 3は、0から255までの値を取る8ビット整数の2種類のシーケンスを導入した。

- bytesはイミュータブルで、バイトのタプルのようなものだ。
- bytearrayはミュータブルで、バイトのリストのようなものだ。

次のサンプルは、blistというリストからスタートして、the_bytesというbytes変数とthe_byte_arrayというbytearray変数を作る。

```
>>> blist = [1, 2, 3, 255]
>>> the_bytes = bytes(blist)
>>> the_bytes
b'\x01\x02\x03\xff'
>>> the_byte_array = bytearray(blist)
>>> the_byte_array
bytearray(b'\x01\x02\x03\xff')
```

bytes値を表現するときには、bを先頭として次にクォート文字、そのあとに\x02やASCII文字、最後に先頭に対応するクォート文字を置く。Pythonは、16進シーケンスやASCII文字を1バイトずつ整数に変換するが、有効なASCIIエンコーディングにもなっているバイト値はASCII文字で表示する。

```
>>> b'\x61'
b'a'

>>> b'\x01abc\xff'
b'\x01abc\xff'
```

次のサンプルは、bytes変数を書き換えられないことを示している。

```
>>> the_bytes[1] = 127
Traceback (most recent call last):
  File "<stdin>", line 1, in <module>
TypeError: 'bytes' object does not support item assignment
```

しかし、bytearray変数ならミュータブルであるから、怒ったりはしない。

```
>>> the_byte_array = bytearray(blist)
>>> the_byte_array
bytearray(b'\x01\x02\x03\xff')
>>> the_byte_array[1] = 127
>>> the_byte_array
bytearray(b'\x01\x7f\x03\xff')
```

次のコードは、どちらも0から255までの値の256個の要素を持つオブジェクトを作る。

```
>>> the_bytes = bytes(range(0, 256))
>>> the_byte_array = bytearray(range(0, 256))
```

bytes、bytearrayデータを表示するとき、Pythonは印字不能バイトについては\xxx形式を使い、印字可能バイトについては対応するASCII文字を表示する（一部のエスケープ文字も印字可能バイトと同様。たとえば、\x0aではなく\nを表示する）。

```
>>> the_bytes
b'\x00\x01\x02\x03\x04\x05\x06\x07\x08\t\n\x0b\x0c\r\x0e\x0f
\x10\x11\x12\x13\x14\x15\x16\x17\x18\x19\x1a\x1b\x1c\x1d\x1e\x1f
!"#$%&\'()*+,-./
0123456789:;<=>?
@ABCDEFGHIJKLMNO
PQRSTUVWXYZ[\\]^_
`abcdefghijklmno
pqrstuvwxyz{|}~\x7f
\x80\x81\x82\x83\x84\x85\x86\x87\x88\x89\x8a\x8b\x8c\x8d\x8e\x8f
\x90\x91\x92\x93\x94\x95\x96\x97\x98\x99\x9a\x9b\x9c\x9d\x9e\x9f
\xa0\xa1\xa2\xa3\xa4\xa5\xa6\xa7\xa8\xa9\xaa\xab\xac\xad\xae\xaf
\xb0\xb1\xb2\xb3\xb4\xb5\xb6\xb7\xb8\xb9\xba\xbb\xbc\xbd\xbe\xbf
\xc0\xc1\xc2\xc3\xc4\xc5\xc6\xc7\xc8\xc9\xca\xcb\xcc\xcd\xce\xcf
\xd0\xd1\xd2\xd3\xd4\xd5\xd6\xd7\xd8\xd9\xda\xdb\xdc\xdd\xde\xdf
\xe0\xe1\xe2\xe3\xe4\xe5\xe6\xe7\xe8\xe9\xea\xeb\xec\xed\xee\xef
\xf0\xf1\xf2\xf3\xf4\xf5\xf6\xf7\xf8\xf9\xfa\xfb\xfc\xfd\xfe\xff'
```

しかし、これらはバイト（小さな整数）であり文字ではないので、この表示は少し紛らわしい。

7.2.2 structによるバイナリデータの変換

今まで見てきたように、Pythonはテキスト操作ツールをたくさん持っている。それに比べて、バイナリデータのためのツールはかなり少ない。標準ライブラリには、CやC++の構造体に似たデータを処理するstructモジュールが含まれている。structを使えば、Pythonデータ構造との間でバイナリデータを相互変換できる。

PNGファイルに含まれるデータを使ってこの相互変換の仕組みを見ていこう。PNGは、GIF、JPEGと並んで広く使われているイメージ形式だ。ここでは、PNGデータからイメージの幅と高さを抽出する小さなプログラムを作る。

素材としては、O'Reillyのロゴを使う。**図7-1**に示す目の丸い小さなメガネザルだ。

図7-1　オライリーのメガネザル

このイメージのPNGファイルは、Wikipedia（http://bit.ly/orm-logo）にある。ファイルの読み方は8章まで説明しない。そこで、私はこのファイルをダウンロードし、値をバイト形式で表示する小さなプログラムを書いた。そして、先頭30バイトの値をタイピングしてdataというbytes変数に格納し、これからのサンプルで使うことにした（PNG形式の仕様は、幅と高さの情報は最初の24バイトまでに格納されると規定している。そのため、さしあたりそれ以降の情報は不要ということになる）。

```
>>> import struct
>>> valid_png_header = b'\x89PNG\r\n\x1a\n'
>>> data = b'\x89PNG\r\n\x1a\n\x00\x00\x00\rIHDR' + \
...     b'\x00\x00\x00\x9a\x00\x00\x00\x8d\x08\x02\x00\x00\x00\xc0'
>>> if data[:8] == valid_png_header:
...     width, height = struct.unpack('>LL', data[16:24])
...     print('Valid PNG, width', width, 'height', height)
... else:
...     print('Not a valid PNG')
...
Valid PNG, width 154 height 141
```

このコードが何をしているのかを説明しておこう。

- dataは、PNGファイルの先頭30バイトを格納している。なお、ページに収まるようにするために、このコードはふたつのバイト列を+で結合し、継続文字（\）を使っている。
- valid_png_headerには、有効なPNGファイルの先頭を示す8バイトのシーケンスが含まれている。
- widthはバイトの16番目から19番目、heightは20番目から23番目に格納されている。

>LLは、unpack()に入力バイトシーケンスの解釈方法とPythonデータ型への組み立て方を指示する書式指定文字列だ。個々の部品の意味を説明する。

- >は、整数が**ビッグエンディアン**形式で格納されていることを意味する。
- 個々のLは、4バイト符号なし長整数を指定する。

個々の4バイト値は直接検証することができる。

```
>>> data[16:20]
b'\x00\x00\x00\x9a'
>>> data[20:24]
b'\x00\x00\x00\x8d'
```

ビッグエンディアンの整数は、最上位バイトが左端にある。幅と高さはどちらも255未満なので、各シーケンスの最後のバイトに収まる。

```
>>> 0x9a
154
>>> 0x8d
141
```

逆に、Pythonデータをバイトに変換したい場合には、structのpack関数を使う。

```
>>> import struct
>>> struct.pack('>L', 154)
b'\x00\x00\x00\x9a'
>>> struct.pack('>L', 141)
b'\x00\x00\x00\x8d'
```

表7-5と**表7-6**では、pack()とunpack()の書式指定子をまとめておいた。

エンディアン指定子を書式指定子よりも先に並べる。

表7-5 エンディアン指定子

指定子	バイト順
<	リトルエンディアン
>	ビッグエンディアン

表7-6 書式指定子

指定子	説明	バイト数
x	1バイト読み飛ばし	1
b	符号付きバイト	1
B	符号なしバイト	1
h	符号付き短整数	2

指定子	説明	バイト数
H	符号なし短整数	2
i	符号付き整数	4
I	符号なし整数	4
l	符号付き長整数	4
L	符号なし長整数	4
Q	符号なし長長整数	8
f	単精度浮動小数点数	4
d	倍精度浮動小数点数	8
p	*count*と文字シーケンス	1+*count*
s	文字シーケンス	*count*

型指定子は、エンディアン文字の後ろに続く。すべての指定子は前に数値を付けることができる。その数値は、*count*を表す。たとえば、5BはBBBBBと同じ意味になる。

>LLの代わりに*count*プレフィックスを使うと次のようになる。

```
>>> struct.unpack('>2L', data[16:24])
(154, 141)
```

先ほどはdata[16:24]という書式指定を使って関心のあるバイトを直接取り出していたが、x指定子を使って関心のないバイトを読み飛ばすこともできる。

```
>>> struct.unpack('>16x2L6x', data)
(154, 141)
```

この書式指定は、次のような意味だ。

- ビッグエンディアン整数形式を使う（>）
- 16バイトを読み飛ばす（16x）
- 8バイト。2個の符号なし長整数を読み出す（2L）
- 最後の6バイトを読み飛ばす

7.2.3 その他のバイナリデータツール

サードパーティーのオープンソースパッケージには、次のようなものがある。このなかには、バイナリデータの定義や抽出方法をより宣言的に行うパッケージもある。

- bitstring（http://bit.ly/py-bitstring）
- Construct（http://bit.ly/py-construct）

- hachoir (http://bit.ly/hachoir-pkg)
- binio (http://spika.net/py/binio/)

外部パッケージのダウンロード、インストールの方法は、付録Dで説明する。次のサンプルではconstructが必要になるが、インストールするためには次のようにするだけでよい。

```
$ pip install construct
```

constructを使った場合、dataからPNGのサイズ情報を抽出するには次のようにする。

```
>>> from construct import Struct, Magic, UBInt32, Const, String
>>> # https://github.com/constructに掲載されていたコードを修正
>>> fmt = Struct('png',
...     Magic(b'\x89PNG\r\n\x1a\n'),
...     UBInt32('length'),
...     Const(String('type', 4), b'IHDR'),
...     UBInt32('width'),
...     UBInt32('height')
...     )
>>> data = b'\x89PNG\r\n\x1a\n\x00\x00\x00\rIHDR' + \
...     b'\x00\x00\x00\x9a\x00\x00\x00\x8d\x08\x02\x00\x00\x00\xc0'
>>> result = fmt.parse(data)
>>> print(result)
Container:
    length = 13
    type = b'IHDR'
    width = 154
    height = 141
>>> print(result.width, result.height)
154, 141
```

7.2.4 binasciiによるバイト/文字列の変換

標準のbinasciiモジュールには、バイナリデータとさまざまな文字列表現を相互変換する関数が含まれている。16進、base64、uuencodedなどだ。たとえば、次のコードは、Pythonがbytes変数を表示するときに使っている\xxxとASCIIの混合形式ではなく、16進値のシーケンスという形で8バイトPNGヘッダーを表示する。

```
>>> import binascii
>>> valid_png_header = b'\x89PNG\r\n\x1a\n'
>>> print(binascii.hexlify(valid_png_header))
b'89504e470d0a1a0a'
```

これは逆方向もできる。

```
>>> print(binascii.unhexlify(b'89504e470d0a1a0a'))
b'\x89PNG\r\n\x1a\n'
```

7.2.5 ビット演算子

Pythonは、C言語とよく似たビットレベル整数演算子を提供している。**表7-7**は、それらをまとめたもので、整数a（10進で5、2進で0b0101）とb（10進で1、2進で0b0001）を使って計算した結果も含まれている。

表7-7　ビットレベル整数演算子

演算子	説明	例	10進の結果	2進の結果
&	AND	a & b	1	0b0001
|	OR	a | b	5	0b0101
^	排他的OR	a ^ b	4	0b0100
~	ビット反転	~a	-6	（2進表現は整数のサイズ次第で変わる）
<<	左シフト	a << 1	10	0b1010
>>	右シフト	a >> 1	2	0b0010

これらの演算子は、3章で説明した集合演算子と似たところがある。&演算子は、両引数でともにセットされているビットを返し、|演算子は、どちらかの引数でセットされているビットを返す。^演算子は、片方だけでセットされているビットを返す。~演算子は、ひとつだけの引数のすべてのビットを反転する。現在のすべてのコンピュータが採用している**2の補数表現**では、整数の最上位ビットは符号（1なら負数）を表すので、こうすると符号も反転する。<<、>>演算子は、ビットをただ左右に動かす。1ビット分の左シフトは2で掛けるのと同じことであり、1ビット分の右シフトは2で割るのと同じことだ。

7.3 復習課題

7-1 mysteryというUnicode文字列を作り、'\U0001f4a9'という値を代入して、mysteryを表示してみよう。またmysteryのUnicode名を調べよう。

7-2 UTF-8を使い、mysteryをpop_bytesというbytes変数にエンコードしよう。そして、pop_bytesを表示しよう。

7-3 UTF-8を使ってpop_bytesを文字列変数pop_stringにデコードし、pop_stringを表示しよう。pop_stringはmysteryと等しいか？

7-4 古いスタイルの書式指定を使って次の詩を表示し、置換部分に'roast beef'、'ham'、'head'、'clam'を挿入しよう。

```
My kitty cat likes %s,
My kitty cat likes %s,
My kitty cat fell on his %s
And now thinks he's a %s.
```

7-5 新しいスタイルの書式指定を使って定型書簡を作りたい。次の文字列をletterという変数に保存しよう（次の問題で使う）。

```
Dear {salutation} {name},

Thank you for your letter. We are sorry that our {product} {verbed} in your
{room}. Please note that it should never be used in a {room}, especially
near any {animals}.

Send us your receipt and {amount} for shipping and handling. We will send
you another {product} that, in our tests, is {percent}% less likely to
have {verbed}.

Thank you for your support.

Sincerely,
{spokesman}
{job_title}
```

7-6 'salutation'、'name'、'product'、'verbed'（過去形の動詞）、'room'、'animals'、'amount'、'percent'、'spokesman'、'job_title'という文字列キーに値を追加して、responseという辞書を作ろう。そして、responseの値を使ってletterを表示しよう。

7-7 テキストを操作するとき、正規表現はとても役に立つ。少し大きいテキストを用意して、正規表現の使い方をさまざまな角度から見ていこう。テキストは、James McIntyreが1866年に書いた「Ode on the Mammoth Cheese」で、オンタリオ州で作られ、世界ツアーに送り出された7,000ポンドのチーズに対する頌歌である。これを全部入力するのはいやだと思うなら、サーチエンジンでテキストを探し出し、Pythonプログラムにカットアンドペーストすればよい。Project Gutenberg（http://bit.ly/mcintyre-poetry）から直接入手する方法もある。テキストには、`mammoth`という名前を付けよう。

```
We have seen thee, queen of cheese,
Lying quietly at your ease,
Gently fanned by evening breeze,
Thy fair form no flies dare seize.

All gaily dressed soon you'll go
To the great Provincial show,
To be admired by many a beau
In the city of Toronto.

Cows numerous as a swarm of bees,
Or as the leaves upon the trees,
It did require to make thee please,
And stand unrivalled, queen of cheese.

May you not receive a scar as
We have heard that Mr. Harris
Intends to send you off as far as
The great world's show at Paris.

Of the youth beware of these,
For some of them might rudely squeeze
And bite your cheek, then songs or glees
We could not sing, oh! queen of cheese.

We'rt thou suspended from balloon,
You'd cast a shade even at noon,
Folks would think it was the moon
About to fall and crush them soon.
```

7-8 Pythonの正規表現関数を使うために、`re`モジュールをインポートしよう。次に、`re.findall()`を使って、`c`で始まるすべての単語を表示しよう。

7-9 `c`で始まるすべての4文字単語を見つけよう。

7-10 rで終わるすべての単語を見つけよう。

7-11 3個の連続した母音を含むすべての単語を見つけよう。

7-12 unhexlifyを使ってこの16進文字列（ページに収めるために2行の文字列を結合している）をgifというbytes変数に変換しよう。

```
'47494638396101000100800000000000ffffff21f9' +
'04010000000002c000000000100010000020144003b'
```

7-13 gifのバイトは、1ピクセルの透明なGIFファイルを定義する。GIFは、広く使われているグラフィックファイル形式のひとつだ。有効なGIFファイルの先頭は、'GIF89a'という文字列になっている。gifはこのパターンにマッチするか。

7-14 GIFファイルの幅（単位ピクセル）は、バイトオフセット6からの16ビットビッグエンディアンの整数で、高さはオフセット8からの同じサイズの整数になっている。gifのこれらの値を抽出して表示しよう。どちらも1になっているか。

8章
データの行き先

データもないのに理論を立てるのは致命的な誤りだ。
—— アーサー・コナン・ドイル

実行中のプログラムは、RAM（ランダムアクセスメモリ）に格納されているデータにアクセスする。RAMは非常に高速だ。しかし、高価な上に常に電源を供給していなければならない。電源が失われると、RAMのなかのデータはすべて失われてしまう。ディスクドライブはRAMよりも遅いが、容量が大きく、コストが抑えられ、誰かが間違えて電源コードを引っこ抜いてもデータは残る。そのため、コンピュータシステムでは、データの格納ということでディスクとRAMの間で最良のバランスを取るために多くの労力が費やされてきた。プログラマーとしては、**永続性**が必要だ。ディスクなどの不揮発性媒体を使ってデータを読み書きできるようにしなければならない。

この章では、それぞれ異なる目的のために最適化されているさまざまなタイプのデータを取り上げる。フラットファイル、構造化ファイル、データベースである。入出力以外のファイル操作については、「10.1 ファイル」で説明する。

この章は、非標準Pythonモジュール、つまり、標準ライブラリに含まれていないPythonコードのサンプルを示す最初の章でもある。この種のモジュールは、`pip`コマンドを使ってインストールするが、実に楽なものだ。`pip`の使い方については、7.2.3節および付録Dで取り上げている。

8.1 ファイル入出力

もっとも単純なタイプの永続記憶は、昔ながらのファイルだ。**フラットファイル**と呼ばれることもある。これは、**ファイル名**のもとに格納されたただのバイトのシーケンスだ。ファイルからメモリに**読み出し**、メモリからファイルに**書き込む**。これらの仕事は

Pythonによって楽になる。Pythonのファイル操作は、おなじみのUnixのファイル操作をモデルとしている。

ファイルは、読み書きする前に**開く**必要がある。

```
fileobj = open( filename, mode )
```

この呼び出しに含まれている部品を簡単に説明しておこう。

- *fileobj*は、open()が返すファイルオブジェクトである。
- *filename*は、ファイルに付けられた名前で文字列である。
- *mode*は、ファイルのタイプやファイルをどのように操作したいかを知らせるための文字列である。

*mode*の最初の文字は、**操作**の種類を示す。

- rは、読み出しという意味である。
- wは、書き込みという意味である。ファイルが存在しない場合、新しいファイルが作られる。ファイルが存在する場合、その内容は上書きされる。
- xは、書き込みという意味だが、その意味になるのはファイルがまだ存在**しない**ときだけである。
- aは、ファイルが存在する場合は、追記（現在の末尾の後ろへの書き込み）という意味になる。

*mode*の第2字目は、ファイルのタイプである。

- t（またはなし）はテキストという意味である。
- bはバイナリという意味である。

ファイルを開いたら、データを読み書きする関数を呼び出す。呼び出しは、以下のサンプルで示していく。

最後に、ファイルを**閉じる**必要がある。

あるプログラムでPython文字列からファイルを作り、次のプログラムでそれを読み出してみよう。

8.1.1 write()によるテキストファイルへの書き込み

なんらかの理由により「特殊相対性理論」についての詩はあまり存在しない。ここでは、次のものを私たちのデータソースにする。

```
>>> poem = '''There was a young lady named Bright,
... Whose speed was far faster than light;
... She started one day
... In a relative way,
... And returned on the previous night.'''
>>> len(poem)
150
```

次のコードは、ひとつの呼び出しだけで詩全体を'relativity'ファイルに書き込む。

```
>>> fout = open('relativity', 'wt')
>>> fout.write(poem)
150
>>> fout.close()
```

write()関数は、書き込んだバイト数を返す。print()のようにスペースや改行を追加したりはしない。print()でテキストファイルに書き込むこともできる。

```
>>> fout = open('relativity', 'wt')
>>> print(poem, file=fout)
>>> fout.close()
```

ここからは、write()とprint()のどちらを使うべきなのかという疑問が湧いてくるだろう。デフォルトでは、print()は個々の引数のあとにスペース、全体の末尾に改行を追加する。上の例では、printはrelativityファイルに改行を追加している。print()をwrite()のように動作させるためには、次のふたつの引数を渡す。

sep

セパレータ。デフォルトでスペース(' ')になる。

end

末尾の文字列。デフォルトで改行('\n')になる。

これらの引数として何も渡さなければ、print()はデフォルトを使う。print()の普段のお節介を止めさせたければ、これらの引数として空文字列を渡せばよい。

```
>>> fout = open('relativity', 'wt')
>>> print(poem, file=fout, sep='', end='')
>>> fout.close()
```

ソース文字列が非常に大きい場合は、全部書き込むまでチャンクに分けて書き込んでいくこともできる。

```
>>> fout = open('relativity', 'wt')
>>> size = len(poem)
>>> offset = 0
>>> chunk = 100
>>> while True:
...     if offset > size:
...          break
...     fout.write(poem[offset:offset+chunk])
...     offset += chunk
...
100
50
>>> fout.close()
```

このコードは、最初に100字、次に残りの50字を書き込んだ。

relativityファイルが非常に大切なものなら、xモードを使うと、上書きによってファイルを壊すことを防げる。

```
>>> fout = open('relativity', 'xt')
Traceback (most recent call last):
  File "<stdin>", line 1, in <module>
FileExistsError: [Errno 17] File exists: 'relativity'
```

この機能は、例外ハンドラとともに使うことができる。

```
>>> try:
...     fout = open('relativity', 'xt')
...     fout.write('stomp stomp stomp')
... except FileExistsError:
...     print('relativity already exists!. That was a close one.')
...
relativity already exists!. That was a close one.
```

8.1.2 read()、readline()、readlines()によるテキストファイルの読み出し

次のサンプルに示すように、引数なしでread()を呼び出せば、ファイル全体を一度

に読み出すことができる。大きなファイルでこれを行うときには注意が必要だ。1GBのファイルは1GBのメモリを消費する。

```
>>> fin = open('relativity', 'rt' )
>>> poem = fin.read()
>>> fin.close()
>>> len(poem)
150
```

字数の上限を指定すれば、read()が一度に返すデータの量を制限できる。100文字ずつ読み、その後のチャンクを文字列のpoemに追加して元のデータを再現しよう。

```
>>> poem = ''
>>> fin = open('relativity', 'rt' )
>>> chunk = 100
>>> while True:
...     fragment = fin.read(chunk)
...     if not fragment:
...         break
...     poem += fragment
...
>>> fin.close()
>>> len(poem)
150
```

ファイルをすべて読んだあとでさらにread()を呼び出すと、空文字列('')が返される。これはif not fragmentではFalseとして扱われ、while Trueループは終わる。

readline()を使えば、ファイルを1行ずつ読み出すことができる。次の例では、poemに各行を追加していって、オリジナルを再現する。

```
>>> poem = ''
>>> fin = open('relativity', 'rt' )
>>> while True:
...     line = fin.readline()
...     if not line:
...         break
...     poem += line
...
>>> fin.close()
>>> len(poem)
150
```

テキストファイルでは、空行でさえ長さ1になり（改行文字）、Trueと評価される。ファイルをすべて読むと、readline()もread()と同様に空文字列を返し、これがFalseと評価される。

テキストファイルをもっとも簡単に読み出せるのは、**イテレータ**を使った方法だ。イテレータは一度に1行ずつ返す。前のコードとよく似ているが、コード量が少ない。

```
>>> poem = ''
>>> fin = open('relativity', 'rt' )
>>> for line in fin:
...     poem += line
...
>>> fin.close()
>>> len(poem)
150
```

今までのサンプルは、すべて最終的にはpoemという1個の文字列変数を組み立てる。それに対し、readlines()は一度に1行ずつ読み出して、1行文字列のリストを返す。

```
>>> fin = open('relativity', 'rt' )
>>> lines = fin.readlines()
>>> fin.close()
>>> print(len(lines), 'lines read')
5 lines read
>>> for line in lines:
...     print(line, end='')
...
There was a young lady named Bright,
Whose speed was far faster than light;
She started one day
In a relative way,
And returned on the previous night.>>>
```

最初の4行にはすでに改行が含まれているので、print()には自動改行をしないように指示している。しかし、最後の行には改行が含まれていないので、最後の行を出力すると、そのすぐあとに対話型インタープリタのプロンプト（>>>）が表示されている。

8.1.3　write()によるバイナリファイルの書き込み

write()呼び出しのモード文字列に'b'を追加すると、ファイルはバイナリモードで開かれる。この場合、文字列ではなくbytesを読み書きすることになる。

バイナリの詩はないので、0から255までの256バイトを生成しよう。

```
>>> bdata = bytes(range(0, 256))
>>> len(bdata)
256
```

バイナリモードでの書き込み用にファイルを開き、すべてのデータをまとめて書き込んでみよう。

```
>>> fout = open('bfile', 'wb')
>>> fout.write(bdata)
256
>>> fout.close()
```

この場合も、`write()`は書き込んだバイト数を返す。

テキストの場合と同様に、バイナリデータもチャンク単位で書き込むことができる。

```
>>> fout = open('bfile', 'wb')
>>> size = len(bdata)
>>> offset = 0
>>> chunk = 100
>>> while True:
...     if offset > size:
...          break
...     fout.write(bdata[offset:offset+chunk])
...     offset += chunk
...
100
100
56
>>> fout.close()
```

8.1.4 read()によるバイナリファイルの読み出し

これは簡単で、モードとして`'rb'`を指定して開けばよい。

```
>>> fin = open('bfile', 'rb')
>>> bdata = fin.read()
>>> len(bdata)
256
>>> fin.close()
```

8.1.5 withによるファイルの自動的なクローズ

開いたファイルを閉じ忘れると、ファイルが参照されなくなったときにPythonがファイルを閉じる。そのため、関数のなかでファイルを開き、明示的に閉じなかった場合、ファイルは関数が終了するときに自動的に閉じられる。しかし、長期に渡って実行される関数やプログラムのメインセクションでファイルを開くこともあるだろう。残った書き込みを完了させるために、ファイルは閉じなければならない。

Pythonは、オープンファイルなどをクリーンアップするために**コンテキストマネージャ**を持っている。これを利用するためには、`with` *expression* `as` *variable*という形式を使う。

```
>>> with open('relativity', 'wt') as fout:
...     fout.write(poem)
...
150
```

これだけだ。コンテキストマネージャの下のコードブロック（この場合は1行だけ）が正常に終わるか例外生成によって終わると、ファイルは自動的に閉じられる。

8.1.6 seek()による位置の変更

Pythonは、ファイルの読み書き中にファイル内のどこにいるのかを管理している。`tell()`関数は、現在のファイルの先頭からのオフセットをバイト単位で返す。`seek()`関数は、ファイル内の別のオフセットに移動する。つまり、ファイルの最後のバイトを読み出すためにファイルをすべて読み出す必要はない。最後のバイトに`seek()`して、1バイトを読み出せばいいのである。

次の例では、先ほど作った256バイトのバイナリファイル`'bfile'`を使う。

```
>>> fin = open('bfile', 'rb')
>>> fin.tell()
0
```

`seek()`を使ってファイルの末尾の1バイト手前に移動する。

```
>>> fin.seek(255)
255
```

そして、ファイルの末尾まで読み出す。

```
>>> bdata = fin.read()
>>> len(bdata)
1
>>> bdata[0]
255
```

seek()は、移動後のオフセットも返してくる。

seek()には、seek(*offset*, *origin*)のように第2引数を指定することもできる。

- *origin*が0（デフォルト）なら、先頭から*offset*バイトの位置に移動する。
- *origin*が1なら、現在の位置から*offset*バイトの位置に移動する。
- *origin*が2なら、末尾から*offset*バイトの位置に移動する。

これらの値は、標準のosモジュールでも定義されている。

```
>>> import os
>>> os.SEEK_SET
0
>>> os.SEEK_CUR
1
>>> os.SEEK_END
2
```

そこで、最後のバイトは次のような方法でも読み出せる。

```
>>> fin = open('bfile', 'rb')
```

ファイルの末尾よりも1バイト前に移動する。

```
>>> fin.seek(-1, 2)
255
>>> fin.tell()
255
```

ファイルの末尾まで読み出す。

```
>>> bdata = fin.read()
>>> len(bdata)
1
>>> bdata[0]
255
```

seek()を正しく動かすためにtell()を呼び出す必要はない。ここでは単に両者が同じオフセットを返してくることを示したかっただけだ。

ファイルの現在の位置からのシークの例も見ておこう。

```
>>> fin = open('bfile', 'rb')
```

次の例は、ファイルの末尾の2バイト前に移動する。

```
>>> fin.seek(254, 0)
254
>>> fin.tell()
254
```

ここから1バイト前進する。

```
>>> fin.seek(1, 1)
255
>>> fin.tell()
255
```

最後に、ファイルの末尾まで読み出す。

```
>>> bdata = fin.read()
>>> len(bdata)
1
>>> bdata[0]
255
```

これらの関数がもっとも役に立つのはバイナリファイルだ。テキストファイルでも使えるが、内容がASCIIだけで書かれていない限り（1文字あたり1バイト）、オフセットの計算で苦労する。オフセット計算はテキストエンコーディングによって異なり、もっともよく使われるエンコーディング（UTF-8）は、1文字あたりのバイト数が可変になっている。

8.2 構造化されたテキストファイル

単純なテキストファイルの場合、構造は行という1段階のものしかない。しかし、それ以上の構造が欲しい場合がある。あとで自分のプログラムで使うために、あるいはほかのプログラムにデータを送るために、データを保存したいような場所だ。

テキストファイルにはさまざまな形式のものがあるが、構造的なデータを作るには、次のような方法がある。

- **セパレータ、区切り子**。タブ（'\t'）、カンマ（','）、縦棒（'|'）などで区切る。CSV形式は、これの例だ。
- **タグ**を'<'と'>'で囲む。XMLやHTMLがこれに当たる。
- 記号を駆使するもの。JSON (JavaScript Object Notation) がそうだ。
- インデント。たとえば、YAMLがこれに当たる（諸説あるが、"YAML Ain't Markup Language"という意味だとされる。詳しくは各自で調べていただきたい）。
- その他、プログラムの設定ファイルなど。

これらの構造化ファイル形式は、それぞれについて少なくともひとつは、読み書きのためのPythonモジュールが提供されている。

8.2.1 CSV

区切り子によってフィールドに区切られているファイルは、スプレッドシートやデータベースとのデータ交換形式としてよく使われる。CSVファイルは、一度に1行ずつ読み込み、各行を区切り子のカンマでフィールドに分割し、結果をリストや辞書などのデータ構造に追加するという方法で手作業で処理することもできるが、標準のcsvモジュールを使った方がよい。というのも、CSVファイルの構文解析は、次のような問題があるため、普通に想像するよりもかなり複雑だからだ。

- 一部のファイルは、カンマ以外に代替の区切り子を持っている。'|'、'\t'などが一般的だ。
- 一部のファイルは**エスケープシーケンス**を使っている。区切り子の文字がフィールド内で使われる可能性がある場合、フィールド全体をクォート文字で囲むか、区切り子の前になんらかのエスケープ文字を付ける。

- ファイル内の行末を表す文字はまちまちだ。Unixは'\n'を使っているのに対し、Microsoftは'\r\n'を使っている。Appleは以前'\r'を使っていたが、今は'\n'を使っている。
- 第1行に列名が含まれている場合がある。

まず、各行に「列のリスト」が含まれているような「行のリスト」を読み書きする方法から見てみよう。

```
>>> import csv
>>> villains = [
...     ['Doctor', 'No'],
...     ['Rosa', 'Klebb'],
...     ['Mister', 'Big'],
...     ['Auric', 'Goldfinger'],
...     ['Ernst', 'Blofeld'],
...     ]
>>> with open('villains', 'wt') as fout:  # コンテキストマネージャ
...     csvout = csv.writer(fout)
...     csvout.writerows(villains)
```

このコードからは、次のような行が含まれているvillainsというファイルが作られる。

```
Doctor,No
Rosa,Klebb
Mister,Big
Auric,Goldfinger
Ernst,Blofeld
```

では、このファイルを読み出してもとのデータ構造を作ってみよう。

```
>>> import csv
>>> with open('villains', 'rt') as fin:  # コンテキストマネージャ
...     cin = csv.reader(fin)
...     villains = [row for row in cin]  # リスト内包表記を使っている
...
>>> print(villains)
[['Doctor', 'No'], ['Rosa', 'Klebb'], ['Mister', 'Big'],
['Auric', 'Goldfinger'], ['Ernst', 'Blofeld']]
```

少し時間を割いてこのリスト内包表記について考えてみよう（ここで「4.6 内包表記」に戻って構文を復習していただいてもかまわない）。ここでは、reader()関数が作っ

た構造を利用している。reader()は、cinオブジェクトのなかにforループで抽出できる行を作ってくれる。

デフォルトのオプションでreader()とwriter()を使うと、列はカンマで、行は'\n'で分割される。

データは、リストのリストでなく、辞書のリストにすることもできる。villainsファイルをもう一度読み出そう。ただし、今度は新しいDictReader()を使って列名を指定する。

```
>>> import csv
>>> with open('villains', 'rt') as fin:
...     cin = csv.DictReader(fin, fieldnames=['first', 'last'])
...     villains = [row for row in cin]
...
>>> print(villains)
[{'first': 'Doctor', 'last': 'No'},
{'first': 'Rosa', 'last': 'Klebb'},
{'first': 'Mister', 'last': 'Big'},
{'first': 'Auric', 'last': 'Goldfinger'},
{'first': 'Ernst', 'last': 'Blofeld'}]
```

そして新しいDictWriter()関数を使ってCSVファイルを書き直してみよう。writeheader()も呼び出して、CSVファイルの先頭に列名も書き込むことにする。

```
import csv
villains = [
    {'first': 'Doctor', 'last': 'No'},
    {'first': 'Rosa', 'last': 'Klebb'},
    {'first': 'Mister', 'last': 'Big'},
    {'first': 'Auric', 'last': 'Goldfinger'},
    {'first': 'Ernst', 'last': 'Blofeld'},
    ]
with open('villains', 'wt') as fout:
    cout = csv.DictWriter(fout, ['first', 'last'])
    cout.writeheader()
    cout.writerows(villains)
```

このコードを実行すると、ヘッダー行付きのvillainsファイルが作られる。

```
first,last
Doctor,No
Rosa,Klebb
Mister,Big
```

```
Auric,Goldfinger
Ernst,Blofeld
```

さらに、ファイルからデータを読み直してみよう。DictReader()呼び出しのなかでfieldnames引数を省略すると、ファイルの第1行の値(first、last)を列ラベル、辞書キーとして使えという意味になる。

```
>>> import csv
>>> with open('villains', 'rt') as fin:
...     cin = csv.DictReader(fin)
...     villains = [row for row in cin]
...
>>> print(villains)
[{'first': 'Doctor', 'last': 'No'},
{'first': 'Rosa', 'last': 'Klebb'},
{'first': 'Mister', 'last': 'Big'},
{'first': 'Auric', 'last': 'Goldfinger'},
{'first': 'Ernst', 'last': 'Blofeld'}]
```

8.2.2 XML

区切り子を使った形式では、行と列(行内のフィールド)の2次元までの構造しか作れない。プログラム間でデータ構造を交換したいのなら、階層構造、シーケンス、集合、その他の構造をテキストでエンコードする方法が必要だ。

XMLは、この条件を満たせるもっとも傑出した**マークアップ**形式である。次のmenu.xmlファイルに示すように、**タグ**を使ってデータを区切る。

```
<?xml version="1.0"?>
<menu>
  <breakfast hours="7-11">
    <item price="$6.00">breakfast burritos</item>
    <item price="$4.00">pancakes</item>
  </breakfast>
  <lunch hours="11-3">
    <item price="$5.00">hamburger</item>
  </lunch>
  <dinner hours="3-10">
    <item price="8.00">spaghetti</item>
  </dinner>
</menu>
```

XMLの重要な特徴をいくつか挙げておこう。

- タグは<文字から始まる。このサンプルXMLのタグはmenu、breakfast、lunch、dinner、itemである。
- 空白は無視される。
- 通常、<menu>のような**開始タグ**の後ろにほかのコンテンツが続き、</menu>のような**終了タグ**で締めくくる。
- タグはほかのタグのなかで何段階にも**ネスト**できる（入れ子構造にできる）。この例では、itemタグは、breakfast、lunch、dinnerタグの子になっている。そして、これら3つのタグはmenuの子になっている。
- 開始タグには、オプションの**属性**を組み込める。この例では、priceはitemの属性である。
- タグは**値**を持つことができる。この例では、個々のitemは、朝食メニューの2番目の項目のpancakesのような値を持っている。
- thingという名前のタグが値も子も持たない場合、<thing></thing>のように開始タグと終了タグを使わなくても、タグを閉じる>の直前にスラッシュ（/）を入れて<thing/>のようにすれば、ひとつのタグになる。
- データをどこ（属性、値、子タグなど）に入れるかに特別な規則はない。たとえば、最後のitemタグは、<item price="$8.00" food="spaghetti"/>と書いてもよい。

XMLは、データ**フィード**や**メッセージ**として使われることが多い。金融（http://bit.ly/xml-finance）のように、専用のXMLフォーマットを多数抱えている業界もある。

アプローチや機能の異なるさまざまなPythonライブラリが、XMLの高い柔軟性の影響を受けている。

PythonでXMLをもっとも簡単に読み取るためには、ElementTreeを使えばよい。次に示すのは、menu.xmlを構文解析して一部のタグ、属性を表示する小さなプログラムである。

```
>>> import xml.etree.ElementTree as et
>>> tree = et.ElementTree(file='menu.xml')
>>> root = tree.getroot()
>>> root.tag
'menu'
>>> for child in root:
...     print('tag:', child.tag, 'attributes:', child.attrib)
...     for grandchild in child:
```

```
...         print('\ttag:', grandchild.tag, 'attributes:', grandchild.attrib)
...
tag: breakfast attributes: {'hours': '7-11'}
    tag: item attributes: {'price': '$6.00'}
    tag: item attributes: {'price': '$4.00'}
tag: lunch attributes: {'hours': '11-3'}
    tag: item attributes: {'price': '$5.00'}
tag: dinner attributes: {'hours': '3-10'}
    tag: item attributes: {'price': '8.00'}
>>> len(root)      # menuセクションの数
3
>>> len(root[0])  # 朝食の項目の数
2
```

ネストされたリストの個々の要素について、tagはタグの文字列、attribはその属性の辞書である。ElementTreeは、XML系のデータの検索、変更、XMLファイルの書き込みなどのためにほかにも多くの機能を持っている。詳細は、ElementTreeのドキュメント(http://bit.ly/elementtree)を参照していただきたい。

それ以外の標準Python XMLライブラリとしては、次のものがある。

`xml.dom`

JavaScriptプログラマーにはおなじみのDOM(Document Object Model)は、階層構造でウェブドキュメントを表現する。このモジュールは、XMLファイル全体をメモリにロードし、すべての部品にアクセスできるようにする。

`xml.sax`

SAXはSimple API for XMLの略である。その場でXMLを構文解析するので、一度にすべてをメモリにロードしなくてもよい。非常に大規模なXMLストリームを処理しなければならないときには、これが役に立つだろう。

8.2.3 HTML

HTMLはウェブの基本的なドキュメント形式であり、この形式で保存されているデータは膨大だ。問題は、その多くがHTMLの規則に厳密に従っていないことで、その構文解析が難しい。また、HTMLの大部分は、データ交換よりも出力の整形を目的としている。この章は、十分明確に定義されたデータ形式を取り上げるつもりなので、HTMLについての議論は9章で行うことにする。

8.2.4 JSON

JSON（JavaScript Object Notation、http://www.json.org）は、JavaScriptという枠を越えて非常に広く使われているデータ交換形式になっている。JSON形式はJavaScriptのサブセットであり、Pythonで用いられることも多い。このようにPythonと密接な関係にあるため、プログラムの間でデータを交換するための方法としても優れている。なお、ウェブ開発でのJSONのさまざまな使用例は、9章で取り上げる。

XMLモジュールにはさまざまなものがあるのに対し、JSONモジュールはjsonという忘れようのない名前を持つ主役がひとつある。このプログラムは、Pythonデータを JSON文字列にエンコード（ダンプ）したり、JSON文字列をPythonデータにデコード（ロード）したりする。まずは、先ほどのXMLのサンプルのデータを格納するPythonデータ構造を作ろう。

```
>>> menu = \
... {
... "breakfast": {
...         "hours": "7-11",
...         "items": {
...                 "breakfast burritos": "$6.00",
...                 "pancakes": "$4.00"
...                 }
...         },
... "lunch" : {
...         "hours": "11-3",
...         "items": {
...                 "hamburger": "$5.00"
...                 }
...         },
... "dinner": {
...         "hours": "3-10",
...         "items": {
...                 "spaghetti": "$8.00"
...                 }
...         }
... }
```

次に、dumps()を使ってこのデータ構造（menu）をJSON文字列（menu_json）にエンコードする。

```
>>> import json
>>> menu_json = json.dumps(menu)
```

```
>>> menu_json
'{"dinner": {"items": {"spaghetti": "$8.00"}, "hours": "3-10"},
"lunch": {"items": {"hamburger": "$5.00"}, "hours": "11-3"},
"breakfast": {"items": {"breakfast burritos": "$6.00", "pancakes":
"$4.00"}, "hours": "7-11"}}'
```

そして、loads()を使って、JSON文字列のmenu_jsonをPythonデータ構造(menu2)に戻そう。

```
>>> menu2 = json.loads(menu_json)
>>> menu2
{'breakfast': {'items': {'breakfast burritos': '$6.00', 'pancakes':
'$4.00'}, 'hours': '7-11'}, 'lunch': {'items': {'hamburger': '$5.00'},
'hours': '11-3'}, 'dinner': {'items': {'spaghetti': '$8.00'}, 'hours':
'3-10'}}
```

menuとmenu2は、ともに同じキーと値を持つ辞書だ。そして、辞書の常として、すべてのキーを取り出したときのキーの順序はまちまちになる。

datetime（詳しくは、「10.4 カレンダーとクロック」で取り上げる）などの一部のオブジェクトをエンコード、デコードしようとすると、次に示すように例外が起きることがある。

```
>>> import datetime
>>> now = datetime.datetime.utcnow()
>>> now
datetime.datetime(2013, 2, 22, 3, 49, 27, 483336)
>>> json.dumps(now)
Traceback (most recent call last):
# ... （スペースの節約のためにスタックトレースを省略）
TypeError: datetime.datetime(2013, 2, 22, 3, 49, 27, 483336) is not
JSON serializable
>>>
```

これは、JSON標準が日付、時刻型を定義していないからである。処理方法は自分で定義してくれということなのだ。そこで、datetimeを文字列やUnix時間（10章参照）などのJSONが理解できるものに変換すればよい。

```
>>> now_str = str(now)
>>> json.dumps(now_str)
'"2013-02-22 03:49:27.483336"'
>>> from time import mktime
>>> now_epoch = int(mktime(now.timetuple()))
```

```
>>> json.dumps(now_epoch)
'1361526567'
```

しかし、通常変換されるデータ型にdatetime型の値が含まれている場合には、このような変換は煩わしく感じられるかもしれない。JSONのエンコードの方法は、継承（「6.3 継承」参照）によって変更できる。PythonのJSONについてのドキュメント（http://bit.ly/json-docs）には、同じくJSONがお手上げになる複素数を対象とした例が掲載されている。これをdatetime用に書き換えよう。

```
>>> class DTEncoder(json.JSONEncoder):
...     def default(self, obj):
...         # isinstance()はobjの型をチェックする
...         if isinstance(obj, datetime.datetime):
...             return int(mktime(obj.timetuple()))
...         # でなければ、通常のデコーダの処理を行う
...         return json.JSONEncoder.default(self, obj)
...
>>> json.dumps(now, cls=DTEncoder)
'1361526567'
```

新しいDTEncoderは、JSONEncoderのサブクラス、子クラスである。datetime処理は、default()メソッドをオーバーライドするだけで追加できる。継承のおかげで、ほかのすべての処理は親クラスで実行される。

isinstance()関数は、objがdatetime.datetimeクラスのオブジェクトかどうかをチェックする。Pythonではすべてのものがオブジェクトなので、isinstance()はどこでも動作する。

```
>>> type(now)
<class 'datetime.datetime'>
>>> isinstance(now, datetime.datetime)
True
>>> type(234)
<class 'int'>
>>> isinstance(234, int)
True
>>> type('hey')
<class 'str'>
>>> isinstance('hey', str)
True
```

JSONなどの構造化テキスト形式では、あらかじめ構造についての知識が何もなくてもファイルをデータ構造にロードできる。そこで、isinstance()を使いながら構造体の要素をたどり、型に合ったメソッドを使ってその値を調べることができる。たとえば、要素のなかのひとつが辞書なら、keys()、values()、items()を使って内容を抽出できる。

8.2.5 YAML

JSONと同様にYAML (http://www.yaml.org) はキーと値を持つが、日付と時刻を始めとして、JSONよりも多くのデータ型を処理する。しかし、Pythonの標準ライブラリはまだYAML処理を取り込んでいないので、YAMLの処理のためには、PyYAML (http://pyyaml.org/wiki/PyYAML) という名前のサードパーティーライブラリをインストールしなければならない。load()がYAML文字列をPythonデータに変換し、dump()が逆の変換を行う。

次のYAMLファイル、mcintyre.yamlには、カナダの詩人、James McIntyreについて、詩作品2篇を含む情報が収められている。

```
name:
  first: James
  last: McIntyre
dates:
  birth: 1828-05-25
  death: 1906-03-31
details:
  bearded: true
  themes: [cheese, Canada]
books:
  url: http://www.gutenberg.org/files/36068/36068-h/36068-h.htm
poems:
  - title: 'Motto'
    text: |
      Politeness, perseverance and pluck,
      To their possessor will bring good luck.
  - title: 'Canadian Charms'
    text: |
      Here industry is not in vain,
      For we have bounteous crops of grain,
      And you behold on every field
```

```
       Of grass and roots abundant yield,
       But after all the greatest charm
       Is the snug home upon the farm,
       And stone walls now keep cattle warm.
```

true、false、on、offなどの値は、Pythonのブール値に変換される。整数と文字列はそれぞれPythonの整数と文字列に変換される。その他の構文は、リストまたは辞書になる。

```
>>> import yaml
>>> with open('mcintyre.yaml', 'rt') as fin:
>>>     text = fin.read()
...
>>> data = yaml.load(text)
>>> data['details']
{'themes': ['cheese', 'Canada'], 'bearded': True}
>>> len(data['poems'])
2
```

作られるデータ構造はYAMLファイル内のものと一致しており、この例では場所によって深さのレベルが異なる。第2の詩のタイトルは、次のような「辞書/リスト/辞書」の形で参照する。

```
>>> data['poems'][1]['title']
'Canadian Charms'
```

PyYAMLは文字列からPythonオブジェクトをロードできるが、これは危険なことだ。信頼できないYAMLをインポートする場合は、`load()`ではなく、`safe_load()`を使った方がよい。むしろ、**かならず**`safe_load()`を使うべきだ。保護されていないYAMLのロードによってRuby on Railsプラットフォームがどのように傷つけられたかについては、「war is peace」(http://bit.ly/war-is-peace)を参照していただきたい。

8.2.6 セキュリティについての注意

この章で説明しているすべての形式は、オブジェクトをファイルに保存し、ファイルからオブジェクトを読み戻すために使える。しかし、このプロセスを悪用すると、セキュリティ問題を引き起こせてしまう。

たとえば、WikipediaのBillion Laughsページ(https://en.wikipedia.org/wiki/Billion_laughs)に書かれている次のXMLコードは、10段階にネストされており、1段階ごとに10倍ずつに展開され、最終的に10億個に展開される。

```
<?xml version="1.0"?>
<!DOCTYPE lolz [
 <!ENTITY lol "lol">
 <!ENTITY lol1 "&lol;&lol;&lol;&lol;&lol;&lol;&lol;&lol;&lol;&lol;">
 <!ENTITY lol2 "&lol1;&lol1;&lol1;&lol1;&lol1;&lol1;&lol1;&lol1;&lol1;&lol1;">
 <!ENTITY lol3 "&lol2;&lol2;&lol2;&lol2;&lol2;&lol2;&lol2;&lol2;&lol2;&lol2;">
 <!ENTITY lol4 "&lol3;&lol3;&lol3;&lol3;&lol3;&lol3;&lol3;&lol3;&lol3;&lol3;">
 <!ENTITY lol5 "&lol4;&lol4;&lol4;&lol4;&lol4;&lol4;&lol4;&lol4;&lol4;&lol4;">
 <!ENTITY lol6 "&lol5;&lol5;&lol5;&lol5;&lol5;&lol5;&lol5;&lol5;&lol5;&lol5;">
 <!ENTITY lol7 "&lol6;&lol6;&lol6;&lol6;&lol6;&lol6;&lol6;&lol6;&lol6;&lol6;">
 <!ENTITY lol8 "&lol7;&lol7;&lol7;&lol7;&lol7;&lol7;&lol7;&lol7;&lol7;&lol7;">
 <!ENTITY lol9 "&lol8;&lol8;&lol8;&lol8;&lol8;&lol8;&lol8;&lol8;&lol8;&lol8;">
]>
<lolz>&lol9;</lolz>
```

残念ながら、このBillion Laughsは、この章で取り上げたすべてのXMLライブラリを壊してしまう。この他の攻撃やPythonライブラリの脆弱性などの情報は、Defused XML(https://bitbucket.org/tiran/defusedxml)に掲載されている。そこでは、これらの問題を避けるために多くのライブラリの設定をどのように変更すべきかも示されている。また、defusedxmlライブラリを、セキュリティのためにほかのライブラリのフロントエンドとして使うこともできる。

```
>>> # 危険
>>> from xml.etree.ElementTree import parse
>>> et = parse(xmlfile)
>>> # 対策済み
>>> from defusedxml.ElementTree import parse
>>> et = parse(xmlfile)
```

8.2.7 設定ファイル

ほとんどのプログラムは、さまざまな**オプション**や**設定**を提供している。毎回変わるようなものはプログラムへの引数として渡せばよいが、長い間使い続ける設定はどこかに保存しておく必要がある。手軽で整理されていない(ダーティな)独自の設定ファイル形式を定義したくなる誘惑は強いが、きっぱりと断ち切らなければならない。ダーティになっても、手軽にはならないことが多い。そして、書き出しのプログラムと読み込みのプログラム（**パーサー**と呼ばれることもある）の両方をメンテナンスしなければならなくなる。

ここでは、プログラムに追加するだけですぐに使えるモジュールを紹介する。それは、標準ライブラリのconfigparserモジュールだ。configparserは、Windowsスタイルの.iniファイルを処理する。この種のファイルは、*key* = *value*形式の定義のセクションを持つ。次に示すのは、最小限のsettings.cfgファイルだ。

```
[english]
greeting = Hello


[french]
greeting = Bonjour


[files]
home = /usr/local
# 単純な挿入
bin = %(home)s/bin
```

これをPythonデータ構造に読み出すコードは、次のようになる。

```
>>> import configparser
>>> cfg = configparser.ConfigParser()
>>> cfg.read('settings.cfg')
['settings.cfg']
>>> cfg
<configparser.ConfigParser object at 0x1006be4d0>
>>> cfg['french']
<Section: french>
>>> cfg['french']['greeting']
'Bonjour'
>>> cfg['files']['bin']
'/usr/local/bin'
```

凝った挿入操作など、その他のオプションもある。詳しくは、configparserのドキュメント（http://bit.ly/configparser）を参照していただきたい。

8.2.8　その他のデータ交換形式

次のバイナリデータ交換形式は、XMLやJSONよりも概ね小さくて高速だ。

- MsgPack (http://msgpack.org)
- Protocol Buffers (https://code.google.com/p/protobuf/)
- Avro (http://avro.apache.org/docs/current/)
- Thrift (http://thrift.apache.org/)

しかし、バイナリなので、どれもテキストエディタで簡単に編集することはできない。

8.2.9 pickleによるシリアライズ

ファイルにデータ構造を保存することを**シリアライズ**（直列化）と言う。JSONなどの形式は、Pythonプログラムのすべてのデータ型をシリアライズするためには、カスタムの変換器が必要になる。Pythonは、特別なバイナリ形式で、あらゆるオブジェクトを保存、復元できる`pickle`モジュールを提供している。

JSONが`datetime`オブジェクトにぶつかった途端手も足も出なくなったことを思い出そう。`pickle`ならそんな問題は起きない。

```
>>> import pickle
>>> import datetime
>>> now1 = datetime.datetime.utcnow()
>>> pickled = pickle.dumps(now1)
>>> now2 = pickle.loads(pickled)
>>> now1
datetime.datetime(2014, 6, 22, 23, 24, 19, 195722)
>>> now2
datetime.datetime(2014, 6, 22, 23, 24, 19, 195722)
```

`pickle`は、プログラム内で定義された独自クラスやオブジェクトも処理できる。文字列として扱ったときに、`'tiny'`という文字列を返す`Tiny`という小さなクラスを定義しよう。

```
>>> import pickle
>>> class Tiny():
...     def __str__(self):
...         return 'tiny'
...
>>> obj1 = Tiny()
>>> obj1
<__main__.Tiny object at 0x10076ed10>
>>> str(obj1)
'tiny'
```

```
>>> pickled = pickle.dumps(obj1)
>>> pickled
b'\x80\x03c__main__\nTiny\nq\x00)\x81q\x01.'
>>> obj2 = pickle.loads(pickled)
>>> obj2
<__main__.Tiny object at 0x10076e550>
>>> str(obj2)
'tiny'
```

pickledは、obj1オブジェクトからpickleでシリアライズしたバイナリシーケンスだ。これをさらにobj2オブジェクトに変換し戻して、obj1のコピーを作っている。dump()を使ってファイルにシリアライズし、load()を使ってファイルからオブジェクトにデシリアライズする。

pickleはPythonオブジェクトを作ることができるので、前節で論じたセキュリティ上の注意が同じように必要だ。信用できないものをデシリアライズしてはならない。

8.3 構造化されたバイナリファイル

ファイルフォーマットのなかには、リレーショナルデータベースやNoSQLデータベース向きではないものの、特定のデータ構造を格納するために設計されたものがある。この節では、それらの一部を紹介する。

8.3.1 スプレッドシート

スプレッドシート、特にMicrosoft Excelは、広く普及しているバイナリデータ形式だ。スプレッドシートをCSVファイルに保存できれば、先ほど取り上げた標準のcsvモジュールで読み戻すことができる。バイナリのxlsファイルがあるなら、サードパーティーパッケージのxlrd（http://pypi.python.org/pypi/xlrd）を使えば、内容を読み書きできる。

8.3.2 HDF5

HDF5（http://www.hdfgroup.org/why_hdf）は、多次元の、または階層的な数値デー

タのバイナリデータ形式だ。大規模なデータセット(GBからTB)への高速なランダムアクセスが一般的に必要になる科学分野で主として使われている。HDF5は、条件によってはデータベースの代わりに使うべきものとしてよい選択肢になり得るが、どういうわけかビジネスの世界ではHDF5はほとんど知られていない。HDF5は、矛盾する書き込みを防ぐためのデータベース保護が不要なWORM(write once/read many)アプリケーションにもっとも適している。役に立ちそうなモジュールをふたつ紹介しておこう。

- `h5py`は、フル機能の低水準インタフェースだ。ドキュメント(http://www.h5py.org/)とコード(https://github.com/h5py/h5py)を参照していただきたい。
- `PyTables`は少し高水準で、データベース的な機能を持っている。ドキュメント(http://www.pytables.org/)とコード(http://pytables.github.com/)を読んでいただきたい。

これらはどちらも付録CでPythonの科学的応用に関連して取り上げる。ここでHDF5に触れているのは、大量のデータを格納、参照するニーズがあり、通常のデータベースによる方法だけではなく、ちょっと変わった方法も検討する気がある読者のためである。たとえば、楽曲データをダウンロードできるMillion Song dataset(http://bit.ly/millionsong)は、HDF5形式で作られている。

8.4 リレーショナルデータベース

リレーショナルデータベースは、わずか40年ほどの歴史しかないが、コンピューティングの世界では広く普及している。誰でもきっと何度かはデータベースを相手にしなければならなくなるだろう。そのときには、データベースが提供する次のような機能をありがたいと思うだろう。

- 複数のユーザーによるデータへの同時アクセス
- ほかのユーザーの操作によるデータ破壊からの保護
- 効率のよいデータの格納、参照
- **スキーマ**によるデータ定義と**制約**によるデータへの制限
- 異なるタイプのデータの間の関係を見つける結合
- 宣言的(命令的ではない)なクエリー言語の**SQL**(Structured Query Language)

これが**リレーショナル**と呼ばれているのは、**表**または**テーブル**（現在の一般的な呼び方に従って言えば）という形式で、種類の異なるデータの間の関係を示すからだ。たとえば、先ほどのメニューのサンプルでは、個々の項目と価格の間に関係がある。

テーブルは、行と列によるグリッド構造で、スプレッドシートによく似ている。テーブルを作るには、名前を付け、列の順序、名前、タイプを指定する。各行は同じ列を持つが、列はデータなし（`null`と呼ばれる）を認めるかどうかを定義できる。メニューの例では、掲載されている項目ごとに1行を与えてテーブルを作ることができる。各項目は、価格のための列を含め、同じ列を持つ。

通常、テーブルのなかのある列、または列のグループが**主キー**になっており、その値はテーブル内で一意でなければならない。これにより、テーブルに同じデータを複数回追加することを防げる。主キーは、クエリー中の高速参照のために**インデックス化**される。インデックスは本の索引と少し似ており、特定の行をすばやく見つけられるようにしてくれる。

個々のテーブルは、ファイルがディレクトリに含まれるように、親**データベース**のなかに含まれる。2段階の階層構造により、情報が少し整理しやすくなっている。

データベースという言葉は、確かに複数の意味で使われている。サーバー、テーブルコンテナ、そこに格納されているデータなどだ。これらすべてを同時に話題にしなければならないときには、それぞれを「データベースサーバー」、「データベース」、「データ」と呼ぶとよいだろう。

キーになっていない列の値に基づいて行を見つけたいときには、その列を**副キー**に指定する。そうでなければ、データベースサーバーは、しらみつぶしにすべての行を読み、列の値が条件に一致するものを探すという**テーブルスキャン**を実行しなければならなくなる。

テーブルは、**外部キー**で相互に関連付けることができる。そして、列の値は、これらのキーによって制約されることがある。

8.4.1 SQL

SQLはAPIやプロトコルではなく、宣言的な**言語**だ。**何**をしたいかを言うのであって、**どのように**したいかを言うわけではない。SQLは、リレーショナルデータベースの普遍的な言語なのである。SQLクエリーは、クライアントがデータベースサーバーに送る文字列だ。サーバーは、クエリーをどう処理すべきかを判断する。

SQLの標準定義はいくつも作られてきたが、すべてのデータベースベンダーが独自のひねりを入れたり、拡張を追加したりしているため、SQLには多くの**方言**がある。リレーショナルデータベースにデータを格納するとSQLのおかげである程度の移植性が得られる。しかし、方言や運用の違いなどがあり、データをほかのタイプのデータベースに移行するのは難しい場合がある。

SQL文は、大きくふたつのカテゴリに分類される。

DDL（データ定義言語）

テーブルやデータベースの作成、削除、制約、許可などの処理。

DML（データ操作言語）

データの挿入、選択、更新、削除などの処理。

表8-1は、SQL DDLの基本コマンドをまとめたものである。

表8-1 SQL DDLの基本コマンド

操作	SQLのパターン	サンプルSQL
データベースの作成	`CREATE DATABASE` *dbname*	`CREATE DATABASE d`
現在のデータベースの選択	`USE` *dbname*	`USE d`
データベースとテーブルの削除	`DROP DATABASE` *dbname*	`DROP DATABASE d`
テーブルの作成	`CREATE TABLE` *tbname* `(` *coldefs* `)`	`CREATE TABLE t (id INT, count INT)`
テーブルの削除	`DROP TABLE` *tbname*	`DROP TABLE t`
テーブルのすべての行の削除	`TRUNCATE TABLE` *tbname*	`TRUNCATE TABLE t`

なぜ、全部大文字で書かれているのだろうか。SQLは大文字と小文字を区別しないが、列名との区別のためにコード例ではキーワードを大声で叫ぶ（大文字にする）という伝統になっている（私に理由を聞かないでいただきたい）。

リレーショナルデータベースのDMLの主要な操作は、“CRUD”という頭字語で知られている。

C（Create）

`INSERT`文を使った作成。

R (Read)

SELECT文を使った読み出し。

U (Update)

UPDATE文を使った更新。

D (Delete)

DELETE文を使った削除。

表8-2は、SQL DMLで使えるコマンドをまとめたものだ。

表8-2 SQL DMLの基本コマンド

操作	SQLのパターン	サンプルSQL
行の追加	INSERT INTO *tbname* VALUES(...)	INSERT INTO t VALUES(7, 40)
すべての行と列の選択	SELECT * FROM *tbname*	SELECT * FROM t
すべての行の特定の列の選択	SELECT *cols* FROM *tbname*	SELECT id, count FROM t
一部の行の一部の列の選択	SELECT *cols* FROM *tbname* WHERE *condition*	SELECT id, count FROM t WHERE count > 5 AND id = 9
一部の行の列の変更	UPDATE *tbname* SET *col* = *value* WHERE *condition*	UPDATE t SET count=3 WHERE id=5
一部の行の削除	DELETE FROM *tbname* WHERE *condition*	DELETE FROM t WHERE count <= 10 OR id = 16

8.4.2 DB-API

API（アプリケーション・プログラミング・インタフェース）は、なんらかのサービスにアクセスするために呼び出す関数を集めたものだ。DP-API（http://bit.ly/db-api）は、リレーショナルデータベースにアクセスするためのPythonの標準APIである。これを使えば、ひとつのプログラムで複数のリレーショナルデータベースを操作できる。個々のデータベースのために別々にプログラムを書く必要はない。JavaのJDBCやPerlのdbiのようなものだ。

DB-APIの主要な関数をまとめておこう。

connect()

データベースへの接続を開設する。ユーザー名、パスワード、サーバーアドレス、その他の引数を指定できる。

`cursor()`

クエリーを管理する**カーソル**オブジェクトを作る。

`execute()`と`executemany()`

データベースに対してひとつまたは複数のSQLコマンドを実行する。

`fetchone()`、`fetchmany()`、`fetchall()`

executeの結果を取得する。

これからの節で取り上げるPythonデータベースモジュールはDB-APIに準拠しているが、拡張を加えたり細部に若干の違いがあったりすることが多い。

8.4.3 SQLite

SQLite（http://www.sqlite.org）は、軽くて優れたオープンソースのリレーショナルデータベースだ。SQLiteはPythonの標準ライブラリとして実装され、通常のファイルにデータベースを格納する。データベースを格納したファイルはマシン、OSの違いを越えて使うことができる。そのため、単純なリレーショナルデータベースのアプリケーションを作りたいときには、SQLiteは非常に移植性が高くて効果的だ。MySQLやPostgreSQLのような本格的なものではないが、SQLをサポートしており、複数のユーザーの同時アクセスに対応できる。ウェブブラウザ、スマートフォン、その他のアプリケーションは、組み込みデータベースとしてSQLiteを使っている。

データベースを使ったり作ったりしたいときには、まずローカルなSQLiteデータベースファイルに`connect()`する。このファイルは、テーブルを保持するデータベースサーバーと同じような役割を果たす。特殊文字列の`':memory:'`を指定すると、メモリのみにデータベースを作る。こうすると高速でテスト用には役に立つが、プログラムが終了したりコンピュータが落ちたりすると、データが失われてしまう。

次のサンプルでは、`enterprise.db`という名前のデータベースを作り、繁盛している道端のふれあい動物園ビジネスを管理する`zoo`というテーブルを作る。テーブルの列は、次のとおりだ。

`critter`

動物の名前。主キー（可変長文字列）。

count

その動物の現在の個体数（整数）。

damages

動物とのふれあいによる現在の損失額（整数）。

```
>>> import sqlite3
>>> conn = sqlite3.connect('enterprise.db')
>>> curs = conn.cursor()
>>> curs.execute('''CREATE TABLE zoo (critter VARCHAR(20)
PRIMARY KEY, count INT, damages FLOAT)''')
<sqlite3.Cursor object at 0x1006a22d0>
```

SQLクエリーのような長い文字列を作るときには、Pythonのトリプルクォートが便利だ。

では、動物園に動物のデータを追加しよう。

```
>>> curs.execute('INSERT INTO zoo VALUES("duck", 5, 0.0)')
<sqlite3.Cursor object at 0x1006a22d0>
>>> curs.execute('INSERT INTO zoo VALUES("bear", 2, 1000.0)')
<sqlite3.Cursor object at 0x1006a22d0>
```

データの挿入には、**プレースホルダー**を使ったより安全な方法がある※1。

```
>>> ins = 'INSERT INTO zoo (critter, count, damages) VALUES(?, ?, ?)'
>>> curs.execute(ins, ('weasel', 1, 2000.0))
<sqlite3.Cursor object at 0x1006a22d0>
```

ここでは、SQLのなかで3個の疑問符を使って3個の値を挿入する予定だということを示してから、execute()関数への引数として3個の値のリストを渡している。プレースホルダーは、クォートなどの面倒な細部を処理し、**SQLインジェクション**からシステムを守ってくれる。SQLインジェクションは、システムに悪意のあるSQLコマンドを送り込む外部からの攻撃の一種だ。

では、すべての動物の情報を引き出せるかどうかをテストしてみよう。

```
>>> curs.execute('SELECT * FROM zoo')
<sqlite3.Cursor object at 0x1006a22d0>
>>> rows = curs.fetchall()
>>> print(rows)
```

※1　訳注：weaselはイタチ。

```
[('duck', 5, 0.0), ('bear', 2, 1000.0), ('weasel', 1, 2000.0)]
```

同じ情報を取り出すが、今度は個体数順にソートする。

```
>>> curs.execute('SELECT * from zoo ORDER BY count')
<sqlite3.Cursor object at 0x1006a22d0>
>>> curs.fetchall()
[('weasel', 1, 2000.0), ('bear', 2, 1000.0), ('duck', 5, 0.0)]
```

違う違う、順序は降順で。

```
>>> curs.execute('SELECT * from zoo ORDER BY count DESC')
<sqlite3.Cursor object at 0x1006a22d0>
>>> curs.fetchall()
[('duck', 5, 0.0), ('bear', 2, 1000.0), ('weasel', 1, 2000.0)]
```

もっとも損失の大きい動物は何か？

```
>>> curs.execute('''SELECT * FROM zoo WHERE
...     damages = (SELECT MAX(damages) FROM zoo)''')
<sqlite3.Cursor object at 0x1006a22d0>
>>> curs.fetchall()
[('weasel', 1, 2000.0)]
```

クマだと思ったかもしれないが、実際のデータをチェックすることが大切だ。

SQLiteから離れる前にはクリーンアップ処理が必要である。接続とカーソルを開いたら、使い終わったときに閉じなければならない。

```
>>> curs.close()
>>> conn.close()
```

8.4.4 MySQL

MySQL (http://www.mysql.com) は、非常に人気のあるオープンソースのリレーショナルデータベースだ。SQLiteとは異なり、MySQLは本物のサーバーなので、クライアントはネットワーク越しにほかのデバイスからサーバーにアクセスすることができる。

MySQLドライバとしては、MysqlDB (http://sourceforge.net/projects/mysql-python) がもっとも人気がある。**表8-3**は、PythonからMySQLにアクセスするために使えるドライバをまとめたものだ。

表8-3 MySQLドライバ

名前	リンク	Pypiパッケージ	インポート名	備考
MySQL Connector	http://bit.ly/mysql-cpdg	mysql-connector-python	mysql.connector	
PYMySQL	https://github.com/petehunt/PyMySQL/	pymysql	pymysql	
oursql	http://pythonhosted.org/oursql/	oursql	oursql	MySQLのCのクライアントライブラリが必要

8.4.5 PostgreSQL

PostgreSQL(http://www.postgresql.org)は、さまざまな点でMySQLよりも高度な本格的なオープンソースのリレーショナルデータベースだ。**表8-4**では、PostgreSQLへのアクセスで使えるPythonドライバをまとめてある。

表8-4 PostgreSQLドライバ

名前	リンク	Pypiパッケージ	インポート名	備考
psycopg2	http://initd.org/psycopg/	psycopg2	psycopg2	PostgreSQLクライアントツールのpg_configが必要
py-postgresql	http://python.projects.pgfoundry.org/	py-postgresql	postgresql	

もっともよく使われているドライバはpsycopg2だが、これをインストールするためには、PostgreSQLクライアントライブラリが必要だ。

8.4.6 SQLAlchemy

SQLはすべてのリレーショナルデータベースで同じというわけではない。DB-APIが面倒を見てくれるのは共通APIというレベルまでである。個々のデータベースは、それぞれの機能や哲学を反映した**方言**を実装している。なんらかの方法でこれらの違いを埋めようとするライブラリは多数ある。そのようなクロスデータベースPythonライブラリのなかでももっとも多くの支持を集めているのがSQLAlchemy(http://www.

sqlalchemy.org)だ。

SQLAlchemyは標準ライブラリではないが、よく知られており、多くの人々が使っている。次のコマンドを使えば、システムにSQLAlchemyをインストールできる。

```
$ pip install sqlalchemy
```

SQLAlchemyは、複数のレベルで使える。

- もっとも低いレベルでは、データベース接続の**プール**、SQLコマンドの実行、結果のリターンを処理する。ここはDB-APIにもっとも近い部分だ。
- 次のレベルは、SQLの文をPythonの式として表現する**SQL表現言語**である。
- もっとも高いレベルは、ORM(Object Relational Mapping)レイヤだ。このレイヤはSQL表現言語を使ってアプリケーションコードとリレーショナルデータ構造を結びつける。

話を進めていくうちに、これらの用語がそれぞれのレベルでどのような意味を持つのかわかってくるだろう。SQLAlchemyは、前節で説明したデータベースドライバを操作する。ドライバをインポートする必要はない。SQLAlchemyに渡す最初の接続文字列によって、どのドライバが必要かがわかる。接続文字列は、次のような形式になっている。

```
dialect + driver :// user : password@host : port / dbname
```

接続文字列で使う値は、それぞれ次のような意味だ。

dialect

データベースのタイプ。

driver

そのデータベースに対して使いたいと思っているドライバ。

*user*と*password*

データベース認証文字列。

*host*と*port*

データベースサーバーの位置(: *port*は、デフォルトのポートなら不要)。

dbname

最初に接続するサーバー上のデータベース。

表8-5は、方言とドライバをまとめたものだ。

表8-5　SQLAlchemyの接続先

方言	ドライバ
sqlite	pysqlite（または省略）
mysql	mysqlconnector
mysql	pymysql
mysql	oursql
postgresql	psycopg2
postgresql	pypostgresql

8.4.6.1　エンジンレイヤ

まず、SQLAlchemyのもっとも低いレベルを試してみよう。これは、土台になっているDB-API関数とほとんど変わらない。

Pythonにすでに組み込まれているSQLiteで試してみよう。SQLiteのための接続文字列では、*host*、*port*、*user*、*password*は不要だ。*dbname*は、データベースをどのファイルに格納するかをSQLiteに知らせる。*dbname*を省略すると、SQLiteはメモリ内にデータベースを構築する。*dbname*の先頭がスラッシュ（/）なら、ファイル名は絶対パスで指定されている（LinuxとOS Xの場合。Windowsでは、たとえば`C:\\`）。そうでなければ、カレントディレクトリからの相対パスと解釈される。

これから示すコードは、すべてひとつのプログラムの一部だが、説明のために分割している。

まず、必要なものをインポートしなければならない。次に示すのは**インポートエイリアス**の例である。こうすると、`sa`という文字列でSQLAlchemyのメソッドを参照できる。こういうことをしているのは、基本的に`sa`の方が`sqlalchemy`よりも簡単に入力できるからだ。

```
>>> import sqlalchemy as sa
```

データベースを作り、メモリ内にその記憶領域（ストレージ）を作る（引数の文字列は、`'sqlite:///:memory:'`でもよい）。

```
>>> conn = sa.create_engine('sqlite://')
```

3つの列を持つzooというテーブルを作る。

```
>>> conn.execute('''CREATE TABLE zoo
...     (critter VARCHAR(20) PRIMARY KEY,
...      count INT,
...      damages FLOAT)''')
<sqlalchemy.engine.result.ResultProxy object at 0x1017efb10>
```

conn.execute()を実行すると、ResultProxyというSQLAlchemyオブジェクトが返される。このオブジェクトの使い方は、すぐあとで説明する。

ちなみに、まだデータベーステーブルを作ったことのなかった読者の皆さん、おめでとう。これでTODOリストの項目をひとつチェックすることができる。

では、新しい空のテーブルに3個のデータを挿入する。

```
>>> ins = 'INSERT INTO zoo (critter, count, damages) VALUES (?, ?, ?)'
>>> conn.execute(ins, 'duck', 10, 0.0)
<sqlalchemy.engine.result.ResultProxy object at 0x1017efb50>
>>> conn.execute(ins, 'bear', 2, 1000.0)
<sqlalchemy.engine.result.ResultProxy object at 0x1017ef090>
>>> conn.execute(ins, 'weasel', 1, 2000.0)
<sqlalchemy.engine.result.ResultProxy object at 0x1017ef450>
```

次に、今書き込んだすべての情報を表示するようデータベースに要求する。

```
>>> rows = conn.execute('SELECT * FROM zoo')
```

SQLAlchemyでは、rowsはリストではなく、直接表示できないResultProxyというものになっている。

```
>>> print(rows)
<sqlalchemy.engine.result.ResultProxy object at 0x1017ef9d0>
```

しかし、リストのようにforループで処理できるので、一度にひとつずつ行を手に入れることができる。

```
>>> for row in rows:
...     print(row)
...
('duck', 10, 0.0)
('bear', 2, 1000.0)
('weasel', 1, 2000.0)
```

以上は、先ほど説明したSQLiteのDB-APIのサンプルとほぼ同じだった。利点は、最初にデータベースドライバをインポートする必要がなかったことだ。必要なドライバは、SQLAlchemyが接続文字列から判断する。このコードは、接続文字列を書き換えるだけで、ほかのタイプのデータベースにも移植できる。もうひとつ、SQLAlchemyの**接続プーリング**を利用できるという利点もあるが、それについてはドキュメントサイト（http://bit.ly/conn-pooling）を参照していただきたい。

8.4.6.2 SQL表現言語

ひとつ上がって次のレベルは、SQLAlchemyのSQL表現言語である。表現言語は、さまざまな操作のためのSQLを作る関数を導入する。表現言語は、低水準エンジンレイヤよりも多くのSQL方言の違いに対処する仕事をする。これはリレーショナルデータベースアプリケーションに対する中間的なアプローチとして便利に使える可能性がある。

それでは、`zoo`テーブルを作って、内容を書き込む方法を説明しよう。先ほどと同様に、以下のコードは、ひとつのプログラムの一部である。

インポートと接続は、先ほどと同じだ。

```
>>> import sqlalchemy as sa
>>> conn = sa.create_engine('sqlite://')
```

`zoo`テーブルを定義するために、SQLではなく、表現言語を使う。

```
>>> meta = sa.MetaData()
>>> zoo = sa.Table('zoo', meta,
...     sa.Column('critter', sa.String, primary_key=True),
...     sa.Column('count', sa.Integer),
...     sa.Column('damages', sa.Float)
...    )
>>> meta.create_all(conn)
```

上の例の複数行にまたがる呼び出しのかっこをチェックしていただきたい。`Table()`メソッドの構造は、テーブルの構造と一致している。`zoo`テーブルのなかの列が3つなので、`Table()`メソッド呼び出しのかっこのなかで3回の`Column()`呼び出しが行われている。

一方、`zoo`はSQLデータベースの世界とPythonデータ構造の世界を橋渡しするちょっと不思議なオブジェクトになっている。

表現言語の関数を使ってさらにデータを挿入しよう。

```
... conn.execute(zoo.insert(('bear', 2, 1000.0)))
<sqlalchemy.engine.result.ResultProxy object at 0x1017ea910>
>>> conn.execute(zoo.insert(('weasel', 1, 2000.0)))
<sqlalchemy.engine.result.ResultProxy object at 0x1017eab10>
>>> conn.execute(zoo.insert(('duck', 10, 0)))
<sqlalchemy.engine.result.ResultProxy object at 0x1017eac50>
```

次に、SELECT文を作る（zoo.select()は、プレーンなSQLPythonのSELECT * FROM zooなどと同じように、zooオブジェクトが表現するテーブルからすべての情報を選択する）。

```
>>> result = conn.execute(zoo.select())
```

最後に結果を取得する。

```
>>> rows = result.fetchall()
>>> print(rows)
[('bear', 2, 1000.0), ('weasel', 1, 2000.0), ('duck', 10, 0.0)]
```

8.4.6.3 ORM

前節では、zooオブジェクトは、SQLとPythonの間の中間レベルの接続だった。SQLAlchemyのトップレイヤでは、ORM（オブジェクト関係マッピング）がSQL表現言語を使うが、実際のデータベースのメカニズムはユーザーには見えない。クラスを定義すると、ORMがデータベースとの間のデータのやり取りを処理してくれる。オブジェクト関係マッピングという複雑なフレーズの背後にある基本的な考え方は、リレーショナルデータベースを使いつつ、コード内でオブジェクトを参照し、Python的なやり方でコードを書き続けられるということだ。

Zooクラスを定義して、それをORMに結びつける。今度は、SQLiteにzoo.dbファイルを使わせて、ORMが機能していることを確かめられるようにする。

今までと同様に、これから示すコードは実際にはひとつのプログラムになっているものを説明のために分割したものだ。一部がわからなくても気にする必要はない。詳細はすべてSQLAlchemyのドキュメントに書かれている。ここでは、ORMを使うためにどれくらいのコードが必要かについてのイメージをつかんでいただきたいと思っている。そうすれば、この章で説明した3つの方法のうち、自分に適したものがどれかを選べるだろう。

最初のインポートは同じだが、今回はもうひとつインポートしなければならないものがある。

```
>>> import sqlalchemy as sa
>>> from sqlalchemy.ext.declarative import declarative_base
```

次に、接続を開設する。

```
>>> conn = sa.create_engine('sqlite:///zoo.db')
```

いよいよSQLAlchemyのORMに入っていく。Zooクラスを定義し、属性とテーブルの列を対応付けていく。

```
>>> Base = declarative_base()
>>> class Zoo(Base):
...     __tablename__ = 'zoo'
...     critter = sa.Column('critter', sa.String, primary_key=True)
...     count = sa.Column('count', sa.Integer)
...     damages = sa.Column('damages', sa.Float)
...     def __init__(self, critter, count, damages):
...         self.critter = critter
...         self.count = count
...         self.damages = damages
...     def __repr__(self):
...         return "<Zoo({}, {}, {})>".format(self.critter, self.count, self.damages)
```

次の行で手品のようにデータベースとテーブルが作られる。

```
>>> Base.metadata.create_all(conn)
```

次に、Pythonオブジェクトを作れば、データを挿入できる。ORMが内部で両者の関連を管理している。

```
>>> first = Zoo('duck', 10, 0.0)
>>> second = Zoo('bear', 2, 1000.0)
>>> third = Zoo('weasel', 1, 2000.0)
>>> first
<Zoo(duck, 10, 0.0)>
```

次に、ORMにSQLの世界に連れていってもらう。データベースとやり取りするためのセッションを作るのである。

```
>>> from sqlalchemy.orm import sessionmaker
>>> Session = sessionmaker(bind=conn)
>>> session = Session()
```

セッション内で先ほど作った3つのオブジェクトをデータベースに書き込む。add()関数は1個のオブジェクトを追加し、add_all()関数はリストを追加する。

```
>>> session.add(first)
>>> session.add_all([second, third])
```

最後に、強制的にすべての処理を完了させる。

```
>>> session.commit()
```

さて、このコードはちゃんと仕事をしたのだろうか。確かに、カレントディレクトリにzoo.dbファイルができている。コマンドラインプログラムのsqlite3を使えば、内容をチェックできる。

```
$ sqlite3 zoo.db
SQLite version 3.6.12
Enter ".help" for instructions
Enter SQL statements terminated with a ";"
sqlite> .tables
zoo
sqlite> select * from zoo;
duck|10|0.0
bear|2|1000.0
weasel|1|2000.0
```

この節の目的は、ORMとは何か、高水準でどのように動作するのかを示すことだった。SQLAlchemyの作者は、本格的なチュートリアル(http://bit.ly/obj-rel-tutorial)を書いている。これを読んでから、次に示す低水準から高水準までのどれが自分のニーズにもっとも合っているかを決めよう。

- プレーンDB-API。少し前のSQLiteの節で示した方法
- SQLAlchemyエンジンレイヤ
- SQLAlchemyの表現言語
- SQLAlchemyのORM

SQLの複雑な操作を避けるためにORMを使うのが自然な選択だと感じられる。あなたも使うべきだろうか。一部の人々はORMを避けるべきだと考えている(http://bit.

ly/obj-rel-map)。しかし、そのような批判は大げさだと考えている人々もいる (http://bit.ly/fowler-orm)。どちらが正しくても、ORMが抽象化されたものだということに変わりはない。そして、抽象はどこかで壊れるものだ。抽象には穴がある (http://bit.ly/leaky-law)。ORMが思ったように動作しない場合には、ORMがどのような仕組みで、どうすれば修復できるのかをSQLのレベルで明らかにしなければならない。インターネットで言われている言葉を借りるなら、「問題に直面したときに、『よしORMを使おう』と思う人々がいる。彼らはふたつの問題を抱えることになる」。ORMは控えめに、主として単純なアプリケーションで使うことにしよう。しかし、アプリケーションが単純なら、SQL (またはSQL表現言語) を直接使えるはずだ。

あるいは、dataset (https://dataset.readthedocs.org/) のようにもっと単純なものを試してみてもよい。datasetはSQLAlchemyの上に作られており、SQL、JSON、CSVストレージのために単純なORMを提供している。

8.5 NoSQLデータストア

一部のデータベースはリレーショナルではなく、SQLをサポートしていない。これらは、非常に大きなデータセットの処理、柔軟なデータ定義、カスタムデータ処理のサポートなどを目的として作られている。こういったデータベースは、**NoSQL**と総称されている (以前は「no SQL」という意味だったが、今は「not only SQL」という少しあたりの柔らかい意味合いに変わっている)。

8.5.1 dbmファミリ

dbm形式は、**NoSQL**という言葉が生まれるずっと前からある。dbmは**キーバリューストア** (複数の「キーと値」の組) で、ウェブブラウザなどのアプリケーションでさまざまな設定を維持・管理するために組み込まれていることが多い。dbmデータストアは、次のような性質を持っており、Pythonの辞書と似ている。

- キーに値を代入でき、代入された値は自動的にディスク上のデータベースに保存される。
- キーから値を取得できる。

簡単な例を見てみよう。次の`open()`メソッドの第2引数は、`'r'`なら読み出し、

'w'なら書き込みだが、'c'なら読み書き両用で、ファイルが存在しなければ作成する。

```
>>> import dbm
>>> db = dbm.open('definitions', 'c')
```

キーと値の組を作るには、辞書と同じようにキーに値を代入する。

```
>>> db['mustard'] = 'yellow'
>>> db['ketchup'] = 'red'
>>> db['pesto'] = 'green'
```

ちょっと一休みして、今までに行ってきたことをチェックしてみよう。

```
>>> len(db)
3
>>> db['pesto']
b'green'
```

データベースを一度閉じ、開き直して書き込んだものが実際に保存されているかどうかを確かめよう。

```
>>> db.close()
>>> db = dbm.open('definitions', 'r')
>>> db['mustard']
b'yellow'
```

キーと値はbytesとして格納される。データベースオブジェクトのdbはイテラブルではないが、len()を使えばキーの数が得られる。また、get()とsetdefault()が辞書と同じように動作することに注意しよう。

8.5.2 memcached

memcached（http://memcached.org/）は、キーと値のための高速なインメモリのキャッシュサーバーだ。データベースの前処理として使用されたり、ウェブサーバーのセッションデータの格納に使われたりすることが多い。Linux、OS X用のバージョンはhttp://bit.ly/install-osx、Windows用のバージョンはhttp://bit.ly/memcache-winでダウンロードできる。この節を試してみたい場合には、memcachedサーバーとPythonドライバが必要だ。

Pythonドライバはたくさん作られている。Python 3のもとで動作するものとしては、python3-memcached（https://github.com/eguven/python3-memcached）があり、次

のコマンドを実行すればインストールできる。

```
$ pip install python-memcached
```

memcachedを使うには、memcachedサーバーに接続する。接続後は、次のようなことができる。

- キーを指定した値の取得、設定
- 値のインクリメント、デクリメント
- キーの削除

データは永続的**ではない**。早い時点で書き込んだデータは消える場合がある。これはmemcachedの本質的な特徴であり、だからこそmemcachedはキャッシュサーバーなのである。memcachedは、古いデータを捨ててメモリを使い切るのを防ぐ。

同時に複数のmemcachedサーバーに接続することができる。次のサンプルでは、同じコンピュータ上のひとつのmemcachedサーバーとだけやり取りする。

```
>>> import memcache
>>> db = memcache.Client(['127.0.0.1:11211'])
>>> db.set('marco', 'polo')
True
>>> db.get('marco')
'polo'
>>> db.set('ducks', 0)
True
>>> db.get('ducks')
0
>>> db.incr('ducks', 2)
2
>>> db.get('ducks')
2
```

8.5.3 Redis

Redis (http://redis.io) は、**データ構造サーバー**だ。memcachedと同様に、Redisサーバーのすべてのデータはメモリに収まるものでなければならない(今はディスクにデータを保存するオプションがあるが)。memcachedとは異なり、Redisは次のことを実行できる。

- ディスクにデータを保存できるので信頼性が高く、再起動できる。
- 古いデータを消さずに残しておける。
- 単純な文字列以外のデータ構造もある。

Redisのデータ型はPythonのデータ型と非常に近い。Redisサーバーは、ひとつ、あるいは複数のPythonアプリケーションがデータを共有するための便利な中間媒体になり得る。Redisはとても役に立つので、ここで少し詳しく説明しておく意味があるだろう。

Pythonドライバのredis-pyは、GitHub（https://github.com/andymccurdy/redis-py）にソースコードとテストを置いており、オンラインドキュメントもある（http://bit.ly/redis-py-docs）。次のコマンドを使えばインストールできる。

```
$ pip install redis
```

Redisサーバー自体（http://redis.io）にもよいドキュメントがある。ローカルコンピュータ（localhost）にRedisサーバーをインストールし、起動すれば、以下の節のプログラムを試せる。

8.5.3.1　文字列

ひとつの値を持つキーは、Redisの**文字列**である。Pythonの単純データ型は自動的に変換される。なんらかのホスト（デフォルトはlocalhost）のなんらかのポート（デフォルトは6379）でRedisサーバーに接続する。

```
>>> import redis
>>> conn = redis.Redis()
```

redis.Redis('localhost')やredis.Redis('localhost', 6379)でも同じ結果が得られる。

すべてのキーのリストは次のようにして表示する（今のところキーなし）。

```
>>> conn.keys('*')
[]
```

単純な文字列（キーは'secret'）、整数（キーは'carats'）、float（'fever'）を書き込む。

```
>>> conn.set('secret', 'ni!')
True
>>> conn.set('carats', 24)
True
>>> conn.set('fever', '101.5')
True
```

キーを使って値を読み出す。

```
>>> conn.get('secret')
b'ni!'
>>> conn.get('carats')
b'24'
>>> conn.get('fever')
b'101.5'
```

次のコードのsetnx()メソッドは、キーが存在しないときに限り値を設定する。

```
>>> conn.setnx('secret', 'icky-icky-icky-ptang-zoop-boing!')
False
```

失敗したのは、'secret'というキーをすでに定義しているからだ。

```
>>> conn.get('secret')
b'ni!'
```

getset()メソッドは、もともとの値を返すとともに、新しい値を設定する。

```
>>> conn.getset('secret', 'icky-icky-icky-ptang-zoop-boing!')
b'ni!'
```

あまり先走らないようにしよう。前の呼び出しは機能しただろうか。

```
>>> conn.get('secret')
b'icky-icky-icky-ptang-zoop-boing!'
```

getrange()を使って部分文字列を取り出そう（Pythonと同様に、オフセット0が先頭、−1が末尾）。

```
>>> conn.getrange('secret', -6, -1)
b'boing!'
```

setrange()（0ベースのオフセットを使う）を使って部分文字列を置換しよう。

```
>>> conn.setrange('secret', 0, 'ICKY')
32
```

```
>>> conn.get('secret')
b'ICKY-icky-icky-ptang-zoop-boing!'
```

次は、mset()を使って同時に複数のキーを設定しよう。

```
>>> conn.mset({'pie': 'cherry', 'cordial': 'sherry'})
True
```

mget()を使えば、一度に複数の値が得られる。

```
>>> conn.mget(['fever', 'carats'])
[b'101.5', b'24']
```

delete()を使えば、キーが削除される。

```
>>> conn.delete('fever')
1
```

incr()またはincrbyfloat()を使ってインクリメントし、decr()を使ってデクリメントする。

```
>>> conn.incr('carats')
25
>>> conn.incr('carats', 10)
35
>>> conn.decr('carats')
34
>>> conn.decr('carats', 15)
19
>>> conn.set('fever', '101.5')
True
>>> conn.incrbyfloat('fever')
102.5
>>> conn.incrbyfloat('fever', 0.5)
103.0
```

decrbyfloat()はない。熱を下げるためには、負のインクリメントをする。

```
>>> conn.incrbyfloat('fever', -2.0)
101.0
```

8.5.3.2 リスト

Redisリストは、文字列しか格納できない。リストは、最初の挿入を行ったときに作成される。先頭への挿入には、lpush()を使う。

```
>>> conn.lpush('zoo', 'bear')
1
```

先頭に複数の要素を挿入する。

```
>>> conn.lpush('zoo', 'alligator', 'duck')
3
```

linsert()を使って値の前か後ろに挿入する。

```
>>> conn.linsert('zoo', 'before', 'bear', 'beaver')
4
>>> conn.linsert('zoo', 'after', 'bear', 'cassowary')
5
```

lset()を使い、指定した位置に挿入する（リストはすでに存在していなければならない）。

```
>>> conn.lset('zoo', 2, 'marmoset')
True
```

rpush()を使って末尾に追加する。

```
>>> conn.rpush('zoo', 'yak')
6
```

lindex()を使って指定したオフセットの値を得る。

```
>>> conn.lindex('zoo', 3)
b'bear'
```

lrange()を使って指定したオフセット範囲（0から−1で全体）の値を得る。

```
>>> conn.lrange('zoo', 0, 2)
[b'duck', b'alligator', b'marmoset']
```

ltrim()でリストを刈り込む。指定されたオフセットの範囲の要素だけが残る。

```
>>> conn.ltrim('zoo', 1, 4)
True
```

lrange()を使って指定した範囲（0から−1で全体）の値を得る。

```
>>> conn.lrange('zoo', 0, -1)
[b'alligator', b'marmoset', b'bear', b'cassowary']
```

10章では、Redisリストとパブリッシュサブスクライブを使ってジョブキューを実装する方法を説明する。

8.5.3.3 ハッシュ

Redisのハッシュは、Pythonの辞書とよく似ているが、文字列しか格納できない。そのため、深さは1レベルだけに限られ、深くネストされた構造は作れない。次に示すのは、songというRedisハッシュを作って操作するサンプルだ。

hmset()を使ってsongハッシュにdo、reフィールドを同時に設定する。

```
>>> conn.hmset('song', {'do': 'a deer', 're': 'about a deer'})
True
```

hset()を使ってハッシュ内の1個のフィールドの値を設定する。

```
>>> conn.hset('song', 'mi', 'a note to follow re')
1
```

hget()を使って1個のフィールドの値を取得する。

```
>>> conn.hget('song', 'mi')
b'a note to follow re'
```

hmget()を使って複数のフィールドの値を取得する。

```
>>> conn.hmget('song', 're', 'do')
[b'about a deer', b'a deer']
```

hkeys()を使ってハッシュのすべてのフィールドのキーを取得する。

```
>>> conn.hkeys('song')
[b'do', b're', b'mi']
```

hvals()を使ってハッシュのすべてのフィールドの値を取得する。

```
>>> conn.hvals('song')
[b'a deer', b'about a deer', b'a note to follow re']
```

hlen()を使ってハッシュのフィールド数を取得する。

```
>>> conn.hlen('song')
3
```

hgetall()を使ってハッシュ内のすべてのフィールドのキーと値を取得する。

```
>>> conn.hgetall('song')
{b'do': b'a deer', b're': b'about a deer', b'mi': b'a note to follow
re'}
```

hsetnx()を使ってキーがまだなければフィールドを設定する。

```
>>> conn.hsetnx('song', 'fa', 'a note that rhymes with la')
1
```

8.5.3.4 集合

Redisの集合は、このあとのサンプルを見るとわかるように、Pythonの集合とよく似ている。

まず、集合に1個または複数の値を追加しよう。

```
>>> conn.sadd('zoo', 'duck', 'goat', 'turkey')
3
```

集合の値の数を取得する。

```
>>> conn.scard('zoo')
3
```

集合のすべての値を取得する。

```
>>> conn.smembers('zoo')
{b'duck', b'goat', b'turkey'}
```

集合から値を取り除く。

```
>>> conn.srem('zoo', 'turkey')
1
```

集合演算を実行するために、もうひとつ集合を作ろう。

```
>>> conn.sadd('better_zoo', 'tiger', 'wolf', 'duck')
0
```

zooとbetter_zooの積集合（共通要素の集合）を取得する。

```
>>> conn.sinter('zoo', 'better_zoo')
{b'duck'}
```

zooとbetter_zooの積集合を取得して集合fowl_zooに結果を格納する。

```
>>> conn.sinterstore('fowl_zoo', 'zoo', 'better_zoo')
1
```

要素は何か。

```
>>> conn.smembers('fowl_zoo')
{b'duck'}
```

zooとbetter_zooの和集合（両方のすべての要素）を取得する。

```
>>> conn.sunion('zoo', 'better_zoo')
{b'duck', b'goat', b'wolf', b'tiger'}
```

和集合演算を実行し、結果をfabulous_zooに格納する。

```
>>> conn.sunionstore('fabulous_zoo', 'zoo', 'better_zoo')
4
>>> conn.smembers('fabulous_zoo')
{b'duck', b'goat', b'wolf', b'tiger'}
```

zooにあってbetter_zooにないものは何か。sdiff()を使って差集合を取得し、sdiffstore()を使って差集合をzoo_sale集合に格納する。

```
>>> conn.sdiff('zoo', 'better_zoo')
{b'goat'}
>>> conn.sdiffstore('zoo_sale', 'zoo', 'better_zoo')
1
>>> conn.smembers('zoo_sale')
{b'goat'}
```

8.5.3.5 ソート済み集合

Redisのデータ型でも特に応用範囲が広いのは**ソート済み集合**あるいは**zset**と呼ばれるものだ。zsetは一意な値の集合だが、それぞれの値が**スコア**と呼ばれる浮動小数点数も持っている。要素には値とスコアのどちらからでもアクセスできる。ソート済み集合には、次に示すようなさまざまな用途がある。

- スコアボード

- 副インデックス
- タイムライン（タイムスタンプをスコアとして使う）

ここでは最後のユースケースを見てみよう。タイムスタンプを使ってユーザーのログインを監視する。時間情報としては、Pythonの`time()`関数が返してくるUnix時間（詳しくは10章で説明する）を使う。

```
>>> import time
>>> now = time.time()
>>> now
1361857057.576483
```

神経質そうな最初のゲストを追加しよう。

```
>>> conn.zadd('logins', 'smeagol', now)
1
```

5分後に別のゲストがやってくる。

```
>>> conn.zadd('logins', 'sauron', now+(5*60))
1
```

2時間後に次のゲスト。

```
>>> conn.zadd('logins', 'bilbo', now+(2*60*60))
1
```

1日後にゆっくりと次のゲスト。

```
>>> conn.zadd('logins', 'treebeard', now+(24*60*60))
1
```

`bilbo`がやってきたのは何番目か。

```
>>> conn.zrank('logins', 'bilbo')
2
```

それはいつか。

```
>>> conn.zscore('logins', 'bilbo')
1361864257.576483
```

全員をログイン順に見てみよう。

```
>>> conn.zrange('logins', 0, -1)
[b'smeagol', b'sauron', b'bilbo', b'treebeard']
```

時間付きで。

```
>>> conn.zrange('logins', 0, -1, withscores=True)
[(b'smeagol', 1361857057.576483), (b'sauron', 1361857357.576483),
(b'bilbo', 1361864257.576483), (b'treebeard', 1361943457.576483)]
```

8.5.3.6 ビット

ビットは大量の数値を少ないスペースで高速に処理できる。登録ユーザーがアクセスするウェブサイトを持っていたとする。ユーザーがどれくらいの頻度でログインするか、特定の日に何人のユーザーがログインしたか、同じユーザーがそのあとどれくらい頻繁にログインしているかといったことを調べたいところだろう。Redisの集合を使うという方法もあるが、ユーザーに数値によるIDを割り当てているなら、ビットを使った方がコンパクトで高速になる。

まず、個々の日に対してビットセットを作る。このテストでは3日だけを使うこととし、使うユーザーIDもごくわずかにしておく。

```
>>> days = ['2013-02-25', '2013-02-26', '2013-02-27']
>>> big_spender = 1089
>>> tire_kicker = 40459
>>> late_joiner = 550212
```

個々の日は別々のキーになっている。その日にログインしてきたユーザーのIDに対するビットをセットする。たとえば、最初の日（2013-02-25）には、big_spender（IDは1089）とtire_kicker（IDは40459）がログインしている。

```
>>> conn.setbit(days[0], big_spender, 1)
0
>>> conn.setbit(days[0], tire_kicker, 1)
0
```

翌日、big_spenderが再びやってくる。

```
>>> conn.setbit(days[1], big_spender, 1)
0
```

その翌日にも、big_spenderはやってきてくれる。そして、late_joinerという新人もやってくる。

```
>>> conn.setbit(days[2], big_spender, 1)
0
>>> conn.setbit(days[2], late_joiner, 1)
0
```

この3日間の各日の訪問者数を調べよう。

```
>>> for day in days:
...     conn.bitcount(day)
...
2
1
2
```

特定の日に特定のユーザーが来ているかどうかも確かめられる。

```
>>> conn.getbit(days[1], tire_kicker)
0
```

`tire_kicker`は2日目には来ていないようだ。

毎日ログインしてきたユーザーは何人いるか。

```
>>> conn.bitop('and', 'everyday', *days)
68777
>>> conn.bitcount('everyday')
1
```

それが誰だったかを当ててみよう。

```
>>> conn.getbit('everyday', big_spender)
1
```

最後に、この3日間のユニークユーザーの合計は何人になるか。

```
>>> conn.bitop('or', 'alldays', *days)
68777
>>> conn.bitcount('alldays')
3
```

8.5.3.7 キャッシュと有効期限

Redisのすべてのキーには寿命、**有効期限**がある。デフォルトでは永遠になっているが、expire()関数を使えば、キーをいつまで残しておくかをRedisに指示できる。次のコードで示すように、有効期限の値は秒単位である。

```
>>> import time
>>> key = 'now you see it'
>>> conn.set(key, 'but not for long')
True
>>> conn.expire(key, 5)
True
>>> conn.ttl(key)
5
>>> conn.get(key)
b'but not for long'
>>> time.sleep(6)
>>> conn.get(key)
>>>
```

expireat()コマンドを使えば、指定したUnix時間にキーが無効になる。キーの有効期限は、キャッシュをフレッシュな状態に保ったり、ログインセッションを制限したりするために役立つ。

8.5.4 その他のNoSQL

ここで示すNoSQLサーバーはメモリに入り切らない比較的大規模なデータを処理し、多くのものは複数のコンピュータを使う。表8-6は、広く知られているサーバーとそのPythonライブラリをまとめたものだ。

表8-6 NoSQLデータベース

名前とサイト	Python API
Cassandra (http://cassandra.apache.org/)	pycassa (https://github.com/pycassa/pycassa)
CouchDB (http://couchdb.apache.org/)	couchdb-python (https://github.com/djc/couchdb-python)
HBase (http://hbase.apache.org/)	happybase (https://github.com/wbolster/happybase)
Kyoto Cabinet (http://fallabs.com/kyotocabinet/)	kyotocabinet (http://bit.ly/kyotocabinet)
MongoDB (http://www.mongodb.org/)	mongodb (http://api.mongodb.org/python/current/)
Riak (http://basho.com/riak/)	riak-python-client (https://github.com/basho/riak-python-client)

8.6 フルテキストデータベース

最後に、データベースには**フルテキストサーチ**用の特殊なタイプのものがある。この種のデータベースはすべてのものにインデックスを付けるので、「風車」や「巨大なチーズ」についての詩も見つけられる。**表8-7**は、人気のあるオープンソースのシステムと対応するPython APIをまとめたものだ。

表8-7 フルテキストデータベース

名前とサイト	Python API
Lucene (http://lucene.apache.org/)	pylucene (http://lucene.apache.org/pylucene/)
Solr (http://lucene.apache.org/solr/)	SolPython (http://wiki.apache.org/solr/SolPython)
ElasticSearch (http://www.elasticsearch.org/)	pyes (https://github.com/aparo/pyes/)
Sphinx (http://sphinxsearch.com/)	sphinxapi (http://bit.ly/sphinxapi)
Xapian (http://xapian.org/)	xappy (https://code.google.com/p/xappy/)
Whoosh (http://bit.ly/mchaput-whoosh)	(APIを含めPythonで書かれている)

8.7 復習課題

8-1 `test1`という変数に`'This is a test of the emergency text system'`という文字列を代入し、`test.txt`というファイルに`test1`の内容を書き込もう。

8-2 `test.txt`ファイルを開き、その内容を`test2`変数に読み出そう。`test1`と`test2`は同じになっているだろうか。

8-3 次のテキストを`books.csv`というファイルに保存しよう。フィールドがカンマで区切られている場合、カンマを含むフィールドはクォートで囲まなければならないことに注意しよう。

```
author,book
J R R Tolkien,The Hobbit
Lynne Truss,"Eats, Shoots & Leaves"
```

8-4 `csv`モジュールとその`DictReader`メソッドを使って、`books.csv`の内容を`books`変数に読み込み、`books`の内容を表示しよう。`DictReader`はクォートと第2の本のタイトルに含まれるカンマを正しく処理できているか。

8-5 次の行を使ってbooks.csvというCSVファイルを作ろう。

```
title,author,year
The Weirdstone of Brisingamen,Alan Garner,1960
Perdido Street Station,China Miéville,2000
Thud!,Terry Pratchett,2005
The Spellman Files,Lisa Lutz,2007
Small Gods,Terry Pratchett,1992
```

8-6 sqlite3モジュールを使って、books.dbというSQLiteデータベースを作り、そのなかにtitle（文字列）、'author'（文字列）、'year'（整数）というフィールドを持つbookというテーブルを作ろう。

8-7 books.csvを読み出し、そのデータをbookテーブルに挿入しよう。

8-8 bookテーブルのtitle列を選択し、アルファベット順に表示しよう。

8-9 bookテーブルのすべての列を選択し、出版年順に表示しよう。

8-10 sqlalchemyモジュールを使って、8-6で作ったsqlite3のbooks.dbデータベースに接続しよう。そして、8-8と同じように、bookテーブルのtitle列を選択してアルファベット順に表示しよう。

8-11 RedisサーバーとPythonのredisライブラリをインストールしよう（後者はpip install redis）。そして、count（1）、name（'Fester Bestertester'）フィールドを持つtestというRedisハッシュを作り、testのすべてのフィールドを表示しよう。

8-12 testのcountフィールドをインクリメントして、結果を表示しよう。

9章
ウェブを解きほぐす

フランスとスイスの国境にまたがってCERN（欧州原子核共同研究所）がある。007シリーズのジェームズ・ボンドの敵役の隠れ家としてうってつけな感じがするかもしれないが、CERNが追い求めているのは世界征服ではなく、宇宙の仕組みを理解することだ。そのため、CERNは膨大なデータを生み出しており、物理学者やコンピュータ科学者はそれを管理するだけで苦労していた。

イギリスの科学者、Tim Berners-Leeが、CERNと研究コミュニティのなかで情報拡散を助けるある提案を初めて行ったのは1989年のことだった。彼はそれを**ワールドワイドウェブ**と呼び、まもなくその設計は次の3つの単純なアイデアにまとめられた。

HTTP（Hypertext Transfer Protocol）
: 要求と応答を交換するウェブクライアントとウェブサーバーのための仕様。

HTML（Hypertext Markup Language）
: 応答のプレゼンテーションの書式。

URL（Uniform Resource Locator）
: サーバーとサーバー上の**リソース**を一意に表現する方法。

もっとも単純な形では、ウェブクライアント（**ブラウザ**という用語を初めて使ったのはBerners-Leeだったのではないかと私は考えている）がHTTPでウェブサーバーに接続し、サーバーにURLを要求し、HTMLを受け取る。

彼は、NeXTコンピュータ上で最初のウェブブラウザとウェブサーバーを書いた。NeXTというのは、Steve JobsがApple Computerから離れていた時期に設立したが短命に終わった会社の製品である。ウェブが広く知られるようになったのは、1993年にイリノイ大学の学生グループがMosaicウェブブラウザ（Windows、Macintosh、

Unix用）とNCSA httpdサーバーをリリースしてからだ。これらをダウンロードしてサイトの構築を始めたとき、私はウェブとインターネットが近いうちに日常生活の一部になるとは思ってもみなかった。当時のインターネットは、まだ公式的には非商業用だった。当時、世界中で約500のウェブサーバーが稼働していたことが知られている（http://home.web.cern.ch/about/birth-web）。1994年末には、サーバー数は10,000にまで増えていた。インターネットは商業用の利用にも開かれていた。そして、Mosaicの作者たちはNetscapeを設立して市販用ウェブソフトウェアを書いた。Netscapeは当時発生しつつあったインターネットブームに乗って株式を公開した。そして、ウェブの爆発的な成長はそれ以来止まっていない。

ウェブクライアントとウェブサーバーの開発には、ほぼすべてのコンピュータ言語が使われてきた。Perl、PHP、Rubyといった動的言語は特に人気を集めた。この章では、あらゆるレベルのウェブ関連の開発で、Pythonが特に優れた言語だということを明らかにする。

- リモートサイトにアクセスするクライアント
- ウェブサイトにデータを供給するサーバーとWeb API
- 表示可能なウェブページとは別の道筋でデータを交換するWeb APIとサービス

そして、章末の復習課題では、実際に対話的なウェブサイトを構築する。

9.1 ウェブクライアント

インターネットの低水準のプロトコルはTCP/IP（Transmission Control Protocol/Internet Protocol）と呼ばれるものだ（「11.2.3 TCP/IP」で少し詳しく取り上げる）。TCP/IPは、コンピュータの間でバイトデータをやり取りするが、それらのバイトがどのような意味なのかについては考慮しない。それは、特定の目的のための構文定義である高水準**プロトコル**の仕事だ。HTTPは、ウェブのデータ交換の標準プロトコルである。

ウェブはクライアントサーバーシステムになっている。クライアントはサーバーに**要求**（リクエスト）を送る。TCP/IP接続を開設し、HTTPを介してURLその他の情報を送り、**応答**（レスポンス）を受け取る。

応答の形式も、HTTPによって定義されている。応答には、要求のステータス（成功したかどうか)、応答のデータと形式が含まれている。

もっともよく知られたウェブクライアントはウェブ**ブラウザ**だ。ブラウザは、さまざまな方法でHTTP要求を送ることができる。アドレスバーにURLを入力したり、ウェブページのリンクをクリックしたりして手動で要求を送る場合もある。返されてくるデータは、HTMLドキュメント、JavaScriptファイル、CSSファイル、イメージなど、ウェブサイトの表示に使われるものが多いが、実際には表示用のデータに限らず、どのようなタイプのデータでも送り返せる。

HTTPには、**ステートレス**だという重要な側面がある。つまり、個々のHTTP接続は、ほかの接続に依存せず独立している。この特徴のおかげで、基本的なウェブ操作は単純化されるが、かえって複雑になる部分もある。そのようなものの例をごくわずかだがまとめてみよう。

キャッシング

変化しないリモートコンテンツは、サーバーから同じものをダウンロードすることを避けるために、ウェブクライアントで保存して活用する。

セッション

ショッピングサイトは、ショッピングカートの内容を覚えておかなければならない。

認証

ユーザー名とパスワードを必要とするサイトは、ユーザーがログインしている間、それを覚えておかなければならない。

ステートレスなHTTPの代わりに状態を管理する方法として**クッキー**が使われている。サーバーがクライアント固有情報をクッキーに収めてクライアントに送る。クライアントがサーバーにクッキーを送り返すと、サーバーはクライアント固有情報からクライアントを一意に識別することができる。

9.1.1 telnetによるテスト

HTTPはテキストベースのプロトコルなので、実際に入力すればウェブのテストをすることができる。`telnet`という古いプログラムを使えば、任意のサーバーの任意のポートに接続してコマンドを送ることができる。

誰もが愛するGoogleをテストサイトとして、ホームページについての基本情報を問い合わせてみよう。次のように入力する。

```
$ telnet www.google.com 80
```

google.comのポート80にウェブサーバーがあれば（間違いないはずだが）、telnetはそのことを確認する情報を表示してから、空行を表示する。この空行が何かを入力せよという合図になる。

```
Trying 74.125.225.177...
Connected to www.google.com.
Escape character is '^]'.
```

では、telnetに実際のHTTPコマンドを入力してGoogleのウェブサーバーに送ってみよう。もっとも一般的なHTTPコマンド（アドレスバーにURLを入力したときにブラウザが使うコマンド）はGETだ。このコマンドは、HTMLファイルなど、指定されたリソースの内容を取得してクライアントに返す。しかし、最初のテストとしては、リソースについての基本情報を取得するHEADコマンドを使おう。次のコマンドを入力し、Enterキーを2回押してみよう。

```
HEAD / HTTP/1.1
```

HEAD /は、HTTPのHEAD**動詞**（コマンド）を送り、ホームページ（/）についての情報を取得する。さらに空行（\r\n）を送ると、サーバーはクライアントが要求の送信を完了し、応答を待っていると判断する。クライアントには、次のような応答が返される（一部の長い行は、本から飛び出さないように「...」を使って省略している）。

```
HTTP/1.1 200 OK
Date: Sat, 26 Oct 2013 17:05:17 GMT
Expires: -1
Cache-Control: private, max-age=0
Content-Type: text/html; charset=ISO-8859-1
Set-Cookie: PREF=ID=962a70e9eb3db9d9:FF=0:TM=1382807117:LM=1382...
  expires=Mon, 26-Oct-2015 17:05:17 GMT;
  path=/;
  domain=.google.com
Set-Cookie: NID=67=hTvtVC7dZJmZzGktimbwVbNZxPQnaDijCz716B1L56G...
  expires=Sun, 27-Apr-2014 17:05:17 GMT
  path=/;
  domain=.google.com;
```

```
  HttpOnly
P3P: CP="This is not a P3P policy! See http://www.google.com/s...
Server: gws
X-XSS-Protection: 1; mode=block
X-Frame-Options: SAMEORIGIN
Alternate-Protocol: 80:quic
Transfer-Encoding: chunked
```

このようにして返されてきた情報は、HTTPの応答ヘッダーとその値である。Date、Content-Typeなどは必須である。Set-Cookieは、複数回のアクセスを通じてクライアントのアクティビティを追跡するためにオプションで使われる（**状態管理**についてはこの章のなかで後述する）。HTTPのHEAD要求を送ると、ヘッダーだけが返される。GET、POSTコマンドを使ったときには、ホームページのデータ（HTML、CSS、JavaScript、その他Googleがホームページに組み込むことにしたもの）も受け取ることになる。

これでtelnetは不要になったので閉じておこう。次のコマンドを入力すればよい。

```
q
```

9.1.2 Pythonの標準ウェブライブラリ

Python 2では、ウェブクライアントとサーバーモジュールはあまりまとまっていなかった。これらのモジュールをふたつの**パッケージ**にまとめるのは、Python 3の目標のひとつになっていた（5章で説明したように、パッケージはモジュールファイルを格納するディレクトリにすぎない）。

- httpは、クライアントサーバーHTTPの詳細を管理する。
  - clientは、クライアントサイドの処理を行う。
  - serverは、Pythonによるウェブサーバー開発を助ける。
  - cookiesとcookiejarは、複数のサイトアクセスにまたがって必要な情報を保存するクッキーを管理する。

- urllibはhttpの上で実行される。
  - requestは、クライアントの要求を処理する。
  - responseは、サーバーの応答を処理する。
  - parseは、URLを部品に切り分ける。

それでは、標準ライブラリを使ってウェブサイトから何かを取り出そう。次のサンプルのURL※1は、フォーチュンクッキーのようにランダムなテキストを返す。

```
>>> import urllib.request as ur
>>> url = 'https://raw.githubusercontent.com/koki0702/introducing-
python/master/dummy_api/fortune_cookie_random1.txt'
>>> conn = ur.urlopen(url)
>>> print(conn)
<http.client.HTTPResponse object at 0x1006fad50>
```

公式ドキュメント (http://bit.ly/httpresponse-docs) によれば、connは、いくつかのメソッドを持つHTTPResponseオブジェクトだとされている。そして、そのread()メソッドは、ウェブページからのデータを与えてくれる。

```
>>> data = conn.read()
>>> print(data)
b'You will be surprised by a loud noise.\r\n\n[codehappy]
http://iheartquotes.com/fortune/show/20447\n'
```

このちょっとしたPythonコードが、リモートサーバーへのTCP/IP接続を開設し、HTTP要求を送り、サーバーからのHTTP応答を受け取っている。応答には、ページデータ (おみくじ) だけではなくそれ以外にもさまざまな情報が含まれている。応答のなかでも特に重要な部分は、HTTP**ステータスコード**だ。

```
>>> print(conn.status)
200
```

200は、すべてがうまくいったことを示す。HTTPステータスコードは何十種もあり、百の桁の値に基づいて5種類に分類されている。

1xx (情報)

サーバーは要求を受け取ったが、クライアントに対して知らせるべき追加情報がある。

※1 監訳注：本書翻訳時点で、原書で使われていたフォーチュンクッキーのAPI (http://www.iheartquotes.com/api/v1/random) が利用できなかったので、日本語翻訳版の本書では、固定された結果を返すAPI(https://raw.githubusercontent.com/koki0702/introducing-python/master/dummy_api/fortune_cookie_random1.txt) を別途用意し利用している。

2xx（成功）

要求は正しく機能した。200以外の成功コードには、追加情報が含まれている。

3xx（リダイレクト）

リソースが移動しているので、応答はクライアントに対して新しいURLを返す。

4xx（クライアントエラー）

クライアントサイドに問題がある。有名な404（見つからない）などがそうだ。418（**私はティーポットです**）はエイプリルフールの冗談だったものである[※1]。

5xx（サーバーエラー）

500は汎用のエラーコードである。502（不正なゲートウェイ）は、ウェブサーバーとバックエンドアプリケーションサーバーの間の接続に問題があるときに返される。

ウェブサーバーは、好みの形式でデータを送り返すことができる。通常はHTML（そして、ときどきCSSとJavaScript）だが、先ほどのフォーチュンクッキーのサンプルでは、プレーンテキストだ。データ形式は、HTTP応答**ヘッダー**のContent-Typeで指定されている。google.comのサンプルにも、この情報は含まれていた。

```
>>> print(conn.getheader('Content-Type'))
text/plain
```

text/plainという文字列は**MIMEタイプ**であり、ただのテキストという意味である。HTMLのMIMEタイプはtext/htmlであり、google.comのサンプルで送られてきたのもこれだ。この章では、さらにほかのMIMEタイプについても取り上げていく。

ちなみに、HTTPヘッダーとしてはほかにどのようなものが送られてきたのだろうか。

```
>>> for key, value in conn.getheaders():
...     print(key, value)
...
Server nginx
Date Sat, 24 Aug 2013 22:48:39 GMT
Content-Type text/plain
Transfer-Encoding chunked
```

※1　訳注：ティーポットにコーヒーを淹れさせようとして拒否されたときに返されるコード。

```
Connection close
Etag "8477e32e6d053fcfdd6750f0c9c306d6"
X-Ua-Compatible IE=Edge,chrome=1
X-Runtime 0.076496
Cache-Control max-age=0, private, must-revalidate
```

少し前のtelnetのサンプルを思い出そう。ここでは、Pythonライブラリがすべてのhttp応答ヘッダーを構文解析し、辞書にまとめている。DateやServerは簡単にわかるだろうが、ほかのもののなかには簡単にわからないものも含まれている。HTTPは、Content-Typeなどの標準ヘッダーと多くのオプションヘッダーを持っていることを知っていると役に立つ。

9.1.3 標準ライブラリを越えて

1章の冒頭では、標準ライブラリのurllib.requestとjsonを使ってYouTube APIにアクセスするプログラムを作った。その次に、サードパーティーモジュールのrequestsを使ったバージョンも作った。requestsバージョンの方が短くてわかりやすい。

ほとんどの目的では、requestsを使った方がウェブ開発は簡単になるようだ。詳細は、ドキュメント（http://docs.python-requests.org/、かなりよい）を見ていただきたい。この節では、requestsの基礎を示す。また、ウェブクライアントのタスクでは、本書全体を通じてrequestsを使っていく。

まず、Python環境にrequestsライブラリをインストールしなければならない。ターミナルウィンドウ（Windowsユーザーは、「ファイル名を指定して実行」でcmdを入力）で、次のコマンドを入力して、Pythonパッケージインストーラのpipにrequestsの最新バージョンをダウンロード、インストールさせる。

```
$ pip install requests
```

うまくいかない場合は、付録Dのpipのインストール方法、使い方の説明を見ていただきたい。

それでは、requestsを使って先ほどのフォーチュンクッキーサービスへの呼び出しをやり直してみよう。

```
>>> import requests
>>> url = 'https://raw.githubusercontent.com/koki0702/introducing-
python/master/dummy_api/fortune_cookie_random2.txt'
```

```
>>> resp = requests.get(url)
>>> resp
<Response [200]>
>>> print(resp.text)
I know that there are people who do not love their fellow man, and I
hate
people like that!

    -- Tom Lehrer, Satirist and Professor

 [codehappy] http://iheartquotes.com/fortune/show/21465
```

urllib.request.urlopenを使うのと大差ないが、入力が少し減らせる感じがする。

9.2 ウェブサーバー

ウェブデベロッパーたちは、Pythonがウェブサーバーやサーバーサイドプログラムの開発に非常に優れていると感じている。そのため、Pythonベースのウェブ**フレームワーク**が多数作られ、それらを手際よく紹介し、適切なものを選択するのが難しいほどになっている。まして、この本のなかでどれを紹介すればよいかを決めるのは容易なことではない。

ウェブフレームワークは、ウェブサイトを作るための機能を提供するものなので、単純なウェブ（HTTP）サーバー以上のことをする。ルーティング（URLを解析してサーバー関数呼び出しを行う）、テンプレート（動的に情報を組み込めるHTMLファイル）、デバッグなどの機能が含まれている。

ここではすべてのフレームワークを取り上げるわけではない。比較的単純で実際のウェブサイトに適していると思われるものだけだ。ウェブサイトの動的な部分をPythonで処理する方法や、伝統的なウェブサーバーのもとでその他の部分を動かす方法も説明する。

9.2.1 Pythonによるもっとも単純なウェブサーバー

たった1行のPythonコードを書くだけで、単純なウェブサーバーを実行できる。

```
$ python -m http.server
```

こうすると、Pythonによる飾りのないHTTPサーバーが実行される。問題がなければ、初期ステータスメッセージが表示される。

```
Serving HTTP on 0.0.0.0 port 8000 ...
```

`0.0.0.0`は**任意のTCPアドレス**という意味なので、ウェブクライアントはサーバーがどのようなアドレスでもアクセスできる。なお、11章では、TCPなどのネットワーク接続の低水準の問題をさらに取り上げる。

カレントディレクトリからの相対パスでファイルを要求すれば、ファイルが返されるような状態になっている。ウェブブラウザで`http://localhost:8000`と入力すると、カレントディレクトリのファイル一覧が表示されるはずだ。そして、サーバーは次のようなアクセスログ行を表示する。

```
127.0.0.1 - - [20/Feb/2013 22:02:37] "GET / HTTP/1.1" 200 -
```

`localhost`と`127.0.0.1`は、**ローカルコンピュータ**を指すTCPの用語で同じ意味だ。そのため、この操作は、インターネットに接続しているかどうかにかかわらず実行できる。この行は、次のように解釈することができる。

`127.0.0.1`
: クライアントのIPアドレス。

ひとつ目の-
: リモートユーザー名(わかった場合)。

ふたつ目の-
: ログインユーザー名(必須とされている場合)。

`[20/Feb/2013 22:02:37]`
: アクセス日時。

`"GET / HTTP/1.1"`
: ウェブサーバーに送られたコマンド。

- `GET` —— HTTPメソッド
- `/` —— 要求されたリソース(ルートディレクトリ)
- `HTTP/1.1` —— HTTPのバージョン

最後の200

ウェブサーバーが返してきたHTTPステータスコード。

ファイルをクリックしてみよう。ブラウザが認識できる形式なら（HTML、PNG、GIF、JPEGなど）、ファイルの内容が表示され、要求のログが残される。たとえば、カレントディレクトリにoreilly.pngというファイルがある場合[※1]、http://localhost:8000/oreilly.pngに対する要求を送ると、**図7-1**の落ち着かない様子のメガネザルのイメージが返され、ログには次のような行が残る。

```
127.0.0.1 - - [20/Feb/2013 22:03:48] "GET /oreilly.png HTTP/1.1" 200 -
```

同じディレクトリにほかのファイルもあるなら、ファイル一覧にそれらも表示されるはずであり、それをクリックすればダウンロードできる。そのファイルの形式がブラウザで表示すべきものとして設定されている場合には、結果を画面で確かめることができる。そうでなければ、ファイルをダウンロード、保存するかどうかをブラウザが尋ねてくる。

使われるデフォルトのポート番号は8000だが、ほかの値も指定できる。

```
$ python -m http.server 9999
```

すると、次のように表示されるだろう。

```
Serving HTTP on 0.0.0.0 port 9999 ...
```

このPythonだけで書かれたサーバーは、簡単なテストに適している。終了するときにはプロセスを強制終了する。ほとんどのターミナルでは、Ctrl-Cキーを押せばよい。

本番稼働されているアクセスの多いウェブサイトでこのサーバーを使ってはならない。ApacheやNginxなどの普通のウェブサーバーの方が、静的ファイルの提供では、はるかに高速だ。また、この単純なサーバーでは、動的コンテンツを処理できない。これよりも拡張性の高いサーバーは、パラメータを受け付けて動的コンテンツを処理している。

※1 監訳注：オライリーの昔のロゴ画像はhttps://en.wikipedia.org/wiki/File:O'Reilly_logo.pngからダウンロードできる。

9.2.2 WSGI

単純にファイルを提供しているだけではすぐに飽きてくる。そして、動的にプログラムを実行することもできるウェブサーバーが欲しくなってくるはずだ。ウェブの初期の時代に、クライアントがウェブサーバーに外部プログラムを実行させ、その結果を受け取れるようにするCGI（Common Gateway Interface）というものが作られた。CGIは、クライアントから送られてきた入力引数を受け取り、サーバーを介して外部プログラムに渡すこともできた。しかし、それらのプログラムは、個々のクライアントアクセスごとに新たに起動されていた。ごく小さなプログラムでも、起動にはかなりの時間がかかるので、これではあまりスケーラビリティがない。

起動時のこのような遅れを防ぐために、ウェブサーバーには言語インタープリタが組み込まれるようになってきた。Apacheは、`mod_php`モジュール内でPHP、`mod_perl`モジュール内でPerl、`mod_python`モジュール内でPythonを実行するようになった。その後、これらの動的言語で書かれたコードは、外部プログラムではなく、長期に渡って実行されるApacheプロセス自身のなかで実行されるようになった。

動的言語を別個の長期実行されるプログラムのなかで実行して、ウェブサーバーと通信させるという方法もある。FastCGIやSCGIは、この方法の例だ。

Pythonウェブ開発は、Pythonウェブアプリケーションとウェブサーバーの間の普遍的なAPIであるWSGI（Web Server Gateway Interface）が定義されてから飛躍的に前進した。この章でこれから取り上げるPythonウェブフレームワーク、ウェブサーバーは、どれもWSGIを使っている。通常は、WSGIの仕組みを知っている必要はないが、どのような部品が水面下で呼び出されているかを知っていると役に立つ。

9.2.3 フレームワーク

HTTPとWSGIの細部はウェブサーバーが処理するが、実際にサイトのためのPythonコードを書くときには、ウェブ**フレームワーク**を使う。そこで、ここからしばらくの間はフレームワークについて話してから、実際にPythonコードを使ったサイトのサービスを提供する非Pythonサーバーの話題に戻ろう。

Pythonでウェブサイトを書きたければ、多数（多すぎると言う人もいる）作られているPythonウェブフレームワークを使えばよい。ウェブフレームワークは、少なくともクライアントからの要求とサーバーの応答を処理する。さらに、以下の機能の一部または全部を提供することもある。

ルーティング

URLを解釈し、対応するサーバーファイルかサーバーのPythonコードを見つける。

テンプレート

サーバーサイドのデータをHTMLページに流し込む。

認証と権限付与

ユーザー名、パスワード、パーミッション（許可）を処理する。

セッション

ユーザーがウェブサイトに来ている間、一時的なデータストレージを維持管理する。

次節以降では、bottleとflaskのふたつのフレームワークを対象としてサンプルコードを書く。それから、特にデータベースバックエンドを持つウェブサイトで、これら以外のフレームワークを使う方法を説明する。どのようなサイトであっても、使えるPythonフレームワークはきっと見つかるだろう。

9.2.4　Bottle

Bottleはひとつのpythonファイルだけから作られているので、非常に試しやすく、デプロイも簡単だ。BottleはPython標準ライブラリの一部ではないので、インストールするためには次のコマンドを実行しなければならない。

```
$ pip install bottle
```

次のコードは、テストウェブサーバーを実行し、ブラウザがhttp://localhost:9999/にアクセスしたときにテキスト行を返す。プログラムはbottle1.pyファイルに保存する。

```
from bottle import route, run

@route('/')
def home():
  return "It isn't fancy, but it's my home page"

run(host='localhost', port=9999)
```

Bottleは、URLと直後の関数を対応付けるために@routeデコレータを使う。この場合は、/（ホームページ）をhome()関数が処理する。そして、次のように入力し、Pythonにこのサーバースクリプトを実行させる。

```
$ python bottle1.py
```

http://localhost:9999にアクセスすると、ブラウザには次のように表示されるだろう。

It isn't fancy, but it's my home page

run()関数は、bottleに組み込まれているPythonによるテストウェブサーバーを実行する。bottleプログラムを使うからといってこれを使う必要はないが、初期の開発、テストでは役に立つだろう。

次に、ホームページのためにコード内でテキストを作るのではなく、次の1行のテキストが含まれたindex.htmlという別個のHTMLファイルを作ろう。

```
My <b>new</b> and <i>improved</i> home page!!!
```

そして、ホームページが要求されたときに、bottleがこのファイルの内容を返すようにする。スクリプトはbottle2.pyという名前で保存しよう。

```
from bottle import route, run, static_file

@route('/')
def main():
    return static_file('index.html', root='.')

run(host='localhost', port=9999)
```

static_file()呼び出しで、rootが示すディレクトリ（この場合は、'.'、すなわちカレントディレクトリ）のindex.htmlファイルを要求している。以前のサーバーサンプルコードがまだ実行されているなら、それを終了して、新しいサーバーを起動しよう。

```
$ python bottle2.py
```

ブラウザにhttp:/localhost:9999/を要求すると、次のように表示されるだろう。

My **new** and *improved* home page!!!

最後にURLに引数を渡して使わせる方法を見ておこう。もちろん、このプログラムはbottle3.pyに保存する。

```
from bottle import route, run, static_file

@route('/')
def home():
    return static_file('index.html', root='.')

@route('/echo/<thing>')
def echo(thing):
    return "Say hello to my little friend: %s!" % thing

run(host='localhost', port=9999)
```

echo()という新しい関数を追加した。この関数にURLを介して文字列引数を渡したい。上のコードの@route('/echo/<thing>')という行はまさにそれを行っている。routeのなかの<thing>は、URLのなかの/echo/の後ろの部分を文字列引数のthingに代入するという意味なのである。thingはecho関数に渡される。前のサーバーがまだ実行されているならそれを終了して、新しいコードを使って起動し、どうなるのかを確かめてみよう。

```
$ python bottle3.py
```

そして、ウェブブラウザでhttp://localhost:9999/echo/Mothraにアクセスしてみよう。次のように表示されるはずだ。

Say hello to my little friend: Mothra!

bottle3.pyはほかのものを試せるようにしばらくそのまま動かしておこう。今まではブラウザにURLを入力し、表示されたページを見て、サンプルの動作を確認していた。requestsなどのクライアントライブラリを使ってその仕事をさせることもできるはずだ。次のコードをbottle_test.pyに保存しよう。

```
import requests

resp = requests.get('http://localhost:9999/echo/Mothra')
if resp.status_code == 200 and \
  resp.text == 'Say hello to my little friend: Mothra!':
    print('It worked! That almost never happens!')
```

```
    else:
        print('Argh, got this:', resp.text)
```

早速動かしてみよう。

```
$ python bottle_test.py
```

ターミナルには次のように表示されるはずだ。

```
It worked! That almost never happens!
```

これは**単体テスト**の簡単な例だ。テストがすばらしい理由とPythonによるテストの書き方については、12章で詳しく説明している。

bottleには、今までに示してきた以上の機能がある。特に、run()を呼び出すときに、次の引数を追加してみていただきたい。

- debug=Trueを指定すると、HTTPエラーが返されたときにデバッグページが作られる。
- reloader=Trueを指定すると、Pythonコードに変更を加えたときにブラウザにページが再ロードされる。

開発者のサイト（http://bottlepy.org/docs/dev/）にはしっかりとしたドキュメントがある。

9.2.5 Flask

Bottleは、初めて使うウェブフレームワークとしては優れている。しかし、もう少し気の利いた機能が欲しいと思うなら、Flaskを試してみるとよいだろう。Flaskは、2010年にエイプリルフールのジョークとして始まったものだが、作者のArmin Ronacherが、熱狂的な反響に勇気を得て、本物のフレームワークにしたのである。できあがったものにflask（フラスコ）という名前を付けたのは、bottle（瓶）に対する言葉遊びだ。

Flaskは、Bottleと同じくらい簡単に使えるが、Facebook認証やデータベース統合など、本格的なウェブ開発で役に立つさまざまな拡張を備えている。Flaskは使いやすさと豊かな機能セットのバランスがうまく取れているので、Pythonウェブフレームワークのなかで私が個人的にもっとも気に入っているのはFlaskである。

Flaskパッケージには WSGIライブラリのwerkzeugとWSGIライブラリのjinja2が含まれている。Flaskは、ターミナルで次のコマンドを実行すればインストールできる。

```
$ pip install flask
```

それでは、最後に作ったbottleのサンプルコードをflaskで作り直してみよう。しかし、まずいくつか変更を加えなければならない。

- Flaskの静的ファイルのデフォルトホームディレクトリはstaticであり、そのディレクトリのファイルに対するURLも/staticで始まる。そこで、ホームディレクトリを'.'(カレントディレクトリに移動し、URLのプレフィックスも''(空文字列)にして、/というURLがindex.htmlファイルにマッピングされるようにしている。
- run()関数のなかでdebug=Trueを設定すると、自動再ロードが有効になる。bottleは、デバッグと再ロードで別々の引数を使っている。

次の内容をflask1.pyファイルに保存しよう。

```
from flask import Flask

app = Flask(__name__, static_folder='.', static_url_path='')

@app.route('/')
def home():
    return app.send_static_file('index.html')

@app.route('/echo/<thing>')
def echo(thing):
    return thing


app.run(port=9999, debug=True)
```

そして、ターミナルかウィンドウからサーバーを実行する。

```
$ python flask1.py
```

ブラウザに次のURLを入力してホームページをテストしよう。

```
http://localhost:9999/
```

次のように表示されるはずだ(bottleのときと同じ)。

My **new** and *improved* home page!!!

/echo関数を試してみよう。

```
http://localhost:9999/echo/Godzilla
```

次のように表示されるはずだ。

Godzilla

runを呼び出すときに、debugにTrueをセットすることには、別のメリットがある。サーバーコードで例外が発生すると、Flaskはどこで何が問題を起こしたかについての役に立つ詳細情報を特別な書式で表示したページを返してくる。しかも、コマンドを入力すると、サーバープログラムの変数の値を見ることができる。

本番稼働するウェブサーバーでdebug = Trueを設定してはならない。侵入しようと隙を狙っている人々に、サーバーについてあまりにも多くの情報を漏らしてしまうことになる。

今書いたFlaskのサンプルコードは、Bottleでしたことをなぞっただけにすぎない。FlaskができてBottleができないことは何だろうか。Flaskには、Bottleよりも優れたテンプレートシステム、jinja2が含まれている。jinja2とflaskの併用のしかたを示す簡単なサンプルを見てみよう。

templatesというディレクトリを作り、そのなかに次のような内容のflask2.htmlを作ろう。

```
<html>
<head>
<title>Flask2 Example</title>
</head>
<body>
Say hello to my little friend: {{ thing }}
</body>
</html>
```

次に、このテンプレートを読み込み、thingにユーザーが渡してきた値を埋め込み、

HTMLとしてレンダリングするサーバーコードを書く（ここでは、スペースの節約のためにhome()関数は省略している)。次のコードをflask2.pyとして保存しよう。

```
from flask import Flask, render_template

app = Flask(__name__)

@app.route('/echo/<thing>')
def echo(thing):
    return render_template('flask2.html', thing=thing)

app.run(port=9999, debug=True)
```

thing = thingという引数は、thingという名前の変数をテンプレートにthingという文字列の値として渡すことを意味している。

flask1.pyが実行されていない状態にして、flask2.pyを実行しよう。

```
$ python flask2.py
```

そして、次のURLをブラウザに入力しよう。

```
http://localhost:9999/echo/Gamera
```

次のように表示されるはずだ。

Say hello to my little friend: Gamera

次に、テンプレートを書き換えてtemplatesディレクトリにflask3.htmlという名前で保存しよう。

```
<html>
<head>
<title>Flask3 Example</title>
</head>
<body>
Say hello to my little friend: {{ thing }}.
Alas, it just destroyed {{ place }}!
</body>
</html>
```

この第2の引数をechoのURLに追加する方法はたくさんある。

9.2.5.1 URLパスの一部という形での引数渡し

この方法は、単純にURL自体を拡張するというものだ（以下のコードをflask3a.pyとして保存しよう）。

```
from flask import Flask, render_template

app = Flask(__name__)

@app.route('/echo/<thing>/<place>')
def echo(thing, place):
    return render_template('flask3.html', thing=thing, place=place)

app.run(port=9999, debug=True)
```

いつもと同じように、前のテストサーバースクリプトがまだ実行されているようならそれを止めて、新しいスクリプトを試してみよう。

```
$ python flask3a.py
```

URLは、次のようになる。

```
http://localhost:9999/echo/Rodan/McKeesport
```

表示は次のようになるはずだ。

> Say hello to my little friend: Rodan. Alas, it just destroyed McKeesport!

引数は、GET引数として渡すこともできる（次のコードをflask3b.pyとして保存しよう）。

```
from flask import Flask, render_template, request

app = Flask(__name__)

@app.route('/echo/')
def echo():
    thing = request.args.get('thing')
    place = request.args.get('place')
    return render_template('flask3.html', thing=thing, place=place)

app.run(port=9999, debug=True)
```

新しいサーバースクリプトを実行しよう。

```
$ python flask3b.py
```

今度は、次のURLを使う。

```
http://localhost:9999/echo?thing=Gorgo&place=Wilmerding
```

表示は次のようになるはずだ。

Say hello to my little friend: Gorgo. Alas, it just destroyed Wilmerding!

URLに対してGETコマンドを実行するときには、`&key1=val1&key2=val2...`という形で任意の引数を渡すことができる。

辞書の`**`演算子を使えば、1個の辞書から複数の引数をテンプレートに渡すことができる（`flask3c.py`として保存しよう）。

```
from flask import Flask, render_template, request

app = Flask(__name__)

@app.route('/echo/')
def echo():
    kwargs = {}
    kwargs['thing'] = request.args.get('thing')
    kwargs['place'] = request.args.get('place')
    return render_template('flask3.html', **kwargs)

app.run(port=9999, debug=True)
```

`**kwargs`は、`thing=thing, place=place`と同じ働きをする。入力引数が多数あるときには、入力が楽になる。

`jinja2`テンプレート言語は、ここで示したことよりもはるかに多彩なことを実行できる。PHPの経験のある読者は、似ているところがたくさんあると感じるだろう。

9.2.6 Python以外のウェブサーバー

今まで使ってきたウェブサーバーは、標準ライブラリの`http.server`か、Bottle、Flaskに含まれているデバッグ用サーバーという単純なものだった。本番システムでは、もっと高速なウェブサーバーのもとでPythonを実行すべきだ。通常の選択肢は、次のふたつである。

- mod_wsgiモジュール付きのapache
- uWSGIアプリケーションサーバー付きのnginx

どちらも優秀なサーバーだ。apacheはおそらくもっとも広く使われている。nginxは安定していてメモリ使用量が少ないと評価されている。

9.2.6.1 Apache

apache（http://httpd.apache.org/）ウェブサーバーでもっとも優れているWSGIモジュールは、mod_wsgiだ。このモジュールは、PythonコードをApacheプロセスのなかで実行することも、Apacheと通信する別プロセスで実行することもできる。

使っているシステムがLinuxかOS Xなら、すでにapacheは入っているはずだ。Windowsならapacheをインストールしなければならない（http://bit.ly/apache-http）。

最後に、WSGIベースのPythonウェブフレームワークで気に入っているものをインストールする。ここではbottleを試してみよう。ほとんどの作業はApacheの設定だが、これは大変なことになる場合がある。

次のテストファイルを作り、/var/www/test/home.wsgiとして保存しよう。

```
import bottle

application = bottle.default_app()

@bottle.route('/')
def home():
    return "apache and wsgi, sitting in a tree"
```

run()を呼び出すと組み込みのPythonウェブサーバーを起動してしまうので、今回は呼び出さない。mod_wsgiは、ウェブサーバーとPythonコードを結びつけるためにapplication変数を探すので、application変数への代入は必須だ。

apacheとmod_wsgiモジュールが正しく動作しているなら、あとはこれらをPythonスクリプトに接続するだけでよい。このapacheサーバーのデフォルトウェブサイトを定義するファイルに1行を追加する。しかし、このファイルを探すこと自体がひと仕事だ。/etc/apache2/httpd.confかもしれないし、/etc/apache2/sites-available/defaultかもしれないし、誰かのペットになっているサンショウウオのラテン名かもしれない。

さしあたり、あなたがapacheのことを知っていてそのファイルを見つけられたものとする。デフォルトウェブサイトを指定する<VirtualHost>セクションに次の行を追加しよう。

```
WSGIScriptAlias / /var/www/test/home.wsgi
```

すると、<VirtualHost>セクションは次のような感じになる。

```
<VirtualHost *:80>
    DocumentRoot /var/www

    WSGIScriptAlias / /var/www/test/home.wsgi

    <Directory /var/www/test>
    Order allow,deny
    Allow from all
    </Directory>
</VirtualHost>
```

apacheを起動、または再起動して（すでに実行中の場合）、この新しい設定を使わせよう。そして、http://localhost/をブラウズすると、次のように表示されるはずだ。

apache and wsgi, sitting in a tree

こうすると、mod_wsgiは**組み込みモード**で、つまりapache自体の一部として実行される。

apacheとは別のひとつ以上のプロセスで、**デーモンモード**でmod_wsgiを実行することもできる。

```
$ WSGIDaemonProcess domain-name user=user-name group=group-name
threads=25 WSGIProcessGroup domain-name
```

上の例で、*user-name*と*group-name*はオペレーティングシステムのユーザー名、グループ名で、*domain-name*はインターネットドメインの名前だ。apacheの最小限の設定は、次のようになる。

```
<VirtualHost *:80>
    DocumentRoot /var/www

    WSGIScriptAlias / /var/www/test/home.wsgi

    WSGIDaemonProcess mydomain.com user=myuser group=mygroup threads=25
    WSGIProcessGroup mydomain.com
```

```
    <Directory /var/www/test>
    Order allow,deny
    Allow from all
    </Directory>
</VirtualHost>
```

9.2.6.2 nginx

nginx (http://nginx.org/) ウェブサーバーは、組み込みPythonモジュールを持っていないが、uWSGIなどの別個のWSGIサーバーと通信することができる。この組み合わせは、非常に高速で、きめ細かく設定できるPythonウェブ開発プラットフォームになっている。

nginxは、ウェブサイト (http://wiki.nginx.org/Install) からインストールできる。さらに、uWSGI (http://bit.ly/uWSGI) をインストールしなければならない。uWSGIは大規模なシステムであり、調整できるポイントが無数にある。簡単なドキュメントページ (http://bit.ly/flask-uwsgi) が用意されており、Flask、nginx、uWSGIの組み合わせ方が説明されている。

9.2.7 その他のフレームワーク

ウェブサイトとデータベースはピーナツバターとゼリージャムのようなもので、いっしょになっているところをたびたび見かける。bottleやflaskといった小さなフレームワークには、データベースの直接的なサポート機能は含まれていないが、外部で作られたフレームワークへのアドオンがサポートしている。

データベースを背後に持つウェブサイトを作らなければならなくて、データベースの設計がそれほど頻繁に変化しないのなら、bottle、flaskよりも大規模なPythonウェブフレームワークを試してみてもよいかもしれない。現在、競争に参加している主要なメンバーは次のものだ。

django

特に大規模サイトを中心として現在もっとも広く使われているフレームワークだ。さまざまな理由から学ぶ価値があるシステムだが、特にPythonプログラマーの募集広告でdjangoの経験が必要とされることが多いことには注目すべきだろう。「8.4.1 SQL」で説明したデータベースの典型的なCRUD処理

(作成、読み出し、更新、削除)のためのウェブページを自動作成するORMコード(ORMについては、「8.4.6.3 ORM」参照)を組み込んでいる。ただし、SQLAlchemyなどのほかのORMを使いたい場合やSQLクエリーを直接操作したい場合は`django`のORMを使う必要はない。

`web2py` (http://www.web2py.com/)

`django`がカバーする機能の多くを違うスタイルでカバーする。

`pyramid` (http://www.pylonsproject.org/)

`pylons`プロジェクトから発展して作られたもので、守備範囲は`django`とほぼ同じである。

`turbogears` (http://turbogears.org/)

ORM、多くのデータベース、複数のテンプレート言語をサポートする。

`wheezy.web` (http://pythonhosted.org/wheezy.web/)

パフォーマンスを最適化した新しいフレームワークであり、最近のテスト(http://bit.ly/wheezyweb)によれば、ほかのシステムよりも高速だ。

オンラインのこの表(http://bit.ly/web-frames)を見ればフレームワークを比較できる。

リレーショナルデータベースのバックエンドを伴うウェブサイトを作りたいなら、これら比較的大規模なフレームワークはかならずしも必要ではない。`bottle`、`flask`などを使いつつ、リレーショナルデータベースモジュールやSQLAlchemy(違いを吸収したい場合)を併用する方法もある。こうすると、特定のORMのためのコードではなく、汎用的なSQLを書くことができる。特定のORMの構文を知っているデベロッパーよりも、SQLを知っているデベロッパーの方が多い。

また、データベースがリレーショナルデータベースでなければならない理由はない。データスキーマのばらつきが大きいなら(行によって必要な列が顕著に異なる)、「8.5 NoSQLデータストア」で取り上げた**NoSQL**データベースのなかのどれかのように**スキーマレス**なデータベースを使うことを検討するとよいだろう。私が以前開発に参加していたウェブサイトは、もともとNoSQLデータベースにデータを格納していたが、その後リレーショナルデータベースに切り替え、さらに別のリレーショナルデータベースに切り替えて、別のNoSQLデータベースに移り、最後にリレーショナルデータベースに戻った。

9.2.7.1 その他のPythonウェブサーバー

次に示すのは、apacheやnginxのように動作するPythonベースの独立したWSGIサーバーで、同時に送られてきた要求を処理するために、複数のプロセス、スレッドを使う。

- uwsgi (http://projects.unbit.it/uwsgi/)
- cherrypy (http://www.cherrypy.org/)
- pylons (http://www.pylonsproject.org/)

次に示すのは、使うプロセスはひとつでも、ひとつの要求のためにブロックされないようにしてある**イベントベース**サーバーである。

- tornado (http://www.tornadoweb.org)
- gevent (http://gevent.org/)
- gunicorn (http://gunicorn.org/)

イベントについては、11章で**並行処理**を取り上げるときに再び触れる。

9.3 ウェブサービスとオートメーション

今までは、HTMLページを表示したり生成したりするウェブクライアントとサーバーアプリケーションを見てきた。しかし、ウェブはHTML以外のさまざまな形式でアプリケーションとデータを結びつける強力な手段としても使われるようになってきている。

9.3.1 webbrowserモジュール

最初はちょっと驚くことから始めよう。ターミナルウィンドウでPythonセッションを開始し、次のコマンドを入力してみよう。

```
>>> import antigravity
```

こうすると、秘密のうちに標準ライブラリのwebbrowerモジュールが呼び出され、ブラウザに啓蒙的なPythonリンクを表示する※1。

このモジュールは直接使える。次のプログラムは、Pythonのメインサイトのページをブラウザにロードする。

```
>>> import webbrowser
>>> url = 'http://www.python.org/'
>>> webbrowser.open(url)
True
```

次のコードは、同じページを新しいウィンドウに表示する※2。

```
>>> webbrowser.open_new(url)
True
```

そしてブラウザがタブをサポートしている場合、次のコードは同じページを新しいタブに表示する。

```
>>> webbrowser.open_new_tab('http://www.python.org/')
True
```

webbrowserを使えば、ブラウザにあらゆることをさせることができる。

9.3.2 Web APIとREST

データはウェブページ内以外では手に入らないことが多い。データにアクセスしたければ、ウェブページを介してページにアクセスしてそれを読まなければならない。作者がサイトに変更を加えると、データの位置やスタイルが以前の訪問時とは変わっている場合がある。

ウェブページを公開するのではなく、**Web API**（アプリケーション・プログラミング・インタフェース）を介してデータを提供することもできる。クライアントは、URLに対して要求を送り、ステータスとデータが格納された応答を手に入れるという形でサービスにアクセスする。得られるデータはHTMLページではなく、プログラムが操作しやすいJSON、XML（これらの形式の詳細については、8章を参照）などの形式で返される。

REST（Representational State Transfer）は、Roy Fieldingが博士論文のなかで定義したもので、多くの製品が**RESTインタフェース**、**RESTfulインタフェース**をサポー

※1 なんらかの理由でうまく表示されない場合は、xkcd（http://xkcd.com/353/）で同じものを見ることができる。

※2 監訳注：ブラウザの設定によって、open_newやopen_new_tabのふるまいは変わる。

トすると称している。実際には、これは**ウェブ**インタフェース、つまりウェブサービスにアクセスできるURLの定義を持っているだけにすぎないことが多い。

RESTfulサービスはHTTPの**動詞**を決まった方法で使う。HTTP動詞には、次のものがある。

`HEAD`
: リソースのデータについての情報ではなく、リソースについての情報を取得する。

`GET`
: 名前からも感じられるように、`GET`はサーバーからリソースのデータを取得する。ブラウザが標準的に使っている動詞だ。疑問符(`?`)の後ろに一連の引数が続いているようなURLは、`GET`要求になっていることが多い。`GET`はデータの作成、変更、削除のために使うべきではない。

`POST`
: この動詞は、サーバーのデータを更新する。HTMLフォームやWeb APIでよく使われる。

`PUT`
: この動詞は新しいリソースを作る。

`DELETE`
: この動詞は名前のとおり削除する。宣伝文句に偽りなしだ。

RESTfulクライアントは、HTTP要求ヘッダーを使ってサーバーにひとつ以上の`Content-Type`を要求できる。たとえば、RESTインタフェースを持つ複雑なサービスは、JSON文字列による入出力を選ぶことがある。

9.3.3 JSON

1章では、人気の高いYouTubeビデオについての情報を得るPythonコードの例をふたつ示し(YouTubeのAPIについてはダミーのAPIを使用したが)、8章ではJSONを紹介した。JSONは、ウェブクライアントとサーバーのデータ交換に特に適している。OpenStackなどのウェブベースAPIでは特に人気が高い。

9.3.4 クロールとスクレイピング

映画の評価、株価、製品が入手できるか否かなど、ごく簡単な情報が欲しいだけなのに、その情報がHTMLページの形でしか手に入れられず、情報が広告その他の余計なコンテンツのなかに埋もれてしまっている場合がある。

次のようにすれば、探しているものを手作業で抽出できる。

1. ブラウザにURLを入力する。
2. ウェブページがロードされるのを待つ。
3. 表示されたページを見て求めている情報を探す。
4. 情報をどこかに書き留める。
5. おそらく、関連URLで同じ作業を繰り返す。

しかし、この手順の一部または全部を自動化できれば、はるかによいだろう。ウェブを自動的にフェッチしてくるプログラムを**クローラー**とか**スパイダー**と呼ぶ（クモ嫌いにはぞっとする名前だ）。これらを使ってリモートウェブサーバーからコンテンツを取り出してきたら、**スクレイパー**でコンテンツを解析し、藁の山から針を探す。

業務で本格的に使えるようなクローラー**兼**スクレイパーが必要なら、Scrapy（http://scrapy.org/）をダウンロードするとよいだろう。

```
$ pip install scrapy
```

Scrapyは、`BeautifulSoup`のようなモジュールではなく、フレームワークだ。Scrapyの方が多くの機能を持っているが、セットアップも複雑である。Scrapyについて深く学びたい場合は、ドキュメント（http://scrapy.org）かオンライン入門（http://bit.ly/using-scrapy）を読むとよい。

9.3.5 BeautifulSoupによるHTMLのスクレイピング

ウェブサイトからすでにHTMLデータは取り出してあり、そこからデータを抽出したいだけなら、`BeautifulSoup`（http://www.crummy.com/software/BeautifulSoup/）が役に立つ。HTMLの解析は、見かけよりもかなり難しい。それは、公開されているウェブページのHTMLの多くが、厳密に言うと文法に違反しているからだ。閉じられていないタグ、正しくないネストなどの問題がある。正規表現（7章参照）を使って独自のHTMLパーサーを作ろうとしても、すぐにこれらの障害にぶつかることになる。

BeautifulSoupは、次のコマンドを入力してインストールする(最後の4を忘れないように。忘れるとpipは古いバージョンをインストールしようとして、おそらく失敗する)。

```
$ pip install beautifulsoup4
```

では、これを使ってウェブページからすべてのリンクを集めてみよう。HTMLのa要素はリンクを表現し、hrefはリンクの目的地を表す属性である。次のコードは、力仕事をするget_links()関数と、コマンドライン引数としてひとつ以上のURLを受け取るメインプログラムを定義する。

```
def get_links(url):
    import requests
    from bs4 import BeautifulSoup as soup
    result = requests.get(url)
    page = result.text
    doc = soup(page)
    links = [element.get('href') for element in doc.find_all('a')]
    return links

if __name__ == '__main__':
    import sys
    for url in sys.argv[1:]:
        print('Links in', url)
        for num, link in enumerate(get_links(url), start=1):
            print(num, link)
        print()
```

このプログラムをlinks.pyという名前で保存し、次のコマンドを実行してみよう。

```
$ python links.py http://boingboing.net
```

次に示すのは、このコマンドで表示された最初の数行である。

```
Links in http://boingboing.net/
1 http://boingboing.net/suggest.html
2 http://boingboing.net/category/feature/
3 http://boingboing.net/category/review/
4 http://boingboing.net/category/podcasts
5 http://boingboing.net/category/video/
6 http://bbs.boingboing.net/
7 javascript:void(0)
8 http://shop.boingboing.net/
```

```
9 http://boingboing.net/about
10 http://boingboing.net/contact
```

9.4 復習課題

9-1 まだflaskをインストールしていないなら、今すぐインストールしよう。そうすれば、werkzeug、jinja2などのパッケージもインストールされる。

9-2 Flaskのデバッグ/再ロードできる開発用ウェブサーバーを使って骨組みだけのウェブサイトを作ろう。サーバーはホスト名localhost、ポート5000を使って起動すること。手持ちのマシンがすでにポート5000をほかの目的に使っている場合には、別のポート番号を使ってよい。

9-3 ホームページに対する要求を処理するhome()関数を追加しよう。It's aliveという文字列を返すようにセットアップしていただきたい。

9-4 次のような内容でhome.htmlという名前のJinja2テンプレートファイルを作ろう。

```
<html>
<head>
<title>It's alive!</title>
<body>
I'm of course referring to {{thing}}, which is {{height}} feet
tall and {{color}}.
</body>
</html>
```

9-5 home.htmlテンプレートを使うようにサーバーのhome()関数を書き換えよう。home()関数には、thing、height、colorの3個のGET引数を渡すこと。

10章
システム

ほとんどの人間ができないけれどもコンピュータならばできること。
段ボール箱のなかに閉じ込められて倉庫でじっとしていることなどがそうだ。
── ジャック・ハンディー

コンピュータを日常的に使っていると、フォルダやディレクトリの内容のリストを表示したり、ファイルを作成、削除したり、その他特に面白いわけではないけれども必要な管理作業をすることになる。これらの処理は、Pythonプログラムのなかでも実行できる。Pythonのこの力はあなたの頭をめちゃめちゃにしてしまうのだろうか、それとも不眠症を治してくれるのだろうか。この章では、それを見ていこう。

Pythonは、os（「オペレーティングシステム」の略）というモジュールを通じてさまざまなシステム関連の関数を提供している。この章のすべてのプログラムでは、このモジュールをインポートする。

10.1 ファイル

Pythonは、ほかの言語と同様に、ファイル操作のやり方はUnixにならっている。chown()、chmod()のように同じ名前になっているものもあるが、いくつか新しいものもある。

10.1.1 open()による作成

「8.1 ファイル入出力」では、open()関数を紹介し、ファイルを開くために使えるだけでなく、まだ存在しないファイルを要求したときには新しいファイルが作られることを説明した。

```
>>> fout = open('oops.txt', 'wt')
>>> print('Oops, I created a file.', file=fout)
>>> fout.close()
```

以上が終わったら、このファイルを使ってテストをしていこう。

10.1.2 exists()によるファイルが存在することのチェック

ファイルやディレクトリが本当にあるのか、あるような気がしているだけなのかを確かめるには、次のように相対パスか絶対パスを引数としてexists()を呼び出せばよい。

```
>>> import os
>>> os.path.exists('oops.txt')
True
>>> os.path.exists('./oops.txt')
True
>>> os.path.exists('waffles')
False
>>> os.path.exists('.')
True
>>> os.path.exists('..')
True
```

10.1.3 isfile()によるファイルタイプのチェック

この節の関数は、名前がファイル、ディレクトリ、シンボリックリンク（リンクの議論については、以下のサンプルコードを参照）のどれを参照しているかをチェックする。

最初の関数、isfileは、引数が昔ながらの普通のファイルかという問いに答える。

```
>>> name = 'oops.txt'
>>> os.path.isfile(name)
True
```

ディレクトリかどうかは、次のようにすればわかる。

```
>>> os.path.isdir(name)
False
```

ドット1個（.）はカレントディレクトリを表し、ドット2個（..）は親ディレクトリを表す。これらはかならず存在するので、次のような文はかならずTrueを返してくる。

```
>>> os.path.isdir('.')
True
```

osモジュールには、**パス名**（完全修飾名。先頭が/ですべての親が含まれているもの）を扱う関数が多数含まれている。そのような関数のひとつであるisabs()は、引数が絶対パス名かどうかを返してくる。引数は実際に存在するファイル名でなくてもかまわない。

```
>>> os.path.isabs(name)
False
>>> os.path.isabs('/big/fake/name')
True
>>> os.path.isabs('big/fake/name/without/a/leading/slash')
False
```

10.1.4 copy()によるコピー

copy()関数はshutilという別のモジュールに含まれている。次のサンプルは、oops.txtファイルをohno.txtファイルにコピーする。

```
>>> import shutil
>>> shutil.copy('oops.txt', 'ohno.txt')
```

shutil.move()関数は、ファイルをコピーしてからオリジナルを削除する。

10.1.5 rename()によるファイル名の変更

この関数は、名前どおりのことを行う。次のサンプルでは、ohno.txtをohyes.txtに変えている。

```
>>> import os
>>> os.rename('ohno.txt', 'ohwell.txt')
```

10.1.6 link()、symlink()によるリンク作成

Unixでは、ファイルは1か所にあっても複数の名前(**リンク**と呼ばれる)を持つことができる。低水準の**ハードリンク**では、特定のファイルに対するすべての名前を見つけるのは難しい。**シンボリックリンク**は自らのファイルとして新しい名前を格納する新しい方法で、オリジナルの名前と新しい名前を同時に得ることができる。link()呼び出しはハードリンク、symlink()呼び出しはシンボリックリンクを作る。islink()関数は、ファイルがシンボリックリンクかどうかをチェックする。

次のコードは、新しいyikes.txtファイルから既存のoops.txtファイルへのハードリンクを作る。

```
>>> os.link('oops.txt', 'yikes.txt')
>>> os.path.isfile('yikes.txt')
True
```

新しいjeepers.txtから既存のoops.txtファイルへのシンボリックリンクは、次のようにして作る。

```
>>> os.symlink('oops.txt', 'jeepers.txt')
>>> os.path.islink('jeepers.txt')
True
```

10.1.7 chmod()によるパーミッションの変更

Unixシステムでは、chmod()はファイルのパーミッションを変更する。オーナー（ファイルを作ったのがあなたなら、通常はあなたのことだ）、オーナーが属するメイングループ、それ以外のユーザーについて、読み出し、書き込み、実行パーミッションがある。コマンドは、オーナー、グループ、その他のパーミッションを組み合わせて圧縮した8進値の引数を取る。たとえば、oops.txtにはオーナーによる読み出しだけを認める場合には、次のように入力する。

```
>>> os.chmod('oops.txt', 0o400)
```

暗号めいた8進値を扱うのはいやだという場合には、statモジュールから定数をインポートし、次のような文を使うことができる。

```
>>> import stat
>>> os.chmod('oops.txt', stat.S_IRUSR)
```

10.1.8 chown()によるオーナーの変更

この関数もUnix/Linux/Mac専用で、数値でユーザーID (uid)、グループID (gid)を指定すれば、ファイルのオーナー、グループ所有権を変更できる。

```
>>> uid = 5
>>> gid = 22
>>> os.chown('oops', uid, gid)
```

10.1.9 abspath()によるパス名の取得

この関数は、相対名を絶対名に拡張する。カレントディレクトリが/usr/gaberlunzieで、そこにoops.txtファイルがあるなら、次のように答えがかえってくる。

```
>>> os.path.abspath('oops.txt')
'/usr/gaberlunzie/oops.txt'
```

10.1.10 realpath()によるシンボリックリンクパス名の取得

少し前に、新しいファイル、jeepers.txtからoops.txtに対するシンボリックリンクを作った。このようなとき、次のようにrealpath()関数を使えば、jeepers.txtからoops.txtの名前を得ることができる。

```
>>> os.path.realpath('jeepers.txt')
'/usr/gaberlunzie/oops.txt'
```

10.1.11 remove()によるファイルの削除

次のコードでは、remove()関数を使ってoops.txtにさよならを言っている。

```
>>> os.remove('oops.txt')
>>> os.path.exists('oops.txt')
False
```

10.2 ディレクトリ

ほとんどのオペレーティングシステムでは、ファイルは**ディレクトリ**（最近は**フォルダ**と呼ばれることの方が多くなった）の階層構造のなかにある。こういったファイル、ディレクトリ全体のコンテナを**ファイルシステム**と呼ぶ（**ボリューム**と呼ばれることもある）。標準ライブラリのosモジュールは、ファイルシステムの細部を処理するとともに、ディレクトリ操作のために以下のような関数を提供している。

10.2.1 mkdir()による作成

次のサンプルは、すばらしい詩を格納するpoemsというディレクトリの作り方を示している。

```
>>> os.mkdir('poems')
>>> os.path.exists('poems')
True
```

10.2.2 rmdir()による削除

考え直してみると、poemsディレクトリはいらないことがわかった。ディレクトリは、次のようにして削除する。

```
>>> os.rmdir('poems')
>>> os.path.exists('poems')
False
```

10.2.3 listdir()による内容リストの作成

テイクツーに行こう。やっぱりもう一度poemsディレクトリを作り、ファイルも作ることにする。

```
>>> os.mkdir('poems')
```

ディレクトリに含まれるもののリストを取得しよう（今のところ何もない）。

```
>>> os.listdir('poems')
[]
```

次にサブディレクトリを作る。

```
>>> os.mkdir('poems/mcintyre')
>>> os.listdir('poems')
['mcintyre']
```

このサブディレクトリにファイルを作ろう（読者が詩的で、本当に入力したいとでも思わない限り、全部の行を入力する必要はない。シングルクォートであれトリプルクォートであれ、先頭と末尾のクォートを揃えることだけが大事だ）。

```
>>> fout = open('poems/mcintyre/the_good_man', 'wt')
>>> fout.write('''Cheerful and happy was his mood,
... He to the poor was kind and good,
... And he oft' times did find them food,
... Also supplies of coal and wood,
```

```
... He never spake a word was rude,
... And cheer'd those did o'er sorrows brood,
... He passed away not understood,
... Because no poet in his lays
... Had penned a sonnet in his praise,
... 'Tis sad, but such is world's ways.
... ''')
344
>>> fout.close()
```

最後に、ディレクトリの内容を見てみよう。今作ったファイルがあるはずだ。

```
>>> os.listdir('poems/mcintyre')
['the_good_man']
```

10.2.4 chdir()によるカレントディレクトリの変更

この関数を使えば、別のディレクトリに移動できる。今のディレクトリを離れてpoemsでしばらく時間を過ごそう。

```
>>> import os
>>> os.chdir('poems')
>>> os.listdir('.')
['mcintyre']
```

10.2.5 glob()によるパターンにマッチするファイルのリストの作成

glob()関数は、Unixシェルの規則を使ってファイル、ディレクトリ名のパターンマッチを行う。よりしっかりした正規表現の構文を使うわけではない。規則をまとめると次のようになる。

- *はすべてのものにマッチする（正規表現なら.*とすべきところ）
- ?は任意の1字にマッチする。
- [abc]は、a、b、cのどれかにマッチする。
- [!abc]は、a、b、c以外の文字にマッチする。

それでは、mで始まるファイル、ディレクトリのリストを作ってみよう。

```
>>> import glob
>>> glob.glob('m*')
['mcintyre']
```

中身はなんであれ2文字の名前を持つファイル、ディレクトリはどうか。

```
>>> glob.glob('??')
[]
```

mで始まりeで終わる8文字のファイル名があったはずだが…。

```
>>> glob.glob('m??????e')
['mcintyre']
```

k、l、mのどれかで始まりeで終わるファイルはどうか。

```
>>> glob.glob('[klm]*e')
['mcintyre']
```

10.3 プログラムとプロセス

個別のプログラムを実行すると、オペレーティングシステムは**プロセス**をひとつ作る。プロセスはシステムリソース（CPU、メモリ、ディスクスペース）とOSの**カーネル**のデータ構造（ファイル、ネットワーク接続、利用統計など）を使う。プロセスはほかのプロセスからは切り離されている。ほかのプロセスが何をしているのかを覗いたり、ほかのプロセスの作業を邪魔したりすることはできない。

オペレーティングシステムは、実行されているすべてのプロセスを管理しており、それぞれに少しずつ実行時間を与えては、ほかのプロセスに移っていく。これは、公平に処理の機会を与え、ユーザーに機敏な反応を見せるというふたつの目的のためだ。プロセスの状態は、Macのアクティビティモニタ（OS X）やWindowsのタスクマネージャーなどのグラフィカルインターフェースで見ることができる。

プロセスデータにはプログラム自身からもアクセスできる。標準ライブラリのosモジュールは、システム情報にアクセスするための方法を提供している。たとえば、次の関数は、実行されているPythonインタープリタの**プロセスID**と**カレントディレクトリ**を取得する。

```
>>> import os
>>> os.getpid()
```

```
76051
>>> os.getcwd()
'/Users/williamlubanovic'
```

そして、次の関数は、私のユーザーIDとグループIDを取得する。

```
>>> os.getuid()
501
>>> os.getgid()
20
```

10.3.1 subprocessによるプロセスの作成

今まで見てきたプログラムは、すべて独立したプロセスだった。しかし、標準ライブラリのsubprocessモジュールを使えば、Pythonからほかの既存プログラムを起動、終了することができる。単にシェルのなかでほかのプログラムを起動し、そのプログラムが生成した出力（標準出力と標準エラー出力の両方）を知りたいだけなら、getoutput()関数を使えばよい。次のコードは、Unixのdateプログラムの出力を取り出している。

```
>>> import subprocess
>>> ret = subprocess.getoutput('date')
>>> ret
'Sun Mar 30 22:54:37 CDT 2014'
```

プロセスが終了するまで何も情報は返されてこない。時間がかかりそうなプログラムを呼び出さなければならないときには、「11.1 並行処理」で並行処理のことを学んだ方がよい。getoutput()の引数は、完全なシェルコマンドを表す文字列なので、引数、パイプ、<と>のI/Oリダイレクトなどを入れることができる。

```
>>> ret = subprocess.getoutput('date -u')
>>> ret
'Mon Mar 31 03:55:01 UTC 2014'
```

この出力文字列をwcコマンドにパイプを介して渡すと、1行6語29字と計算される。

```
>>> ret = subprocess.getoutput('date -u | wc')
>>> ret
'       1       6      29'
```

check_output()という関連メソッドは、コマンドと引数のリストを受け付ける。デフォルトでは文字列ではなくbytes形式で標準出力だけが返される。そして、シェルは使われない。

```
>>> ret = subprocess.check_output(['date', '-u'])
>>> ret
b'Mon Mar 31 04:01:50 UTC 2014\n'
```

ほかのプログラムの終了ステータスを見たいときには、getstatusoutput()を呼び出すと、ステータスコードと出力のタプルが返される。

```
>>> ret = subprocess.getstatusoutput('date')
>>> ret
(0, 'Sat Jan 18 21:36:23 CST 2014')
```

出力を受け取って処理する必要はなく、ただ終了ステータスだけを知りたいときには、call()を使えばよい。

```
>>> ret = subprocess.call('date')
Sat Jan 18 21:33:11 CST 2014
>>> ret
0
```

Unix系のシステムでは、通常は終了ステータス0が成功を表す。

返されてきた日時情報は出力に表示されるが、プログラムには渡されない。代わりに、終了ステータスをretに保存できる。

引数を取るプログラムは2通りの方法で実行できる。ひとつは、1個の文字列で全部を指定する方法だ。現在の日時をUTCで表示するdate -uコマンドを使って試してみよう(UTCについては、すぐあとで説明する)。

```
>>> ret = subprocess.call('date -u', shell=True)
Tue Jan 21 04:40:04 UTC 2014
```

date -uというコマンドを認識させ、別々の文字列に分割し、*などのワイルドカード文字(この例では使っていない)を展開するためには、shell=Trueが必要だ。

第2の方法は、引数のリストを作るもので、こうするとシェルを呼び出さなくて済む。

```
>>> ret = subprocess.call(['date', '-u'])
Tue Jan 21 04:41:59 UTC 2014
```

10.3.2 multiprocessingによるプロセスの作成

multiprocessingモジュールを使えば、Python関数を別個のプロセスとして実行することができる。ひとつのプログラムのなかで複数の独立したプロセスを実行することさえできる。次のサンプルは、役に立つことは何もしない。mp.pyというファイルに保存し、python mp.pyと入力して実行する。

```
import multiprocessing
import os

def do_this(what):
    whoami(what)

def whoami(what):
    print("Process %s says: %s" % (os.getpid(), what))

if __name__ == "__main__":
    whoami("I'm the main program")
    for n in range(4):
        p = multiprocessing.Process(target=do_this,
          args=("I'm function %s" % n,))
        p.start()
```

実行すると、出力はたとえば次のようになる。

```
Process 6224 says: I'm the main program
Process 6225 says: I'm function 0
Process 6226 says: I'm function 1
Process 6227 says: I'm function 2
Process 6228 says: I'm function 3
```

Process()関数は、新しいプロセスを起動し、そのなかでdo_this()関数を実行する。この処理は4回繰り返されるループで実行されているので、do_this()を実行して終了する新プロセスを4個作っている。

multiprocessingモジュールには、目を引く機能がもっとたくさんある。本当はこのモジュールは、処理時間全体を短縮するために、複数のプロセスに処理を下請けに出さなければならないときのために作られたものだ。たとえば、スクレイプするウェブページのダウンロードやイメージのサイズ変更などである。タスクをキューイングして、プロセス間通信を有効にすることや、すべてのプロセスの終了を待つこともできる。これらの詳細は、「11.1 並行処理」で深く掘り下げる。

10.3.3 terminate()によるプロセスの強制終了

ひとつ以上のプロセスを作ったものの、なんらかの理由でプロセスを強制終了したくなった場合（おそらく、ループから抜け出せなくなったり、退屈したり、悪い王様になりたかったりしたのだろう）には、terminate()を使えばよい。次のサンプルは、プロセスは100万まで数えようとして1ステップごとに1秒眠り、イライラするメッセージを表示する。しかし、5秒たつとメインプログラムが我慢できなくなり、プロセスを強制終了する。

```
import multiprocessing
import time
import os

def whoami(name):
    print("I'm %s, in process %s" % (name, os.getpid()))

def loopy(name):
    whoami(name)
    start = 1
    stop = 1000000
    for num in range(start, stop):
        print("\tNumber %s of %s. Honk!" % (num, stop))
        time.sleep(1)

if __name__ == "__main__":
    whoami("main")
    p = multiprocessing.Process(target=loopy, args=("loopy",))
    p.start()
    time.sleep(5)
    p.terminate()
```

プログラムを実行すると、たとえば次のような出力が得られる。

```
I'm main, in process 97080
I'm loopy, in process 97081
    Number 1 of 1000000. Honk!
    Number 2 of 1000000. Honk!
    Number 3 of 1000000. Honk!
    Number 4 of 1000000. Honk!
    Number 5 of 1000000. Honk!
```

10.4 カレンダーとクロック

プログラマーたちは、日付と時刻に驚くほどの労力を捧げている。彼らがぶつかる問題について少し説明してから、状況を少しなりともすっきりさせるベストプラクティスとトリックを紹介しよう。

日付はさまざまな方法で表現できる。実際、方法が多すぎるのだ。英語のグレゴリオ暦でも、単純な日付の書き方が次のようにたくさんある。

- July 29 1984
- 29 Jul 1984
- 29/7/1984
- 7/29/1984

特に問題なのは、日付の表現が曖昧になりがちだということだ。上の例では、7月29日だということはすぐにわかる。29月はあり得ないからだ。しかし、1/6/2012だったらどうだろうか。これは1月6日のことなのだろうか、それとも6月1日のことなのだろうか。

月名は、グレゴリオ暦を採用している国の言語の間でもまちまちだ。年と月でさえ、文化が異なれば定義が異なることがある。

うるう年も厄介だ。4年に一度うるう年が来ることはご存知だろう（夏のオリンピックとアメリカの大統領選も同じように行われる）。しかし、そのような年のうち100年に一度うるう年ではない年が含まれていることはご存知だろうか。しかも、400年に一度はうるう年になるのである。次に示すのは、さまざまな年がうるう年かどうかをテストするコードだ。

```
>>> import calendar
>>> calendar.isleap(1900)
False
>>> calendar.isleap(1996)
True
>>> calendar.isleap(1999)
False
>>> calendar.isleap(2000)
True
>>> calendar.isleap(2002)
False
```

```
>>> calendar.isleap(2004)
True
```

時刻には時刻の厄介な問題がある。特に大きいのは各地の標準時の違いとサマータイムの問題だ。時間帯の地図を見ると、時間帯は経度が15度（360度/24）ずれるごとに変わるのではなく、政治的歴史的な理由で境界が引かれていることがわかる。そして、サマータイムの開始日と終了日は国によってまちまちだ。それだけにとどまらず、南半球の国々が時計を進める頃には、北半球の国々は時計を戻している。逆もまた真となる。なぜそうなのかは、少し考えればわかるだろう。

Pythonの標準ライブラリには、日付と時刻のモジュールが多数含まれている。datetime、time、calendar、dateutilなどだ。重なり合う機能を持つものもあり、少し紛らわしい。

10.4.1 datetimeモジュール

まず、標準ライブラリのdatetimeモジュールから調べていこう。このモジュールは4個のメインオブジェクトを定義しており、それぞれ多数のメソッドを抱えている。

- 年月日を対象とするdate
- 時分秒と端数を対象とするtime
- 日付と時刻の両方を対象とするdatetime
- 日付と時刻の間隔を対象とするtimedelta

dateオブジェクトは、年月日を指定すれば作れる。これらの値は、属性として取り出すことができる。

```
>>> from datetime import date
>>> halloween = date(2014, 10, 31)
>>> halloween
datetime.date(2014, 10, 31)
>>> halloween.day
31
>>> halloween.month
10
>>> halloween.year
2014
```

dateの内容は、isoformat()メソッドで表示できる。

```
>>> halloween.isoformat()
'2014-10-31'
```

isoというのは、日時表現の国際標準であるISO 8601のことだ。これに従うと、もっとも広い部分（年）からもっとも狭い部分（日）に向かって数字を並べていくことになる。この方法だと、まず年、次に月、次に日になるので、ソートも正しくなる。私は、プログラムで日付を表現するときや、データを保存するために日付付きのファイル名を使うときには、たいていこの形式を選ぶ。日付の解析、書式設定でもっと複雑なことができるstrptime()、strftime()メソッドについては、すぐあとで説明する。

次のサンプルは、today()メソッドを使って今日の日付を生成している。

```
>>> from datetime import date
>>> now = date.today()
>>> now
datetime.date(2014, 2, 2)
```

次のサンプルは、timedeltaオブジェクトを使ってdateの1日後、17日後、1日前を計算する。

```
>>> from datetime import timedelta
>>> one_day = timedelta(days=1)
>>> tomorrow = now + one_day
>>> tomorrow
datetime.date(2014, 2, 3)
>>> now + 17*one_day
datetime.date(2014, 2, 19)
>>> yesterday = now - one_day
>>> yesterday
datetime.date(2014, 2, 1)
```

dateの範囲は、date.min（年＝1、月=1、日=1）からdate.max（年=9999、月=12、日=31）までだ。そのため、原始時代の日付や天文学的な時間の計算ではdateは使いものにならない。

1日のなかの時刻を表現するためには、datetimeモジュールのtimeオブジェクトを使う。

```
>>> from datetime import time
>>> noon = time(12, 0, 0)
>>> noon
datetime.time(12, 0)
>>> noon.hour
```

```
12
>>> noon.minute
0
>>> noon.second
0
>>> noon.microsecond
0
```

引数は、もっとも大きな単位（時）からもっとも小さな単位（マイクロ秒）に向かって並べる。すべての引数を指定していない場合、timeはその部分をゼロと判断する。なお、マイクロ秒単位まで保存、取得できるからといって、コンピュータからマイクロ秒まで正確に時刻を読み取れるわけではない。秒以下の計測値の精度は、ハードウェアとオペレーティングシステムのさまざまな要素によって決まる。

datetimeオブジェクトは、日付と時刻の両方を含む。たとえば、次のようにすれば、datetimeは直接作れる。この例は2014年1月2日午前3時分5秒6μ秒を指定している。

```
>>> from datetime import datetime
>>> some_day = datetime(2014, 1, 2, 3, 4, 5, 6)
>>> some_day
datetime.datetime(2014, 1, 2, 3, 4, 5, 6)
```

datetimeオブジェクトは、isoformat()メソッドも持っている。

```
>>> some_day.isoformat()
'2014-01-02T03:04:05.000006'
```

この中央のTは日付と時刻を分割している。

datetimeは、現在の日付と時刻を取得するnow()メソッドを持っている。

```
>>> from datetime import datetime
>>> now = datetime.now()
>>> now
datetime.datetime(2014, 2, 2, 23, 15, 34, 694988)
>>> now.year
2014
>>> now.month
2
>>> now.day
2
>>> now.hour
23
```

```
>>> now.minute
15
>>> now.second
34
>>> now.microsecond
694988
```

combine()を使えば、dateオブジェクトとtimeオブジェクトを結合してdatetimeオブジェクトを作ることができる。

```
>>> from datetime import datetime, time, date
>>> noon = time(12)
>>> this_day = date.today()
>>> noon_today = datetime.combine(this_day, noon)
>>> noon_today
datetime.datetime(2014, 2, 2, 12, 0)
```

逆に、date()、time()メソッドを使えば、datetimeからdate、timeを抽出することができる。

```
>>> noon_today.date()
datetime.date(2014, 2, 2)
>>> noon_today.time()
datetime.time(12, 0)
```

10.4.2 timeモジュールの使い方

Pythonは、timeオブジェクトを持つdatetimeモジュールのほかに、まったく別のtimeモジュールを持っている。非常に紛らわしい。しかも、timeモジュールには、紛らわしい関数がある。time()関数だ。

絶対的な時刻を表現するためのひとつの方法として考えられるのは、なんらかの出発点からの秒数をひたすら数えるというものだ。**Unix時間**は、1970年1月1日午前0時からの秒数を使っている[※1]。この値はよくエポックと呼ばれる。これは、システムの間で日時を交換するための方法としてもっとも簡単な場合が多い。

timeモジュールのtime()関数は、Unix時間で表現した現在の時刻を返す。

```
>>> import time
>>> now = time.time()
```

※1 この出発点は、Unixが生まれたときとほぼ重なっている。

```
>>> now
1391488263.664645
```

1970年の正月からはもう10億秒以上が経過していることがわかる。時間はどこに行ったのだろうか。

ctime()を使えば、Unix時間を文字列に変換できる。

```
>>> time.ctime(now)
'Mon Feb  3 22:31:03 2014'
```

次節では、日付と時刻をもっと魅力的な書式で表示する方法を説明する。

Unix時間は、JavaScriptなど、ほかのシステムと日付、時刻データを交換するときに最大公約数的に使える。しかし、実際の日、時間などの値が必要なときもある。timeは、struct_timeオブジェクトとしてこれらの値を提供する。localtime()は、システムの標準時での日時を返す。gmtimeはUTCでの時刻を返す。

```
>>> time.localtime(now)
time.struct_time(tm_year=2014, tm_mon=2, tm_mday=3, tm_hour=22, tm_
min=31, tm_sec=3, tm_wday=0, tm_yday=34, tm_isdst=0)
>>> time.gmtime(now)
time.struct_time(tm_year=2014, tm_mon=2, tm_mday=4, tm_hour=4, tm_
min=31, tm_sec=3, tm_wday=1, tm_yday=35, tm_isdst=0)
```

私が住んでいる地域の標準時（アメリカ中部時間）の22時31分は、UTC（以前は**グリニッジ標準時**と呼ばれていた）の翌日午前4時31分になる。localtime()、gmtime()に引数を与えなければ、現在の時刻が返される。

mktime()は、これらとは逆にstruct_timeオブジェクトをUnix時間に変換する。

```
>>> tm = time.localtime(now)
>>> time.mktime(tm)
1391488263.0
```

struct_timeオブジェクトは、秒単位までしか管理していないので、少し前のtime.time()とは正確に一致しない。

アドバイスをひとつ。可能なら、各地の標準時ではなく、**UTCを使う**ようにすべきだ。UTCは、時間帯に依存しない絶対時刻である。サーバーを持っている場合は、時刻としてUTCを設定し、地域の標準時を使わないようにしよう。

アドバイスをさらにもうひとつ（今回も無料！）。避けられるなら、**サマータイムは使わないことだ**。サマータイムを使うと、年に一度1時間が消え去り（spring ahead。春に時計を1時間先に進めること)、別のときには1時間が2回起きる(fall back。秋に1時間時計を遅らせること)。どういうわけか、多くの企業はコンピュータシステムでサマータイムを使っており、毎年謎のデータ重複とデータ消失に悩まされている。サマータイムでいいことはない。

時刻ではUTC、文字列ではUTF-8を使うことだ(UTF-8の詳細については7章を参照)。

10.4.3　日時の読み書き

日時の出力はisoformat()の専売特許ではない。すでに説明したように、timeモジュールのctimeは、Unix時間を文字列に変換する。

```
>>> import time
>>> now = time.time()
>>> time.ctime(now)
'Mon Feb  3 21:14:36 2014'
```

日時データは、strftime()でも文字列に変換できる。strftime()は、datetime、date、timeオブジェクトのメソッド、timeモジュールの関数として提供されている。strftime()は、**表10-1**のような書式指定子を使って出力を指定する。

表10-1　strftime()の書式指定子

書式指定子	意味	範囲
%Y	年	1900-...
%m	月	01-12
%B	月名	January, ...
%b	月略称	Jan, ...
%d	日	01-31
%A	曜日	Sunday, ...
%a	曜日略称	Sun, ...
%H	時間(24時)	00-23
%I	時間(12時)	01-12
%M	分	00-59
%S	秒	00-59

数値には前にゼロが付けられる。

次に示すのは、timeモジュールのstrftime()関数で、struct_timeオブジェクトを文字列に変換する。まず書式指定文字列のfmtを定義し、これを繰り返し使う。

```
>>> import time
>>> fmt = "It's %A, %B %d, %Y, local time %I:%M:%S%p"
>>> t = time.localtime()
>>> t
time.struct_time(tm_year=2014, tm_mon=2, tm_mday=4, tm_hour=19, tm_
min=28, tm_sec=38, tm_wday=1, tm_yday=35, tm_isdst=0)
>>> time.strftime(fmt, t)
"It's Tuesday, February 04, 2014, local time 07:28:38PM"
```

dateオブジェクトでこれを試すと、日付の部分だけが整形され、時刻の部分はデフォルトで深夜（24時間制の0時0分）になる。

```
>>> from datetime import date
>>> some_day = date(2014, 7, 4)
>>> some_day.strftime(fmt)
"It's Friday, July 04, 2014, local time 12:00:00AM"
```

timeオブジェクトを使うと、時刻の部分だけが変換される。

```
>>> from datetime import time
>>> some_time = time(10, 35)
>>> some_time.strftime(fmt)
"It's Monday, January 01, 1900, local time 10:35:00AM"
```

timeオブジェクトの日付の部分はまったく意味がないので使いたいとは思わないだろう。

逆に文字列を日時情報に変換するには、同じ書式指定子とともにstrptime()を使う。正規表現によるパターンマッチは使われない。書式指定子以外の部分（%でない部分）は、正確に一致していなければならない。2012-01-29のように、「**年-月-日**」という形の書式を指定してみよう。解析したい文字列がダッシュではなくスペースを使っていたらどうなるだろうか。

```
>>> import time
>>> fmt = "%Y-%m-%d"
>>> time.strptime("2012 01 29", fmt)
Traceback (most recent call last):
  File "<stdin>", line 1, in <module>
  File "/Library/Frameworks/Python.framework/Versions/3.3/lib/
  python3.3/_strptime.py", line 494, in _strptime_time
```

```
    tt = _strptime(data_string, format)[0]
  File "/Library/Frameworks/Python.framework/Versions/3.3/lib/
  python3.3/_strptime.py", line 337, in _strptime
    (data_string, format))
ValueError: time data '2012 01 29' does not match format '%Y-%m-%d'
```

ダッシュ付きの文字列を渡したら、strptime()は満足してくれるだろうか。

```
>>> time.strptime("2012-01-29", fmt)
time.struct_time(tm_year=2012, tm_mon=1, tm_mday=29, tm_hour=0, tm_min=0,
tm_sec=0, tm_wday=6, tm_yday=29, tm_isdst=-1)
```

うまくいった。

文字列が書式指定に合っているように見えても、値が範囲外だと例外が生成される。

```
>>> time.strptime("2012-13-29", fmt)
Traceback (most recent call last):
  File "<stdin>", line 1, in <module>
  File "/Library/Frameworks/Python.framework/Versions/3.3/lib/
  python3.3/_strptime.py", line 494, in _strptime_time
    tt = _strptime(data_string, format)[0]
  File "/Library/Frameworks/Python.framework/Versions/3.3/lib/
  python3.3/_strptime.py", line 337, in _strptime
    (data_string, format))
ValueError: time data '2012-13-29' does not match format '%Y-%m-%d'
```

名前は**ロケール**、すなわちオペレーティングシステムの国際設定、地域設定によって変わる。月や曜日の表示を変えるには、setlocale()を使ってロケールを変更する。setlocale()の第1引数は日時のロケールを設定することを示すlocale.LC_TIME、第2引数は言語と国の略称を組み合わせた文字列だ。月名と日、曜日をアメリカ英語、フランス語、ドイツ語、スペイン語、アイスランド語で表示する（え、アイスランド人たちがほかの国の人々と同じようにパーティを楽しんでいないとでも？ しかも、彼らのところには本物の妖精がいるのに？）

```
>>> import locale
>>> from datetime import date
>>> halloween = date(2014, 10, 31)
>>> for lang_country in ['en_us', 'fr_fr', 'de_de', 'es_es', 'is_is',]:
...     locale.setlocale(locale.LC_TIME, lang_country)
...     halloween.strftime('%A, %B %d')
...
```

```
'en_us'
'Friday, October 31'
'fr_fr'
'Vendredi, octobre 31'
'de_de'
'Freitag, Oktober 31'
'es_es'
'viernes, octubre 31'
'is_is'
'föstudagur, október 31'
>>>
```

lang_countryとして指定できるこういった魔法の値はどこで見つけたらよいのだろうか。ちょっとたじろぐと思うが、次のコードを試せばすべての文字列が得られる(数百ある)。

```
>>> import locale
>>> names = locale.locale_alias.keys()
```

namesから、setlocale()で動作しそうなロケール名だけを取り出そう。上の例で使ったようなものだ。2文字の言語コード(http://bit.ly/iso-639-1)の後ろにアンダースコアが続き、さらにと2文字の国別コード(http://bit.ly/iso-3166-1)が続くものだ。

```
>>> good_names = [name for name in names if \
... len(name) == 5 and name[2] == '_']
```

最初の5個はどのようなものだろうか。

```
>>> good_names[:5]
['sr_cs', 'de_at', 'nl_nl', 'es_ni', 'sp_yu']
```

ドイツ語のすべてのロケールが必要なら、次のコードを試してみればよい。

```
>>> de = [name for name in good_names if name.startswith('de')]
>>> de
['de_at', 'de_de', 'de_ch', 'de_lu', 'de_be']
```

10.4.4 代替モジュール

標準ライブラリモジュールはわかりにくいと思ったり、必要としている変換の機能がないと思うなら、サードパーティーが作った代替モジュールがたくさんある。そのなかのごく一部を紹介しよう。

`arrow` (http://crsmithdev.com/arrow/)

多数の日時関数を単純なAPIで結びつけている。

`dateutil` (http://labix.org/python-dateutil)

このモジュールはほぼすべての日付の形式を解析し、相対的な日時をきちんと処理してくれる。

`iso8601` (https://pypi.python.org/pypi/iso8601)

標準ライブラリで手薄なISO8601形式を十分にサポートする。

`fleming` (https://github.com/ambitioninc/fleming)

時間帯関連の関数を多数提供している。

10.5 復習課題

10-1 現在の日付を`today.txt`というテキストファイルに文字列の形で書き込もう。

10-2 テキストファイル`today.txt`の内容を`today_string`という文字列変数に読み込もう。

10-3 `today_string`から日付を解析して取り出そう。

10-4 カレントディレクトリのファイルのリストを作ろう。

10-5 親ディレクトリのファイルのリストを作ろう。

10-6 `multiprocessing`を使って3個の別々のプロセスを作ろう。それぞれを1秒から5秒までのランダムな秒数だけ眠らせよう。

10-7 誕生日の`date`オブジェクトを作ろう。

10-8 あなたの誕生日は何曜日だったか。

10-9 生まれてから10,000日になるのはいつか(あるいはいつだったか)。

11章
並行処理とネットワーク

時間はすべてのことが一度に起きないようにするための自然の手段であり、
空間はすべてのことが私にふりかからないようにしてくれるものである。
—— ジョン・ホイーラー (http://bit.ly/wiki-time)

今までに作ってきたプログラムの大半は、1か所で（1台のマシンで）同時に1行ずつ（**シーケンシャル**に）実行されていた。しかし、プログラムは同時に複数のことをできるし（**並行処理**）、複数の場所で実行できる（**分散コンピューティング**または**ネットワーキング**）。時間と空間の可能性を追求していくことには、もっともな理由がある。

パフォーマンス

デベロッパーの目的は、遅いコンポーネントを待つことではなく、高速なコンポーネントに暇を与えないことだ。

堅牢性（ロバスト性）

数が増えると安全になる。そこで、ハードウェア、ソフトウェアのエラーを回避するために、タスクを重複して行うことが望ましい。

単純性

複雑なタスクを作りやすくわかりやすく直しやすい多くの小さなタスクに分割することがベストプラクティスである。

コミュニケーション

気ままなバイト列を遠くに送り込むと、友達を連れて返ってくるというのは単純に面白い。

この章では並行処理からスタートする。まず、10章で説明したネットワークを使わないテクニック、つまりプロセスとスレッドを基礎として並行処理を実現してから、コールバック、グリーンスレッド、コルーチンなどのほかのアプローチを見ていく。最後に、ネットワーキングに飛び込む。まずは、並行処理のテクニックからだ。そのあとで、ネットワーク関連の技術を紹介する。

この章で取り上げるPythonパッケージのなかには、本稿執筆時点でまだPython 3に移植されていないものがある。そのようなときには、Python 2インタープリタで実行しなければならないサンプルコードを示すことが多くなるだろう。Python 2インタープリタは、`python2`と呼ぶことにする。

11.1 並行処理

Pythonの公式サイトでは、並行処理全般と並行処理をサポートする標準ライブラリ(http://bit.ly/concur-lib)を取り上げている。これらのページには、さまざまなパッケージ、テクニックに対するリンクが多数含まれている。この章では、もっとも役に立つものを示していく。

コンピュータで何かを待っているときには、次のふたつの理由のどちらかである。

I/Oバウンド

I/O処理待ちということ。今のところ、こちらの方がよく起きる。コンピュータのCPUはあきれるほどに高速だ。メモリの数百倍高速で、ディスクやネットワークの数千、数万倍も高速である。

CPUバウンド

CPU待ちということ。科学計算やグラフィックス関連の計算など、**数値処理**を実行しているときに起きる。

並行処理に関連する用語をあとふたつ覚えておこう。

同期的

葬式の行列のように、順番に続いていくこと。

非同期的

パーティーの参加者が別々の車で集まり、解散していくように、タスクが独立していること。

単純なシステムやタスクから実際に起きる問題に進むと、どこかの時点で並行処理を相手にしなければならなくなる。たとえば、ウェブサイトについて考えてみよう。通常なら、非常にすばやくウェブクライアントに静的、動的ページを提供できる。秒以下の時間なら、対話的だと考えることができるだろう。しかし、表示ややり取りにもっと時間がかかると、ユーザーはしびれを切らす。GoogleやAmazonの調べによると、ページのロードが少しでも遅くなると、トラフィックは途端に下がるそうだ。

しかし、ファイルのアップロード、イメージのサイズ変更、データベースクエリーなど、何かの処理に時間がかかって、ほかに手段がなくなったらどうすればよいのだろうか。待っているものがあるので、同期的なウェブサーバーコードのなかでは打つ手がないのだ。

1台のマシンで複数のタスクをできる限り高速に実行したければ、それらのタスクを独立したものにすべきだ。そうすれば、遅いタスクがほかのタスクを止めることはなくなる。

「10.3 プログラムとプロセス」では、multiprocessingを使って1台のマシンで複数の仕事を同時に実行する方法を示した。イメージのサイズを変えなければならないなら、ウェブサーバーのコードはほかの部分とは非同期的、並行的に実行される独立した専用のイメージサイズ変更プロセスを呼び出せばよい。複数のサイズ変更プロセスを起動すれば、アプリケーションのスケールは水平方向に拡張される。

ポイントは、それらすべてを相互に調和的に動かすことだ。制御、状態を共有すると、かならずボトルネックができる。もっと重要なコツは、エラー処理である。並行処理は、通常の処理よりも難しくなるので、問題を起こすものが増える。そのため、エンドツーエンドで成功する確率が下がるのだ。

どうすれば、こういった複雑な対象をうまくコントロールできるのだろうか。それでは、キューという複数のタスクをうまく管理する方法から始めることにしよう。

11.1.1 キュー

キューはリストに似ている。要素は片方の端に追加され、反対側の端から取り出される。もっとも一般的なものは**FIFO**（先入れ先出し）と呼ばれている。

皿を洗っているものとしよう。ひとりですべての仕事をしなければならない場合には、皿を洗って乾かし片付けなければならない。この作業にはさまざまなやり方がある。1枚を洗って乾かして片付けるところまで終わらせてから、次の1枚の作業を始めるということを繰り返すのもひとつの方法だ。**バッチ**処理を行って、すべての皿を洗ってからすべての皿を乾かし、すべての皿を片付ける方法もある。これは、調理場や乾燥機に集めたすべての皿を入れられるだけのスペースがあることが前提となっている。これらはどちらも同期的なアプローチで、ひとりのワーカーが同時にひとつのことをしている。

それに対して、誰かに手伝ってもらうこともできる。洗浄担当が洗浄作業を終えたら、皿を乾燥担当に渡し、乾燥担当が乾いた皿を整理担当に渡す（これはまさに現実に行われていることだ）。全員が同じペースで仕事をしていれば、ひとりで仕事をするときと比べてかなり早く仕事を終えることができるだろう。

しかし、洗浄担当の方が乾燥担当よりも早く仕事が終わるとどうなるだろうか。洗った皿を床に落とすか、乾燥担当と自分の間に皿を積み上げるか。乾燥担当の準備が整うまで調子外れの口笛でも吹いているか。そして、整理担当の方が乾燥担当よりも仕事が遅ければ、乾いた皿は床に落ちるか積み上がるか乾燥担当が口笛を吹くかになってしまう。ワーカーは複数なのに、仕事全体はまだ同期的で、もっとも遅いワーカーのペースでしか進まない。

古くからのことわざで「働き手が多ければ仕事は楽になる」と言う。ワーカーが増えれば、納屋を建てるのも、皿の後片付けも早くなる。これが**キュー**だ。

一般に、キューは**メッセージ**を送る。メッセージの内容はどのような情報でもよい。この場合なら、分散タスク管理のためのキューが適している。**ワークキュー**、**ジョブキュー**、**タスクキュー**とも呼ばれるものだ。調理場の個々の皿には、手の空いている洗浄担当が割り当てられる。洗浄担当は、皿を洗って手が空いている最初の乾燥担当に皿を渡す。乾燥担当は、皿を乾かして整理担当に渡す。この流れは同期的でも（ワーカーはほかのワーカーが自分に皿を渡してくるのを待っている）、非同期的でも（皿はワーカーの間にまちまちなペースで積まれていく）、十分な数のワーカーがいる限り、彼らは皿のペースについていくことができ、仕事はずっと早く終わる。

11.1.2 プロセス

キューの実装方法はたくさんある。1台のマシンを使う場合、標準ライブラリのmultiprocessingモジュールには、Queue関数がある（「10.3 プログラムとプロセス」参照）。洗浄担当プロセスがひとつで、乾燥担当プロセス（あとで皿を取り除けるプロセス）が複数あり、間にdish_queueがあるという状態を作ってみよう。このプログラムをdishes.pyとする。

```
import multiprocessing as mp

def washer(dishes, output):
    for dish in dishes:
        print('Washing', dish, 'dish')
        output.put(dish)

def dryer(input):
    while True:
        dish = input.get()
        print('Drying', dish, 'dish')
        input.task_done()

dish_queue = mp.JoinableQueue()
dryer_proc = mp.Process(target=dryer, args=(dish_queue,))
dryer_proc.daemon = True
dryer_proc.start()

dishes = ['salad', 'bread', 'entree', 'dessert']
washer(dishes, dish_queue)
dish_queue.join()
```

新しいプログラムを次のように実行してみよう。

```
$ python dishes.py
Washing salad dish
Washing bread dish
Washing entree dish
Washing dessert dish
Drying salad dish
Drying bread dish
Drying entree dish
Drying dessert dish
```

このキューは、一連の皿を処理しており、単純なPythonイテレータとよく似ている感じがする。しかし実際には、別個のプロセスを起動しており、洗浄担当と乾燥担当の間で通信が行われている。ここではJoinableQueueを使った。最後のjoin()メソッドを呼び出すと、洗浄担当はすべての皿が乾燥されたときにそれを知ることができる。multiprocessingモジュールには、ほかのタイプのキューもある。ドキュメント(http://bit.ly/multi-docs)を読めば、もっと多くのサンプルを見ることができる。

11.1.3 スレッド

スレッドはプロセス内で実行され、プロセス内のすべてのものにアクセスできる。多重人格のようなものだ。multiprocessingモジュールには、プロセスではなくスレッドを使うthreadingという親類がある（実際には、multiprocessingは、プロセスを使う類似版としてthreadingよりもあとに作られた）。それでは、10章のプロセスのサンプルをスレッドで作り直してみよう。

```
import threading

def do_this(what):
    whoami(what)

def whoami(what):
    print("Thread %s says: %s" % (threading.current_thread(), what))

if __name__ == "__main__":
    whoami("I'm the main program")
    for n in range(4):
        p = threading.Thread(target=do_this,
          args=("I'm function %s" % n,))
        p.start()
```

プログラムを実行すると、次のような感じで表示される。

```
$ python threads.py
Thread <_MainThread(MainThread, started 140735207346960)> says: I'm the
main
program
Thread <Thread(Thread-1, started 4326629376)> says: I'm function 0
Thread <Thread(Thread-2, started 4342157312)> says: I'm function 1
Thread <Thread(Thread-3, started 4347412480)> says: I'm function 2
Thread <Thread(Thread-4, started 4342157312)> says: I'm function 3
```

プロセスベースで作られた皿のサンプルもスレッドで再現できる（thread_dishes.py）。

```
import threading, queue
import time

def washer(dishes, dish_queue):
    for dish in dishes:
        print ("Washing", dish)
```

```
        time.sleep(5)
        dish_queue.put(dish)

def dryer(dish_queue):
    while True:
        dish = dish_queue.get()
        print ("Drying", dish)
        time.sleep(10)
        dish_queue.task_done()


dish_queue = queue.Queue()
for n in range(2):
    dryer_thread = threading.Thread(target=dryer, args=(dish_queue,))
    dryer_thread.start()

dishes = ['salad', 'bread', 'entree', 'desert']
washer(dishes, dish_queue)
dish_queue.join()
```

multiprocessingとthreadingの間には、threadingにはterminate()関数がないという違いがある。自分のコード内で問題が起きる可能性があるので——さらには他のあらゆる場所であらゆる問題が起きる可能性があるので——、実行中のスレッドを簡単に強制終了できる方法はないのだ。

スレッドは危険にもなり得る。CやC++などのプログラマーが自分でメモリ管理をしなければならない言語と同じように、スレッドを使うと、修正はもちろん、見つけることさえきわめて難しいバグが起きることがある。スレッドを使うためには、プログラム内のすべてのコードとプログラムが使うすべての外部ライブラリが**スレッドセーフ**でなければならない。上のサンプルコードでは、スレッドはグローバル変数を共有していないので、互いに相手を壊さずに独立に実行することができる。

お化け屋敷を調査する超常現象研究家になったつもりで考えてみよう。幽霊たちはうろうろ歩いているが、お互いに相手に気づかず、いつでも家のなかのものを追加、削除、移動できる。

超常現象研究家のあなたは、優れた計器の数値を記録しながら家のなかを慎重に歩いている。突然、ついさっき通り過ぎたキャンドルスティックがなくなっていることに気づく。

家のなかのものはプログラムのなかの変数、幽霊はプロセス（家）のなかのスレッドである。幽霊が家のなかのものを見ているだけなら問題はないだろう。スレッドが定数や変数の値を読んでいるだけで書き換えなければということだ。

それでも、目に見えないものが懐中電灯をつかんだり、首に冷たい息を吹きかけたり、階段にビー玉をばらまいたり、暖炉の火勢を強めたりする。そして、とことん見つけにくい幽霊は、ほかの部屋であなたが決して気づかないようなものに変更を加えているだろう。

いかに優れた計器があっても、誰がいつどのようにそれをしたのかを突き止めるのはきわめて難しい。

スレッドではなく、複数のプロセスを使った場合、たくさん家があって、それぞれ住んでいるのはひとりだけというような感じになる。暖炉の前にブランデーを置いたら、一時間後にもそこにあるだろう。一部は蒸発してなくなるかもしれないが、おそらく場所は変わらない。

グローバルデータに触れなければ、スレッドは役に立ち、安全でもある。特に、なんらかのI/O処理の完了を待つ時間を有効に使いたいときには役に立つ。そのような場合、スレッドはそれぞれまったく別々の変数を持っているので、データを取り合わなくても済む。

しかし、時にはスレッドがグローバルデータを書き換える必要がある。実際、複数のスレッドを立ち上げる理由のひとつは、なんらかのデータに対する操作の分担であったりするので、そのような場合には、データにある程度の変更を加えることが最初から想定されている。

データを安全に共有するためには、通常、スレッドで変数に変更を加える前に**ロック**をかける。こうすると、変更中、ほかのスレッドは入れない。その部屋だけは幽霊が入ってこないようにゴーストバスターに守ってもらっているようなものだ。しかし、ロックの解除を忘れないようにする必要がある。そして、ロックはネストできる。ほかのゴーストバスターが同じ部屋や家自体を監視していたらどうなるだろうか。ロックを使うのは古くからの方法だが、正しく処理するのが難しいので有名である。

Pythonでは、標準Pythonシステムが**GIL(グローバルインタープリタロック)**と呼ばれるものを使っているという実装上の細かい理由のために、スレッドを使ってもCPUバウンドなタスクは高速化されない。GILを使っているのはPythonインタープリタ自体がスレッド関連の問題を起こすのを防ぐためだが、このためにマルチスレッドプログラムがシングルスレッドバージョンやマルチプロセスバージョンよりもかえって遅くなることがある。

そこで、Pythonでは次のようにするとよい。

- スレッドはI/Oバウンド問題の解決のために使う。
- CPUバウンド問題では、プロセス、ネットワーキング、イベント(次節参照)を使う。

11.1.4 グリーンスレッドとgevent

今まで見てきたように、デベロッパーは伝統的に遅い部分を別スレッド/プロセスで実行することによって、プログラム内に遅い部分が入らないようにしてきた。Apacheウェブサーバーはこの設計のよい例だ。

しかし、それ以外の設計方法もある。たとえば、**イベント駆動**のプログラミングだ。イベント駆動プログラムは、中央で**イベントループ**を実行し、仕事を少しずつ外部に分け与えて、ループを繰り返す。Nginxウェブサーバーは、この設計に従っており、全般的にApacheよりも高速だ。

`gevent`ライブラリはイベント駆動で、見事なトリックを演じてみせる。通常の命令型のコードを書くと、`gevent`が手品のように部品を**コルーチン**に変換するのである。まるで、互いに通信して相手がどこにいるのかを常に把握できるジェネレータのようだ。`gevent`は、`socket`などのPythonの標準オブジェクトの多くを書き換え、ブロックせずに`gevent`のメカニズムを使うようにさせる。ただし、一部のデータベースドライバのように、Cで書かれたPython拡張コードは操作できない。

本稿執筆時点では、`gevent`はまだ完全にPython 3に移植されたわけではないので、これから示すサンプルは、Python 2ツールの`pip2`、`python2`を使う。

geventは、Python 2バージョンのpipを使ってインストールする。

```
$ pip2 install gevent
```

次に示すのは、geventのウェブサイト(http://www.gevent.org)にあったサンプルコードの変種である。socketモジュールのgethostbyname()関数は、後述するDNSの節でも使う。この関数は同期的なので、世界中のネームサーバーをつかまえてそのアドレスを解決しようと競い合うときに待ちに入る(おそらく何秒も)。しかし、geventバージョンを使えば、複数のサイトを独立に解決できる。このファイルをgevent_test.pyという名前で保存しよう。

```
import gevent
from gevent import socket
hosts = ['www.crappytaxidermy.com', 'www.walterpottertaxidermy.com',
    'www.antique-taxidermy.com']
jobs = [gevent.spawn(gevent.socket.gethostbyname, host) for host in
hosts]
gevent.joinall(jobs, timeout=5)
for job in jobs:
    print(job.value)
```

上のコードには、1行のforループが含まれている。個々のホスト名は、順にgethostbyname()呼び出しに渡されるが、これはgeventバージョンのgethostbyname()なので、非同期的に実行することができる。

次のように入力して(太字部分)、Python 2でgevent_test.pyを実行しよう。

```
$ python2 gevent_test.py
66.6.44.4
74.125.142.121
78.136.12.50
```

gevent.spawn()は、個々のgevent.socket.gethostbyname(url)を実行するために**グリーンレット**(**グリーンスレッド**とか**マイクロスレッド**と呼ばれることもある)を作る。

通常のスレッドとの違いは、グリーンレットならブロックしないことである。通常のスレッドをブロックしてしまうようなことが起きても、geventはほかのグリーンレットのどれかに制御を切り替える。

gevent.joinall()メソッドは、派生させたすべてのジョブが終了するのを待つ。最後に、これらのホスト名のIPアドレスとして得られたものをダンプ出力する。

geventバージョンのsocketではなく、**モンキーパッチング**関数を使うこともできる。これらは、geventバージョンのモジュールを呼び出すのではなく、socketなどの標準モジュールがグリーンレットを使うように書き換える。ずっと下の方のアクセスできないようなコードまでgeventを適用したいときには、これが役に立つ。

プログラムの冒頭には、次の呼び出しを追加する。

```
from gevent import monkey
monkey.patch_socket()
```

こうすると、標準ライブラリを含め、プログラム内で通常のsocketを呼び出しているすべての箇所にgevent版socketが挿入される。ここでも、これが機能するのはPythonコードだけで、Cで書かれたライブラリには適用されない。

次の関数を使うと、さらに多くの標準ライブラリモジュールがモンキーパッチングされる。

```
from gevent import monkey
monkey.patch_all()
```

geventによるスピードアップの効果を最大限に得たい場合には、プログラムの冒頭でこれを使うようにする。

次のプログラムをgevent_monkey.pyという名前で保存しよう。

```
import gevent
from gevent import monkey; monkey.patch_all()
import socket
hosts = ['www.crappytaxidermy.com', 'www.walterpottertaxidermy.com',
    'www.antique-taxidermy.com']
jobs = [gevent.spawn(socket.gethostbyname, host) for host in hosts]
gevent.joinall(jobs, timeout=5)
for job in jobs:
    print(job.value)
```

再びPython 2を使ってプログラムを実行する。

```
$ python2 gevent_monkey.py
66.6.44.4
74.125.192.121
78.136.12.50
```

geventを使うときには危険が潜んでいる。イベント駆動システムの常として、実行するコードチャンクは、相対的に高速でなければならない。ブロックこそ起こさないが、多くの仕事を実行するコードは、モンキーパッチングしても遅いままだ。

モンキーパッチングという考え方自体に神経質になってしまう人もいるが、Pinterestなどの多くの大規模サイトがgeventを使ってサイトを大幅にスピードアップしている。薬は用法・用量を守って正しく使うのと同様、geventは指示に従って使うことだ。

イベント駆動フレームワークで人気があるのは、gevent以外ではtornado（http://www.tornadoweb.org）とgunicorn（http://gunicorn.org/）のふたつだ。これらはどちらも低水準のイベント処理と高速なウェブサーバーを提供する。Apacheなどの伝統的なウェブサーバーを細かく設定したりせずに高速なウェブサイトを作りたい場合には、これらを使うことも検討するとよいだろう。

11.1.5 twisted

twisted（http://twistedmatrix.com/trac/）は、非同期のイベント駆動型ネットワーキングフレームワークだ。データ受信とか接続切断といったイベントに関数を結びつけると、それらのイベントが発生したときに結びつけられた関数が呼び出される。これは**コールバック**であり、JavaScriptを書いたことのある読者にはおなじみのやり方だろう。初めてコールバックを使う読者は、最初は戸惑うかもしれない。また、コールバックベースのコードは、アプリケーションが成長すると管理が難しくなると考えているデベロッパーもいる。

geventと同様に、twistedはまだPython 3に移植されていない。この節ではPython 2のインストーラとインタープリタを使う。次のコマンドを入力してインストールしよう。

```
$ pip2 install twisted
```

twistedはTCP、UDP上のさまざまなインターネットプロトコルをサポートする大規模なパッケージだ。短くて単純なサンプルとして、twistedサンプルページ（http://bit.ly/twisted-ex）のコードに手を加えて、小さなノックサーバー（"ドアをノックする"だけの簡単なプログラム）とノッククライアントを作る。まず、サーバーのknock_server.pyを見てみよう（print()がPython 2の構文になっていることに注意していただきたい）。

```
from twisted.internet import protocol, reactor

class Knock(protocol.Protocol):
    def dataReceived(self, data):
        print 'Client:', data
        if data.startswith("Knock knock"):
            response = "Who's there?"
        else:
            response = data + " who?"
        print 'Server:', response
        self.transport.write(response)

class KnockFactory(protocol.Factory):
    def buildProtocol(self, addr):
        return Knock()

reactor.listenTCP(8000, KnockFactory())
reactor.run()
```

次に、信頼できる仲間、knock_client.pyを見てみよう。

```
from twisted.internet import reactor, protocol

class KnockClient(protocol.Protocol):
    def connectionMade(self):
        self.transport.write("Knock knock")

    def dataReceived(self, data):
        if data.startswith("Who's there?"):
            response = "Disappearing client"
            self.transport.write(response)
        else:
            self.transport.loseConnection()
            reactor.stop()

class KnockFactory(protocol.ClientFactory):
    protocol = KnockClient

def main():
    f = KnockFactory()
    reactor.connectTCP("localhost", 8000, f)
    reactor.run()

if __name__ == '__main__':
    main()
```

まずサーバーを起動しよう。

```
$ python2 knock_server.py
```

そして、クライアントを起動する。

```
$ python2 knock_client.py
```

サーバーとクライアントはメッセージを交換し、サーバーはやり取りを表示する。

```
Client: Knock knock
Server: Who's there?
Client: Disappearing client
Server: Disappearing client who?
```

ここで、オチを待つサーバーを置き去りにして、いたずら者のクライアントは終了する。

twisted（ひねりの効いた）文句を入力したいなら、ドキュメントのほかのサンプルを試してみよう。

11.1.6 asyncio

最近、Guido van Rossum（彼が誰だか覚えている？）がPythonの並行処理の問題に関わるようになった。多くのパッケージが独自のイベントループを持ち、それぞれのイベントループが唯一のイベントループになりたがっている。コールバック、グリーンレットなどのメカニズムの折り合いをつけるにはどうすればよいだろうか。彼は、多くの人々を訪ね、議論して、Asynchronous IO Support Rebooted: the "asyncio" Module（http://bit.ly/pep-3156）、コードネームTulipを提案した。このモジュールはPython 3.4でasyncioモジュールとして初めて登場した。現在のところ、asyncioは、twisted、geventなどの非同期メソッドと互換性のある共通イベントループを提供している。目標は、クリーンで標準的なパフォーマンスに優れた非同期APIを提供することだ。Pythonの将来のリリースでのasyncioの拡張に注目しよう。

11.1.7 Redis

先ほどのプロセスとスレッドを使った皿洗いコードのサンプルは、1台のマシンで実行されるものだった。1台のマシンでもネットワークでも実行できるキューに対する別のアプローチを試してみよう。歌い踊るプロセスとスレッドがいくつあったとしても1

台のマシンでは不十分なことがある。この節は、シングルマシンからマルチマシンによる並行処理への橋渡しだと考えてよい。

この節のサンプルを試すには、RedisサーバーとそのPythonモジュールが必要だ。これらの入手方法は、「8.5.3 Redis」で説明してある。8章では、Redisの役割はデータベースだったが、この章ではRedisの並行処理の側面に注目する。

Redisリストを使えば、キューは手っ取り早く作れる。Redisサーバーは1台のマシンで実行される。このマシンはクライアントと同じものでもよいし、クライアントがネットワークを介してアクセスできる別のマシンでもよい。いずれにしても、クライアントはTCPを介してサーバーとやり取りするので、両者はネットワークでつながっている。ひとつ以上のプロバイダクライアントがリストの片方の端にメッセージをプッシュしていく。それに対し、ひとつ以上のワーカークライアントが**ブロックを起こすポップ**処理でこのリストを監視する。リストが空なら、ワーカークライアントは動かずにカードゲームに興じているが、メッセージが届くと、そのなかのどれかがメッセージを取りに行く。

以前のプロセス、スレッドベースのサンプルと同様に、`redis_washer.py`は皿のシーケンスを生成する。

```
import redis
conn = redis.Redis()
print('Washer is starting')
dishes = ['salad', 'bread', 'entree', 'dessert']
for dish in dishes:
    msg = dish.encode('utf-8')
    conn.rpush('dishes', msg)
    print('Washed', dish)
conn.rpush('dishes', 'quit')
print('Washer is done')
```

ループは、皿の名前が書かれている4つのメッセージを生成し、最後に`quit`というメッセージを送る。そして、Pythonのリストにメッセージを追加するのと同じように、Redisサーバー内の`dishes`というリストにメッセージを追加する。

最初の皿の準備が整うと、`redis_dryer.py`が仕事を始める。

```
import redis
conn = redis.Redis()
print('Dryer is starting')
while True:
    msg = conn.blpop('dishes')
    if not msg:
```

```
            break
        val = msg[1].decode('utf-8')
        if val == 'quit':
            break
        print('Dried', val)
    print('Dishes are dried')
```

このコードは、最初のトークンがdishesになっているメッセージを待ち、それぞれを乾燥させたことを示すメッセージを表示する。quitメッセージが届くと、ループを終了する。

乾燥担当を起動してから洗浄担当を起動する。コマンドラインで最後に&を追加しているので、第1のプログラムはバックグラウンドで実行される。つまり、実行され続けるが、キーボードには反応しなくなる。これはLinux、OS X、Windowsで使える機能だが、次の行に表示される出力は異なるものになる場合がある。この場合(OS X)、バックグラウンドの乾燥担当プロセスについての情報が表示されている。次に、洗浄担当のプロセスを普通に起動する。すると、ふたつのプロセスの出力が混ざり合ったものが表示される。

```
$ python redis_dryer.py &
[2] 81691
Dryer is starting
$ python redis_washer.py
Washer is starting
Washed salad
Dried salad
Washed bread
Dried bread
Washed entree
Dried entree
Washed dessert
Washer is done
Dried dessert
Dishes are dried
[2]+  Done                    python redis_dryer.py
```

洗浄担当プロセスから皿のIDが届き始めるとすぐに、仕事熱心な乾燥担当がそれを引っ張り出す。皿のIDは数値だが、最後の**番兵**値は例外で文字列のquitになっている。乾燥担当プロセスは、そのquitというIDを読み出すと終了し、ターミナルにはバックグラウンドプロセス情報が表示される(これもシステムによって変わる)。「番兵」(番兵として使われなければ無効な値)を使えば、データストリーム自体から何か特別なことが起きたことを知らせられる。この場合は、作業終了を知らせている。番兵を使わなければ、次のような形でプログラムロジックを大量に追加しなければならなかっただろう。

- あらかじめなんらかのIDの上限値を設定しておく。これは一種の「番兵」と考えることができる。
- プロセス間でなんらかの特殊な**アウトオブバンド**通信（データストリーム以外のルートを使った通信）を行う。
- 新しいデータが一定時間届かないときにタイムアウトを起こす。

プログラムに次のような変更を加えてみよう。

- dryerプロセスを複数作る。
- 「番兵」を探すのではなく、個々のdryerプロセスにタイムアウト機能を追加する。

新しいredis_dryer2.pyは次のとおりだ。

```
def dryer():
    import redis
    import os
    import time
    conn = redis.Redis()
    pid = os.getpid()
    timeout = 20
    print('Dryer process %s is starting' % pid)
    while True:
        msg = conn.blpop('dishes', timeout)
        if not msg:
            break
        val = msg[1].decode('utf-8')
        if val == 'quit':
            break
        print('%s: dried %s' % (pid, val))
        time.sleep(0.1)
    print('Dryer process %s is done' % pid)

import multiprocessing
DRYERS=3
for num in range(DRYERS):
    p = multiprocessing.Process(target=dryer)
    p.start()
```

バックグラウンドで乾燥担当プロセスを起動してから、フォアグラウンドで洗浄担当プロセスを起動する。

```
$ python redis_dryer2.py &
Dryer process 44447 is starting
Dryer process 44448 is starting
Dryer process 44446 is starting
$ python redis_washer.py
Washer is starting
Washed salad
44447: dried salad
Washed bread
44448: dried bread
Washed entree
44446: dried entree
Washed dessert
Washer is done
44447: dried dessert
```

ここでひとつの乾燥担当がquit IDを読み出して終了する。

```
Dryer process 44448 is done
```

20秒後には、ほかの乾燥担当プロセスでもblpop呼び出しからNoneが返されてくる。つまり、みなタイムアウトになったのだ。これらのプロセスも最後の一言を残して終了する。

```
Dryer process 44447 is done
Dryer process 44446 is done
```

最後の乾燥担当サブプロセスが終了すると、メインプログラムが終了する。

```
[1]+  Done                    python redis_dryer2.py
```

11.1.8 キューを越えて

動く部品が増えると、愛すべき我らが作業ラインが混乱する確率も高くなる。宴会で使った皿を洗わなければならなくなったとき、十分な作業員を確保できているだろうか。乾燥担当が酔っ払っていたら、調理場がふさがっていたら…。心配ごとだらけだ。

こういった問題にどのように対処すればよいだろうか。使えるテクニックはいくつかある。

ファイア・アンド・フォーゲット

本来は誘導ミサイルの打ちっぱなしのこと。仕事を渡したら、たとえそこに誰もいなくても結果について考えないこと。床に皿を落とすアプローチである。

要求/応答

パイプラインの一枚一枚の皿について、洗浄担当は乾燥担当から、乾燥担当は整理担当から確認をもらう。

バックプレッシャまたはスロットリング

下流の作業者が追いつけなくなったときに、仕事の早いワーカーにペースを落とすよう指示する。

実際のシステムでは、ワーカーが需要についていけているかどうかに注意する必要がある。うっかりすると、皿が床に落ちる音を聞くことになる。新しいタスクは**保留**リストに追加する。なんらかのワーカープロセスが最新メッセージをポップして、それを**作業中**リストに追加する。メッセージの仕事が終わったら作業中リストから取り除いて**完了済み**リストに追加する。こうすれば、どのタスクがエラーを起こしたり、時間がかかりすぎていたりするかがわかる。Redisのもとで自分でそのようなものを実装しても、誰かがすでに書き、テストしたシステムを使ってもよい。Pythonベースのキューパッケージのなかには、このような管理レベルを追加したものがある(そして、その一部はRedisを使っている)。たとえば、次のようなものだ。

`celery` **(http://www.celeryproject.org)**

このパッケージは一見の価値がある。今までに取り上げてきた`multiprocessing`、`gevent`、その他を使って同期的にも非同期的にもタスクを分散実行できる。

`thoonk` **(https://github.com/andyet/thoonk.py)**

このパッケージはRedisを基礎としており、ジョブキューと**パブサブ**(次節参照)を提供する。

`rq` **(http://python-rq.org/)**

ジョブキューのためのPythonライブラリで、Redisを基礎としている。

Queues (http://queues.io/)

このサイトは、Pythonベースのものもその他のものも含めてキューイングソフトウェアについての議論の場となっている。

11.2 ネットワーク

並行処理の議論では、主として時間を話題にしてきた。シングルマシンによるソリューションだったのである。ネットワークに展開するソリューションについても簡単に触れた。この節では、ネットワーキング、すなわち空間的に広がった分散コンピューティングを本格的に取り扱う。

11.2.1 パターン

ネットワークアプリケーションは、いくつかの基本パターンから作ることができる。

もっとも一般的なパターンは、**要求/応答**、またの名を**クライアント/サーバー**というものだ。このパターンは同期的で、クライアントはサーバーが応答を返してくるまで待つ。要求/応答の例は、本書でも多数見てきた。ウェブブラウザもクライアントであり、ウェブサーバーに対してHTTP要求を送る。サーバーは応答を返してくる。

プロセスプール内の態勢が整ったワーカーにデータを送る**プッシュ**（**ファンアウト**とも呼ばれる）もよく見られるパターンだ。ロードバランサーの先にあるウェブサーバーがよい例である。

プッシュの逆は**プル**、**ファンイン**だ。ひとつ以上のソースからデータを受け付ける。たとえば、複数のプロセスからテキストのメッセージを受け取り、単一のログファイルに書き込むロガーがよい例である。

ラジオ、テレビの放送とよく似たパターンもある。**パブリッシュ/サブスクライブ**、または**パブサブ**だ。このパターンでは、パブリッシャがデータを送り出す。単純なパブサブシステムでは、すべてのサブスクライバがコピーを受け取る。しかし、サブスクライバが特定のタイプのデータ（**トピック**と呼ぶことが多い）だけを受け取りたいことを指定できるものの方が多い。いずれにしても、プッシュパターンとは異なり、複数のサブスクライバが同じデータを受け取る可能性がある。トピックに対するサブスクライバがなければ、そのデータは無視される。

11.2.2 パブリッシュ/サブスクライブモデル

パブリッシュ/サブスクライブはキューではなく、ブロードキャストだ。ひとつ以上のプロセスがメッセージをパブリッシュ（発行）する。個々のサブスクライバ（購読者）プロセスは、どのようなタイプのメッセージを受け取りたいかを指定する。指定されたタイプに合致するメッセージのコピーが個々のサブスクライバに送られる。つまり、メッセージは一度処理されるかもしれないし、複数回処理されるかもしれない。まったく処理されない可能性もある。

11.2.2.1 Redis

Redisを使えば、手っ取り早くパブサブシステムを作れる。パブリッシャはトピックと値を持つメッセージを送る。サブスクライバは、どのトピックを受信したいかを指定する。

次のコードは、パブリッシャのredis_pub.pyだ。

```
import redis
import random

conn = redis.Redis()
cats = ['siamese', 'persian', 'maine coon', 'norwegian forest']
hats = ['stovepipe', 'bowler', 'tam-o-shanter', 'fedora']
for msg in range(10):
    cat = random.choice(cats)
    hat = random.choice(hats)
    print('Publish: %s wears a %s' % (cat, hat))
    conn.publish(cat, hat)
```

トピックは猫種、付属するメッセージは帽子のタイプである。

次のコードは、1個のサブスクライバとなるredis_sub.pyを示している。

```
import redis
conn = redis.Redis()

topics = ['maine coon', 'persian']
sub = conn.pubsub()
sub.subscribe(topics)
for msg in sub.listen():
    if msg['type'] == 'message':
        cat = msg['channel']
        hat = msg['data']
        print('Subscribe: %s wears a %s' % (cat, hat))
```

今示したサブスクライバは、'maine coon'と'persian'のすべてのメッセージを望んでおり、ほかの猫種のメッセージは望んでいない。listen()メソッドは辞書を返す。タイプが'message'なら、このパブリッシャから送られてきたもののなかで基準に合致しているものだ。'channel'キーにはトピック（猫）、'data'キーにはメッセージ（帽子）が含まれている。

パブリッシャを先に起動しても、誰もメッセージを聞こうとしていない。森のなかに迷い込んだパントマイム役者のようになってしまう（彼は音を立てるのか？）。だからサブスクライバを先に起動しよう。

```
$ python redis_sub.py
```

次にパブリッシャを起動する。パブリッシャは10個のメッセージを送って終了する。

```
$ python redis_pub.py
Publish: maine coon wears a stovepipe
Publish: norwegian forest wears a stovepipe
Publish: norwegian forest wears a tam-o-shanter
Publish: maine coon wears a bowler
Publish: siamese wears a stovepipe
Publish: norwegian forest wears a tam-o-shanter
Publish: maine coon wears a bowler
Publish: persian wears a bowler
Publish: norwegian forest wears a bowler
Publish: maine coon wears a stovepipe
```

サブスクライバが聞きたいと思っている猫種は2種類だけだ。

```
$ python redis_sub.py
Subscribe: b'maine' coon' wears a b'stovepipe'
Subscribe: b'maine' coon wears a b'bowler'
Subscribe: b'maine' coon wears a b'bowler'
Subscribe: b'persian' wears a b'bowler'
Subscribe: b'maine' coon wears a b'stovepipe'
```

サブスクライバには終了せよと指示していないので、サブスクライバはまだメッセージを待っている。パブリッシャをもう一度起動すると、サブスクライバはさらにいくつかのメッセージを受け取って表示する。

サブスクライバ（とパブリッシャ）は、いくつでも好きなだけ実行できる。メッセージを受け取るサブスクライバがない場合、そのメッセージはRedisサーバーから消える。しかし、サブスクライバがある場合には、すべてのサブスクライバがメッセージを受け取るまでメッセージはサーバーに残る。

11.2.2.2 ZeroMQ

ZeroMQは中央のサーバーという存在がないので、個々のパブリッシャがすべてのサブスクライバに書き込みをする。猫と帽子のパブサブをZeroMQ用に書き換えてみよう。パブリッシャのzmq_pub.pyは次のようになる。なお、ZeroMQのインストールについては「11.2.5 ZeroMQ」を参照していただきたい。

```
import zmq
import random
import time
host = '*'
port = 6789
ctx = zmq.Context()
pub = ctx.socket(zmq.PUB)
pub.bind('tcp://%s:%s' % (host, port))
cats = ['siamese', 'persian', 'maine coon', 'norwegian forest']
hats = ['stovepipe', 'bowler', 'tam-o-shanter', 'fedora']
time.sleep(1)
for msg in range(10):
    cat = random.choice(cats)
    cat_bytes = cat.encode('utf-8')
    hat = random.choice(hats)
    hat_bytes = hat.encode('utf-8')
    print('Publish: %s wears a %s' % (cat, hat))
    pub.send_multipart([cat_bytes, hat_bytes])
```

このコードは、トピックと値の文字列でUTF-8を使っていることに注意しよう。

サブスクライバは、zmq_sub.pyだ。

```
import zmq
host = '127.0.0.1'
port = 6789
ctx = zmq.Context()
sub = ctx.socket(zmq.SUB)
sub.connect('tcp://%s:%s' % (host, port))
topics = ['maine coon', 'persian']
for topic in topics:
    sub.setsockopt(zmq.SUBSCRIBE, topic.encode('utf-8'))
while True:
    cat_bytes, hat_bytes = sub.recv_multipart()
    cat = cat_bytes.decode('utf-8')
```

```
    hat = hat_bytes.decode('utf-8')
    print('Subscribe: %s wears a %s' % (cat, hat))
```

このコードでは、ふたつの異なるバイト列をサブスクライブする。topicsに含まれるふたつの文字列をUTF-8にエンコードしたものである。

すべてのトピックを受け取りたいなら、逆のような感じがするかもしれないが、空のバイト列b''をサブスクライブする必要がある。そうしなければ、何も得られない。

パブリッシャでsend_multipart()、サブスクライバでrecv_multipart()を呼び出していることに注意しよう。これにより、複数の要素からなるメッセージを送り、最初の要素をトピックとして使うことができる。トピックとメッセージを単一の文字列、バイト列として送ることも可能だが、猫と帽子を別々に管理した方がすっきりするだろう。

まず、サブスクライバを起動する。

```
$ python zmq_sub.py
```

そして、パブリッシャを起動する。パブリッシャはすぐに10個のメッセージを送って終了する。

```
$ python zmq_pub.py
Publish: norwegian forest wears a stovepipe
Publish: siamese wears a bowler
Publish: persian wears a stovepipe
Publish: norwegian forest wears a fedora
Publish: maine coon wears a tam-o-shanter
Publish: maine coon wears a stovepipe
Publish: persian wears a stovepipe
Publish: norwegian forest wears a fedora
Publish: norwegian forest wears a bowler
Publish: maine coon wears a bowler
```

サブスクライバは、要求して受け取ったものを表示する。

```
Subscribe: persian wears a stovepipe
Subscribe: maine coon wears a tam-o-shanter
Subscribe: maine coon wears a stovepipe
Subscribe: persian wears a stovepipe
Subscribe: maine coon wears a bowler
```

11.2.2.3 その他のパブサブツール

次のようなPython用パブサブツールのリンクも見てみるとよいかもしれない。

RabbitMQ
: 有名なメッセージングシステムで、pikaというPython APIがある。ドキュメント (http://pika.readthedocs.org/) とパブサブチュートリアル (http://bit.ly/pub-sub-tut) を参照するとよい。

http://pypi.python.org
: 右上隅の検索ボックスにpubsubと入力すると、pypubsub (http://pubsub.sourceforge.net/) などのPythonパッケージが見つかる。

pubsubhubbub
: このリズミカルな名前のプロトコル (https://code.google.com/p/pubsubhubbub/) では、サブスクライバがパブリッシャにコールバックを登録できる。

11.2.3 TCP/IP

私たちは、土台となっているものが正しく動作することを当たり前だと思って、ネットワーキングという建物のなかを歩きまわってきた。ここでは実際に土台へ行ってみて、地上ですべてのものを動かし続けているワイヤやパイプを見てみよう。

インターネットは、接続の開設、データの交換、接続の切断、タイムアウトの処理といったことをどのようにすべきかを決めた規則を基礎としている。これらは**プロトコル**と呼ばれ、**レイヤ（階層）**に分けられている。レイヤ化されているのは、イノベーションを促し、同じことをする別の方法を作れるようにするためだ。慣習に従って上下のレイヤとのやり取りを行う限り、なんでも好きなことができる。

もっとも下のレイヤは、電気信号などを規定する。上位レイヤは、下位レイヤを基礎として作られている。中間にはIP (Internet Protocol) レイヤがあり、ネットワーク内での位置のアドレッシングの方法とデータの**パケット**（チャンク）の流し方を規定している。IPのすぐ上のレイヤには、位置間でバイトを移動する方法を記述するふたつのプロトコルがある。

UDP (User Datagram Protocol)

短いデータの交換に使われる。**データグラム**は、葉書に書かれたコメントのように単発で送られる小さなメッセージのことだ。

TCP (Transmission Control Protocol)

このプロトコルは、UDPよりも寿命の長い接続のために使われる。バイトの**ストリーム**を送り、重複なく順番にデータが届くことを保証する。

UDPメッセージには受信確認がないので、デスティネーション（相手先）に届いたかどうかははっきりとわからない。UDP上でジョークを言いたければ、次のように言えばよい。

```
Here's a UDP joke. Get it?
こちらはUDPのジョーク、受けたか？
```

TCPは、送信側と受信側の間に秘密のハンドシェークをセットアップし、確実な接続を保証する。TCPのジョークは次のように始まる。

```
Do you want to hear a TCP joke?
Yes, I want to hear a TCP joke.
Okay, I'll tell you a TCP joke.
Okay, I'll hear a TCP joke.
Okay, I'll send you a TCP joke now.
Okay, I'll receive the TCP joke now.
... (and so on)

あなたはTCPのジョークを聞きたいですか？
はい、私はTCPのジョークを聞きたいです。
わかりました、あなたにTCPのジョークを言いましょう。
わかりました、TCPのジョークを聞きます。
わかりました、今からTCPのジョークを送りますよ。
わかりました、今からTCPのジョークを受信しますよ。
```

ローカルマシンのIPアドレスは常に`127.0.0.1`であり、名前は`localhost`だ。これが**ループバックインタフェース**と呼ばれているのを見たことがあるかもしれない。インターネットに接続されている場合には、マシンには**パブリック**IPアドレスも与えられる。ホームコンピュータを使っているだけなら、パブリックIPはケーブルモデムやルーターなどの機器の背後に隠れている。インターネットプロトコルは、同じマシンで実行されているプロセスの間でも実行できる。

インターネットで操作するほとんどのもの（ウェブ、データベースサーバーなど）は、IPプロトコルの上で実行されるTCPプロトコルを基礎としている。TCP/IPはこれを簡潔に言ったものだ。まず、基本的なインターネットサービスを見てから、一般的なネットワーキングのパターンを掘り下げていこう。

11.2.4 ソケット

インターネットの高水準のサービスを使うために低水準の詳細をいちいち知っている必要はないので、今までこのテーマは取り上げてこなかった。しかし、インターネットがどのような仕組みで動いているのかを知りたいなら、この節には興味を感じるはずだ。

ネットワークプログラミングの最下層は、C言語とUnixオペレーティングシステムから借用して**ソケット**を使うことになる。ソケットレベルのコーディングは面倒だ。ZeroMQのようなものを使っている方がずっと楽しい。しかし、下に何があるのかを知っていると役に立つ。たとえば、ネットワーキングエラーが起きると、ソケットについてのメッセージが現れることがよくある。

クライアントサーバーの非常に単純なやり取りを書いてみよう。クライアントは、サーバーにUDPデータグラムで文字列を送る。サーバーは文字列を格納するデータパケットを送る。サーバーは、特定のアドレスの特定のポートでリスン（データの受信待ち）しなければならない。これは郵便局のポストのようなものだ。クライアントは、メッセージを送ったり、応答を受け取ったりするためには、このふたつの値を知っていなければならない。

次のクライアントとサーバーのコードでは、`address`は（*address*, *port*）のタプルである。`address`は文字列であり、名前でも**IPアドレス**でもよい。ふたつのプログラムが同じマシン上でやり取りをするだけなら、`'localhost'`という名前か`'127.0.0.1'`というアドレスを使うことができる。

まず、片方のプロセスからもう片方のプロセスに小さなデータを送り、小さな返事を送り返そう。第1のプログラムがクライアントで第2のプログラムがサーバーだ。どちらのプログラムでも、時刻を表示してからソケットを開く。サーバーは自分のソケットに対する接続をリスンし、クライアントは自分のソケットに書き込みをする。すると、クライアントのソケットは、サーバーにメッセージを送る。

第1のプログラム、`udp_server.py`は次のとおりだ。

```
from datetime import datetime
import socket

server_address = ('localhost', 6789)
max_size = 4096

print('Starting the server at', datetime.now())
print('Waiting for a client to call.')
server = socket.socket(socket.AF_INET, socket.SOCK_DGRAM)
server.bind(server_address)

data, client = server.recvfrom(max_size)

print('At', datetime.now(), client, 'said', data)
server.sendto(b'Are you talking to me?', client)
server.close()
```

サーバーは、socketパッケージからインポートしたふたつのメソッドを使って、ネットワーキングをセットアップしなければならない。第1のメソッド、socket.socketは、ソケットを作り、第二のメソッド、bindは、ソケットに**バインド**する（そのIPアドレスとポートに届いたあらゆるデータをリスンする）。AF_INETは、インターネット（IP）ソケットを作るという意味だ（**Unixドメインソケット**のための別のタイプがあるが、それらはローカルマシンでしか動作しない）。SOCK_DGRAMは、データグラムを送受信するという意味で、要するにUDPを使うということである。

この時点で、サーバーはただデータグラムが届くのを待っている（recvfrom）。そしてデータグラムが届くと、サーバーは目を覚まし、データとクライアントについての情報を受け取る。client変数には、クライアントにアクセスするために必要なアドレスとポート番号の組み合わせが含まれている。サーバーは、応答を送り、接続を閉じて終了する。

では、次にクライアントのudp_client.pyを見てみよう。

```
import socket
from datetime import datetime

server_address = ('localhost', 6789)
max_size = 4096

print('Starting the client at', datetime.now())
client = socket.socket(socket.AF_INET, socket.SOCK_DGRAM)
client.sendto(b'Hey!', server_address)
```

```
data, server = client.recvfrom(max_size)
print('At', datetime.now(), server, 'said', data)
client.close()
```

クライアントも、サーバーとほとんど同じメソッドを使っている（bindを除く）。サーバーは最初に受信するのに対し、クライアントは送信してから受信する。

サーバーを先に専用ウィンドウで起動しよう。起動時のごあいさつを表示すると、クライアントがなんらかのデータを送ってくるまでぞっとするような沈黙のなかで待ちに入る。

```
$ python udp_server.py
Starting the server at 2014-02-05 21:17:41.945649
Waiting for a client to call.
```

次に、別のウィンドウでクライアントを起動する。クライアントは自分のごあいさつを表示し、サーバーにデータを送り、応答を表示して終了する。

```
$ python udp_client.py
Starting the client at 2014-02-05 21:24:56.509682
At 2014-02-05 21:24:56.518670 ('127.0.0.1', 6789) said b'Are you
talking to me?'
```

最後に、サーバーは次のようなものを表示して終了する。

```
At 2014-02-05 21:24:56.518473 ('127.0.0.1', 56267) said b'Hey!'
```

クライアントはサーバーのアドレスとポート番号を知っていなければならないが、自分自身のポート番号を指定する必要はない。クライアントのポート番号は、システムから自動的に割り当てられる。この場合は、56267だ。

UDPはひとつのチャンクでデータを送る。到達を保証しない。UDPを介して複数のメッセージを送ると、バラバラの順序で届いたり、まったく届かなかったりする。高速で軽く、コネクションレス（経路確保などの事前のやり取りを必要としない）であるが、信頼性に欠ける。

そこでTCP（Transmission Control Protocol）の出番となる。TCPは、ウェブなどのUDPよりも寿命の長い接続で使われる。TCPは、送信側が送った順序でデータを送り届ける。届いたデータに問題があれば、再送を試みる。それでは、TCPを使ってクライアントからパケットをいくつかサーバーに送り込み、サーバーからクライアントにそれを送り返してみよう。

tcp_client.pyは、先ほどのUDPのクライアントと同じように動作する。サーバーにはひとつの文字列しか送らない。しかし、次に示すように、ソケット関連の呼び出しにわずかな違いがある。

```
import socket
from datetime import datetime

address = ('localhost', 6789)
max_size = 1000

print('Starting the client at', datetime.now())
client = socket.socket(socket.AF_INET, socket.SOCK_STREAM)
client.connect(address)
client.sendall(b'Hey!')
data = client.recv(max_size)
print('At', datetime.now(), 'someone replied', data)
client.close()
```

ストリーミングプロトコルであるTCPを使うために、SOCK_DGRAMはSOCK_STREAMに変えた。また、ストリームをセットアップするためにconnect()呼び出しも追加した。UDPでconnect()呼び出しが不要だったのは、個々のデータグラムがバラバラにインターネットの密林に飛び込んでいくからだ。

tcp_server.pyもUDP版の従兄弟(いとこ)とは違う。

```
from datetime import datetime
import socket

address = ('localhost', 6789)
max_size = 1000

print('Starting the server at', datetime.now())
print('Waiting for a client to call.')
server = socket.socket(socket.AF_INET, socket.SOCK_STREAM)
server.bind(address)
server.listen(5)

client, addr = server.accept()
data = client.recv(max_size)

print('At', datetime.now(), client, 'said', data)
```

```
client.sendall(b'Are you talking to me?')
client.close()
server.close()
```

server.listen(5)は、キューに5個のクライアント接続が溜まったら新しい接続を拒否することを設定する。server.accept()は、最初のメッセージが届いたときにそのメッセージを取り出す。client.recv(1000)は、受け付けられるメッセージのサイズの上限として1,000バイトを設定している。

以前と同じようにサーバーを起動してからクライアントを起動し、どうなるかを見てみよう。まず、サーバーを起動する。

```
$ python tcp_server.py
Starting the server at 2014-02-06 22:45:13.306971
Waiting for a client to call.
```

次に、クライアントを起動する。クライアントはサーバーにメッセージを送り、応答を受け取って終了する。

```
$ python tcp_client.py
Starting the client at 2014-02-06 22:45:16.038642
At 2014-02-06 22:45:16.049078 someone replied b'Are you talking to me?'
```

サーバーは、メッセージを集めて表示し、応答して終了する。

```
At 2014-02-06 22:45:16.048865 <socket.socket object, fd=6, family=2,
type=1, proto=0> said b'Hey!'
```

先ほどのUDPサーバーが応答のためにclient.sendto()を呼び出していたのに対し、TCPサーバーはclient.sendall()を呼び出していることに注意しよう。TCPは、複数のソケット呼び出しにまたがってクライアントとサーバーの接続を維持し、クライアントのIPアドレスを覚えている。

これはそう悪く見えないが、もっと複雑な通信を書こうとすると、低水準のソケットの本当の姿が見えてくるだろう。ソケットレベルで対処しなければならない問題のごく一部を挙げてみよう。

- UDPはメッセージを送るが、サイズが限られており、デスティネーションに届く保証がない。

- TCPはメッセージではなくバイトストリームを送る。毎回の呼び出しでシステムが何バイト送受信することになるかはあらかじめわからない。
- TCPで大きなメッセージを交換するときには、セグメントからメッセージ全体を再構築するために新たな情報が必要になる。固定メッセージサイズ（バイト）、またはメッセージ全体のサイズ、なんらかの区切り文字といったものである。
- メッセージはバイトであり、Unicode文字列ではないので、Pythonの`bytes`型を使わなければならない。文字列とバイト列の詳細については、7章を参照していただきたい。

これだけの問題があっても、ソケットプログラミングに魅力を感じるなら、Python socket programming HOWTO（http://bit.ly/socket-howto）で詳細をチェックしよう。

11.2.5 ZeroMQ

ZeroMQソケットはすでにパブサブのために使ったことがある。ZeroMQはライブラリだが、**強化版ソケット**と呼ばれることがある。ZeroMQソケットは、ただのソケットがしてくれたらよかったのにと思っていたようなことをしてくれる。

- メッセージ全体の交換
- 接続の再試行
- 送信側と受信側のタイミングが合わないときにデータを守るためのデータのバッファリング

オンラインガイド（http://zguide.zeromq.org/）は、しっかりとしており、ユーモアにあふれている。そして、私が見たもののなかではもっともうまくネットワーキングのパターンを説明している。印刷版（Pieter Hintjens著『ZeroMQ: Messaging for Many Applications』）は、あの動物好きな出版社から出ているものだが、表紙に大きな魚の絵が描かれている。それは臭いどころかコードの香り高い本に仕上がっている。印刷されたガイドのなかのサンプルは、すべてC言語で書かれているが、オンラインバージョンでは、ひとつひとつのサンプルについて複数の言語から見たいものを選択できる。そして、Pythonのサンプルも見られるようになっている（http://bit.ly/zeromq-py）。この節では、PythonでZeroMQを使うための基本を示していく。

ZeroMQはレゴセットによく似ている。レゴは、わずかなブロックを組み合わせるだけで驚くほどさまざまなものを作ることができる。この場合は、少数のソケットタイプとパターンからネットワークを構築しようというのである。次のリストは、ZeroMQのソケットタイプで、レゴの基本ブロックに当たる。ちょっとした運命のいたずらにより、これらは先ほど取り上げたネットワーキングのパターンとよく似ている。

- REQ（同期要求）
- REP（同期応答）
- DEALER（非同期要求）
- ROUTERS（非同期応答）
- PUB（パブリッシュ）
- SUB（サブスクライブ）
- PUSH（プッシュ）
- PULL（プル）

これからのコードを自分で試したい場合には、次のコマンドを入力してPython ZeroMQをインストールする必要がある。

```
$ pip install pyzmq
```

もっとも単純なパターンは、ひとつだけの要求/応答のペアだ。これは同期的であり、片方のソケットが要求を発行すると、反対側が応答する。まず、応答（サーバー）のためのコード、zmq_server.pyを見てみよう。

```
import zmq

host = '127.0.0.1'
port = 6789
context = zmq.Context()
server = context.socket(zmq.REP)
server.bind("tcp://%s:%s" % (host, port))
while True:
    #  Wait for next request from client
    request_bytes = server.recv()
    request_str = request_bytes.decode('utf-8')
    print("That voice in my head says: %s" % request_str)
    reply_str = "Stop saying: %s" % request_str
    reply_bytes = bytes(reply_str, 'utf-8')
    server.send(reply_bytes)
```

ここでは、Contextオブジェクトというものを作っているが、これは状態を管理するZeroMQオブジェクトだ。次に、REP(REPly)タイプのZeroMQ socketを作っている。そして、bind()を呼び出し、サーバーが特定のIPアドレスとポートをリスンするようにしている。なお、プレーンソケットのサンプルとは異なり、IPアドレスとポートがタプルではなく'tcp://localhost:6789'のような文字列で指定されていることに注意しよう。

このサンプルは、送信側からの要求を受け取り、応答を送り返すことを続ける。メッセージは非常に長くてもよい。細かいところはZeroMQが処理してくれる。

次は、このサーバーに対応する要求(クライアント)のためのコード、zmq_client.pyだ。タイプはREQ(REQuest)で、bind()ではなくconnect()を呼び出す。

```
import zmq

host = '127.0.0.1'
port = 6789
context = zmq.Context()
client = context.socket(zmq.REQ)
client.connect("tcp://%s:%s" % (host, port))
for num in range(1, 6):
    request_str = "message #%s" % num
    request_bytes = request_str.encode('utf-8')
    client.send(request_bytes)
    reply_bytes = client.recv()
    reply_str = reply_bytes.decode('utf-8')
    print("Sent %s, received %s" % (request_str, reply_str))
```

では、クライアントを起動してみる。面白いことに、プレーンソケットのサンプルとは異なり、サーバーとクライアントのどちらを先に起動してもよい。先に進んでサーバーをバックグラウンドで実行しよう。

```
$ python zmq_server.py &
```

同じウィンドウでクライアントを起動する。

```
$ python zmq_client.py
```

クライアントとサーバーからは、次のように代わる代わる行が出力されるだろう。

```
That voice in my head says 'message #1'
Sent 'message #1', received 'Stop saying message #1'
```

```
That voice in my head says 'message #2'
Sent 'message #2', received 'Stop saying message #2'
That voice in my head says 'message #3'
Sent 'message #3', received 'Stop saying message #3'
That voice in my head says 'message #4'
Sent 'message #4', received 'Stop saying message #4'
That voice in my head says 'message #5'
Sent 'message #5', received 'Stop saying message #5'
```

クライアントは、5個目のメッセージを送ったあと終了するが、サーバーには終了を命じていないので、電話の横に座り、次のメッセージが来るのをじっと待っている。もう一度クライアントを実行すると、同じ5個の行が表示され、サーバーも5個の行を表示する。zmq_server.pyプロセスを強制終了せずに、もうひとつ実行しようとすると、アドレスはすでに使われているとPythonに文句を言われる。

```
$ python zmq_server.py &


[2] 356
Traceback (most recent call last):
  File "zmq_server.py", line 7, in <module>
    server.bind("tcp://%s:%s" % (host, port))
  File "socket.pyx", line 444, in zmq.backend.cython.socket.Socket.bind
      (zmq/backend/cython/socket.c:4076)
  File "checkrc.pxd", line 21, in zmq.backend.cython.checkrc._check_rc
      (zmq/backend/cython/socket.c:6032)
zmq.error.ZMQError: Address already in use
```

メッセージはバイト列として送らなければならないので、サンプルの文字列もUTF-8形式にエンコードしている。文字列をbytesに変換する限り、どんなメッセージでも送れる。ここでは、メッセージのソースとして単純な文字列を使っているので、バイト列との間の変換ではencode()とdecode()を使えば十分だった。メッセージがほかのデータ型も含む場合は、MessagePack（http://msgpack.org/）のようなライブラリを使えばよい。

この単純なREQ-REPパターンでも、任意の数のREQクライアントがひとつのREPサーバーにconnect()できるので、面白い通信パターンを実現できる。サーバーは、一度にひとつずつ同期的に要求を処理していくが、処理中に届いたほかの要求をなくしたりはしない。ZeroMQは、指定された上限まではメッセージをバッファリングする。名前にQが含まれているのはそのためで、このQはQueue（キュー）という意味だ。なお、MはMessage、Zeroはブローカー不要という意味である。

ZeroMQは中央のブローカー（仲介者）を使うことを強制しないが、必要ならブローカーを作ることができる。たとえば、DEALER、ROUTERSソケットを使って複数のソース、デスティネーションを非同期に接続しよう。

複数のREQソケットがひとつのROUTERに接続し、ROUTERは個々の要求をDEALERに渡す。DEALERは自分に接続されているREPソケットとやり取りをする（図11-1）。これは、ウェブサーバーファームの手前のプロキシサーバーとやり取りをしている一連のブラウザという形とよく似ている。複数のクライアントサーバーを必要なだけ追加できる。

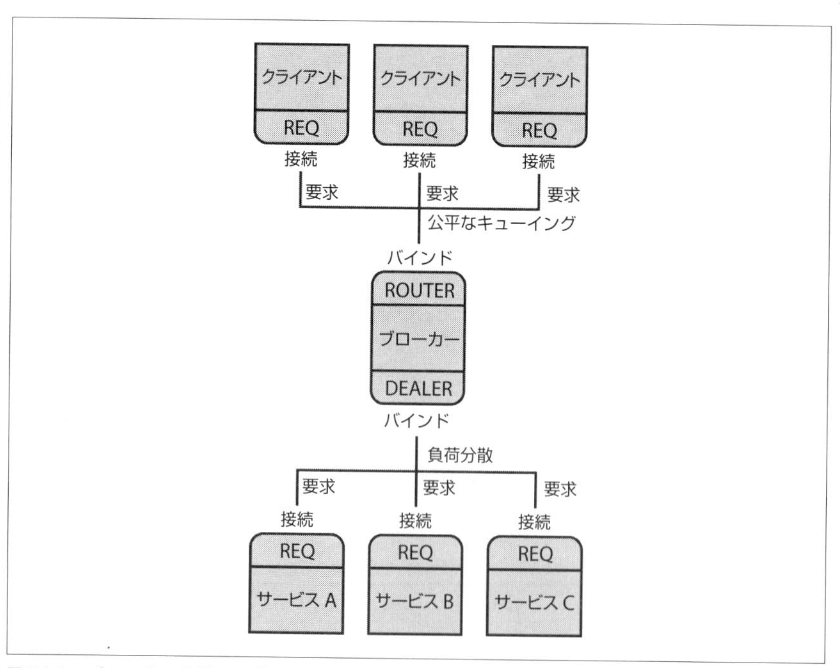

図11-1　ブローカーを使って複数のクライアントとサービスをつなぐ

REQソケットはROUTERソケットにしか接続せず、DEALERはその背後で複数のREPソケットに接続する。要求の負荷を分散し、応答が正しい場所に返されることを保証するためのこまごまとした細部はZeroMQが面倒を見てくれる。

ベンチレーターと呼ばれるネットワーキングパターンでは、PUSHソケットを使って非同期のタスクを分散し、PULLソケットを使って結果を集める。

最後に、ZeroMQで注目すべきもうひとつの機能は、ソケット作成時にソケットの接続タイプを変更するだけで、スケールアップとスケールダウンの**両方**を実現できることだ。

- `tcp`は、ひとつ以上のマシンのプロセス間の通信
- `ipc`は、同じマシンのプロセス間の通信
- `inproc`は、同じプロセスのスレッド間の通信

最後の`inproc`は、スレッド間でロックなしでデータを交換する方法で、「11.1.3 スレッド」の`threading`サンプルの代わりに使える。

ZeroMQを一度使ったら、プレーンなソケットのコードなど二度と書きたくないと思うだろう。

確かに、ZeroMQは、Pythonがサポートする唯一のメッセージングライブラリではない。メッセージのやり取りは、ネットワーキングでもっとも広く使われている考え方のひとつであり、Pythonはほかの言語に遅れを取らないようにしている。Apacheプロジェクト（そのApacheウェブサーバーについては、「9.2.6.1 Apache」で取り上げた）は、ActiveMQプロジェクト（https://activemq.apache.org）もメンテナンスしており、そこには単純なテキストによるSTOMP（http://stomp.github.io/implementations.html）プロトコルを使った複数のPythonインタフェースが含まれている。RabbitMQ（http://www.rabbitmq.com）も人気があり、便利なPythonチュートリアル（http://bit.ly/rabbitmq-tut）を公開している。

11.2.6 Scapy

ネットワークプログラミングでは、ときどきネットワークストリームにどっぷり浸かってバイトが泳いでいくのを見なければならないことがある。Web APIをデバッグしたいとか、セキュリティ問題を突き止めたいといったときがそうである。`scapy`ライブラリは、パケットを精査するためのPythonで書かれたすばらしいツールで、Cプログラムを書いてデバッグするよりもはるかに簡単だ。`scapy`は、実際にはパケットを構築、分析するための小さな言語になっている。

私はここにサンプルコードを入れるつもりだったが、次のふたつの理由から考えを変えた。

- scapyはまだPython 3に移植されていない。と言っても、今まではそれでコードの紹介を止めたりはせず、pip2とpython2を使ってきたところだが…
- scapyのインストール方法(http://bit.ly/scapy-install)は、入門書で紹介するには度を越えている。

それでも試してみたいという読者は、メインドキュメントサイト(http://bit.ly/scapy-docs)のサンプルを見ていただきたい。それを見れば、インストールしてみようという勇気がわくかもしれない。

最後に、scapyと「9.3.4 クロールとスクレイピング」で説明したscrapyを間違えないように注意しよう。

11.2.7 インターネットサービス

Pythonには、守備範囲の広いネットワーキングツールセットが備わっている。以下の節では、もっともよく使われているインターネットサービスの一部の自動化の方法を見ていく。このテーマについては、包括的な正式ドキュメントがある(http://bit.ly/py-internet)。

11.2.7.1 DNS

コンピュータは、85.2.101.94のような数値によるIPアドレスを持っているが、人間は数値よりも名前の方が覚えやすい。DNS (Domain Name System)は、分散データベースを使ってIPアドレスと名前を相互変換するインターネットサービスで、きわめて重要なものだ。ウェブブラウザを使っていて「ホストを解決しています」のようなメッセージが突然現れると、たいていインターネット接続は失われている。そしてこの障害の最初の手がかりはDNSエラーだ。

DNS関数の一部は、低水準のsocketモジュールに含まれている。gethostbyname()は、ドメイン名に対応するIPアドレスを返し、その拡張版であるgethostbyname_ex()は、引数の名前と代替名のリスト、そしてIPアドレスのリストを返す。

```
>>> import socket
>>> socket.gethostbyname('www.crappytaxidermy.com')
'66.6.44.4'
>>> socket.gethostbyname_ex('www.crappytaxidermy.com')
('crappytaxidermy.com', ['www.crappytaxidermy.com'], ['66.6.44.4'])
```

getaddrinfo()は、IPアドレスだけでなく、そこに接続するソケットを作るために必要な情報も返してくる。

```
>>> socket.getaddrinfo('www.crappytaxidermy.com', 80)
[(2, 2, 17, '', ('66.6.44.4', 80)), (2, 1, 6, '', ('66.6.44.4', 80))]
```

上の呼び出しは2個のタプルを返してきているが、最初のものがUDP用、ふたつ目のものがTCP用だ。

TCP、UDPのどちらか片方だけの情報を問い合わせることもできる。

```
>>> socket.getaddrinfo('www.crappytaxidermy.com', 80, socket.AF_INET,
... socket.SOCK_STREAM)
[(2, 1, 6, '', ('66.6.44.4', 80))]
```

一部のTCP、UDP、ポート番号（http://bit.ly/tcp-udp-ports）は、IANAによって特定のサービスのために予約されており、サービス名と対応付けられている。たとえば、HTTPはhttpという名前でTCPポート80に対応付けられている。

以下の関数は、サービス名とポート番号を相互変換する。

```
>>> import socket
>>> socket.getservbyname('http')
80
>>> socket.getservbyport(80)
'http'
```

11.2.7.2 Pythonの電子メールモジュール

標準ライブラリには、次のような電子メールモジュールが含まれている。

- SMTP（Simple Mail Transfer Protocol）で電子メールメッセージを送信するためのsmtplib
- 電子メールメッセージを作成、構文解析するためのemail
- POP3（Post Office Protocol 3）で電子メールメッセージを読み出すためのpoplib
- IMAP（Internet Message Access Protocol）で電子メールメッセージを読み出すためのimaplib

公式ドキュメントには、これらすべてのライブラリのサンプルコードが含まれている(http://bit.ly/py-email)。

Pythonで独自のSMTPサーバーを書いてみたいなら、smtpd(http://bit.ly/py-smtpd)を試してみるとよい。

ピュアPythonによるSMTPサーバー、Lamson(http://lamsonproject.org/)は、データベースにメッセージを格納でき、スパムをブロックすることさえできる。

11.2.7.3 その他のプロトコル

標準のftplibモジュール(http://bit.ly/py-ftplib)を使えば、FTP(File Transfer Protocol)を使ってバイトをプッシュできる。FTPは古いプロトコルだが、今でもしっかりと機能する。

これらのモジュールの多くは、本書のさまざまな箇所ですでに取り上げているが、インターネットプロトコルの標準ライブラリによるサポートについてのドキュメント(http://bit.ly/py-internet)は読んでいただきたい。

11.2.8 ウェブサービスとAPI

情報プロバイダは、かならずウェブサイトを持っているが、それは人間の目を相手にしたもので、オートメーションのためではない。データがウェブサイトの形でしか公開されていなければ、データにアクセスして構造化したいユーザーはスクレイパーを作り(「9.3.4 クロールとスクレイピング」で示したように)、ページの書式が変わるたびにそれを書き直さなければならなくなる。これはたいていうんざりする仕事だ。それに対し、ウェブサイトがデータにアクセスするためのAPIを提供していれば、クライアントプログラムが直接データにアクセスできる。APIは、ウェブページのレイアウトほど頻繁には変更されないので、クライアントの書き直しの回数も減る。高速でクリーンなデータパイプラインを作れば、**マッシュアップ**、すなわち便利で利益さえ生み出せる意表を突いた素材の組み合わせも作りやすくなる。

さまざまな意味でもっとも簡単なAPIは、ウェブインタフェースでありながら、(プレーンテキストやHTMLではなく)JSONやXMLなどの構造化された形式でデータを提供してくれるものだ。そのようなAPIは必要最小限のものかもしれないし、本格的なRESTful API(「9.3.2 Web APIとREST」参照)かもしれないが、いずれにしてもせわしない(restlessな)バイト列の代わりに別の取り出し口を提供してくれる。

本書の冒頭の部分に行けばWeb APIが見られる。そのコードはYouTubeからもっとも人気の高いビデオを拾ってくる。しかし、ウェブ要求、JSON、辞書、リスト、スライスについて学んだ今の読者なら、次のサンプルの方がなるほどと思うかもしれない。

```
import requests
url = "https://raw.githubusercontent.com/koki0702/introducing-python/
master/dummy_api/youTube_top_rated.json"
response = requests.get(url)
data = response.json()
for video in data['feed']['entry'][0:6]:
    print(video['title']['$t'])
```

APIは、Twitter、Facebook、LinkedInなどの有名なSNSサイトをマイニングしたいときに特に役立つ。これらのサイトはすべて自由に使えるAPIを提供しているが、どれもユーザー登録して接続時に使うキー（生成された長い文字列、**トークン**と呼ばれることもある）を手に入れる必要がある。サイトは、キーによって誰がデータにアクセスしているかを知ることができる。キーは、サーバーに対する要求トラフィックを制限するための手段としても使える。先ほど触れたYouTubeのサンプルは、サーチのためにAPIを使う必要はないが、YouTubeのデータを更新する呼び出しをする場合には、APIが必要だ。

面白いサービスAPIをいくつか挙げておこう。

- New York Times（http://developer.nytimes.com/）
- YouTube（https://developers.google.com/apis-explorer/#p/youtube/v3/）
- Twitter（https://dev.twitter.com/overview/api/twitter-libraries）
- Facebook（https://developers.facebook.com/tools-and-support/）
- Weather Underground（http://www.wunderground.com/weather/api/）
- Marvel Comics（http://developer.marvel.com/）

付録Bには地図 APIのサンプル、付録Cにはその他のAPIのサンプルが掲載されている。

11.2.9 リモート処理

本書のほとんどのサンプルコードは、同じマシン、そしてたいていは同じプロセスのPythonコードの呼び出し方を示していた。しかし、Pythonの表現力のおかげで、ローカルマシンと同じようにほかのマシンのコードを呼び出すこともできる。高度な設定のもとでは、1台のマシンでスペースを使いきってしまったときに、ほかのマシンにまでスペースを広げることができる。マシンのネットワークを相手にすれば、もっと多くのプロセス、スレッドにアクセスできる。

11.2.9.1 RPC

RPC（Remote Procedure Calls）は、通常の関数呼び出しのように見えるが、ネットワークを越えてリモートマシンで実行される。URLや要求本体にエンコードされた引数を使ってRESTful APIを呼び出すのではなく、ローカルマシンのRPC関数を呼び出すのである。RPCクライアントで水面下で行われているのは次のようなことだ。

1. RPC関数は関数への引数をバイト列に変換する（この処理は、**マーシャリング**、**シリアライズ**、**直列化**、**エンコード**などと呼ばれることがある）。
2. エンコードされたバイト列をリモートマシンに送る。

そして、リモートマシンでは次のことが行われる。

1. エンコードされた要求バイトを受信する。
2. バイト列を受信し終えたら、RPCクライアントはバイト列をデコードして元のデータ構造（または2台のマシンのハードウェア、ソフトウェアが異なる場合は同等のもの）を復元する。
3. ローカル関数を見つけて、デコードされたデータを渡して呼び出す。
4. 関数の実行結果をエンコードする。
5. エンコードされたバイトを呼び出し元に送り返す。

最後に、呼び出しを送ったマシンがバイト列をデコードして値を返す。

RPCは人気の高いテクニックで、さまざまな方法で実装されている。サーバー側では、サーバープログラムを起動し、サーバーとなんらかのバイトトランスポート、エンコード/デコードメソッドをつなぎ、サービス関数を定義し、**RPCが稼働中**というサインを点灯する。クライアントはサーバーに接続し、RPCを介して関数のどれかを呼び出す。

標準ライブラリには、XMLを交換形式とするRPCの実装がひとつ含まれている。`xmlrpc`のことだ。サーバー側で関数を定義して登録すると、クライアントはまるでインポートされたもののようにその関数を呼び出す。まず、xmlrpc_server.pyファイルから見てみよう。

```
from xmlrpc.server import SimpleXMLRPCServer

def double(num):
    return num * 2

server = SimpleXMLRPCServer(("localhost", 6789))
server.register_function(double, "double")
server.serve_forever()
```

サーバーで提供している関数はdouble()という名前だ。この関数は、引数として1個の数値を取り、その数値の倍の値を返す。サーバーは、アドレスとポートを引数として起動する。クライアントがRPC経由で関数にアクセスできるようにするには、その関数を登録する必要がある。最後に、サービスの提供を開始して実行を続けていく。

次はクライアントのxmlrpc_client.pyを見てみよう。

```
import xmlrpc.client

proxy = xmlrpc.client.ServerProxy("http://localhost:6789/")
num = 7
result = proxy.double(num)
print("Double %s is %s" % (num, result))
```

クライアントは、ServerProxy()を使ってサーバーに接続する。次に、proxy.double()を呼び出す。この関数はどこから来たのだろうか。これはサーバーが動的に作ったのである。RPCのメカニズムは、手品のようにリモートサーバー呼び出しにリモート関数名を添えることができる。

それでは試してみよう。サーバーを起動する。

```
$ python xmlrpc_server.py
```

次に、クライアントを実行する。

```
$ python xmlrpc_client.py
Double 7 is 14
```

サーバーは、次のように表示する。

```
127.0.0.1 - - [13/Feb/2014 20:16:23] "POST / HTTP/1.1" 200 -
```

よく使われるトランスポートの手段はHTTPとZeroMQだ。よく使われるエンコーディングは、XML以外では、JSON、プロトコルバッファ、メッセージパックなどだ。JSONベースのRPCのためのPythonパッケージは多数あるが、その多くはまだPython 3をサポートしていなかったり、少しもたついていたりするようだ。JSON以外のものを見てみよう。メッセージパック自身が用意しているPython RPC実装（http://bit.ly/msgpack-rpc）だ。インストールは、次のようにする。

```
$ pip install msgpack-rpc-python
```

こうすると、このライブラリがトランスポートとして使うPythonで書かれたイベントベースウェブサーバー、tornadoもインストールされる。いつもと同じように、まずサーバーから見ていく（msppack_server.py）。

```
from msgpackrpc import Server, Address

class Services():
    def double(self, num):
        return num * 2

server = Server(Services())
server.listen(Address("localhost", 6789))
server.start()
```

Servicesクラスは、RPCサービスとしてメソッドを公開している。それでは、先に進んでクライアントのmsppack_client.pyを見よう。

```
from msgpackrpc import Client, Address

client = Client(Address("localhost", 6789))
num = 8
result =  client.call('double', num)
print("Double %s is %s" % (num, result))
```

そして、いつもと同じように、サーバーを起動してからクライアントを起動して結果を見る。

```
$ python msppack_server.py
```

```
$ python msppack_client.py
Double 8 is 16
```

11.2.9.2 fabric

fabricパッケージは、リモート、ローカルコマンドを実行し、ファイルをアップロード、ダウンロードするために使われるもので、sudoで特権ユーザーのもとで実行される。このパッケージは、リモートマシンでプログラムを実行するためにはSSHを使う(テキストを暗号化してやり取りするリモートシェルで、telnetはほぼこれに取って代わられている)。関数はいわゆる**fabricファイル**に（Pythonで）書き、それをローカル、リモートのどちらで実行すべきかを指示する。fabricプログラム（fabという名前だが、ビートルズや洗濯洗剤とは関係ない）を実行するときに、どのリモートマシンを使ってどの関数を呼び出すかを指定する。先ほど示したRPCのサンプルよりも簡単だ。

本稿執筆中に、fabricの作者はPython 3で動作するようにするためのフィックスをマージしていた。その作業が完了すれば、下のサンプルは動くはずだ。それまではPython 2を使って実行しなければならない。

まず、次のように入力してfabricをインストールする。

```
$ pip2 install fabric
```

fabricファイルのPythonコードをローカルに実行するときには、SSHを使わず直接実行できる。次のファイルをfab1.pyという名前で保存しよう。

```
def iso():
    from datetime import date
    print(date.today().isoformat())
```

そして、次のようにして実行する。

```
$ fab -f fab1.py -H localhost iso

[localhost] Executing task 'iso'
2014-02-22

Done.
```

-f fab1.pyオプションは、デフォルトのfabfile.pyではなくfab1.pyファイルを使えと言っている。-H localhostオプションは、ローカルマシンでコマンドを実行せよという意味だ。最後の'iso'は、fabricファイル内の実行すべき関数の名前である。これは、先ほど見たRPCのように動作する。オプションは、fabricのドキュメントページ(http://docs.fabfile.org/)で詳しく説明されている。

ローカル、リモートマシンで外部プログラムを実行するには、SSHサーバーが実行されていなければならない。Unix系のシステムでは、sshdがそれだ。`service sshd status`を実行すればsshdが起動されているかどうかがわかり、必要なら`service sshd start`でsshdを起動すればよい。Macでは、「システム環境設定」を開き、「共有」をクリックし、「リモートログイン」チェックボックスをクリックする。Windowsには、組み込みのSSHサポートはないので、Putty(http://bit.ly/putty-ssh)をインストールするとよいだろう。

関数名はまた`iso`とするが、今度は`local()`を使ってコマンドを実行する。コマンドと出力は次のとおりだ。

```
from fabric.api import local

def iso():
    local('date -u')
```

```
$ fab -f fab2.py -H localhost iso

[localhost] Executing task 'iso'
[localhost] local: date -u
Sun Feb 23 05:22:33 UTC 2014

Done.
Disconnecting from localhost... done.
```

`local()`のリモート版は`run()`だ。次のような`fab3.py`を用意する。

```
from fabric.api import run

def iso():
    run('date -u')
```

`run()`を使うと、`fabric`は、コマンドラインの`-H`オプションで指定されたホストにSSHを使って接続する。読者がLANに接続していてSSH経由でホストに接続できるなら、`-H`の後ろにホスト名を指定して試してみるとよい(次のい実行例のようにして)。そうでなければ、`localhost`を指定すれば、まるでほかのマシンとやりとりしているかのように動作する。テスト用にはこれは便利だ。ここでは`loalhost`を再び使うことにする。

```
$ fab -f fab3.py -H localhost iso

[localhost] Executing task 'iso'
[localhost] run: date -u
[localhost] Login password for 'yourname':********
[localhost] out: Sun Feb 23 05:26:05 UTC 2014
[localhost] out:

Done.
Disconnecting from localhost... done.
```

コマンドがログインパスワードの入力を求めてきたことに注意しよう。これを避けたければ、次のようにfabricファイルにパスワードを埋め込むこともできる。

```
from fabric.api import run
from fabric.context_managers import env

env.password = "your password goes here"

def iso():
    run('date -u')
```

実行してみよう。

```
$ fab -f fab4.py -H localhost iso

[localhost] Executing task 'iso'
[localhost] run: date -u
[localhost] out: Sun Feb 23 05:31:00 UTC 2014
[localhost] out:

Done.
Disconnecting from localhost... done.
```

コード内にパスワードを書くと、コードが脆弱になり、セキュリティ面でも問題がある。ssh-keygen（http://bit.ly/genkeys）を使ってSSHの公開鍵と非公開鍵をセットアップして必要なパスワードを指定する方がよい。

11.2.9.3 Salt

Salt（http://www.saltstack.com/）は、リモート実行を実現するための方法としてスタートしたが、現在では本格的なシステム管理プラットフォームに成長している。SSHではなくZeroMQを使うことによって、数千台のサーバーにスケールアップすることができる。

SaltはまだPython 3に移植されていない。ここではPython 2のサンプルも示さない。興味のある読者は、ドキュメントを読み、移植完了の発表に注意するようにしていただきたい。

同じようなシステムとしてpuppet（http://puppetlabs.com/）やchef（https://www.chef.io/chef/）があるが、これらはRubyと密接に結びついている。ansible（http://www.ansible.com/home）はSaltと同様にPythonで書かれている。ansibleは無料でダウンロードして使うことができるが、サポートや一部のアドオンパッケージを使うためには商用ライセンスが必要だ。デフォルトでSSHを使っており、管理対象のマシンに特別なソフトウェアをインストールする必要はない。
saltとansibleは、どちらも初期設定、デプロイ、リモート実行を処理し、機能的にはfabricのスーパーセットになっている。

11.2.10 ビッグデータとMapReduce

Googleなどのインターネット企業は、成長して大企業になる過程で、従来のコンピューティングソリューションにはスケーラビリティがないことに気づいた。1台、あるいは数十台のマシンで動作するソフトウェアでも、数千台のマシン上で実行すると手に負えなくなる。

データベースやファイルを格納するハードディスクは、ディスクヘッドの機械的な移動を必要とする**シーク**があまりにも多い（LPレコードを思い出してみよう。手で次のトラックに針を移動するためにどれだけの時間がかかることか。そして、勢いよく落としてしまったときのキーという音。レコードの持ち主も大騒ぎになることは言うまでもない）。しかし、ディスクの連続した領域を**ストリーミング**すればはるかに高速に動作する。

デベロッパーたちは、独立したマシンを使うよりも、ネットワーク化された多数のマシンにデータを分散させて分析した方が高速だということに気づいていた。単純に感じられるようなアルゴリズムを使っても、データを大きく分散させた方が全体としてパフォーマンスが上がったのである。MapReduceはそのようなもののひとつで、多くのマシンに計算をばらまき、結果を集める。キューの操作に似ている。

Googleが結果を論文にして公開すると、YahooもそのあとをJavaベースの**Hadoop**というオープンソースパッケージを作った（Hadoopという名前は、リードプログラマーの子息が持っていたおもちゃの象にちなんだものだ）。

ビッグデータという言葉はこのようなところで使われる。単に「大きすぎて自分のマシンに入りきらないデータ」という意味だ。ディスク、メモリ、CPU時間、あるいはそれらすべてよりも大きいデータということである。どこかでビッグデータが問題として話題になると、かならずHadoopに行き着く会社すらある。Hadoopは、多数のマシンにデータをコピーし、MapReduceプログラムで処理して、各ステップで結果をディスクに保存する。

このバッチ処理は遅くなる危険性がある。それに対し、Unixのパイプに似た**Hadoopストリーミング**という方法では、各ステップごとにディスク書き込みをせずにプログラム群にデータをストリーミングしていく。Hadoopストリーミングプログラムは、Pythonを含む任意の言語で書くことができる。

Hadoopのために多くのPythonモジュールが書かれてきた。その一部は、「A Guide to Python Frameworks for Hadoop」（http://bit.ly/py-hadoop）というブログポストで論じられている。音楽のストリーミングで知られるSpotifyは、Hadoopストリーミング用に開発したPythonコンポーネント、Luigi（https://github.com/spotify/luigi）をオープンソース化した。しかし、Python 3版にはまだ互換性のない部分が残っている。

Spark（http://bit.ly/about-spark）というライバルは、Hadoopよりも10倍から100倍高速で実行されるように設計されている。Sparkは、Hadoopデータソースと、フォーマットをすべて読み出し、処理することができる。Sparkには、Pythonなどの言語を対象とするAPIが含まれている。インストール方法のドキュメントは、オンラインで読むことができる（http://bit.ly/dl-spark）。

Hadoopのもうひとつのライバルシステム、Disco（http://discoproject.org/）は、MapReduce処理にPython、通信にErlangを使っているが、`pip`ではインストールできない。詳しくはドキュメント（http://bit.ly/get-disco）を参照していただきたい。

なお、大規模な構造化された計算を多くのマシンに分散処理させる並列プログラミング関連の話題は付録Cで取り上げているので参照していただきたい。

11.2.11 クラウドでの処理

自社用のサーバーを購入し、データセンターのラックに据え付け、それらにオペレーティングシステム、デバイスドライバ、ファイルシステム、データベース、ウェブサーバー、メールサーバー、ネームサーバー、ロードバランサー、モニターなどなどのソフトウェアを積み上げていったのはそう遠い過去の話ではない。複数のシステムを生かし、反応できる状態に保つために悪戦苦闘していると、最初の物珍しさはどこかに消えてしまう。そして、いつもセキュリティの心配をしていなければならなかった。

その後、有料でサーバーの面倒を見てくれるホスティングサービスが出てきたが、それでも物理デバイスをリースし、いつもピーク時の負荷に合わせた設定に対して料金を支払わなければならなかった。

マシンが増えてくると、ハードウェアエラーは珍しくなくなり、日常茶飯事になる。サービスを拡張するとともに、冗長データを保存しなければならない。ネットワークが1台のマシンと同じように動作するつもりでいるわけにはいかない。Peter Deutschによれば、分散コンピューティングに対する8つの誤解は、次のとおりだ。

- ネットワークは信頼できる。
- レイテンシなどない。
- 帯域幅は無限だ。
- ネットワークはセキュアだ。
- トポロジーは変わらない。
- 管理者はひとりでよい。
- トランスポートにはコストがかからない。
- ネットワークは同種だ。

複雑な分散システムを作ろうとすることは不可能なことではないが、それは大仕事であり、さまざまなツールセットが必要になる。喩え話で言うと、数台のサーバーが相手なら、それらのサーバーを「ペット」のように扱うことができる。名前を与えて、個性を覚え、必要になったら手当をして健全な状態に戻すことができる。しかし、システムが大規模になると、サーバーは「家畜」のようになる。外見はみな同じようであり、番号が付けられ、問題を起こしたらすぐに交換されてしまう。

しかし、今は分散システムを構築しなくても、**クラウド**のサーバーを借りることができる。このモデルを採用すると、メンテナンスは他人の問題になり、自分のサービスやブログ、その他世界に対して見せたいものに集中できる。ウェブ経由で利用できるダッシュボードとAPIを使えば、必要な設定を持つサーバーをすばやく簡単に立ち上げることができる。クラウドは**弾力的**だ。状態を監視し、なんらかの指標が限界値を越えたらアラートを受けることができる。クラウドは今とてもホットな話題であり、クラウドコンポーネントにコストをかけた企業は急成長している。

それでは、Pythonでクラウドを操作する人気の高い方法を見ておこう。

11.2.11.1 Google

Googleは、社内でPythonをかなり使っており、特に優れたPythonデベロッパーを何人か雇っている（Guido van Rossum自身さえ、一時Googleの社員だった）。

App Engineのサイト（https://developers.google.com/appengine/）に行き、「Choose a Language」でPythonのボックスをクリックすると、Cloud PlaygroundにPythonコードを入力して結果を見ることができる。そのすぐあとには、Python SDKをダウンロードするためのリンクと説明がある。このSDKを使うと自分のハードウェア上でGoogleのクラウドAPIを呼び出すコードを開発できる。そのあとでは、アプリケーションをAppEngineにデプロイする方法が詳しく説明されている。

Googleのメインクラウドページ（https://cloud.google.com/）に行くと、次のようなGoogleクラウドサービスの詳しい説明を見ることができる。

App Engine

　`flask`、`django`などのPythonツールも含まれる高水準プラットフォーム。

Compute Engine

　大規模な分散コンピューティングタスクのために仮想マシンクラスタを作る。

Cloud Storage

　オブジェクトのストレージ（オブジェクトはファイルだが、ディレクトリ階層はない）。

Cloud Datastore

　大規模なNoSQLデータベース。

Cloud SQL

　大規模なSQLデータベース。

Cloud Endpoints

アプリケーションへのRESTfulによるアクセス。

BigQuery

Hadoop風のビッグデータ。

GoogleのサービスはAmazon、OpenStackと競合している。

11.2.11.2 Amazon

Amazonは、数百台のサーバーから数千台、数百万台に成長してきたが、その過程でデベロッパーたちは分散システムのありとあらゆる質の悪い問題にぶつかってきた。2002年頃のある日、CEOのJeff Bezosは、それ以降データや機能は、すべてネットワークサービスインタフェースを介して公開しなければならないと社員たちに宣言した。ファイル、データベース、ローカル関数呼び出しは使ってはならないというのである。彼らは一般公開されるもののようにインタフェースを設計しなければならなかった。Bezosのメモは、モチベーションを鼓舞する文句で締めくくられていた。**「やらない人間はすべてクビだ」**

当然ながら、デベロッパーたちは仕事にとりかかり、時間とともに非常に大規模なサービス指向アーキテクチャを作り上げた。彼らはさまざまなソリューションを借用したり作り出したりして、今、市場を支配しているAWS（Amazon Web Services、http://aws.amazon.com/）を作った。現在は数十ものサービスを含んでいるが、もっとも重要なのは次のものだ。

Elastic Beanstalk

高水準アプリケーションプラットフォーム。

EC2 (Elastic Compute)

分散コンピューティング。

S3 (Simple Storage Service)

オブジェクトのストレージ。

RDS

リレーショナルデータベース（MySQL、PostgreSQL、Oracle、MSSQL）。

DynamoDB

NoSQLデータベース。

Redshift

データウェアハウス。

EMR

Hadoop。

これらやその他のAWSサービスの詳細については、Amazon Python SDK (http://bit.ly/aws-py-sdk) をダウンロードして、ヘルプセクションを読んでいただきたい。

公式のPython AWSライブラリ、`boto` (http://docs.pythonboto.org/) も気になる存在だ。近頃、Python 3もサポートされたので、気になる方はチェックしてほしい。

11.2.11.3 OpenStack

2番目に人気の高いクラウドサービスプロバイダは、Rackspaceだったが、2010年にRackspaceはNASAと異例の業務提携を行い、NASAのクラウドインフラの一部をマージしてOpenStack (http://www.openstack.org) になった。OpenStackは、公開、非公開、ハイブリッドクラウドを作るために自由に使えるオープンソースプラットフォームだ。6か月ごとに新リリースがある。最新リリースには、多くのコントリビュータが提供した125万行のPythonコードが含まれている。OpenStackは、CERN、PayPalを含む多くの企業、組織で本番用に使われている。

OpenStackのメインAPIはRESTfulで、プログラムインタフェースを提供するPythonモジュールとシェルオートメーションのためのコマンドラインPythonプログラムがある。現在のリリースに含まれる標準サービスの一部を紹介しよう。

Keystone

認証（ユーザー/パスワードなど）、権限付与、サービスディスカバリなどの機能を提供する**アイデンティティ**サービス。

Nova

ネットワーク化されたサーバーに作業を分散させる**計算**サービス。

Swift

Amazonの S3のような**オブジェクトストレージ**。RackspaceのCloud Filesサービスが使っている。

Glance

中間水準の**イメージストレージ**サービス。

Cinder

低水準の**ブロックストレージ**サービス。

Horizon

すべてのサービスを対象とするウェブベースの**ダッシュボード**。

Neutron

ネットワーク管理サービス。

Heat

オーケストレーション（マルチクラウド）サービス。

Ceilometer

遠隔測定（メトリクス管理、モニタリング、検針）サービス。

そのほかのサービスも次々に提案されており、そのなかにはインキュベーションプロセスを経て、標準のOpenStackプラットフォームの一部になるものもある。

OpenStackは、Linux、またはLinux仮想マシン（VM）で動作する。コアサービスのインストールはまだ少し込み入っている。Linuxにもっとも手早くOpenStackをインストールする方法は、Devstack（http://devstack.org/）だ。実行中に表示される説明のテキストを見ていると、最後にほかのサービスを表示、制御できるウェブダッシュボードが表示される。

手作業でOpenStackの一部または全部のサービスをインストールしたい場合は、Linuxディストリビューションのパッケージマネージャを使う。主要なLinuxベンダーは、すべてOpenStackをサポートしており、ダウンロードサーバーで公式パッケージを提供している。OpenStackのメインサイトには、インストールマニュアル、ニュース、関連情報が掲載されている。

OpenStackの開発と企業サポートは加速度的に進んでいる。OpenStackは、Unix

の各種プロプライエタリバージョンを駆逐していったLinuxに喩えられることが多い。

11.3 復習課題

11-1 プレーンなsocketを使って現在時サービスを実装しよう。クライアントがサーバーにtimeという文字列を送ると、ISO文字列で現在の日時を返すものとする。

11-2 ZeroMQのREQ、REPソケットを使って同じことをしてみよう。

11-3 XMLRPCで同じことをしてみよう。

11-4 テレビ番組『アイ・ラブ・ルーシー』で、ルーシーとエセルがチョコレート工場で働いていたシーンを覚えているだろうか。紙で包むチョコが送られてくるベルトコンベアーがスピードアップすると、彼女たちはついていけなくなる。Redisリストにさまざまなタイプのチョコをプッシュすると、ルーシーがこのリストに対してブロックを起こすポップを行うというシミュレーションを書いてみよう。彼女がチョコを1個包むのに0.5秒かかる。ルーシーがポップするたびに時刻とチョコのタイプと残っているチョコが何個あるかを表示しよう。

11-5 ZeroMQを使って7.3節の詩の単語を一度にひとつずつパブリッシュしよう。また、母音で始まる単語を表示するZeroMQサブスクライバと、5字の単語を表示する別のサブスクライバを書こう。句読点などの記号は無視してよい。

12章 パイソニスタになろう

時間をさかのぼって若いときの自分と闘ってみたいといつも思っていた？
それなら君はソフトウェア開発にぴったりだ！
── Elliot Loh（http://bit.ly/loh-tweet）

この章では、Python開発のサイエンスとコツ、ベストプラクティスとして推奨すべき習慣を紹介していく。ここに書かれていることが身につけば、あなたも本物の“パイソニスタ”になれる。

12.1 プログラミングについて

まず、個人的な経験から、プログラミングについていくつかコメントしておきたい。

私はもともと科学者で、実験データを分析、表示するためにプログラミングを独学で身につけた。コンピュータプログラミングは、経理の仕事のようなもので、正確だけれども退屈なものだと思っていたが、実際にやってみると面白いので驚いた。面白さの一部は、パズルを解くような論理的な側面だったが、創造的な部分にも惹かれた。正しい結果を得るためには、プログラムを正しく書かなければならないが、それをどのように書くかは好きなように選ぶ自由がある。右脳的思考と左脳的思考が絶妙のバランスで含まれているのだ。

プログラミングの仕事に転身したあと、この分野にはさまざまなニッチがあり、バラエティに富んだ仕事と色々なタイプの人々がいることも学んだ。コンピュータグラフィックス、オペレーティングシステム、ビジネスアプリケーション、…科学計算だってある。

あなたがプログラマーなら、きっと同じような経験をしているだろう。そうでない読者は、少しプログラミングに取り組んでみて、自分の個性に合うかどうか、少なくとも何か仕事を片付けるために役立つかを考えてみよう。本書のかなり前の方で言ったことだが、数学の能力はそれほど重要ではない。もっとも重要なのは論理的な思考能力で、言語的な面で才能があれば役に立つ。それから、特にコードのなかのつかみどころのないバグを追跡しているときには、忍耐力がものを言う。

12.2 Pythonコードを見つけてこよう

なんらかのコードを開発しなければならないとき、もっとも早いのはちょうどいいものを盗んでくることだ。もちろん、それはいただいてきてもよいところからもらうということだが。

Pythonの標準ライブラリ（http://docs.python.org/3/library/）は、範囲が広く、内容的に深く、基本的に明確に書かれている。まず、ここに潜り込んで宝物を探そう。

さまざまなスポーツの殿堂入りと同じで、モジュールが標準ライブラリ入りするまでには時間がかかる。新しいパッケージでまだ標準ライブラリに入っていないものが次々に現れる。本書でも、全体を通じて新しいことをしてくれるモジュールや古いことを従来よりもよくしてくれるモジュールをいくつか紹介してきた。Pythonは、「バッテリー同梱」と宣伝されているが、新しいタイプのバッテリーが必要になることもある。

それでは、標準ライブラリ以外でどこによいPythonコードを探しに行ったらよいだろうか。

まず行くべき場所は、PyPI（Python Package Index、https://pypi.python.org/pypi）だ。以前は、モンティ・パイソン（Monty Python）にちなんで**チーズショップ**と呼ばれていたが、このサイトにはコンスタントにPythonパッケージが集まってくる。本稿執筆時点では39,000個ある。`pip`（次節参照）は、実はPyPIにパッケージを探しに行く。PyPIのメインページには、もっとも新しく追加されたパッケージが表示される。直接サーチすることもできる。たとえば、**表12-1**は、`genealogy`（系譜学）をサーチした結果だ。

表12-1　PyPIで見つかる系譜学関連のパッケージ（本書執筆時点での検索結果）

パッケージ	ウェイト*	説明
`Gramps 3.4.2`	5	あなたの家系図を調査、組織、シェアする
`Python-fs-stack 0.2`	2	すべての家族検索APIに対するPythonラッパー
`human-names 0.1.1`	1	人名
`nameparser 0.2.8`	1	人名を読み取り、コンポーネントごとに分割する単純なPythonモジュール

もっともよくマッチしたものにもっとも高いウェイト値が与えられる。そこで、この場合は`Gramps`がもっともよさそうだ。リンク先のウェブサイトに行って、ドキュメン

トとダウンロードリンクをチェックしてみよう。

人気の高いリポジトリとしては、GitHubもある。現在人気を集めているPythonパッケージ（https://github.com/trending?l=python）を見てみよう。

また、Popular Python recipes（http://bit.ly/popular-recipes）には、さまざまなテーマの4,000を越える短いPythonプログラムが集められている。

12.3　パッケージのインストール

Pythonパッケージをインストールする方法は3種類ある。

- 可能なら`pip`を使う。日頃使用するであろうPythonパッケージの大半は、`pip`でインストールできる。
- オペレーティングシステムのパッケージマネージャを使えることがある。
- ソースからインストールする。

同じ分野の複数のパッケージに関心を持っているときには、それらを含んでいるPythonディストリビューションが見つかることがある。たとえば、付録Cでは、個別にインストールすると大変だが、Anacondaのようなディストリビューションでまとめてインストールできる科学計算プログラムを試す。

12.3.1　pipの使い方

Pythonのパッケージには限界があった。初期のインストールツール、`easy_install`は`pip`に取って代わられたが、どちらも標準のPythonインストレーションに含まれていない。`pip`を使ってパッケージをインストールすることになっているのに、どこから`pip`を取ってきたらよいのだろうか。Python 3.4からは、このような存在の危機を避けるために、ようやくPythonのインストレーションに`pip`が組み込まれることになった。それよりも前のバージョンのPythonを使っていて`pip`がない場合は、http://www.pip-installer.orgからインストールすればよい。

`pip`のもっとも単純な使い方は、次のコマンドで単一のパッケージの最新バージョンをインストールするというものだ。

```
$ pip install flask
```

`pip`は、サボっていると思われないように、自分がしていることを詳しく報告する。

ダウンロードして、setup.pyを実行して、ディスクにファイルをインストールして、その他細かいことをした、と。

pipに特定のバージョンをインストールするよう要求することもできる。

```
$ pip install flask==0.9.0
```

最低限必要なバージョンを指定することもできる（どうしてもなくては困る機能が特定のバージョン以降にあることがわかっていたら、これは便利だ）。

```
$ pip install 'flask>=0.9.0'
```

上のコマンドラインは、最後の部分をシングルクォートで囲んであるため、>が=0.9.0というファイルへの出力のリダイレクトだとシェルに解釈される危険がない。

複数のPythonパッケージをインストールしたい場合は、要件ファイル（http://bit.ly/pip-require）を使えばよい。オプションは多数あるが、もっとも単純なのは、1行にひとつずつパッケージを書いた形のリストだ。オプションで特定のバージョン、または相対バージョンを指定できる。

```
$ pip -r requirements.txt
```

上のrequirements.txtファイルは、たとえば次のような内容になっている。

```
flask==0.9.0
django
psycopg2
```

12.3.2 パッケージマネージャの使い方

AppleのOS Xには、サードパーティーのパッケージャであるhomebrew（brew、http://brew.sh/）とports（http://www.macports.org/）が含まれている。これらはpipと少し似た形で動作するが、Pythonパッケージだけに制限されていないところが異なる。

Linuxには、ディストリビューションごとに別々のマネージャが用意されている。もっともよく使われているのは、apt-get、yum、dpkg、zypperだ。

Windowsには、Windowsインストーラと拡張子.msiのパッケージファイルがある。Windows用のPythonをインストールするときには、おそらくMSI形式のファイルを使っている。

12.3.3 ソースからのインストール

Pythonパッケージができたばかりで、作者がpipでインストールできるようにしていないということがときどきある。パッケージを構築するには、一般に次のようにする。

1. コードをダウンロードする。
2. アーカイブ化されていたり圧縮されていたりする場合は、zip、tarなどの適切なツールを使ってファイルを抽出する。
3. setup.pyファイルが格納されているディレクトリで、python install setup.pyを実行する。

いつものことだが、ダウンロードやインストールしようとしているものには十分に注意しなければならない。Pythonプログラムは読めるテキストになっており、マルウェアを隠すのは少し難しいが、不可能ではない。

12.4 IDE（統合開発環境）

本書では、プログラムに対してプレーンテキストによるインタフェースを使ってきたが、だからといってすべてのプログラムをコンソールやテキストウィンドウで実行しなければならないわけではない。フリー、商用のIDE（統合開発環境）は多数作られている。IDEとは、テキストエディタ、デバッガ、ライブラリ検索などのツールを使えるようになっているGUIのことだ。

12.4.1 IDLE

IDLE（http://bit.ly/py-idle）は、標準ディストリビューションに含まれている唯一のPython IDEである。Tkinterを基礎としており、GUIはわかりやすい。

12.4.2 PyCharm

PyCharm（http://www.jetbrains.com/pycharm/）は、最近の多機能なグラフィックIDEだ。コミュニティエディションは無料で、学校やオープンソースプロジェクトで使う場合には、プロフェッショナルエディションでも無料ライセンスが得られる。**図12-1**

は、初期画面だ。

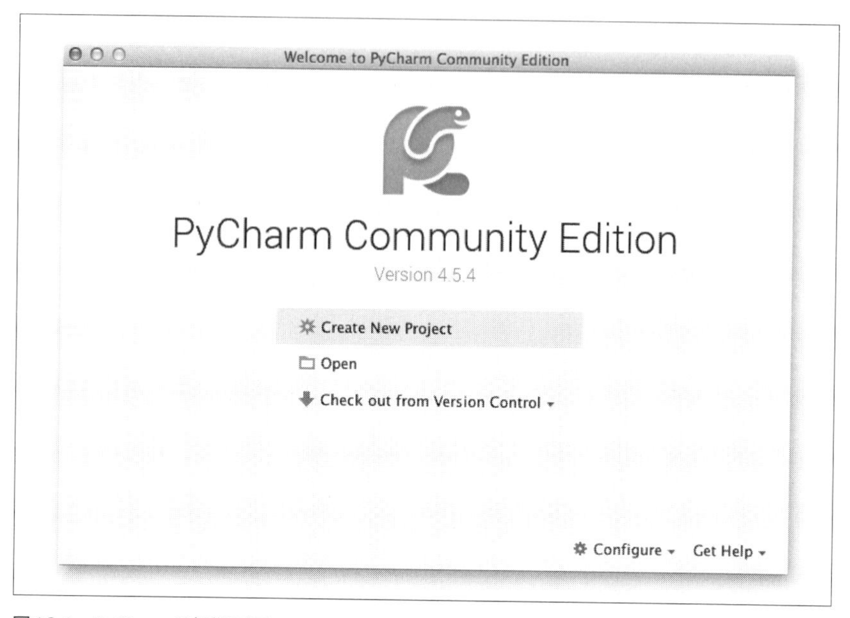

図12-1　PyCharmの初期画面

12.4.3　IPython

付録Cで取り上げるIPython（http://ipython.org）は、機能豊かなIDEである。

12.5　名前とドキュメント

デベロッパーは自分が書いたものを忘れてしまうものだ。私の場合、つい最近書いたコードを見ても、どこからそのようなものが出てきたのだろうと思うことがよくある。コードのドキュメントが役に立つのはそのためだ。ドキュメントには、コメントとdocstringが含まれるが、変数、関数、モジュール、クラスにわかりやすい名前をつけることも含まれるだろう。次の例のようにくどくどと書かないようにしよう。

```
>>> # 変数"num"に10を代入するつもりだ
... num = 10
>>> # うまくいっているといいな
```

```
... print(num)
10
>>> # あー、よかった
```

こういうことではなく、**なぜ**10という値を代入したのか、なぜ変数をnumという名前にしたのかを書くようにしよう。華氏から摂氏への変換プログラムを書いているなら、魔法のコードの塊を作らず、変数にその役割がわかるような名前を付けよう。そして、テストコードを付けておくとよい。

```
def ftoc(f_temp):
    "華氏の温度<f_temp>を摂氏に変換して返す"
    f_boil_temp = 212.0
    f_freeze_temp = 32.0
    c_boil_temp = 100.0
    c_freeze_temp = 0.0
    f_range = f_boil_temp - f_freeze_temp
    c_range = c_boil_temp - c_freeze_temp
    f_c_ratio = c_range / f_range
    c_temp = (f_temp - f_freeze_temp) * f_c_ratio + c_freeze_temp
    return c_temp

if __name__ == '__main__':
    for f_temp in [-40.0, 0.0, 32.0, 100.0, 212.0]:
        c_temp = ftoc(f_temp)
        print('%f F => %f C' % (f_temp, c_temp))
```

テストを実行してみよう。

```
$ python ftoc1.py

-40.000000 F => -40.000000 C
0.000000 F => -17.777778 C
32.000000 F => 0.000000 C
100.000000 F => 37.777778 C
212.000000 F => 100.000000 C
```

このコードには、(少なくとも) 次のふたつの改善を加えられる。

- Pythonには定数はないが、PEP8スタイルシート (http://bit.ly/pep-constant) は、定数と考えるべき変数に名前を付けるときには、大文字とアンダースコア (たとえば、ALL_CAPS) を使うことを推奨している。サンプルの定数的変数の名前を変えよう。

- 定数値に基づいた値を計算しているが、その部分をモジュールのトップレベルに移動しよう。そうすれば、この計算は、ftoc()関数を呼び出すたびにではなく、一度だけ実行されるようになる。

書き換えたあとのコードは、次のようになる。

```
F_BOIL_TEMP = 212.0
F_FREEZE_TEMP = 32.0
C_BOIL_TEMP = 100.0
C_FREEZE_TEMP = 0.0
F_RANGE = F_BOIL_TEMP - F_FREEZE_TEMP
C_RANGE = C_BOIL_TEMP - C_FREEZE_TEMP
F_C_RATIO = C_RANGE / F_RANGE

def ftoc(f_temp):
    "華氏の温度<f_temp>を摂氏に変換して返す"
    c_temp = (f_temp - F_FREEZE_TEMP) * F_C_RATIO + C_FREEZE_TEMP
    return c_temp

if __name__ == '__main__':
    for f_temp in [-40.0, 0.0, 32.0, 100.0, 212.0]:
        c_temp = ftoc(f_temp)
        print('%f F => %f C' % (f_temp, c_temp))
```

12.6 コードのテスト

私はときどきコードにわずかな変更を加えて頭のなかで考える。「よさそうだ。リリースしよう」そしてコードが問題を起こす。これをするたびに(ありがたいことに、時間がたつとともに減ってきてはいるが)、自分のバカさ加減にうんざりし、次はもっとテストを書くぞと誓うのである。

Pythonプログラムのテスト方法でもっとも単純なのは、print()の追加だ。Pythonの対話型インタープリタのREPL(Read-Evalueate-Print Loop)のおかげで、コードを編集したらすぐに変更点をテストできる。しかし、本番コードにprint()を入れるのは避けたいだろう。すると、忘れずにそれらを全部取り除かなければならない。さらに、カットアンドペーストでミスを犯すことは非常によくあることだ。

12.6.1 pylint、pyflakes、pep8によるチェック

実際にテストプログラムを作る前に行う次のステップは、Pythonコードチェッカーを実行することだろう。もっともよく使われているのは、pylint（http://www.pylint.org/）とpyflakes（http://bit.ly/pyflakes）だ[※1]。pipを使えばどちらもインストールできる。

```
$ pip install pylint
$ pip install pyflakes
```

これらのチェッカーは、実際のコードエラー（値を代入する前の変数の参照など）やスタイル上の誤りをチェックする。次に示すのは、バグとスタイル上の問題がある無意味なプログラムである。

```
a = 1
b = 2
print(a)
print(b)
print(c)
```

pylintはこのコードに対して次のように出力する。

```
$ pylint style1.py

No config file found, using default configuration
************* Module style1
C:  1,0: Missing docstring
C:  1,0: Invalid name "a" for type constant
  (should match (([A-Z_][A-Z0-9_]*)|(__.*__))$)
C:  2,0: Invalid name "b" for type constant
  (should match (([A-Z_][A-Z0-9_]*)|(__.*__))$)
E:  5,6: Undefined variable 'c'
```

ずっと下のGlobal evaluationにスコア（10.0が完璧）が表示される。

```
Your code has been rated at -3.33/10
```

えらいことだ。まず、バグを修正しよう。pylintの出力で、先頭がEとなっているものは、Errorを表す。これは、値を代入していないのに変数cを表示しようとしたからだ。ここを修正しよう。

※1　監訳注：本書翻訳時点では、pylintはPython 3.5に対応していない。

```
a = 1
b = 2
c = 3
print(a)
print(b)
print(c)
```

```
$ pylint style2.py

No config file found, using default configuration
************* Module style2
C:  1,0: Missing docstring
C:  1,0: Invalid name "a" for type constant
  (should match (([A-Z_][A-Z0-9_]*)|(__.*__))$)
C:  2,0: Invalid name "b" for type constant
  (should match (([A-Z_][A-Z0-9_]*)|(__.*__))$)
C:  3,0: Invalid name "c" for type constant
  (should match (([A-Z_][A-Z0-9_]*)|(__.*__))$)
```

これでEの行はなくなった。スコアは−3.33から4.29に大幅に上がっている。

```
Your code has been rated at 4.29/10
```

pylintは、docstring（モジュールや関数の冒頭の短いテキストで、コードのことを説明するもの）を欲しがり、a、b、cのような短い変数名を問題視する。style2.pyをstyle3.pyに書き換えて、pylintにもっと満足してもらおう。

```
"ここにモジュールのdocstringを書く"

def func():
    "ここに関数のdocstringを書く。"
    first = 1
    second = 2
    third = 3
    print(first)
    print(second)
    print(third)

func()
```

```
$ pylint style3.py

No config file found, using default configuration
```

これで文句は出なくなった。スコアはいくつになっているだろうか。

```
Your code has been rated at 10.00/10
```

それほどみっともないものではなくなったはずだ。

もうひとつのスタイルチェッカー、pep8 (https://pypi.python.org/pypi/pep8) は、いつもの方法でインストールできる。

```
$ pip install pep8
```

改造後のプログラムに対して、このチェッカーはどう言うだろうか。

```
$ pep8 style3.py
```

```
style3.py:3:1: E302 expected 2 blank lines, found 1
```

本当にスタイリッシュになりたければ、関数docstringの後ろに空行を入れた方がよいと言っている。

12.6.2 unittestによるテスト

これでコードスタイルは適切であることがはっきりしたので、プログラムのロジックに対するテストに移ろう。

コードをソース管理システム (GitやSVNなど) にコミットする前に、まず独立のテストプログラムを書いて、コードがすべてのテストに合格することを確認する作業はグッドプラクティスだ。最初は、テストを書くのは面倒だと思うかもしれないが、早い段階で問題 (特に**退行**、すなわち以前は動作していた部分がおかしくなること) を見つけるためにテストは本当に役に立つ。デベロッパーたちは、追い込まれていると、ほんのささいな変更だからほかのどこにも絶対に悪さをするわけがないと請け合ったりするものである。しかし、悪いことは起きる。よく書けているPythonパッケージを見れば、かならずテスト用のコードが含まれていることがわかる。

標準ライブラリには、ひとつではなく、ふたつのテストパッケージが含まれている。まず、`unittest` (https://docs.python.org/3/library/unittest.html) から見てみよう。ここでは、単語の先頭を大文字にするモジュールを書く。最初のバージョンは、標準文字列関数の`capitalize()`を使っているだけだが、あとでわかるように思いがけない結果になる。次のコードを`cap.py`というファイルに保存しよう。

```
def just_do_it(text):
    # "<text>に含まれるすべての単語をタイトルケースに"
    return text.capitalize()
```

テストの基本は、特定の入力からどのような結果を求めているかを決め（この場合は、入力したテキストをタイトルケースにすること）、テスト対象の関数に入力を与え、期待どおりの結果が返されたかどうかをチェックすることだ。期待された結果は**アサーション**と呼ばれる。unittestでは、次のサンプルで使っているassertEqualのようにassertで始まる名前を持つメソッドで結果をチェックする。

次のテストスクリプトをtest_cap.pyという名前で保存しよう。

```
import unittest
import cap

class TestCap(unittest.TestCase):

    def setUp(self):
        pass

    def tearDown(self):
        pass

    def test_one_word(self):
        text = 'duck'
        result = cap.just_do_it(text)
        self.assertEqual(result, 'Duck')

    def test_multiple_words(self):
        text = 'a veritable flock of ducks'
        result = cap.just_do_it(text)
        self.assertEqual(result, 'A Veritable Flock Of Ducks')


if __name__ == '__main__':
    unittest.main()
```

setUp()メソッドはテストメソッドの前、tearDown()メソッドはテストメソッドのあとに呼び出される。これらの目的は、テストが必要とする外部リソース（データベース接続やなんらかのテストデータ）を確保、開放することだ。この場合、テストが自己完結しているので、setUp()やtearDown()を定義する必要はないが、ここに空バージョンを入れておいても悪さをすることはない。私たちのテストの核心は、test_one_ word()、test_multiple_words()という名前のふたつのテストだ。これらはそれぞれに異なる入力を引数として先ほど定義したjust_do_it()関数を実行し、期待どおりの結果が得られているかどうかをチェックする。

では、実行してみよう。次のようにすると、ふたつのテストメソッドが呼び出される。

```
$ python test_cap.py

F.
======================================================================
FAIL: test_multiple_words (__main__.TestCap)
----------------------------------------------------------------------
Traceback (most recent call last):
  File "test_cap.py", line 20, in test_multiple_words
 self.assertEqual(result, 'A Veritable Flock Of Ducks')
AssertionError: 'A veritable flock of ducks' != 'A Veritable Flock Of Ducks'
- A veritable flock of ducks
?   ^          ^     ^  ^
+ A Veritable Flock Of Ducks
?   ^          ^     ^  ^


----------------------------------------------------------------------
Ran 2 tests in 0.001s

FAILED (failures=1)
```

最初のテスト（test_one_word）は成功したが、第2のテスト（test_multiple_words）はうまくいかなかった。上矢印（^）は、文字列が実際に異なっていた箇所を示している。

複数の単語を相手にしたときには何が特別なのだろうか。stringのcapitalize()関数のドキュメント（https://docs.python.org/3/library/stdtypes.html#str.capitalize）を読むと、重要な手がかりが得られる。最初の単語しかタイトルケースにならないのだ。まず、このドキュメントを読むべきだったのである。

そこで、別の関数が必要になった。ドキュメントページをじっくり読むと、title()という関数（https://docs.python.org/3/library/stdtypes.html#str.title）が見つかった。そこで、capitalize()ではなく、title()を使うようにcap.pyを書き換える。

```
def just_do_it(text):
    "Capitalize all words in <text>"
    return text.title()
```

テストを実行してどうなるかを見てみよう。

```
$ python test_cap.py

..
----------------------------------------------------------------------
Ran 2 tests in 0.000s

OK
```

すべてがうまくいっている。しかし、実際にはそうではないのだ。test_cap.pyには、少なくとももうひとつメソッドを追加する必要がある。

```
    def test_words_with_apostrophes(self):
        text = "I'm fresh out of ideas"
        result = cap.just_do_it(text)
        self.assertEqual(result, "I'm Fresh Out Of Ideas")
```

では、もう一度試してみよう。

```
$ python test_cap.py

..F
======================================================================
FAIL: test_words_with_apostrophes (__main__.TestCap)
----------------------------------------------------------------------
Traceback (most recent call last):
  File "test_cap.py", line 25, in test_words_with_apostrophes
    self.assertEqual(result, "I'm Fresh Out Of Ideas")
AssertionError: "I'M Fresh Out Of Ideas" != "I'm Fresh Out Of Ideas"
- I'M Fresh Out Of Ideas
?   ^
+ I'm Fresh Out Of Ideas
?   ^


----------------------------------------------------------------------
Ran 3 tests in 0.001s

FAILED (failures=1)
```

I'mのmを大文字にしてしまっている。title()のドキュメントに急いで戻ると、アポストロフィはうまく処理できないと書かれている。

標準ライブラリ、stringのドキュメントで最後の部分を見ると、別の候補が見つかる。capwords()というヘルパー関数だ。cap.pyでそれを使ってみよう。

```
def just_do_it(text):
    "Capitalize all words in <text>"
    from string import capwords
    return capwords(text)
```

```
$ python test_cap.py
```

```
...
----------------------------------------------------------------------
Ran 3 tests in 0.004s

OK
```

やっとうまくいった！ 本当だろうか？ 実はまだだめなのだ。test_cap.pyにもうひとつテストを追加しよう。

```
    def test_words_with_quotes(self):
        text = "\"You're despicable,\" said Daffy Duck"
        result = cap.just_do_it(text)
        self.assertEqual(result, "\"You're Despicable,\" Said Daffy Duck")
```

うまくいくだろうか。

```
$ python test_cap.py
```

```
...F
======================================================================
FAIL: test_words_with_quotes (__main__.TestCap)
----------------------------------------------------------------------
Traceback (most recent call last):
  File "test_cap.py", line 30, in test_words_with_quotes
    self.assertEqual(result, "\"You're
    Despicable,\" Said Daffy Duck")
AssertionError: '"you\'re Despicable," Said Daffy Duck'
 != '"You\'re Despicable," Said Daffy Duck'
- "you're Despicable," Said Daffy Duck
?  ^
+ "You're Despicable," Said Daffy Duck
?  ^


----------------------------------------------------------------------
Ran 4 tests in 0.004s

FAILED (failures=1)
```

今まで気に入って使っていたcapwordsでさえ、最初のダブルクォートで混乱してしまったようだ。"を大文字にしようとして、残り(You're)を小文字にしようとしたのである。関数が単語の2文字目以降に手を付けずに残しているかどうかもテストすべきだったのだ。

テストを生業としている人々は、このような境界条件を見つけるコツをつかんでいるが、デベロッパーは、自分自身のコードのことになると、このように目が行き届かないことがよくある。

unittestは、小規模ながら強力なアサーションセットを提供しており、値をチェックしたり、望んだとおりのクラスを手に入れているかどうかを確認したり、エラーが生成されたかどうかを判定したりすることができる。

12.6.3 doctestによるテスト

標準ライブラリに含まれている第2のテストパッケージはdoctest(http://bit.ly/py-doctest)だ。このパッケージを使えば、docstringのなかにテストを書き、ドキュメントとしても使うことができる。テストは、対話型インタープリタのようにも見える。>>>の後ろに呼び出しを書き、次の行で結果を書く。対話型インタープリタでテストを実行し、その結果をテストファイルにペーストすることもできる。cap.pyを書き換えてみよう(最後の厄介なクォートのテストを除く)。

```
def just_do_it(text):
    """
    >>> just_do_it('duck')
    'Duck'
    >>> just_do_it('a veritable flock of ducks')
    'A Veritable Flock Of Ducks'
    >>> just_do_it("I'm fresh out of ideas")
    "I'm Fresh Out Of Ideas"
    """
    from string import capwords
    return capwords(text)

if __name__ == '__main__':
    import doctest
    doctest.testmod()
```

実行してみよう。すべてのテストが合格した場合には何も表示されない。

```
$ python cap.py
```

-v (verbose) オプションを付けると、何が起きたかがわかる。

```
$ python cap.py -v

Trying:
    just_do_it('duck')
Expecting:
    'Duck'
ok
Trying:
    just_do_it('a veritable flock of ducks')
Expecting:
    'A Veritable Flock Of Ducks'
ok
Trying:
    just_do_it("I'm fresh out of ideas")
Expecting:
    "I'm Fresh Out Of Ideas"
ok
1 items had no tests:
    __main__
1 items passed all tests:
   3 tests in __main__.just_do_it
3 tests in 2 items.
3 passed and 0 failed.
Test passed.
```

12.6.4 noseによるテスト

noseというサードパーティーパッケージ (https://nose.readthedocs.org/en/latest/) も、unittestの代替パッケージになり得る。インストールするためには、次のコマンドラインを使う。

```
$ pip install nose
```

unittestとは異なり、テストメソッドを含むクラスを作る必要はない。名前のなかのどこかにtestが含まれている関数が実行される。unittestで作った最後のテストを次のように書き換えて、test_cap_nose.pyという名前で保存しよう。

```
import cap
from nose.tools import eq_

def test_one_word():
```

```
    text = 'duck'
    result = cap.just_do_it(text)
    eq_(result, 'Duck')

def test_multiple_words():
    text = 'a veritable flock of ducks'
    result = cap.just_do_it(text)
    eq_(result, 'A Veritable Flock Of Ducks')

def test_words_with_apostrophes():
    text = "I'm fresh out of ideas"
    result = cap.just_do_it(text)
    eq_(result, "I'm Fresh Out Of Ideas")

def test_words_with_quotes():
    text = "\"You're despicable,\" said Daffy Duck"
    result = cap.just_do_it(text)
    eq_(result, "\"You're Despicable,\" Said Daffy Duck")
```

テストを実行してみよう。

```
$ nosetests test_cap_nose.py

...F
======================================================================
FAIL: test_cap_nose.test_words_with_quotes
----------------------------------------------------------------------
Traceback (most recent call last):
  File "/Users/.../site-packages/nose/case.py", line 198, in runTest
    self.test(*self.arg)
  File "/Users/.../book/test_cap_nose.py", line 23, in test_words_
with_quotes
    eq_(result, "\"You're Despicable,\" Said Daffy Duck")
AssertionError: '"you\'re Despicable," Said Daffy Duck'
    != '"You\'re Despicable," Said Daffy Duck'

----------------------------------------------------------------------
Ran 4 tests in 0.005s

FAILED (failures=1)
```

これは、unittestでテストしたときに見つけたのと同じバグだ。このバグのフィックスは読者への宿題とする。

12.6.5 その他のテストフレームワーク

どういうわけか、多くの人々がPython用のテストフレームワークを書きたがるようだ。興味のある読者は、tox (http://tox.readthedocs.org/)、py.test (http://pytest.org/latest/) などの人気の高いパッケージをチェックしてみるとよいだろう。

12.6.6 継続的インテグレーション

あなたのグループが毎日大量のコードを生産しているなら、変更が届くと同時に自動的にテストをすれば役に立つ。チェックインされるたびにすべてのコードに対してテストを実行するようにソース管理システムを自動化することができる。そうすれば、誰か**がビルドを壊し**、早昼のために姿を消したことは全員に知れ渡るだろう。

これから紹介するのはどれも大規模なシステムであり、インストールや使い方の詳細には触れない。しかし、いつかこういったものが必要になったときのために、どこに行けば見つかるかは示しておく。

`buildbot` (http://buildbot.net/)
: このソース管理システムは、Pythonで書かれており、ビルド、テスト、リリースを自動化する。

`jenkins` (http://jenkins-ci.org/)
: Javaで書かれている。現在、CIツールとしてよいものとされているようだ。

`travis-ci` (http://travis-ci.com/)
: GitHubをホストとするプロジェクトを自動化する。オープンソースプロジェクトでは無料である。

12.7 Pythonコードのデバッグ

> デバッグは、最初にコードを書くときと比べて2倍も大変だ。そのため、できる限り巧妙なコードを書こうとする人は、定義上、そのコードをデバッグできるほど賢くない。
>
> — Brian Kernighan

まずはテストだ。テストがよくできていれば、あとでフィックスが必要になるケースが減る。しかし、それでもバグは発生するし、あとで見つかったらフィックスしなければならない。繰り返しになるが、Pythonでデバッグするときにもっとも単純なのは、文字列を表示してみることだ。表示に役立つものとしてvars()がある。この関数は、関数への引数を含むローカル変数の値を抽出する。

```
>>> def func(*args, **kwargs):
...     print(vars())
...
>>> func(1, 2, 3)
{'kwargs': {}, 'args': (1, 2, 3)}
>>> func(['a', 'b', 'argh'])
{'kwargs': {}, 'args': (['a', 'b', 'argh'],)}
```

「4.9 デコレータ」で説明したように、デコレータは、関数自体のコードを変更せずに関数呼び出しの前か後にコードを呼び出すことができる。つまり、デコレータを使えば、自分が書いた関数だけではなく、どんなPython関数の前後でも何かを実行できるということだ。dumpというデコレータを定義して、関数呼び出し時の入出力引数の値を表示してみよう。

```
def dump(func):
    "入力引数と出力値を表示する"
    def wrapped(*args, **kwargs):
        print("Function name: %s" % func.__name__)
        print("Input arguments: %s" % ' '.join(map(str, args)))
        print("Input keyword arguments: %s" % kwargs.items())
        output = func(*args, **kwargs)
        print("Output:", output)
        return output
    return wrapped
```

次はデコレータが付けられる関数だ。この関数はdouble()という名前で、数値の引数を受け取り（名前付きでも名前なしでもよい）、値を倍にしてリストにまとめて返す。

```
from dump1 import dump

@dump
def double(*args, **kwargs):
    "Double every argument"
    output_list = [ 2 * arg for arg in args ]
    output_dict =  { k:2*v for k,v in kwargs.items() }
```

```
    return output_list, output_dict

if __name__ == '__main__':
    output = double(3, 5, first=100, next=98.6, last=-40)
```

実行してみよう。

```
$ python test_dump.py

Function name: double
Input arguments: 3 5
Input keyword arguments: dict_items([('last', -40), ('first', 100),
 ('next', 98.6)])
Output: ([6, 10], {'last': -80, 'first': 200, 'next': 197.2})
```

12.8 pdbによるデバッグ

以上のテクニックは役に立つが、本物のデバッガがどうしても必要な場合がある。ほとんどのIDEは、さまざまな機能とユーザーインタフェースを持つデバッガを組み込んでいる。ここでは、Pythonの標準デバッガ、pdb（https://docs.python.org/3/library/pdb.html）の使い方を説明する。

プログラムに-iフラグを付けて実行すると、そのプログラムがエラーを起こしたとき、Pythonは対話型インタープリタに入る。

次に示すプログラムには、データに依存して出現するバグが含まれている。この種のバグは、特に見つけにくいものだ。これは、コンピューティングの初期の時代に実際に発生した本物のバグであり、長い間プログラマーたちを困らせてきた。

プログラムは、国（country）と首都（capital）がカンマ区切りで書かれているファイルを読み、*capital, country*という形式で書き出す。大文字小文字の使い分けが間違っている場合があり、書き出すときにはそこを修正する。最後に、プログラムがファイルの末尾まで読めばよさそうなものなのに、管理職はなんらかの理由で、`quit`（大文字、小文字の組み合わせがどうなっていてもよい）という単語を検出したらプログラムを停止させろと言っている。次に示すのは、サンプルデータファイル`cities1.csv`だ。

```
France, Paris
venuzuela,caracas
  LithuniA,vilnius
     quit
```

アルゴリズム（問題解決の方法）を設計しよう。次に示すのは擬似コードであり、プログラムのように見えるが、普通の言葉で論理を説明するための道具であり、このあとで実際のプログラムに書き換えなければならない。プログラマーがPythonを好む理由のひとつは、Pythonが**ほとんど擬似コードのように見えること**、および擬似コードを動作するプログラムに変換するために必要な作業が少ないことにある。

```
for each line in the text file:
    read the line
    strip leading and trailing spaces
    if `quit` occurs in the lower-case copy of the line:
        stop
    else:
        split the country and capital by the comma character
        trim any leading and trailing spaces
        convert the country and capital to titlecase
        print the capital, a comma, and the country
```

仕様上、名前の先頭と末尾のスペースは削除しなければならない。小文字にしてquitと比較すること、および国名と首都名をタイトルケースにするのもそうだ。そういう条件で、早速capitals.pyを書いてみよう。間違いなく完璧に動作するはずだ。

```
def process_cities(filename):
    with open(filename, 'rt') as file:
        for line in file:
            line = line.strip()
            if 'quit' in line.lower():
                return
            country, city = line.split(',')
            city = city.strip()
            country = country.strip()
            print(city.title(), country.title(), sep=',')

if __name__ == '__main__':
    import sys
    process_cities(sys.argv[1])
```

以前作っておいたサンプルのデータファイルcities1.csvで試してみよう。

```
$ python capitals.py  cities1.csv
Paris,France
Caracas,Venuzuela
Vilnius,Lithunia
```

いいようだ。ひとつのテストに合格したので、世界中の国と首都を処理させて本番稼働してみよう（失敗するまで。と言ってもこのデータファイルcities2.csvだけを対象として）。

```
argentina,buenos aires
bolivia,la paz
brazil,brasilia
chile,santiago
colombia,Bogotá
ecuador,quito
falkland islands,stanley
french guiana,cayenne
guyana,georgetown
paraguay,Asunción
peru,lima
suriname,paramaribo
uruguay,montevideo
venezuela,caracas
quit
```

プログラムは、次に示すように、15行中わずか5行出力したところで終了してしまった。

```
$ python capitals.py  cities2.csv
Buenos Aires,Argentina
La Paz,Bolivia
Brazilia,Brazil
Santiago,Chile
Bogotá,Colombia
```

何が起きたのだろうか。怪しい箇所にprint()を追加しながらcapitals.pyを編集し続けてもよいが、ここではデバッガが役に立つかどうかを見てみよう。

デバッガを使うには、コマンドラインで次のように-m pdbと入力し、pdbモジュールをインポートする。

```
$ python -m pdb capitals.py cities2.csv

> /Users/williamlubanovic/book/capitals.py(1)<module>()
```

```
-> def process_cities(filename):
(Pdb)
```

こうすると、プログラムを起動し、第1行で止まる。c (continue、継続) と入力すると、プログラムは正常に、あるいはエラーで止まるところまで動く。

```
(Pdb) c

Buenos Aires,Argentina
La Paz,Bolivia
Brazilia,Brazil
Santiago,Chile
Bogotá,Colombia
The program finished and will be restarted
> /Users/williamlubanovic/book/capitals.py(1)<module>()
-> def process_cities(filename):
```

こうすると、デバッガの外で実行したときと同じように、最後まで正常に動作する。もう一度試してみよう。今度は、問題が起きる箇所の範囲を狭めていくために、コマンドを使う。どうやら、構文の問題や例外ではなく(これらなら、エラメッセージが表示されていたはずだ)、**ロジックエラー**のようだ。

s (**ステップ**) と入力すると、Pythonの行を順に実行する。こうすると、**すべての**Pythonコードをステップ実行する。すべてのコードとは、あなたが書いたプログラムのコード、標準ライブラリのコード、その他使っているほかのモジュールのことだ。sを使っているときには、関数のなかに飛び込んで、そこでシングルステップ (ひとつひとつ見ていく) 実行することもできる。n (next) と入力すると、関数のなかに入り込まずにシングルステップ実行する。関数のところにさしかかったときにnを実行すると、関数全体を実行し、プログラムの次の行に移ってしまう。そのため、問題がどこにあるのかわからないときにはs、特定の関数が原因ではないことがわかっているとき、特に関数のなかのコードが長いときにはnを使う。多くの場合、自分のコードはシングルステップで進み、十分にテストされているはずのライブラリコードはステップオーバー(通り越す) することになるだろう。ここでは、sを使ってプログラムの先頭からステップ実行し、process_cities() のなかに入る。

```
(Pdb) s

> /Users/williamlubanovic/book/capitals.py(12)<module>()
-> if __name__ == '__main__':
```

```
(Pdb) s
> /Users/williamlubanovic/book/capitals.py(13)<module>()
-> import sys
(Pdb) s
> /Users/williamlubanovic/book/capitals.py(14)<module>()
-> process_cities(sys.argv[1])
(Pdb) s
--Call--
> /Users/williamlubanovic/book/capitals.py(1)process_cities()
-> def process_cities(filename):
(Pdb) s
> /Users/williamlubanovic/book/capitals.py(2)process_cities()
-> with open(filename, 'rt') as file:
```

lを入力すると、プログラムの数行先までを見ることができる。

```
(Pdb) l
  1      def process_cities(filename):
  2  ->      with open(filename, 'rt') as file:
  3              for line in file:
  4                  line = line.strip()
  5                  if 'quit' in line.lower():
  6                      return
  7                  country, city = line.split(',')
  8                  city = city.strip()
  9                  country = country.strip()
 10                  print(city.title(), country.title(), sep=',')
 11
(Pdb)
```

矢印（->）は、現在行を示す。

何かが見つかるのを期待してsやnを使い続けてもよいのだが、ここではデバッガの主要機能のひとつである**ブレークポイント**を使おう。ブレークポイントは、指定した行で実行を停止させる。今は、`process_cities()`がすべての入力行を読み出す前に処理をやめてしまった理由を知りたい。第3行（`for line in file:`）は、入力ファイルのすべての行を読み出すところなので、そこは問題がなさそうだ。それ以外で、すべてのデータを読む前にリターンしてしまいそうな場所は、第6行（return）しかない。だから、第6行にブレークポイントをセットしよう。

```
(Pdb) b 6
```

```
Breakpoint 1 at /Users/williamlubanovic/book/capitals.py:6
```

そして、ブレークポイントに当たるか、入力行をすべて読み出して正常終了するまでプログラムを実行させる。

```
(Pdb) c
```

```
Buenos Aires,Argentina
La Paz,Bolivia
Brasilia,Brazil
Santiago,Chile
Bogotá,Colombia
> /Users/williamlubanovic/book/capitals.py(6)process_cities()
-> return
```

確かに、第6行のブレークポイントでプログラムは停止した。これは、コロンビアの次の国を読み出したあとでプログラムがリターンしようとしているということだ。何を読み出したかを確かめるために、lineの値を表示してみよう。

```
(Pdb) p line
```

```
'ecuador,quito'
```

何か特別なことがあるだろうか。うーむ、思いつかない。

本当に？ *quit*o ？ 私たちの上司は、通常のデータのなかにquitという文字列が現れるとは思っていなかったのだ。**番兵**（末尾のインジケータ）としてquitを使ったのは、愚かな考えだ。彼の部屋に行って教えてやるとよい。私はここで待っていよう。

この時点でまだ仕事が残っている場合は、ただのbコマンドを使えば、すべてのブレークポイントを見ることができる。

```
(Pdb) b
```

```
Num Type         Disp Enb   Where
1   breakpoint   keep yes   at /Users/williamlubanovic/book/capitals.
py:6
```

```
    breakpoint already hit 1 time
```

lはコード行、現在位置(->)、ブレークポイント(B)を表示する。何も付かないlは、前回のlの表示の末尾から表示を始めるので、オプションで先頭行を指定しよう(ここでは1行から始めている)。

```
(Pdb) l 1
  1         def process_cities(filename):
  2             with open(filename, 'rt') as file:
  3                 for line in file:
  4                     line = line.strip()
  5                     if 'quit' in line.lower():
  6 B->                     return
  7                     country, city = line.split(',')
  8                     city = city.strip()
  9                     country = country.strip()
 10                     print(city.title(), country.title(), sep=',')
 11
```

それでは、quitテストが行全体でquitになっているものだけにマッチするように書き換えよう。ほかの文字列の一部になっているときにはマッチしないようにするのである。書き換えたらcapitals2.pyとして保存しよう。

```
def process_cities(filename):
    with open(filename, 'rt') as file:
        for line in file:
            line = line.strip()
            if 'quit' == line.lower():
                return
            country, city = line.split(',')
            city = city.strip()
            country = country.strip()
            print(city.title(), country.title(), sep=',')

if __name__ == '__main__':
    import sys
    process_cities(sys.argv[1])
```

もう一度試してみよう。

```
$ python capitals2.py cities2.csv
Buenos Aires,Argentina
La Paz,Bolivia
```

```
Brasilia,Brazil
Santiago,Chile
Bogotá,Colombia
Quito,Ecuador
Stanley,Falkland Islands
Cayenne,French Guiana
Georgetown,Guyana
Asunción,Paraguay
Lima,Peru
Paramaribo,Suriname
Montevideo,Uruguay
Caracas,Venezuela
```

ごく貧弱な内容だが、デバッガで何ができるか、どのコマンドをよく使うことになるかがわかる程度にデバッガの概要を説明した。

しかし、テストを多く、デバッグを少なくということを忘れないようにしていただきたい。

12.9 エラーメッセージのロギング

どこかの時点でメッセージのロギングのためにprint()を使うところからは卒業しなければならなくなる。通常、ログとはメッセージを蓄積するシステムファイルのことで、タイムスタンプやプログラムを実行しているユーザーの名前など、役に立つ情報が書かれていることが多い。ログは、毎日**ローテーション**（名称変更）され、圧縮されることが多い。そうすることにより、ログがディスクを埋め尽くして自ら障害の原因にならないようにしている。プログラムでどこかが問題を起こしたときには、適切なログファイルを見れば、何が起きたかがわかる。ログの情報のなかでも、例外の内容は特に役に立つ。実際にプログラムが異常終了した行がどこで、それはなぜなのかがわかるからだ。

ロギングのPython標準ライブラリはloggingだ。しかし、loggingについての説明の大半は、わかりにくいものになっている。しばらくすると意味がわかってくるが、最初は過度に複雑に見えてしまう。loggingモジュールは、次のようなコンセプトから構成されている。

- ログに保存したい**メッセージ**。
- ランク付けのための優先順位**レベル**とそれに対応する関数（debug()、info()、

warn()、error()、critical())。

- モジュールとの主要な通信経路となるひとつ以上の**ロガー**オブジェクト。
- メッセージを端末、ファイル、データベース、その他の場所に送る**ハンドラ**。
- 出力を作成する**フォーマッタ**。
- 入力に基づいて判断を下す**フィルタ**。

もっとも単純なロギングの例として、loggingモジュールをインポートし、その関数の一部を使ってみよう。

```
>>> import logging
>>> logging.debug("Looks like rain")
>>> logging.info("And hail")
>>> logging.warn("Did I hear thunder?")
WARNING:root:Did I hear thunder?
>>> logging.error("Was that lightning?")
ERROR:root:Was that lightning?
>>> logging.critical("Stop fencing and get inside!")
CRITICAL:root:Stop fencing and get inside!
```

debug()とinfo()が何もせず、ほかのふたつはメッセージの前に*LEVEL*:rootを表示していることに気づいただろうか。ここまでなら、print()の従兄弟のようにも見える。

しかし、loggingは便利で役に立つ。ログファイルで特定の*LEVEL*の値をスキャンすると特定のタイプのメッセージが見つかり、タイムスタンプを比較するとサーバーがクラッシュする前に何が起こったかが見えてくる。

ドキュメントを深く掘り下げていくと、出力されないログがある理由はわかる（メッセージの前の文字列については1、2ページ先で明らかになる）。デフォルトの優先順位**レベル**はWARNINGであり、それは最初に関数（logging.debug()）を呼び出す時点で固定されている。デフォルトレベルは、basicConfig()で設定できる。もっとも低いのはDEBUGで、これを設定するとすべてのレベルがログに書かれる。

```
>>> import logging
>>> logging.basicConfig(level=logging.DEBUG)
>>> logging.debug("It's raining again")
DEBUG:root:It's raining again
>>> logging.info("With hail the size of hailstones")
INFO:root:With hail the size of hailstones
```

以上は、**ロガー**オブジェクトを実際に作らずに、デフォルトのlogging関数だけで行ったことだ。ロガーオブジェクトは名前を持つ。それでは、bunyanという名前のロガーオブジェクトを作ってみよう。

```
>>> import logging
>>> logging.basicConfig(level='DEBUG')
>>> logger = logging.getLogger('bunyan')
>>> logger.debug('Timber!')
DEBUG:bunyan:Timber!
```

ロガー名にドットが含まれている場合、それはロガーの階層構造でのレベルを表す。それぞれのレベルには、異なる性質を与えることができる。そのため、quarkという名前のロガーは、quark.charmedという名前のロガーよりも上の階層にある。そして、特別な**ルートロガー**が頂点にあり、''という名前になっている。

ここまではメッセージを表示してきただけだったが、それではprint()よりも大きく改良されているとは言いがたい。**ハンドラ**を使えば、メッセージを別の場所に送り込むことができる。もっともよく使われる場所は**ログファイル**で、次のように指定する。

```
>>> import logging
>>> logging.basicConfig(level='DEBUG', filename='blue_ox.log')
>>> logger = logging.getLogger('bunyan')
>>> logger.debug("Where's my axe?")
>>> logger.warn("I need my axe")
>>>
```

これでメッセージが画面に表示されなくなった。その代わり、メッセージはblue_ox.logという名前のファイルに書き込まれている。

```
DEBUG:bunyan:Where's my axe?
WARNING:bunyan:I need my axe
```

filename引数付きでbasicConfig()を呼び出すと、FileHandlerが作られ、ロガーが使えるようになる。loggingモジュールには、画面やファイルだけではなく、メッセージをメール、ウェブサーバーなどに送る少なくとも15種類のハンドラが含まれている。

最後に、ロギングされるメッセージの**書式**を設定することができる。最初の例では、デフォルトが次のような設定をしたのと同じ効果を生んでいる。

```
WARNING:root:Message...
```

basicConfig()にformat文字列を与えると、好みの書式に変更できる。

```
>>> import logging
>>> fmt = '%(asctime)s %(levelname)s %(lineno)s %(message)s'
>>> logging.basicConfig(level='DEBUG', format=fmt)
>>> logger = logging.getLogger('bunyan')
>>> logger.error("Where's my other plaid shirt?")
2014-04-08 23:13:59,899 ERROR 1 Where's my other plaid shirt?
```

このコードは再び出力を画面に送るようになったが、書式が変わった。loggingモジュールは、fmt書式文字列のさまざまな変数名を認識する。ここでは、asctime(ISO 8601文字列形式の日時)、levelname、lineno(行番号)、そしてmessage本体を使っている。

loggingには、この簡単な概要で示したことよりもはるかに多くの内容が詰め込まれている。たとえば、異なる優先順位や書式で、同時に複数の場所にログを送ることができる。loggingパッケージは、非常に柔軟にできているが、ときどきそのためにシンプルさが犠牲になっている。

12.10 コードの最適化

通常Pythonは高速だ。しかしそれは、高速でなくなるまでの話だが。多くの場合、よりよいアルゴリズムとデータ構造を使えばスピードは上がる。ポイントは、どこでそれを行うべきかを知ることだ。経験を積んだプログラマーでも、驚くほど頻繁に推測を誤る。慎重に作業を進めるキルト職人のように、切る前に計測しなければならない。すると、**タイマー**が問題になる。

12.10.1 実行時間の計測

すでに学んだように、timeモジュールのtime関数を使えば、現在のUnix時間がfloatの秒数で返される。手っ取り早く実行時間を計測するには、現在の時刻を調べ、計測対象の処理を行い、最後にそのときの時刻を取得すればよい。そして、あとの計測値から最初の計測値を引くのである。次のコードを書いてtime1.pyという名前を付けよう。

```
from time import time

t1 = time()
```

```
num = 5
num *= 2
print(time() - t1)
```

この例では、numという変数に値5を代入し、それに2を掛けるためにかかる時間を計測している。これは、リアルなベンチマークでは**ない**。なんらかのPythonコードの時間計測の方法を示すための例にすぎない。何度か実行してみて、値がどれくらい変わるかを見てみよう。

```
$ python time1.py
2.1457672119140625e-06
$ python time1.py
2.1457672119140625e-06
$ python time1.py
2.1457672119140625e-06
$ python time1.py
1.9073486328125e-06
$ python time1.py
3.0994415283203125e-06
```

ほぼ、100万分の2から3秒という話だ。sleepのようにもっと遅いものを試してみよう。1秒眠らせたら、タイマーは1秒よりも少し大きな値を返してくるはずだ。次のコードをtime2.pyに保存しよう。

```
from time import time, sleep

t1 = time()
sleep(1.0)
print(time() - t1)
```

確実な結果を得るために、何度か実行してみよう。

```
$ python time2.py
1.000797986984253
$ python time2.py
1.0010130405426025
$ python time2.py
1.0010390281677246
```

予想どおり、実行には約1秒かかる。そうでなければ、タイマーかsleep()がおかしくなっているに違いない。

このようなコード片の実行時間の計測にはもっと手軽な方法がある。標準モジュールのtimeit (http://bit.ly/py-timeit) だ。このモジュールには、ご想像どおり、timeit()という関数がある。この関数は、コードをcount回テストして結果を表示する。構文は、timeit.timeit(*code*,*number*,*count*)だ。

この節のサンプルでは、*code*はクォートで囲まれていなければならない。これは、*code*をEnterキーを押したあとに実行するのではなく、timeit()の内部で実行するためだ(次節では、timeit()に関数名を渡して関数の実行時間を計測する方法を示す)。では、先ほどのサンプルをもう一度実行して実行時間を計測してみよう。次のファイルをtimeit1.pyに保存する。

```
from timeit import timeit
print(timeit('num = 5; num *= 2', number=1))
```

そして、このコードを数回実行する。

```
$ python timeit1.py
2.5600020308047533e-06
$ python timeit1.py
1.9020008039660752e-06
$ python timeit1.py
1.7380007193423808e-06
```

今回も、これらふたつのコード行は約100万分の2秒ほどで実行される。timeitモジュールのrepeat()関数のrepeat引数を使えば、実行回数を増やせる。次のコードをtimeit2.pyファイルに保存しよう。

```
from timeit import repeat
print(repeat('num = 5; num *= 2', number=1, repeat=3))
```

実行して何が起きるかを見てみよう。

```
$ python timeit2.py
[1.691998477326706e-06, 4.070025170221925e-07, 2.4700057110749185e-07]
```

最初の実行は100万分の2秒かかり、2、3度目の実行はもっと高速になった。なぜだろうか。理由はいろいろと考えられる。私たちがテストしているコードが非常に小さいので、スピードはコンピュータがそのときにほかに何をやっていたのか、Pythonシステムが計算をどのように最適化しているか、その他さまざまなことによって左右されるということである。

あるいはただの偶然かもしれない。変数の代入やsleepよりも実際に近い処理をしてみよう。いくつかのアルゴリズム（プログラムのロジック）とデータ構造（記憶メカニズム）の効率を比較するために役立つコードの実行時間を計測してみる。

12.10.2 アルゴリズムとデータ構造

Python公案（http://bit.ly/zen-py）は、**仕事をするための当然の方法はひとつある。むしろ、ひとつだけだと言いたいところだ**と宣言している。しかし、ときどき自明でなくていくつかの方法を比較しなければならなくなることがある。たとえば、リストを作るためにforループとリスト内包表記のどちらを使った方がよいか。**よい**とはどういう意味か。より高速、よりわかりやすい、よりメモリ消費が少ない、あるいはよりパイソニック？

次の課題では、2種類の別の方法でリストを構築し、スピード、読みやすさ、Pythonとしてのスタイルを比較する。次のコードをtime_lists.pyとして保存しよう。

```
from timeit import timeit

def make_list_1():
    result = []
    for value in range(1000):
        result.append(value)
    return result

def make_list_2():
    result = [value for value in range(1000)]
    return result

print('make_list_1 takes', timeit(make_list_1, number=1000), 'seconds')
print('make_list_2 takes', timeit(make_list_2, number=1000), 'seconds')
```

それぞれの関数では1,000個の要素をリストに追加し、さらにそれぞれの関数を1,000回呼び出す。このテストでは、第1引数として文字列形式のコードではなく、関数名を使ってtimeit()を呼び出していることに注意しよう。では、実行してみる。

```
$ python time_lists.py
make_list_1 takes 0.14117428699682932 seconds
make_list_2 takes 0.06174145900149597 seconds
```

リスト内包表記は、append()を使ったリストへの要素の追加と比べて少なくとも2倍以上高速だ。一般に、内包表記は手作業の構築よりも高速である。

あなた自身のコードを高速化するために、このことは覚えておくとよいだろう。

12.10.3 Cython、NumPy、Cエクステンション

Pythonのなかでできる限りの努力をしたが必要なパフォーマンスが得られないときでも、オプションはまだ残っている。

Cython (http://cython.org/) は、PythonとCのハイブリッドで、Pythonにパフォーマンスに関連するアノテーションを付けたものをコンパイルされたCコードに変換する。このアノテーションはごく小規模なもので、変数、関数の引数、戻り値の型の宣言などである。数値計算の科学スタイルのループでは、これらのヒントを追加するだけでかなり高速になる。1,000倍も高速になることがあるくらいだ。Cythonウィキ (https://github.com/cython/cython/wiki) にドキュメントとサンプルが掲載されている。

NumPyについては付録Cで詳しく取り上げるが、Pythonの数学ライブラリで、スピードを確保するためにCで書かれている。

Pythonとその標準ライブラリの多くの部品は、スピードを確保するためにCで書かれ、便利に使えるようにするためにPythonでラップされている。この仕組みは、各自のアプリケーションで使うことができる。CとPythonの両方を知っており、コードを本気で高速化したいのなら、Cエクステンションを書けば、大変だがその苦労に見合っただけのパフォーマンスの向上が得られることがある。

12.10.4 PyPy

20年前のJavaは、関節炎にかかったシュナウザー犬のように遅かった。しかし、Sunやその他の企業にとって本当に金になる存在になり始めると、それらの企業は、SmalltalkやLISPなどの古い言語のテクニックなども借りながら、Javaインタープリタとその土台のJVM (Java仮想マシン) を最適化するために数百万ドルを投入した。同様に、MicrosoftもJavaに対抗するC#言語と.NET VMの最適化のために大変な労力を投入した。

それに対し、Pythonにはオーナーはおらず、Pythonを高速化するためにそこまでの資源を投入した人、企業はない。読者はおそらくPythonの標準実装を使っていることだろう。この実装はCで書かれており、よくCPythonと呼ばれている (Cythonとは異なる)。

PHP、Perlはもちろん、Javaもそうだが、Pythonはマシン語にコンパイルされるわけではなく、中間言語(**バイトコード**とかpコードと呼ばれるもの)に変換されるだけだ。中間言語コードは、さらに**仮想マシン**によって解釈される。

それに対し、PyPy（http://pypy.org/）は新しいPythonインタープリタで、Javaの高速化に使われたトリックを応用している。開発者のベンチマークテスト（http://speed.pypy.org/）によれば、PyPyは、あらゆるテストでCPythonよりも高速だ。平均で6倍高速で、最大で20倍も高速になっている。PyPyは、Python 2でも3でも動作する。ダウンロードすれば、CPythonの代わりに使える。PyPyは、絶えず改良されており、いずれCPythonに取って代わる可能性さえある。あなたの目的で使えるかどうかサイトの最新のリリースノートに目を通しておくとよいだろう。

12.11 ソース管理

少数のプログラムを相手に仕事をしているときには、自分が加えた変更を覚えていられるだろう。しかし、そうしていられるのも、馬鹿げたミスをして数日分の仕事をふいにするまでだ。ソース管理システムを導入すれば、あなた自身のような危険な力からコードを守るために役立つ。数人のデベロッパーのグループで仕事をする場合、ソース管理は必須になる。この分野には、商用、オープンソースを含め、さまざまなパッケージが作られている。Pythonが住むオープンソースの世界でもっとも多くの人々に使われているのは、MercurialとGitだ。どちらも**分散**バージョンコントロールシステムで、コードリポジトリのコピーを複数作る。それに対し、Subversionのような初期のシステムは、1台のサーバーの上で動作する。

12.11.1 Mercurial

Mercurial（http://mercurial.selenic.com/）はPythonで書かれている。習得はかなり簡単で、Mercurialリポジトリからのコードのダウンロード、ファイルの追加、変更のチェックイン、異なるソースからの変更のマージのための少数のサブコマンドを覚えればよい。bitbucket（https://bitbucket.org/）やその他のサイト（http://bit.ly/merc-host）が、無料、商用のホスティングを提供している。

12.11.2 Git

Git（http://git-scm.com/）は、もともとLinuxカーネル開発のために書かれたものだが、現在はオープンソース開発全般で支配的な地位に立っている。Mercurialとよく似ているが、こちらの方が少しマスターしにくいと感じる人もいる。Gitの最大のホストはGitHub（http://github.com）で、100万を越えるリポジトリがあるが、ほかにも多くのサイトがある（http://bit.ly/githost-scm）。

本書のスタンドアローンのサンプルプログラムは、GitHubの公開リポジトリ（https://github.com/madscheme/introducing-python）で入手できる。コンピュータにgitプログラムをインストールしてあれば、これらのサンプルは次のコマンドでダウンロードできる。

```
$ git clone https://github.com/madscheme/introducing-python
```

GitHubページの次のボタンを押しても、コードをダウンロードすることができる。

- gitがインストールされているマシンでは、「Clone in Desktop」をクリックすれば、gitが起動される。
- 「Download ZIP」をクリックすれば、プログラムのZIP形式のアーカイブが入手できる。

gitを持っていないものの、試してみたいという読者は、インストールガイド（http://bit.ly/git-install）を読むとよいだろう。ここでは、コマンドラインバージョンについて説明するが、サービスが追加され、状況によってはこれよりも使いやすいGitHubなどのサイトに興味があるかもしれない。gitには多くの機能が含まれているが、かならずしも直観的にわかるようにはできていない。

それでは、gitをちょっと試運転してみよう。あまり深入りはしないが、いくつかのコマンドとその出力は見られるようになっている。

新しいディレクトリを作って、そこに移動しよう。

```
$ mkdir newdir
$ cd newdir
```

カレントディレクトリのnewdirにローカルGitリポジトリを作る。

```
$ git init
Initialized empty Git repository in /Users/williamlubanovic/newdir/.
git/
```

newdirに次のような内容のtest.pyというPythonファイルを作る。

```
print('Oops')
```

Gitリポジトリにファイルを追加しよう。

```
$ git add test.py
```

Gitさん、あなたはそれを何だと思う？

```
$ git status
On branch master

Initial commit

Changes to be committed:
  (use "git rm --cached <file>..." to unstage)

    new file:   test.py
```

これは、test.pyはローカルリポジトリの一部になっているが、変更はまだコミットされていないということだ。では、コミットしてみよう。

```
$ git commit -m "my first commit"
[master (root-commit) 52d60d7] my first commit
 1 file changed, 1 insertion(+)
 create mode 100644 test.py
```

-m "my first commit"というのは、**コミットメッセージ**になっていた。これを省略すると、gitはあなたをエディタに呼び込み、メッセージを入力するよう促してくる。メッセージは、そのファイルのgit変更履歴の一部になる。

現在の状態がどうなっているのかを見てみよう。

```
$ git status
On branch master
nothing to commit, working directory clean
```

よしよし、変更はコミットされている。これは、コードに変更を加えても、オリジナルバージョンが失われる心配はないということだ。では、test.pyのOopsの部分をOps!に書き換えてファイルを保存してみよう。

```
print('Ops!')
```

そして、gitの今の考えを聞いてみる。

```
$ git status
On branch master
```

```
Changes not staged for commit:
  (use "git add <file>..." to update what will be committed)
  (use "git checkout -- <file>..." to discard changes in working
directory)

    modified:   test.py

no changes added to commit (use "git add" and/or "git commit -a")
```

git diffを使えば、最後にコミットしてからどの行が書き換えられているかがわかる。

```
$ git diff
diff --git a/test.py b/test.py
index 76b8c39..62782b2 100644
--- a/test.py
+++ b/test.py
@@ -1 +1 @@
-print('Oops')
+print('Ops!')
```

今、この変更をコミットしようとしても、gitは文句を言う。

```
$ git commit -m "change the print string"
On branch master
Changes not staged for commit:
    modified:   test.py

no changes added to commit
```

このstaged for commitとは、ファイルをaddしなければならないということだ。これは、「ねえ、Git、これをチェックしておいてよ」と言うのとだいたい同じだ。

```
$ git add test.py
```

ここでは、git add .と入力してもよかったところだ。こうすると、カレントディレクトリのすべての変更済みファイルがステージング（add）される。複数のファイルを編集したとき、すべての変更を確実にチェックインしたいときには、この方法が便利だ。では、変更をコミットしよう。

```
$ git commit -m "my first change"
[master e1e11ec] my first change
 1 file changed, 1 insertion(+), 1 deletion(-)
```

test.pyに対してしてきてしまったすべての恐ろしい変更を新しいものから順に見たければ、git logを使う。

```
$ git log test.py
 commit e1e11ecf802ae1a78debe6193c552dcd15ca160a
 Author: William Lubanovic <bill@madscheme.com>
 Date:   Tue May 13 23:34:59 2014 -0500

     my first change

 commit 52d60d76594a62299f6fd561b2446c8b1227cfe1
 Author: William Lubanovic <bill@madscheme.com>
 Date:   Tue May 13 23:26:14 2014 -0500

     my first commit
```

12.12 本書のサンプルのクローニング

本書のすべてのプログラムは、コピーを入手できる。Gitリポジトリ（https://github.com/madscheme/introducing-python）に行き、指示に従えば、ローカルマシンにコードをコピーできる。gitを持っている場合には、git clone https://github.com/madscheme/introducing-pythonコマンドを実行すれば、コンピュータにGitリポジトリができる。zip形式のファイルをダウンロードすることもできる。

12.13 さらに学習を深めるために

本書は入門書だ。しかし、あなたがあまり興味を持たないことについてしゃべりすぎたり、どうしても知りたいことについて十分に説明できていなかったりしていることはほぼ間違いないだろう。私が役に立つと思ったPythonの参考資料を紹介させていただきたい。

12.13.1 書籍

私は、次のリストに含まれている本が特に役に立つと思っている。入門書から高度なものまで、またPython 2とPython 3の両方が含まれている。

- Paul Barry著『Head First Python』O'Reilly Media刊、2010年

- David M. Beazley著『Python Essential Reference (4th Edition)』Addison-Wesley刊、2009年(邦訳『Pythonテクニカルリファレンス――言語仕様とライブラリ』ピアソン・エデュケーション刊)
- David M. Beazley、Brian K. Jones著『Python Cookbook, Third Edition』O'Reilly Media刊、2013年(旧版の邦訳『Python クックブック 第2版』オライリー・ジャパン刊)
- Wesley Chun著『Core Python Applications Programming (3rd Edition)』Prentice Hall刊、2012年
- Wes McKinney著『Python for Data Analysis: Data Wrangling with Pandas, NumPy, and IPython』O'Reilly Media刊、2012年(邦訳『Pythonによるデータ分析入門――NumPy、pandasを使ったデータ処理』オライリー・ジャパン刊)
- Mark Summerfield著『Python in Practice: Create Better Programs Using Concurrency, Libraries, and Patterns』Addison-Wesley刊、2013年(邦訳『実践Python 3』オライリー・ジャパン刊)

もちろん、これ以外にも優れた本はたくさんある(https://wiki.python.org/moin/PythonBooks)。

12.13.2 ウェブサイト

役に立つチュートリアルが掲載されているウェブサイトは次のとおりだ。

- Zed ShawのLearn Python the Hard Way(http://learnpythonthehardway.org/book/)
- Mark PilgrimのDive Into Python 3(http://www.diveintopython3.net/)
- Michael DriscollのMouse Vs. Python(http://www.blog.pythonlibrary.org/)

Pythonの世界で今行われていることについていきたいなら、次のようなニュースサイトがある。

- comp.lang.python(http://bit.ly/comp-lang-python)
- comp.lang.python.announce(http://bit.ly/comp-lang-py-announce)
- python subreddit(http://www.reddit.com/r/python)
- Planet Python(http://planet.python.org/)

最後に、コードのダウンロードに適したサイトを紹介しよう。

- The Python Package Index（https://pypi.python.org/pypi）
- stackoverflow Python questions（http://stackoverflow.com/questions/tagged/python）
- ActiveState Python recipes（http://code.activestate.com/recipes/langs/python/）
- Python packages trending on GitHub（https://github.com/trending?l=python）

12.13.3 グループ

コンピューティングに関するコミュニティにはさまざまな個性が集まる。情熱的な人、議論好きな人、鈍感な人、流行の先端を行く人、チェックのシャツを着ている人、その他さまざまな人々がいる。Pythonコミュニティはフレンドリーで親切だ。パイソニスタのグループは世界中にあり、肩の凝らない会合（http://python.meetup.com/）や地域のユーザーグループ（https://wiki.python.org/moin/LocalUserGroups）を見つけられるようになっている。共通の関心によってつながっているグループもある。たとえば、PyLadies（http://www.pyladies.com/）は、Pythonとオープンソースに関心を持つ女性のサポートネットワークだ。

12.13.4 カンファレンス

カンファレンス（http://www.pycon.org/）、ワークショップ（https://www.python.org/community/workshops/）は世界中で多数開催されている。そのなかでももっとも大きいのは年に一度行われているPyCon（北米、https://us.pycon.org）とEuroPython（ヨーロッパ、https://europython.eu/en/）だ[※1]。

12.14 これからのお楽しみ

しかしちょっと待っていただきたい。この本はまだ終わりではないのだ。付録A、B、Cは、それぞれアート、ビジネス、科学におけるPythonを紹介する。よく調べてみたいと思うパッケージが少なくともひとつは見つかるはずだ。

※1 監訳注：日本ではPyCon JP（https://www.pycon.jp/）が2011年から開催され、年を追うごとに規模も大きくなっている。

ネットにはキラキラと輝くものがふんだんにある。どれが模造宝石でどれが銀の弾丸かは、あなたしかわからない。そして、たとえ今狼人間に悩まされていなくても、ポケットにその銀の弾丸をいくつか入れておきたいと思うかもしれない。まさかのときのためだ。

最後に、章末に載っていた面倒な復習課題の模範解答を用意してある。また、Pythonと関連ソフトウェアのインストール方法の詳細、私がいつも覗き見している早見表もある。あなたの頭は私の頭よりもよく動くはずだが、必要なときには見ればよい。

付録A
Pyアート

アートはアートだろう。違うのか？
それでも水は水だ。それから東は東で西は西だ。
そしてクランベリーをとってきてアップルソースみたいにぐつぐつ煮たら、
ルバーブよりもずっとプルーンに似た味になる。
── グルーチョ・マルクス

たぶん、あなたは画家かミュージシャンなのだろう。でなければ、ちょっとクリエイティブで人とは違うものを試してみたいだけなのかもしれない。

付録の最初の3つは、人間の活動のなかでもPythonをよく使うものについて探っていく。これらの分野に関心がある読者は、この3つの付録からなんらかのアイデアをつかむか、なにか新しいものを試そうという気になるだろう。

A.1　2Dグラフィックス

コンピュータグラフィックスには、すべてのコンピュータ言語がある程度まで応用されてきた。この章で紹介する重量級のプラットフォームの多くは、スピード上の理由からCかC++で書かれているが、生産性を上げるという理由でPythonライブラリを追加している。では、2Dイメージングライブラリから見ていこう。

A.1.1　標準ライブラリ

標準ライブラリには、グラフィックス関連モジュールはごくわずかしか含まれていない。次に示すのはそのなかのふたつである。

`imghdr`

　このモジュールは、イメージファイルのファイルタイプを検出する。

`colorsys`

　このモジュールは、RGB、YIQ、HSV、HLSの間で色の変換を行う。

O'Reillyのロゴをダウンロードしてoreilly.pngというローカルファイルに保存したら、次のコマンドを実行できる。

```
>>> import imghdr
>>> imghdr.what('oreilly.png')
'png'
```

Pythonでグラフィックスのために本格的な仕事をしようと思うなら、サードパーティーパッケージが必要だ。どのようなものがあるかを見てみよう。

A.1.2 PILとPillow

PIL（Python Image Library、http://bit.ly/py-image）は、標準ライブラリには含まれていないものの、長年に渡ってPythonでもっとも有名なイメージ処理ライブラリであり続けている。PILはpipなどのインストーラよりも古いので、Pillow（http://pillow.readthedocs.org/）という「フレンドリーな分身」が作られている。PillowのイメージングコードはPILに対して下位互換性を保っており、ドキュメントも優れているので、ここではこれを使うことにする。

インストールは簡単で、次のコマンドを入力すればよい。

```
$ pip install Pillow
```

すでにlibjpeg、libfreetype、zlibなどのオペレーティングシステムパッケージをインストールしてあるなら、Pillowはそれらを検出して利用する。これについての詳細は、インストールページ（http://bit.ly/pillow-install）を参照していただきたい。

イメージファイルを開こう。

```
>>> from PIL import Image
>>> img = Image.open('oreilly.png')
>>> img.format
'PNG'
>>> img.size
(154, 141)
>>> img.mode
'RGB'
```

パッケージの名前はPillowだが、古いPILとの互換性を保つために、PILという名前でインポートする。

Imageオブジェクトのshow()メソッドを使って画面にイメージを表示するには、まず、次節で説明するImageMagickパッケージをインストールする必要がある。準備ができたら、次を試してみよう。

```
>>> img.show()
```

図A-1に示したイメージは、ほかのウィンドウを開いて表示される（この画面ショットは、Macでキャプチャしたものだ。Macでは、show()関数はプレビューアプリケーションを使う。ウィンドウの表示はシステムによって変わることがある）。

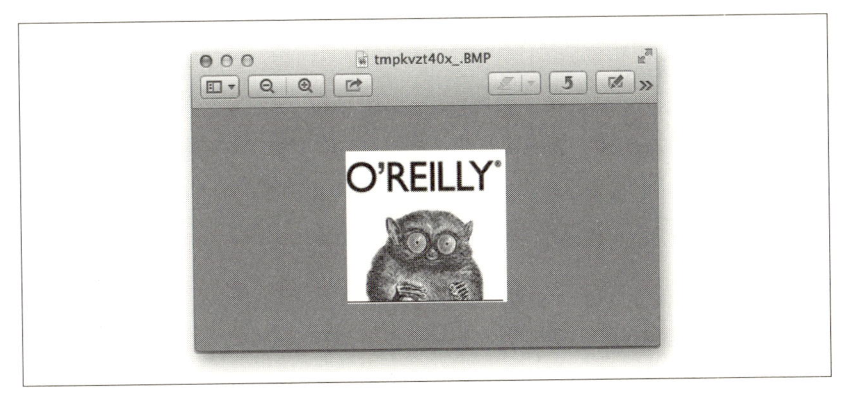

図A-1 Pythonライブラリを介して表示されたイメージ

メモリ内のイメージを取り込み、結果をimg2という新しいオブジェクトに保存して表示してみよう。イメージはかならず水平値（x）と垂直値（y）によって計測され、イメージの隅のなかのどれかが**原点**となり、x、yが0になる。このライブラリでは、原点（0,0）はイメージの左上隅にある。xは右に、yは下に向かうときに大きくなる。crop()メソッドに、左上のx（55）、y（70）、右下のx（85）、y（100）を与えたいので、この順序でタプルにして渡す。

```
>>> crop = (55, 70, 85, 100)
>>> img2 = img.crop(crop)
>>> img2.show()
```

結果は、**図A-2**に示すようになる。

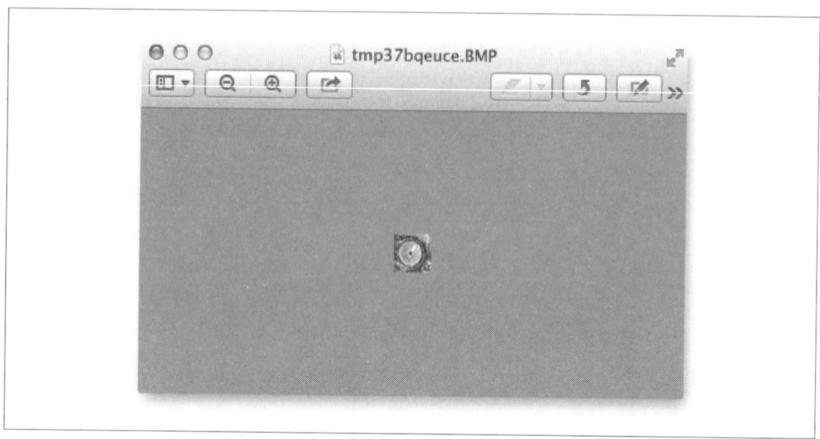

図A-2 切り取られたイメージ

saveメソッドでイメージファイルに保存しよう。引数はファイル名とオプションのイメージタイプだ。ファイル名に拡張子が付けられている場合は、そこからイメージタイプが決まるが、明示的にタイプを指定することもできる。切り取ったイメージをGIF形式で保存するには、次のようにする。

```
>>> img2.save('cropped.gif', 'GIF')
>>> img3 = Image.open('cropped.gif')
>>> img3.format
'GIF'
>>> img3.size
(30, 30)
```

小さなマスコットを「改良」しよう。まず、口ひげのイメージ（http://bit.ly/moustaches-png）をmoustaches.pngファイルにダウンロードする。

```
>>> mustache = Image.open('moustaches.png')
>>> handlebar = mustache.crop( (316, 282, 394, 310) )
>>> handlebar.size
(78, 28)
>>> img.paste(handlebar, (45, 90) )
>>> img.show()
```

図A-3は、かなり満足のいく結果になっている。

図A-3 新しい粋なマスコット

さらに、この口ひげの背景を透明にできればすばらしい。これは練習問題だ。Pillowチュートリアル（http://bit.ly/pil-fork）で**透明度（transparency）**と**アルファチャンネル**を参照していただきたい。

A.1.3 ImageMagick

ImageMagick（http://www.imagemagick.org/）は、2Dビットマップイメージを変換、修正、表示するプログラムを集めたものである。すでに20年以上の歴史を持つ。さまざまなPythonライブラリがImageMagick Cライブラリとのインタフェースを作っている。wand（http://docs.wand-py.org/）は、Python 3をサポートする新しいものだ。次のコマンドでインストールする。

```
$ pip install Wand
```

wandを使えば、Pillowでできるのと同じさまざまなことを実行できる[※1]。

```
>>> from wand.image import Image
>>> from wand.display import display
>>>
>>> img = Image(filename='oreilly.png')
>>> img.size
(154, 141)
```

※1 監訳注：ImageMagickをインストールしたディレクトリのパスを環境変数MAGICK_HOMEに指定しておく必要がある。シェルの環境設定ファイルあるいはシステムプロパティで指定する。詳しくはhttp://docs.wand-py.org/en/0.3.5/guide/install.htmlを参照。

```
>>> img.format
'PNG'
```

次のようにすると、Pillowと同じように画面にイメージが表示される。

```
>>> display(img)
```

wandには、回転、サイズ変更、テキストや直線の描画、イメージタイプの変換、その他の機能がある。これらはどれもPillowにも含まれている。どちらも優れたAPIとドキュメントを備えている。

A.2 GUI（グラフィカル・ユーザー・インタフェース）

この名前にはグラフィックという単語が含まれているが、GUIはむしろユーザーインタフェースの問題だ。データを表示するウィジェット、入力メソッド、メニュー、ボタン、すべてに枠組みを与えるウィンドウといったものである。

GUIプログラミング（http://bit.ly/gui-program）のwikiページとFAQ（http://bit.ly/gui-faq）ページには、Pythonで使えるGUIの名前が多数含まれている。では、標準ライブラリに組み込まれている唯一のモジュール、Tkinter（https://wiki.python.org/moin/TkInter）から見てみよう。ごく普通のものだが、すべてのプラットフォームで動作し、ネイティブな感じのウィンドウとウィジェットを作ることができる。

次に示すのは、おなじみの丸い目玉のマスコットをウィンドウに表示するごく小さなTkinterプログラムだ。

```
>>> import tkinter
>>> from PIL import Image, ImageTk
>>>
>>> main = tkinter.Tk()
>>> img = Image.open('oreilly.png')
>>> tkimg = ImageTk.PhotoImage(img)
>>> tkinter.Label(main, image=tkimg).pack()
>>> main.mainloop()
```

PIL/Pillowのモジュールを使っていることに注意しよう。実行すると、図A-4のようにO'Reillyのロゴが再び表示されるはずだ。

図A-4　Tkinterライブラリを使って表示されたイメージ

ウィンドウを閉じるには、ウィンドウのクローズボタンをクリックするかPythonインタープリタを終了すればよい。

Tkinterの詳細は、tkinter wiki（http://tkinter.unpythonic.net/wiki/）とPython wiki（https://wiki.python.org/moin/TkInter）で読むことができる。標準ライブラリに含まれていないGUIを紹介しておこう。

Qt（http://qt-project.org/）

Qtは、プロ用のGUI、アプリケーションツールキットで、約20年前にノルウェーのTrolltechが原型を作ったものだ。Google Earth、Maya、Skypeなどのアプリケーションの構築で使われてきた。LinuxデスクトップのKDEの基礎としても使われている。Pythonで使えるQtライブラリとしては、ふたつのものが主流になっている。PySide（http://qt-project.org/wiki/PySide）は無料（LGPLライセンス）で、PyQt（http://bit.ly/pyqt-info）はGPLか商用ライセンスとなっている。Qtコミュニティの人々が両者の違いをまとめている（http://bit.ly/qt-diff）。PySideは、PyPI（https://pypi.python.org/pypi/PySide）かQt（http://qt-project.org/wiki/Get-PySide）からダウンロードでき、チュートリアルがQtにある（http://qt-project.org/wiki/PySide_Tutorials）。PyQtは、オンラインで無料ダウンロードできる（http://bit.ly/qt-dl）。

GTK+（http://www.gtk.org/）

GTK+は、Qtのライバルで、GIMP、LinuxのGnomeデスクトップなど、多くのアプリケーションの開発に使われている。Pythonバインディングは、PyGTK（http://www.pygtk.org/）だ。コードは、PyGTKサイト（http://bit.ly/pygtk-dl）でダウンロードできる。サイトにはドキュメント（http://bit.ly/pygtk-docs）もある。

WxPython（http://www.wxpython.org/）

WxWidgets（http://www.wxwidgets.org/）へのPythonバインディングである。これも機能が豊かなパッケージで、無料でダウンロードできる（http://wxpython.org/download.php）。

Kivy（http://kivy.org/）

Kivyは、デスクトップ（Windows、OS X、Linux）、モバイル（Android、iOS）のさまざまなプラットフォームに対応した形でマルチメディアユーザーインタフェースを作れる新しい無料のライブラリだ。マルチタッチサポートも含まれている。Kivyのサイト（http://kivy.org/#download）からすべてのプラットフォームのものをダウンロードできる。Kivyのサイトには、アプリケーション開発のためのチュートリアル（http://bit.ly/kivy-intro）もある。

ウェブ

Qtなどのフレームワークはネイティブコンポーネントを使うが、ウェブを使うものもある。考えてみれば、ウェブはユニバーサルなGUIであり、グラフィックス（SVG）、テキスト（HTML）に、今はマルチメディア（HTML5）も持っている。Pythonで書かれたWebベースGUIツールとしては、RCTK（Remote Control Toolkit、https://code.google.com/p/rctk/）、Muntjac（http://www.muntiacus.org/）などがある。フロントエンド（ブラウザベース）、バックエンド（ウェブサーバー）ツールを自由に組み合わせてウェブアプリケーションを作れる。**シンクライアント**は、ほとんどの仕事をバックエンドに任せる。フロントエンドが主導権を握っている場合は、**シック**や**ファット**あるいは**リッチ**クライアントである。最後の形容詞はちょっとお世辞っぽい。一般に、両者はRESTful API、Ajax、JSONで通信する。

A.3　3Dグラフィックスとアニメーション

今どきの映画の長いエンドロールをじっと見ていると、ほとんどの場合、特殊効果やアニメーションを担当した人の名前がたくさん出てくる。Walt Disney Animation、ILM、Weta、Dreamworks、Pixarなどの大手製作会社の大半は、Pythonの経験を持つ人々を雇っている。ウェブで"python animation job"をサーチしたり、vfxjobs（http://vfxjobs.com/search/）に行ってpythonをサーチしたりすると、今ある募集がわかる。

Pythonで3D、アニメーション、マルチメディア、ゲームを試してみたいということなら、Panda3D（http://www.panda3d.org/）を試してみるとよい。オープンソースで、商用アプリケーションが目的でも自由に使える。Panda3Dのウェブサイト（http://bit.ly/dl-panda）に行けば、手持ちのマシンに合ったバージョンをダウンロードできる。サンプルプログラムを試してみたいということなら、`/Developer/Examples/Panda3D` ディレクトリに移動しよう。個々のサブディレクトリには、ひとつ以上の `.py` ファイルがあるので、Panda3D付属の `ppython` コマンドを使ってどれかを実行すればよい。たとえば、次のようになる。

```
$ cd /Developer/Examples/Panda3D
$ cd Ball-in-Maze/
$ ppython Tut-Ball-in-Maze.py
DirectStart: Starting the game.
Known pipe types:
  osxGraphicsPipe
(all display modules loaded.)
```

そして、**図A-5**のようなウィンドウが開く[※1]。

※1　監訳注：NVIDIAの「Cg Toolkit」（https://developer.nvidia.com/cg-toolkit#downloads）が必要。

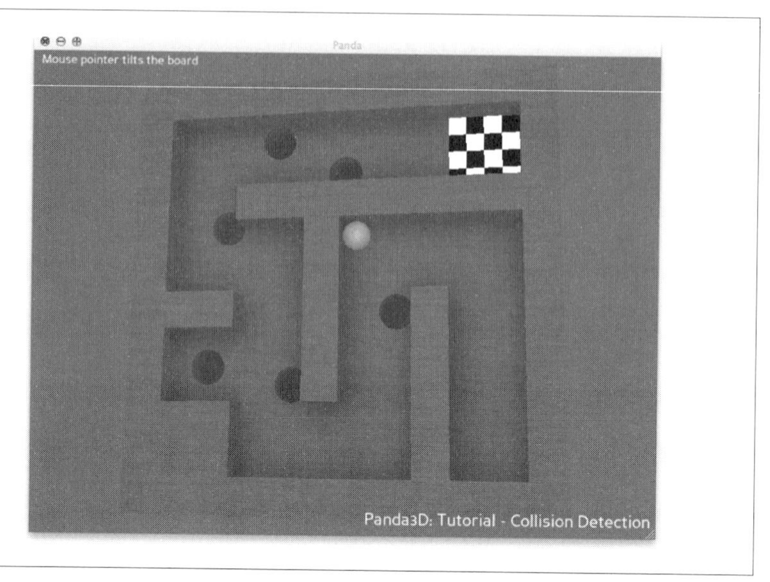

図A-5 Panda3Dライブラリを使って表示されるイメージ

マウスを使ってボックスを傾けると、ボールが迷路のなかで動く。

そのとおりになっていれば、Panda3Dのインストールは成功しており、このライブラリを使った遊びを始められる。

次に示すのは、Panda3Dドキュメントに含まれている単純なサンプルアプリケーションだ。これをpanda1.pyとして保存する。

```
from direct.showbase.ShowBase import ShowBase

class MyApp(ShowBase):

    def __init__(self):
        ShowBase.__init__(self)

        # 環境モデルをロードする
        self.environ = self.loader.loadModel("models/environment")
        # レンダリングのために親を変更する
        self.environ.reparentTo(self.render)
        # モデルに対して、スケーリングと位置変更を行う
        self.environ.setScale(0.25, 0.25, 0.25)
        self.environ.setPos(-8, 42, 0)
```

```
app = MyApp()
app.run()
```

次のコマンドで実行する。

```
$ ppython panda1.py
Known pipe types:
  osxGraphicsPipe
(all display modules loaded.)
```

図A-6のシーンを表示するウィンドウが開く。

図A-6　Pandra3D ライブラリを介して表示されたスケーリング済みのイメージ

木と岩は、地上に浮かんでいる。Nextボタンをクリックしてガイドツアーを継続すると、この問題は解決される。

次に示すのは、Pythonで使えるほかの3Dパッケージだ。

Blender（http://www.blender.org/）

Blenderは、フリーの3Dアニメーション、ゲーム作成システムである。http://www.blender.org/download/からダウンロード、インストールすると、独自版のPython 3がバンドリングされている。

Maya (http://www.autodesk.com/products/autodesk-maya/overview)

商用の3Dアニメーション、グラフィックスシステムである。Pythonもバンドリングしているが、現在は2.6だ。Chad Vernonが、無料でダウンロードできる書籍『Python Scripting for Maya Artists』(http://bit.ly/py-maya)を書いている。ウェブでPythonとMayaをサーチすると、ほかの参考資料(フリー、商用の両方、ビデオも含む)も多数見つかる。

Houdini (https://www.sidefx.com/)

Houdiniは商用ソフトウェアだが、Apprenticeというフリーバージョンをダウンロードできる。他のアニメーションパッケージと同様に、Pythonバインディング(http://bit.ly/py-bind)が付属している。

A.4 プロット、グラフ、ビジュアライゼーション

Pythonはプロット、グラフ、データビジュアライゼーションの主要ソリューションのひとつになっている。付録Cで触れるように、科学分野では特に人気が高い。Pythonの公式サイトには、このテーマについての概要が書かれたページがある(https://wiki.python.org/moin/NumericAndScientific/Plotting)。

A.4.1 matplotlib

`matplotlib`(http://matplotlib.org/)は、フリーの2Dプロットライブラリで、次のコマンドでインストールできる。

```
$ pip install matplotlib
```

`matplotlib`でどれくらいのことができるのかは、ギャラリーページ(http://matplotlib.org/gallery.html)に含まれているサンプルが示している。コードとプレゼンテーションがどうなるかを知るために、同じイメージ表示アプリケーション`matplotlib1.py`を試してみよう。図A-7の画面が表示される。

```
import matplotlib.pyplot as plot
import matplotlib.image as image

img = image.imread('oreilly.png')
plot.imshow(img)
plot.show()
```

図A-7 matplotlibライブラリを使って表示したイメージ

matplotlibについては付録Cでさらに詳しく取り上げる。matplotlibは、NumPyなどの科学アプリケーションと強い結びつきを持っている。

A.4.2 bokeh

ウェブの初期の時代には、デベロッパーたちはサーバー上でグラフィックスを生成し、それにアクセスするためのURLをウェブブラウザに与えていた。最近では、JavaScriptのパフォーマンスも上がり、D3のようなクライアントサイドでグラフィックスを生成するツールもある。1、2ページ前では、グラフィックスとGUIのフロントエンド/バックエンドアーキテクチャの一部としてPythonを使う可能性にも触れた。bokeh(http://bokeh.pydata.org/)という新ツールは、Pythonの強味(大規模なデータセット、使いやすさ)とJavaScriptの強味(対話性、グラフィックスのレイテンシの低さ)を組み合わせる。セールスポイントは、大規模なデータセットのすばやいビジュアライゼーションだ。

必要とされるソフトウェア(NumPy、Pandas、Redis)がすでにインストールされている場合、bokehは次のコマンドでインストールできる(NumPyとPandasは、付録Cで取り上げる)。

```
$ pip install bokeh
```

あるいは、Bokehウェブサイト（http://bit.ly/bokeh-dl）ですべてをまとめてインストールすることもできる。matplotlibはサーバー上で実行されるが、bokehは主としてブラウザ内で実行され、クライアントサイドの最近の進化を利用できる。ギャラリーページ（http://bokeh.pydata.org/docs/gallery.html）のイメージをクリックすれば、表示の対話的な操作を試すとともに、Pythonコードを見ることができる。

A.5 ゲーム

Pythonはデータの扱いには長けている。そして、この付録でマルチメディアもそこそこ行けることを示した。では、ゲームはどうなのだろうか。

実は、Pythonはゲーム開発プラットフォームとしても優れているので、多くの人々がこのテーマの本を書いている。2冊紹介しておこうう。

- Al Sweigart著『Invent Your Own Computer Games with Python』（http://inventwithpython.com/）
- Horst Jens著『The Python Game Book』（a docuwiki book, http://thepythongamebook.com/）

Python wiki（https://wiki.python.org/moin/PythonGames）では一般的な議論が進められており、もっと多くのリンクもある。

Pythonゲームプラットフォームとしてもっとも有名なのは、pygame（http://pygame.org/）だろう。プラットフォームに合った実行可能インストーラはpygameウェブサイト（http://pygame.org/download.shtml）からダウンロードできる。pummel the chimpゲームについては、解説付きでソースコードを読むことができる。

A.6 サウンドと音楽

サウンド、ミュージック、ジングルベルを歌うネコはどうだろうか。

たぶん、最初のふたつだけだ。

標準ライブラリは、マルチメディアサービス（http://docs.python.org/3/library/mm.html）のなかにごく初歩的なオーディオモジュールを用意している。サードパーティーモジュールについての解説もある（https://wiki.python.org/moin/Audio）。

音楽を作るときには、次のライブラリが役に立つ。

- pyknon（https://github.com/kroger/pyknon）は、Pedro Kroger著『Music for Geeks and Nerds』（CreateSpace、http://musicforgeeksandnerds.com/）で使われている。
- mingus（https://code.google.com/p/mingus/）は、MIDIファイルを読み書きできるミュージックシーケンサーだ。
- remix（http://echonest.github.io/remix/python.html）は、名前から想像できるように、音楽のリミックスのためのAPIだ。これが使われている例としては、アップロードされた曲にカウベルを追加するmorecowbell.dj（http://morecowbell.dj/、リンク切れ）がある。
- sebastian（https://github.com/jtauber/sebastian/）は、音楽理論と分析のためのライブラリである。
- Piano（http://bit.ly/py-piano）は、コンピュータのキーボードのC、D、E、F、G、A、Bキーでピアノを弾けるようにするものだ。

最後に、次のリストのライブラリは、コレクションの整理やミュージックデータへのアクセスに役立つ。

- Beets（http://beets.radbox.org/）は、音楽コレクションを管理する。
- Echonest API（http://developer.echonest.com/）は、音楽のメタデータにアクセスする。
- Monstermash（http://bit.ly/mm-karlgrz）は、楽曲の断片をマッシュアップする。Echonest、Flask、ZeroMQ、Amazon EC2を基礎として作られている。
- Shiva（http://bit.ly/shiva-api）は、コレクションについてのクエリーを発行するためのRESTful APIとサーバー（https://github.com/tooxie/shiva-server）だ。
- MPD Album Art Grabber（http://jameh.github.io/mpd-album-art/）は、音楽に合うアルバムアートを取得する。

付録B
ビジネス現場のPy

「事務だって！」と、
幽霊はまたもや其の手を揉み合わせながら叫んだ。
「人類が私の事務だったよ。…」
── チャールズ・ディケンズ『クリスマス・キャロル』
（森田草平訳、青空文庫より引用）

ビジネスマンの制服は、スーツとネクタイだ。しかし、どういうわけだか、**本気で仕事に取り組もう**とすると、ジャケットを椅子に投げ、ネクタイを緩めて袖をまくり上げコーヒーをいれる。それに対し、ビジネスウーマンは、派手なことはほとんどせずに仕事を片付ける。おそらくラテを飲みながら。

ビジネスでは、今までの章で取り上げたデータベース、ウェブ、システム、ネットワークなど、すべてのテクノロジーを使う。Pythonは生産性が高いということから大企業（http://bit.ly/py-enterprise）でも起業したばかりの会社（http://bit.ly/py-startups）でも人気を集めてきている。

ビジネスは、互換性のないファイル形式、難解なネットワークプロトコル、縛り付けられた言語、正確なドキュメントの欠如といった古くからの問題を一掃できる魔法の弾丸を探し続けてきた。しかし、今日では、本当に相互運用できてスケーリングできるテクノロジーとテクニックが現れてきている。以下のものを採用すれば、従来よりも早く安価に柔軟なアプリケーションを作ることができる。

- Pythonのような動的言語
- 普遍的なGUIとしてのウェブ
- 言語に依存しないサービスインタフェースとしてのRESTfulなAPI
- リレーショナルデータベースとNoSQLデータベース
- 「ビッグデータ」とアナリティクス
- デプロイと投資の節約のためのクラウド

B.1 Microsoft Officeスイート

ビジネスは、Microsoft Officeアプリケーションとそのファイル形式に強く依存している。実は、あまり知られておらず、ドキュメントに問題があるものも含まれているが、PythonにはMicrosoft Officeに関連して役に立つライブラリがある。次に示すのは、Microsoft Officeドキュメントを処理するライブラリだ。

docx (https://pypi.python.org/pypi/docx)

Microsoft Office Word 2007の`.docx`ファイルを作ったり、読み書きしたりすることができる。

python-excel (http://www.python-excel.org/)

`xlrd`、`xlwt`、`xlutils`モジュール。これらについて論じるPDFのチュートリアル（http://bit.ly/py-excel）もある。なお、Excelは、標準の`csv`モジュールを使って処理できる（そして処理方法の説明もした）CSV（Comma-Separated Value）ファイルも読み書きできる。

oletools (http://bit.ly/oletools)

Office形式のデータを抽出するライブラリ。

以下のモジュールは、Windowsアプリケーションの操作を自動化する。

pywin32 (http://sourceforge.net/projects/pywin32/)

このモジュールは、多くのWindowsアプリケーションをオートメーションで実行する。しかし、Python 2に制限されており、ドキュメントが貧弱だという欠点がある。http://bit.ly/pywin32-libとhttp://bit.ly/pywin-moのふたつのブログポストが参考になる。

pywinauto (https://code.google.com/p/pywinauto/)

これもWindowsアプリケーションをオートメーションで実行するが、Python 2に制限されている。http://bit.ly/saju-pywinautoのブログポストが参考になる。

swapy (https://code.google.com/p/swapy/)

`swapy`は、ネイティブコントロールから`pywinauto`用Pythonコードを生成する。

OpenOffice（http://openoffice.org）は、オープンソースのOffice代替製品で、Linux/Unix、Windows、OS Xで動作し、Officeファイル形式を読み書きできる。また、Python 3を内部利用向けにインストールする。PyUNO（http://www.openoffice.org/udk/python/python-bridge.html）ライブラリを組み込んだPythonを使えば（https://wiki.openoffice.org/wiki/Python）、OpenOfficeをプログラミングできる。

OpenOfficeはもともとSun Microsystemsのものだったが、OracleがSunを買収したときに、将来なくなるのではないかと心配した人々がいた。その結果、LibreOffice（https://www.libreoffice.org/）がスピンオフした。DocumentHacker（http://bit.ly/docu-hacker）は、PyUNOライブラリとLibreOfficeの組み合わせの使い方を説明している。

OpenOfficeとLibreOfficeは、Microsoftのファイル形式をリバースエンジニアリングしなければならなかったが、それは簡単なことではなかった。Universal Office Converterモジュール（http://dag.wiee.rs/home-made/unoconv/）は、OpenOfficeかLibreOfficeのUNOライブラリに依存しているが、ドキュメント、スプレッドシート、グラフィックス、プレゼンテーションなど、さまざまなファイル形式を変換できる。

中身のわからないファイルがある場合、python-magic（https://github.com/ahupp/python-magic）は、特定のバイトシーケンスを解析してファイル形式を推測することができる。

python open documentライブラリ（http://appyframework.org/pod.html）は、動的ドキュメントを作るためにテンプレート内にPythonコードを供給できる。

Microsoftの形式ではないが、AdobeのPDFはビジネスでは非常によく使われる。ReportLab（http://www.reportlab.com/opensource/）には、オープンソース、商用バージョンのPythonベースPDFジェネレータが含まれている。PDFを編集しなければならない場合は、StackOverflow（http://bit.ly/add-text-pdf）に役に立つ情報が見つかるかもしれない。

B.2 ビジネスタスクの遂行

ほぼあらゆることについてPythonモジュールを見つけることができる。PyPI（https://pypi.python.org/pypi）に行って、検索ボックスに何かを入力してみよう。さまざまなサービスの公開APIに対するインタフェースになっているモジュールがたくさん見つかるはずだ。ビジネスタスク関連では、次のようなものに目を引かれるかもしれない。

- Fedex（https://github.com/gtaylor/python-fedex）またはUPS（https://github.com/openlabs/PyUPS）を介した出荷。
- stamps.com API（https://github.com/jzempel/stamps）によるメール。
- Python for business intelligence（http://bit.ly/py-biz）の議論。
- ミネソタ州アノーカ郡でエアロプレス（コーヒーメーカーの名前）が飛ぶように売れているとしたら、それは顧客の購買活動なのか、それともポルターガイストなのか。Cubes（http://cubes.databrewery.org/）は、OLAP（Online Analytical Processing）ウェブサーバー、データブラウザだ。
- OpenERP（https://www.openerp.com/）は、PythonとJavaScriptで書かれた大規模な商用ERP（Enterprise Resource Planning）システムで、数千のアドオンモジュールがある。

B.3　ビジネスデータの処理

ビジネスは、データに対して独特の好みを持っている。しかし、多くの企業は、データを使いにくくするようなひねくれた方法を作り上げてしまっている。

スプレッドシートはすばらしい発明だったが、時間の経過とともに、ビジネスはスプレッドシート中毒になっていった。プログラムではなく**マクロ**という名前だったので、多くのプログラマーでない人々がプログラミングに迷い込んでしまった。しかし、世界は拡張しており、データはそれについていこうとする。古いバージョンのExcelは、65,536行に制限されていた。新しいバージョンでも、100万程度で限界になる。企業、組織のデータが1台のコンピュータの限界を越えてしまうと、組織の人数が100人前後以上になったときと同じようになる。突然、新しいレイヤ、媒介者、通信を必要とするようになる。

プログラムがデータ過多になってしまうのは、ひとつのデスクトップ上でのデータのサイズが大きいからではない。ビジネスに注ぎ込まれるデータ全体が大きいからだ。リレーショナルデータベースは、数百万行を処理したからといって爆発することはない。しかし、同時に書き込みや更新が大量に発生すると壊れてしまう。プレーンなテキストファイルやバイナリファイルは数ギガバイトものサイズになることがあるが、それを一度に処理しなければならないなら、十分なメモリが必要だ。昔ながらのデスクトップアプリは、そのように設計されていない。GoogleやAmazonといった企業は、大規模データを処理するためのソリューションを発明しなければならなかった。Netflix（http://bit.ly/py-netflix）は、Pythonを使ってRESTful API、セキュリティ、デプロイ、データベースをひとつにまとめたもので、AmazonのAWSクラウドの上に作られた例だ。

B.3.1 抽出、変換、ロード

データの氷山のうち、水面下に隠れている部分には、最初にデータを取り込むための作業などが含まれる。大企業の言葉では、一般に**ETL**（抽出/Extract、変換/Transform、ロード/Loading）と呼ぶ。データマンジング、データラングリングといった同義語には、手に負えない野獣を手なずけるという意味が感じられるが、適切な比喩かもしれない。今までに解決された問題のように見えるが、基本的には職人技の世界のままである。**データサイエンス**については、付録Cでもっと広く取り上げる。ほとんどのデベロッパーが時間のかなりの部分を費やすのは、この作業だ。

『オズの魔法使』を見たことがあれば、フライングモンキーは別として、最後の部分を覚えていることだろう。良い天使がドロシーにルビーの靴を鳴らせばカンサスの家にはいつでも帰れると教えてくれたところだ。まだ小さい頃だったが、「今言うか？」と思ったものだ。魔女がそのことを早く教えていれば映画はもっとずっと早く終わっていたはずだと、子どもながらわかっていたのだ。

しかし、話題になっているのは、仕事を短時間でできればよいとされるビジネスのことであり、映画のことではない。だから、今、大事なことを教えよう。日常的なビジネスデータ処理で必要になるツールは、ほとんどが今までにすでに説明したものだ。辞書やオブジェクトなどの高水準データ構造、数千の標準ライブラリおよびサードパーティーライブラリ、そしてGoogleで探せばすぐに見つかるエキスパートコミュニティである。

あなたがどこかの会社で働いているプログラマーなら、作業フローはほとんどかならず次のようになっているだろう。

1. よくわからない形式のファイルかデータベースからデータを抽出する。
2. 小賢しいオブジェクトが地面の大部分を覆うほどばらまいたゴミを取り除き、データを「クレンジング」する。

3. 日時、キャラクタセットなどを変換する。
4. データで実際に何かをする。
5. 得られたデータをファイルかデータベースに格納する。
6. ステップ1に戻る。洗ってリンスして繰り返す。

具体例で考えよう。スプレッドシートのデータをデータベースに移したいものとする。スプレッドシートをCSV形式で保存し、8章のPythonライブラリを使う。あるいは、バイナリのスプレッドシート形式を直接読み出すモジュールを探してもよい。何も言わなくてもあなたの指は、Googleに「python excel」と入力して、Working with Excel files in Python (http://www.python-excel.org/) のようなサイトを見つけているだろう。pipを使えば、パッケージをインストールできる。そして、仕事の最後の部分のためにPythonデータベースドライバを探すことになるが、同じ8章ではSQLAlchemyと低水準データベースドライバのことも説明した。あとは間をつなぐコードだが、そこでPythonのデータ構造とライブラリが時間の節約に役立ってくれる。

ここでサンプルを動かしてみよう。そして、ステップをいくらか省略できるようにしてくれるライブラリを試す。CSVファイルを読み、ひとつの列で数の集計を行い、もうひとつの欄で一意な値の数の集計を行う。SQLでこの処理をするなら、SELECT、JOIN、GROUP BYを使うところだ。

まず、動物の種類、観客に噛み付いた回数、何針縫うことになったかの値、地元のテレビ局に垂れ込まないよう観客に口止めするために払った額の4つの欄を持つzoo.csvファイルを作る。

```
animal,bites,stitches,hush
bear,1,35,300
marmoset,1,2,250
bear,2,42,500
elk,1,30,100
weasel,4,7,50
duck,2,0,10
```

どの動物がもっとも高くつくものになっているのかを知りたい。そこで、動物の種別に慰謝料(hush)の集計をする(噛んだ回数bitesと針数stitchesは、インターンに任せる)。「8.2.1 CSV」で取り上げたcsvモジュールと「5.5.2 Counter()による要素数の計算」で取り上げたCounterを使う。次のコードをzoo_counts.pyという名前で保存しよう。

```
import csv
from collections import Counter

counts = Counter()
with open('zoo.csv', 'rt') as fin:
    cin = csv.reader(fin)
    for num, row in enumerate(cin):
        if num > 0:
            counts[row[0]] += int(row[-1])
for animal, hush in counts.items():
    print("%10s %10s" % (animal, hush))
```

1行目には列名しか入っていないので読み飛ばしている。countsは、Counterオブジェクトであり、個々の動物の合計を0で初期化する。出力を右揃えするために、書式設定も少し使った。

```
$ python zoo_counts.py
      duck         10
       elk        100
      bear        800
    weasel         50
  marmoset        250
```

やっぱりクマか。最初から容疑者の筆頭だったのだが、数値ではっきりした。

次に、Bubbles (http://bubbles.databrewery.org/) というデータ処理ツールキットを使ってこのコードを書き換えよう。Bubblesは、次のコマンドでインストールできる。

```
$ pip install bubbles
```

このツールキットはSQLAlchemyを必要とする。まだ持っていない場合は、pip install sqlalchemyを実行すればインストールできる。次に示すのは、ドキュメント (http://bit.ly/py-bubbles) のプログラムを修正したテストプログラムだ (bubbles1.pyに保存しよう)。

```
import bubbles

p = bubbles.Pipeline()
p.source(bubbles.data_object('csv_source', 'zoo.csv', infer_fields=True))
p.aggregate('animal', 'hush')
p.pretty_print()
```

そして、決着のときがやってくる。

```
$ python bubbles1.py

2014-03-11 19:46:36,806 DEBUG calling aggregate(rows)
2014-03-11 19:46:36,807 INFO called aggregate(rows)
2014-03-11 19:46:36,807 DEBUG calling pretty_print(records)
+--------+--------+------------+
|animal  |hush_sum|record_count|
+--------+--------+------------+
|duck    |      10|           1|
|weasel  |      50|           1|
|bear    |     800|           2|
|elk     |     100|           1|
|marmoset|     250|           1|
+--------+--------+------------+
2014-03-11 19:46:36,807 INFO called pretty_print(records)
```

ドキュメントを読むと、デバッグ出力を取り除けることがわかる。また、表の書式も変えられる。

ふたつのサンプルを見比べると、bubblesを使ったサンプルは、1個の関数呼び出し（aggregate）でCSV形式の読み出しと数の計算を済ませている。ニーズによっては、データツールキットは仕事を大幅に減らせる。

もっとリアルなサンプルでは、動物園ファイルは数千行あり（危険域に入っている）、bareのようなミススペル、数値内のカンマ等々が入っているようなものになるだろう。Python、Javaコードで直面する実践的なデータの問題についていい例を集めているものとして、Greg Wilson著『Data Crunching: Solve Everyday Problems Using Java, Python, and More』（http://bit.ly/data_crunching）もお勧めしたい。

データのクリーンアップツールを使えば時間を大きく節約できる。そして、Pythonにはそのようなツールが多数作られている。たとえば、PETL（http://petl.readthedocs.org/）は、行と列を抽出して名前を変えることができる。関連ツールページ（http://bit.ly/petl-related）には、役に立つモジュール、製品が多数掲載されている。付録Cでは、特に役に立つデータツールとして、Pandas、Numpy、IPythonを詳しく取り上げる。今のところ、これらは科学者の間での知名度が高いツールだが、金融、データ関連のデベロッパーの間でも支持を広げつつある。2012年のPydataカンファレンスで、AppDataは、これら3種やその他のPythonツールが毎日15テラバイトのデータを処理する上で役に立っていることを発表した（http://bit.ly/py-big-data）。間違いではない。Pythonは、非常に大規模なリアルデータを処理できるのである。

B.3.2　その他の情報源

ときどき、外部で作られたデータが必要になることがある。ビジネス、政府のデータソースとしては、次のようなものがある。

data.gov (https://www.data.gov/)
: 数千のデータセットとツールへのゲートウェイ。API（https://www.data.gov/developers/apis）は、Pythonデータ管理システムのCKAN（http://ckan.org/）を基礎として作られている。

Opening government with Python (http://sunlightfoundation.com)
: ビデオ（http://bit.ly/opengov-py）とスライド（http://goo.gl/8Yh3s）を参照のこと。

python-sunlight (http://bit.ly/py-sun)
: Sumlight API（http://sunlightfoundation.com/api/）にアクセスするためのライブラリ。

froide (http://stefanw.github.io/froide/)
: 自由な情報リクエストのためのDjangoベースのプラットフォーム。

30 places to find open data on the Web (http://blog.visual.ly/data-sources/)
: 便利なリンク集。

B.4　金融界でのPython

最近、金融業界はPythonに深く関心を寄せている。**データサイエンティスト**たちは、付録Cのソフトウェアに手を入れるとともに、独自ツールも開発して、まったく新しい金融解析ツールを生み出している。

Quantitative economics (http://quant-econ.net/)
: 計量経済学的なモデリングのためのツールで、数学、Pythonコードが多数含まれている。

Python for finance (http://www.python-for-finance.com/)

Yves Hilpisch著『Derivatives Analytics with Python: Data Analytics, Models, Simulation, Calibration, and Hedging』(Wiley) のサイト。

Quantopian (https://www.quantopian.com/)

独自のPythonコードを書き、株価の履歴データに対して実行し、結果を見れる対話的ウェブサイト。

PyAlgoTrade (http://gbeced.github.io/pyalgotrade/)

これも株式関連の戦略、モデルなどのテストに使えるが、ローカルコンピュータで実行するところが異なる。

Quandl (http://www.quandl.com/)

数百万の金融データセットの検索。

Ultra-finance (https://code.google.com/p/ultra-finance/)

株式関連の情報収集ライブラリ。

Python for Finance (O'Reilly) (http://bit.ly/python-finance)

Yves Hilpischの著書。金融モデリングのためのPythonサンプルが含まれている。

B.5 ビジネスデータのセキュリティ

ビジネスでは、セキュリティの確保が特に重要だ。このテーマだけで何冊もの本が書かれている。ここではPythonに関連して知っておくべきことを簡単にまとめておく。

- 「11.2.6 Scapy」では、パケットを精査するためのPythonをベースとする言語scapyを取り上げたが、これはネットワークに対する大きな攻撃を説明するために使われている。
- Python Securityサイト (http://www.pythonsecurity.org/) には、セキュリティ関連の議論、一部のPythonモジュールについての詳細、早見表が含まれている。
- TJ O'Connor著『Violent Python ― A Cookbook for Hackers, Forensic Analysts, Penetration Testers and Security Engineers』(Syngress、http://bit.

ly/violent-python)はPythonとコンピュータのセキュリティを包括的に扱っている。

B.6 マップ

地図は、多くの企業にとって価値のある情報になった。Pythonは地図の作成を得意としているので、このテーマについて少し時間をかけて取り組んでみよう。経営者や管理職はグラフィックスが好きで、会社のウェブサイトのためにきれいな地図をすばやく作ることができれば、喜ばれるはずだ。

ウェブの初期の時代、Xeroxの実験的な地図作成サイトにはずいぶんお世話になったものだ。Google Mapsのような大規模なサイトが登場したときには、あっと驚いた(と同時に、「なんで自分で思いつかなかったんだろう。大儲けできたのに」とも思った)。現在は、地図と**ロケーションベースサービス**はどこにでもあり、特にモバイルデバイスでは役に立っている。

この分野には、多くの専門用語があり、重なり合う意味を持っている。マッピング、カートグラフィ、GIS(地理情報システム)、GPS(グローバルポジショニングシステム)、ジオスペーシャル分析などだ。Geospatial Python(http://bit.ly/geospatial-py)のブログには、「800ポンドのゴリラ」システムの図がある。GDAL/OGR、GEOS、PROJ.4(投影)がゴリラ、周辺システムが小さな猿として描かれている。これらの多くはPythonインタフェースを持っている。これらの一部について簡単に見てみよう。もっとも単純な形式から始めることにする。

B.6.1 ファイル形式

マッピングの世界には、ベクトル(線)、ラスター(イメージ)、メタデータ(文字列)、それらの組み合わせなど、さまざまなファイル形式がある。

地理情報システムのパイオニアであるESRIが20年前に**シェープファイル**形式を考え出した。シェープファイルは、実際には複数のファイル形式から構成されており、少なくとも以下のものが含まれる。

`.shp`
: 「シェープ」(ベクトル)情報。

`.shx`

シェープインデックス。

`.dbf`

属性データベース。

Pythonの役に立つシェープファイルモジュールとしては、次のようなものがある。

- pyshp（https://code.google.com/p/pyshp/）は、ピュアPythonのシェープファイルライブラリである。
- shapely（http://toblerity.org/shapely/）は、「この街の建物のなかで、50年前の洪水の範囲内になるものはどれか」などの地理上の問いに答える。
- fiona（https://github.com/Toblerity/Fiona）は、シェープファイルなどのベクトル形式ファイルを処理するOGRライブラリをラップする。
- kartograph（http://kartograph.org/）は、サーバーまたはクライアント上でシェープファイルをSVGマップにレンダリングする。
- basemap（http://matplotlib.org/basemap/）は、`matplotlib`を使って2Dデータを地図上にプロットする。
- cartopy（http://scitools.org.uk/cartopy/docs/latest/）は、`matplotlib`と`shapely`を使って地図を描画する。

次のサンプルのためのシェープファイルを手に入れよう。Natural Earthの1:110m Cultural Vectorsページ（http://bit.ly/cultural-vectors）に行き、「Admin 1-States and Provinces」で、緑の［Download states and provinces］ボタンをクリックして、ZIPファイルをダウンロードしよう。ダウンロードしたファイルを解凍すると、次のファイルが含まれているはずだ。

```
ne_110m_admin_1_states_provinces_shp.README.html
ne_110m_admin_1_states_provinces_shp.sbn
ne_110m_admin_1_states_provinces_shp.VERSION.txt
ne_110m_admin_1_states_provinces_shp.sbx
ne_110m_admin_1_states_provinces_shp.dbf
ne_110m_admin_1_states_provinces_shp.shp
ne_110m_admin_1_states_provinces_shp.prj
ne_110m_admin_1_states_provinces_shp.shx
```

以下のサンプルでは、これらのシェープファイルを使う。

B.6.2 地図の描画

シェープファイルを読み出すためには、次のライブラリが必要だ。

```
$ pip install pyshp
```

次のプログラムmap1.pyは、Geospatial Pythonのブログポスト（http://bit.ly/raster-shape）を書き換えたものだ。

```
def display_shapefile(name, iwidth=500, iheight=500):
    import shapefile
    from PIL import Image, ImageDraw
    r = shapefile.Reader(name)
    mleft, mbottom, mright, mtop = r.bbox
    # 地図の単位
    mwidth = mright - mleft
    mheight = mtop - mbottom
    # 地図の単位をイメージの単位にマッピング
    hscale = iwidth/mwidth
    vscale = iheight/mheight
    img = Image.new("RGB", (iwidth, iheight), "white")
    draw = ImageDraw.Draw(img)
    for shape in r.shapes():
        pixels = [
            (int(iwidth - ((mright - x) * hscale)), int((mtop - y) * vscale))
            for x, y in shape.points]
        if shape.shapeType == shapefile.POLYGON:
            draw.polygon(pixels, outline='black')
        elif shape.shapeType == shapefile.POLYLINE:
            draw.line(pixels, fill='black')
    img.show()

if __name__ == '__main__':
    import sys
    display_shapefile(sys.argv[1], 700, 700)
```

このプログラムは、シェープファイルを読み出し、個々のシェープを反復処理する。チェックしているシェープの種類は2種類だけだ。ポリゴン（多角形）は最後の点と最初の点を結ぶが、ポリライン（折れ曲がる直線）は結ばない。私のロジックは、オリジナルのポストとpyshpのドキュメントをざっと読んだ印象をもとに作られているので、どう動くかはよくわかっていない。とりあえずスタートを切り、試行錯誤の過程で見つかった問題を処理していかなければならないことも、ときにはある。

では、実行してみよう。引数は、シェープファイルのファイル名から拡張子を取り除いたものだ。

```
$ python map1.py ne_110m_admin_1_states_provinces_shp
```

すると、**図B-1**のようなものが表示されるはずだ。

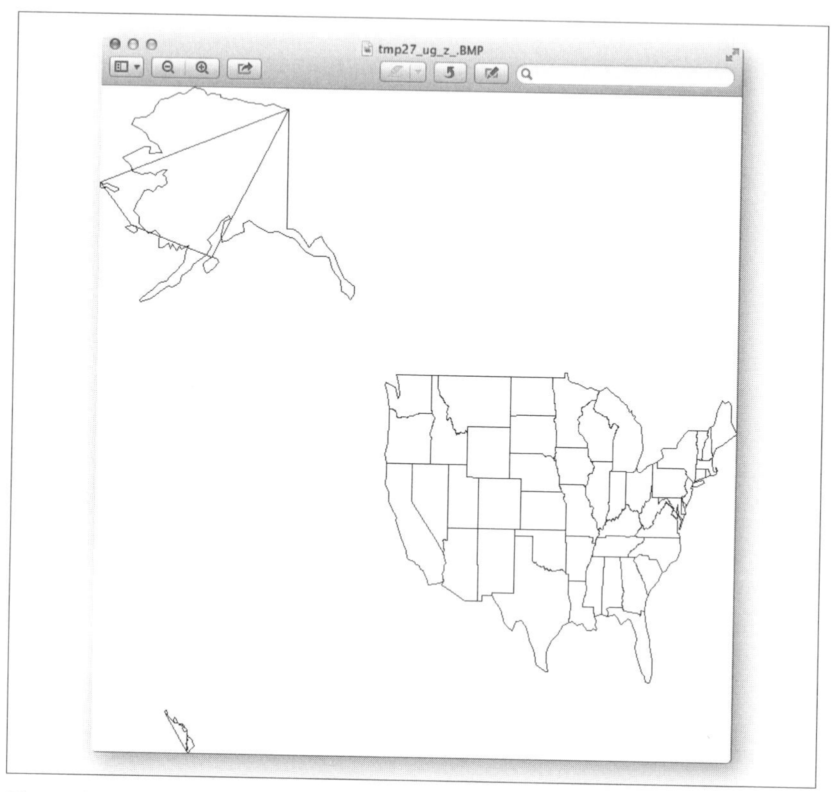

図B-1 未完成の地図

アメリカ合衆国とよく似た地図を描いたが、次のような問題がある。

- アラスカとハワイに猫が引っ掻いたような線がある。これは**バグ**だ。
- 地図が潰れたようになっている。**投影**が必要だ。
- 地図が美しくない。もっときれいな**スタイル**を与えなければならない。

第1の問題を解決しよう。ロジックのどこかに問題がある。しかし、どうすればよいのだろうか。12章では、デバッグなどの開発テクニックを取り上げたが、ここではほかの選択肢を検討してもよいだろう。問題が解決するまでテストを書いてがんばってみるとか、ほかのマッピングライブラリを試してみるとかだ。たぶん、この3つの問題（余計な線、潰れた形、スタイルの幼稚さ）は、すべて高水準の部分で手を入れれば解決する。

その他のPythonマッピングソフトウェアへのリンクをまとめておこう。

basemap (http://matplotlib.org/basemap/)
: `matplotlib`を基礎として、地図とデータのオーバーレイを描く。

mapnik (http://mapnik.org/)
: Pythonバインディングを持つC++ライブラリで、ベクトル（線）とラスター（イメージ）を結合してマップを描く。

tilemill (https://www.mapbox.com/tilemill/)
: `mapnik`を基礎とするマップデザインスタジオ。

Vincent (http://vincent.readthedocs.org/)
: JavaScriptビジュアライゼーションツールのVegaへの変換。チュートリアルのMapping data in Python with pandas and vincent (http://wrobstory.github.io/2013/10/mapping-data-python.html) を参照のこと。

Python for ArcGIS (http://bit.ly/py-arcgis)
: ESRIの商用製品、ArcGISのためのPythonリソースへのリンク。

Spatial analysis with python (http://bit.ly/spatial-analysis)
: チュートリアル、パッケージ、ビデオへのリンク。

Using geospatial data with python (https://www.youtube.com/watch?v=1fzQKMp_tdE)
: ビデオによるプレゼンテーション。

So you'd like to make a map using Python (http://bit.ly/pythonmap)
: `pandas`、`matplotlib`、`shapely`などのPythonモジュールを使って歴史的な地域の地図を作る。

Python Geospatial Development (Packt) (http://bit.ly/py-geo-dev)

Eric Westraの著書。mapnikなどのツールを使ったサンプルが含まれている。

Learning Geospatial Analysis with Python (Packt)

Joel Lawheadの著書。ファイル形式やライブラリを解説し、ジオスペーシャルアルゴリズムも取り上げている。

これらのモジュールはどれも美しい地図を描けるが、インストール、学習がほかのものよりも難しい。一部は、まだ本書で取り上げていないnumpyやpandasなどのソフトウェアに依存している。コストを上回るだけのメリットがあるのだろうか。私たちデベロッパーは、不完全な情報をもとにこういった二者択一に迫られることがよくある。マップに興味があるなら、これらのパッケージをダウンロード、インストールして、何ができるのかを見てみるべきだ。ソフトウェアをインストールしなくても、リモートウェブサービスAPIに接続するという方法もある。ウェブサーバーに接続してJSON応答をデコードする方法は、9章で示した。

B.6.3 アプリケーションとデータ

今までは地図の描画について話してきたが、地図データにはほかにもさまざまな使い道がある。**ジオコーディング**は、住所と緯度経度を相互に変換する。ジオコーディングAPIにはさまざまなものがある(http://www.programmableweb.com/apitag/geocoding)。ProgrammableWebにAPIの比較記事がある(http://bit.ly/free-geo-api)。そして、geopy (https://code.google.com/p/geopy/)、pygeocoder (https://pypi.python.org/pypi/pygeocoder)、googlemaps (http://py-googlemaps.sourceforge.net/)などのPythonライブラリもある。Googleやその他のソースにサインアップしてAPIキーを手に入れれば、ナビゲーションや地域での検索などのサービスにもアクセスできる。

マッピングデータが入手できる場所を少し紹介しよう。

http://www.census.gov/geo/maps-data/

米国国勢調査局のマップファイルの概要。

http://www.census.gov/geo/maps-data/data/tiger.html

地理、人口統計データなどの宝庫。

http://wiki.openstreetmap.org/wiki/Potential_Datasources

世界のデータソース。

http://www.naturalearthdata.com/

3種類のサイズのベクトル、ラスターマップデータ。

ここで、Data Science Toolkit (http://www.datasciencetoolkit.org/) に触れておかなければならない。このツールキットには、フリーの双方向ジオコーディング、政治的境界線や統計のための座標データなどが含まれている。すべてのデータとソフトウェアは仮想マシンという形でダウンロードでき、ローカルコンピュータで自己完結的に実行できる。

付録C 科学におけるPy

女王陛下の治世において、水陸の蒸気力は最高水準に達し、
今や誰もが科学の新たな勝利に厚い信頼を寄せている。
── James McIntyre『女王の在位50周年記念式典頌歌』(1887)

この数年の間に、主としてこの付録でこれから取り上げるソフトウェアのおかげで、Pythonは科学者たちの間で大きく人気を集めた。科学者や理系の学生なら、MATLABやRなどのツールを使ったことがあるかもしれないし、Java、C、C++のような従来型の言語に触れたことがあるかもしれない。この付録では、Pythonがどのようにして科学的分析や発表のためのすばらしいプラットフォームになったのかを説明する。

C.1 標準ライブラリでの数学と統計

まず、標準ライブラリにちょっと戻って、まだ取り上げていない機能やモジュールを見てみよう。

C.1.1 math関数

Pythonは、標準ライブラリに数学関数をたくさん抱えている（https://docs.python.org/3/library/math.html）。`import math`と入力すれば、それらの関数にアクセスできる。

まず、`pi`、`e`などの定数がいくつかある。

```
>>> import math
>>> math.pi
3.141592653589793
>>> math.e
2.718281828459045
```

しかし、ライブラリのほとんどの部分は関数だ。そのなかでももっとも役に立つもの

を見てみよう。

fabs()は、引数の絶対値を返す。

```
>>> math.fabs(98.6)
98.6
>>> math.fabs(-271.1)
271.1
```

引数以下でもっとも大きい整数（floor()）と引数以上でもっとも小さい整数（ceil）を返す。

```
>>> math.floor(98.6)
98
>>> math.floor(-271.1)
-272
>>> math.ceil(98.6)
99
>>> math.ceil(-271.1)
-271
```

factorial()で階乗（数学で$n!$と書くもの）を計算する。

```
>>> math.factorial(0)
1
>>> math.factorial(1)
1
>>> math.factorial(2)
2
>>> math.factorial(3)
6
>>> math.factorial(10)
3628800
```

log()でeを底とする引数の対数を計算する。

```
>>> math.log(1.0)
0.0
>>> math.log(math.e)
1.0
```

別の底を使いたい場合は、それを第2引数として指定する。

```
>>> math.log(8, 2)
3.0
```

pow()は逆で、第1引数の第2引数乗を計算する。

```
>>> math.pow(2, 3)
8.0
```

Pythonでは、組み込みの指数演算子**で同じことができるが、演算子の方は、基数と指数がともに整数なら、結果をfloatに自動変換しない。

```
>>> 2**3
8
>>> 2.0**3
8.0
```

sqrt()は平方根を計算する。

```
>>> math.sqrt(100.0)
10.0
```

この関数を困らせようとしても無駄だ。最初からお見通しである。

```
>>> math.sqrt(-100.0)
Traceback (most recent call last):
  File "<stdin>", line 1, in <module>
ValueError: math domain error
```

三角関数はすべて揃っている。名前だけ挙げておくと、sin()、cos()、tan()、asin()、acos()、atan()、atan2()だ。ピタゴラスの定理もある。hypot()は、直角三角形の直角を挟む2辺から斜辺の長さを計算する。

```
>>> x = 3.0
>>> y = 4.0
>>> math.hypot(x, y)
5.0
```

こんな関数は信用できないというのなら、自分で計算してもよい。

```
>>> math.sqrt(x*x + y*y)
5.0
>>> math.sqrt(x**2 + y**2)
5.0
```

最後に紹介するのは、弧度法と度数法の相互変換だ。

```
>>> math.radians(180.0)
3.141592653589793
```

```
>>> math.degrees(math.pi)
180.0
```

C.1.2　複素数の操作

複素数は、Pythonの基本言語のなかで完全にサポートされており、**実数**部と**虚数**部の記法もよく知られている。

```
>>> # 実数
... 5
5
>>> # 虚数
... 8j
8j
>>> # 虚数
... 3 + 2j
(3+2j)
```

虚数i（Pythonの1j）は、−1の平方根と定義されているので、次のような計算も実行できる。

```
>>> 1j * 1j
(-1+0j)
>>> (7 + 1j) * 1j
(-1+7j)
```

標準のcmathモジュール（http://docs.python.org/3/library/cmath.html）には、複素関数もいくつか含まれている。

C.1.3　decimalによる正確な浮動小数点数計算

コンピュータの浮動小数点数は、学校で学んだ実数とはちょっと違うところがある。コンピュータのCPUは2進で計算するように設計されているので、2のべき乗で表現できない数値は、正確に表現できないことが多いのだ。

```
>>> x = 10.0 / 3.0
>>> x
3.3333333333333335
```

最後の5を見るとぎょっとする。どこまで行っても3でなければならないはずだ。Pythonのdecimalモジュール（https://docs.python.org/3/library/decimal.html）を使えば、指定した有効桁数で数値を表現できる。これは、金額が絡んだ計算では特に重要なことだ。アメリカの通貨にはセント（1/100ドル）よりも小さい単位はないので、ドルとセントを分けて金額を計算していれば、まったく狂いなく表現できる。しかし、19.99とか0.06というように浮動小数点数でドルとセントをまとめて表現しようとすると、計算を始める前からわずかな誤差が出る。この問題にはどう対処すればよいのだろうか。deciaml モジュールを使えばよいだけのことだ。

```
>>> from decimal import Decimal
>>> price = Decimal('19.99')
>>> tax = Decimal('0.06')
>>> total = price + (price * tax)
>>> total
Decimal('21.1894')
```

精度を維持するために、価格と税率の値は文字列から作っている。totalは、端数まで正確に計算されている。しかし、欲しいのはもっとも近いセントだ。

```
>>> penny = Decimal('0.01')
>>> total.quantize(penny)
Decimal('21.19')
```

普通のfloatと丸め計算でも同じ結果が得られる場合があるかもしれないが、かならず同じになるわけではない。100を掛けてセントまで整数にして計算してもよいが、いずれ痛い目に遭うだろう。この問題に関する興味深い議論が、http://bit.ly/1LjUWPw で公開されている。

C.1.4　fractionsによる有理数計算

Python標準のfractionsモジュール（http://docs.python.org/3/library/fractions.html）を使えば、分数を表現できる。次に示すのは、1/3に2/3を掛ける計算だ。

```
>>> from fractions import Fraction
>>> Fraction(1,  3) * Fraction(2, 3)
Fraction(2, 9)
```

浮動小数点数は不正確になることがあるので、FractionのなかでDecimalを使うことができる。

```
>>> Fraction(1.0/3.0)
Fraction(6004799503160661, 18014398509481984)
```

```
>>> Fraction(Decimal('1.0')/Decimal('3.0'))
Fraction(3333333333333333333333333333, 10000000000000000000000000000)
```

gcd関数を使えば、ふたつの数値の最大公約数を計算できる。

```
>>> import fractions
>>> fractions.gcd(24, 16)
8
```

C.1.5　arrayによるパッキングされたシーケンス

Pythonのリストは、配列というよりも連結リストのようだ。同じ型の1次元のシーケンスを作りたい場合には、array型（http://docs.python.org/3/library/array.html）を使えばよい。こうすると、リストよりもスペースを節約できるが、リストのメソッドの多くはサポートされる。array(*typecode,initializer*)という形式で作る。*typecode*は、データ型を指定する（int、floatなど）。オプションの*initializer*は初期値を指定するもので、リスト、文字列、イテラブルを指定できる。

私は、実際の仕事でこのパッケージを使ったことはない。イメージデータなどの低水準データ構造で役に立つ。数値計算のために本当に配列が必要な場合（特に2次元以上のものが必要な場合）には、NumPyを使った方がはるかによいだろう。NumPyについては、すぐあとで説明する。

C.1.6　statisticsによる単純な統計

Python 3.4からstatistics（http://docs.python.org/3.4/library/statistics.html）が標準モジュールになっている。平均、中央値、最頻値、標準偏差、分散などの関数が含まれている。入力引数は、さまざまな数値型（整数、float、decimal、fraction）のシーケンス（リストかタプル）かイテレータだ。modeは、文字列も受け付ける。この付録であとで取り上げるSciPyやPandasなどのパッケージには、もっとはるかに多くの統計関数が含まれている。

C.1.7　行列の乗算

Python 3.5以降、@文字は演算子としての意味を持つようになる。デコレータとしても使われ続けるが、新たに**行列の乗算**（http://legacy.python.org/dev/peps/pep-0465/）のためにも使われるようになる。しかし、それまでは、NumPy（すぐあとで出てくる）

がもっとも無難だ。

C.2 Scientific Python

この付録のこれからの部分では、サードパーティーの科学、数学用Pythonパッケージを取り上げていく。パッケージを個別にインストールしていくこともできるが、Scientific Pythonディストリビューションの一部としてすべてのパッケージをまとめてダウンロードすることを是非検討すべきだろう。主要な選択肢は次のとおりだ。

Anaconda (https://store.continuum.io/cshop/anaconda/)

このパッケージは、フリーで範囲が広く、最新でPyothon 2、3をサポートし、既存のPythonシステムを壊さない。

Enthought Canopy (https://www.enthought.com/products/canopy/)

フリーバージョンと商用バージョンがある。

Python(x,y) (https://code.google.com/p/pythonxy/)

Windows専用のリリース。

Pyzo (http://www.pyzo.org/)

Anacondaに含まれているツールにほかのツールを加えたものから作られている。

ALGORETE Loopy (http://blog.algorete.org/)

これもAnacondaを基礎としてほかのツールを追加している。

Anacondaをインストールすることをお勧めする。Anacondaはサイズが大きいが、この付録で取り上げるものはすべて含まれている。Python 3とAnacondaの使い方の詳細は付録Dを参照していただきたい。この付録でこれから示すサンプルは、個別にでもAnacondaの一部という形でも、必要なパッケージをインストールしてあることを前提としている。

C.3 NumPy

NumPy (http://www.numpy.org/) は、科学者の間でPythonが人気を集めている大きな理由のひとつだ。Pythonなどの動的言語は、Cのようなコンパイル言語、さらにはJavaのようなインタープリタ言語と比べても遅いと言われている。NumPyは、FORTRANのような科学言語と同じように高速な多次元数値配列を提供するために作られた。CのスピードとPythonのデベロッパーにとっての使いやすさが結合しているのだ。

Scientific Pythonディストリビューションのどれかをダウンロードしていれば、すでにNumPyは含まれている。そうでなければ、NumPyのダウンロードページ (http://www.scipy.org/scipylib/download.html) の指示に従ってダウンロードしよう。

NumPyを使うためには、ndarray (N-dimentional array=N次元配列という意味)、あるいは略してただarrayと呼ばれる基本データ構造を理解する必要がある。Pythonのリスト、タプルとは異なり、個々の要素は同じ型でなければならない。NumPyは、配列の次元数を階数 (rank) と呼ぶ。1次元配列は値の行のようになり、2次元配列は値の行列のようになる。3次元配列はルービックキューブのようになる。各次元での長さは同じでなくてかまわない。

NumPyのarrayと標準Pythonのarrayは別のものだ。これ以降、この付録のなかでは、arrayはNumPyの配列を指すものとする。

しかし、なぜ配列が必要なのだろうか。

- 科学的データは、大規模なデータシーケンスから構成されることが多い。
- このようなデータに対する科学計算は、行列演算、回帰、シミュレーション、その他一度に多数のデータポイントを処理するテクニックを使うことが多い。
- NumPyはPython標準のリスト、タプルよりも**非常に**高速に配列を処理する。

NumPy配列にはさまざまな作り方がある。

C.3.1 array()による配列の作成

配列は通常のリストやタプルから作ることができる。

```
>>> import numpy as np
>>> b = np.array( [2, 4, 6, 8] )
>>> b
array([2, 4, 6, 8])
```

ndim属性は、階数を返す。

```
>>> b.ndim
1
```

配列内の値の総数は、sizeから得られる。

```
>>> b.size
4
```

各階の値の数は、shapeから得られる。

```
>>> b.shape
(4,)
```

C.3.2 arange()による配列の作成

NumPyのarange()メソッドは、Python標準のrange()とよく似ている。1個の整数引数numを与えてarange()を呼び出すと、0からnum-1までのndarray()が返される。

```
>>> a = np.arange(10)
>>> a
array([0, 1, 2, 3, 4, 5, 6, 7, 8, 9])
>>> a.ndim
1
>>> a.shape
(10,)
>>> a.size
10
```

ふたつの値を渡すと、最初の値から第2の値マイナス1までの配列が作られる。

```
>>> a = np.arange(7, 11)
>>> a
```

```
array([ 7,  8,  9, 10])
```

そして、第3引数として1以外のステップ数を指定できる。

```
>>> a = np.arange(7, 11, 2)
>>> a
array([7, 9])
```

今までの例では整数を使ってきたが、floatでもきちんと動作する。

```
>>> f = np.arange(2.0, 9.8, 0.3)
>>> f
array([ 2. ,  2.3,  2.6,  2.9,  3.2,  3.5,  3.8,  4.1,  4.4,  4.7,  5. ,
        5.3,  5.6,  5.9,  6.2,  6.5,  6.8,  7.1,  7.4,  7.7,  8. ,  8.3,
        8.6,  8.9,  9.2,  9.5,  9.8])
```

最後に、dtype引数を指定すると、どの型の値を生成するかをarangeに指示できる。

```
>>> g = np.arange(10, 4, -1.5, dtype=np.float)
>>> g
array([ 10. ,   8.5,   7. ,   5.5])
```

C.3.3 zeros()、ones()、random()による配列の作成

zeros()メソッドは、すべての値がゼロになっている配列を返す。引数として配列の形を指定するタプルを渡せる。次に示すのは、1次元配列を作る例だ。

```
>>> a = np.zeros((3,))
>>> a
array([ 0.,  0.,  0.])
>>> a.ndim
1
>>> a.shape
(3,)
>>> a.size
3
```

次の例は、階数が2になっている。

```
>>> b = np.zeros((2, 4))
>>> b
array([[ 0.,  0.,  0.,  0.],
       [ 0.,  0.,  0.,  0.]])
```

```
>>> b.ndim
2
>>> b.shape
(2, 4)
>>> b.size
8
```

同じ値で配列を初期化する特殊関数はもうひとつあり、それがones()だ。

```
>>> k = np.ones((3, 5))
>>> k
array([[ 1.,  1.,  1.,  1.,  1.],
       [ 1.,  1.,  1.,  1.,  1.],
       [ 1.,  1.,  1.,  1.,  1.]])
```

random()は、0.0から1.0までの無作為な値を使って配列を作る。

```
>>> m = np.random.random((3, 5))
>>> m
array([[  1.92415699e-01,   4.43131404e-01,   7.99226773e-01,
          1.14301942e-01,   2.85383430e-04],
       [  6.53705749e-01,   7.48034559e-01,   4.49463241e-01,
          4.87906915e-01,   9.34341118e-01],
       [  9.47575562e-01,   2.21152583e-01,   2.49031209e-01,
          3.46190961e-01,   8.94842676e-01]])
```

C.3.4 reshape()による配列形状の変更

今までは、配列にリストやタプルとの違いは感じられなかった。しかし、reshape()を使った形状の変更のようなトリックがあるところは、リストやタプルとは異なる。

```
>>> a = np.arange(10)
>>> a
array([0, 1, 2, 3, 4, 5, 6, 7, 8, 9])
>>> a = a.reshape(2, 5)
>>> a
array([[0, 1, 2, 3, 4],
       [5, 6, 7, 8, 9]])
>>> a.ndim
2
>>> a.shape
(2, 5)
>>> a.size
10
```

同じ配列をさまざまな形状に変更できる。

```
>>> a = a.reshape(5, 2)
>>> a
array([[0, 1],
       [2, 3],
       [4, 5],
       [6, 7],
       [8, 9]])
>>> a.ndim
2
>>> a.shape
(5, 2)
>>> a.size
10
```

shapeに形状を指定するタプルを代入する方法でも、同じ結果が得られる。

```
>>> a.shape = (2, 5)
>>> a
array([[0, 1, 2, 3, 4],
       [5, 6, 7, 8, 9]])
```

形状に関する制限は、各階のサイズの積が値の総数と同じでなければならないということだけだ（この場合は10）。

```
>>> a = a.reshape(3, 4)
Traceback (most recent call last):
  File "<stdin>", line 1, in <module>
ValueError: total size of new array must be unchanged
```

C.3.5 []による要素の取得

1次元配列は、リストと同じように動作する。

```
>>> a = np.arange(10)
>>> a[7]
7
>>> a[-1]
9
```

しかし、配列の形状が異なる場合には、カンマ区切りの添字を使う。

```
>>> a.shape = (2, 5)
>>> a
array([[0, 1, 2, 3, 4],
       [5, 6, 7, 8, 9]])
>>> a[1,2]
7
```

これは、Pythonの2次元リストとは異なる。

```
>>> l = [ [0, 1, 2, 3, 4], [5, 6, 7, 8, 9] ]
>>> l
[[0, 1, 2, 3, 4], [5, 6, 7, 8, 9]]
>>> l[1,2]
Traceback (most recent call last):
  File "<stdin>", line 1, in <module>
TypeError: list indices must be integers, not tuple
>>> l[1][2]
7
```

最後にもうひとつ重要なポイントだが、スライスは使える。しかし、1セットしかない角かっこのなかで使わなければならない。また、おなじみのテスト配列を作ろう。

```
>>> a = np.arange(10)
>>> a = a.reshape(2, 5)
>>> a
array([[0, 1, 2, 3, 4],
       [5, 6, 7, 8, 9]])
```

スライスを使って先頭行のオフセット2から末尾までの要素を取り出す。

```
>>> a[0, 2:]
array([2, 3, 4])
```

最後の行の先頭からオフセット3－1＝2までの要素を取り出す。

```
>>> a[-1, :3]
array([5, 6, 7])
```

スライスを使って複数の要素に値をまとめて代入することもできる。次の文は、すべての行のオフセット2と3の列に1000という値を代入する。

```
>>> a[:, 2:4] = 1000
>>> a
array([[   0,    1, 1000, 1000,    4],
       [   5,    6, 1000, 1000,    9]])
```

C.3.6 配列の数学演算

配列の作成や形状変更が面白かったので、つい配列を使って何かをするのを忘れるところだった。まず、NumPyの再定義された乗算（*）演算子を使って、NumPy配列のすべての要素に同じ値を掛けてみよう。

```
>>> from numpy import *
>>> a = arange(4)
>>> a
array([0, 1, 2, 3])
>>> a *= 3
>>> a
array([0, 3, 6, 9])
```

Python標準のリストの各要素に同じ値を掛けようと思ったら、ループかリスト内包表記を使わなければならない。

```
>>> plain_list = list(range(4))
>>> plain_list
[0, 1, 2, 3]
>>> plain_list = [num * 3 for num in plain_list]
>>> plain_list
[0, 3, 6, 9]
```

この一斉演算の動作は、加算、減算、除算など、NumPyライブラリのほかの関数にも当てはまる。たとえば、zeros()と+を使えば、配列のすべての要素を同じ値で初期化できる。

```
>>> from numpy import *
>>> a = zeros((2, 5)) + 17.0
>>> a
array([[ 17.,  17.,  17.,  17.,  17.],
       [ 17.,  17.,  17.,  17.,  17.]])
```

C.3.7 線形代数

NumPyには、線形代数のための関数が多数含まれている。たとえば、次の連立1次方程式について考えてみよう。

```
4x + 5y = 20
 x + 2y = 13
```

xとyの値はどのようにすればわかるだろうか。次のふたつの配列を作る。

- **係数**（xとyに掛けられている値）
- **従属変数**（方程式の右辺）

```
>>> import numpy as np
>>> coefficients = np.array([ [4, 5], [1, 2] ])
>>> dependents = np.array( [20, 13] )
```

そして、linalgモジュールのsolve()関数を使う。

```
>>> answers = np.linalg.solve(coefficients, dependents)
>>> answers
array([ -8.33333333,  10.66666667])
```

結果を見ると、xはおおよそ−8.3、yはおおよそ10.6となっている。これらの値で方程式は解決するだろうか。

```
>>> 4 * answers[0] + 5 * answers[1]
20.0
>>> 1 * answers[0] + 2 * answers[1]
13.0
```

どうだろうか。NumPyに配列の**ドット積**を計算させれば、この大量の入力を避けられる。

```
>>> product = np.dot(coefficients, answers)
>>> product
array([ 20.,  13.])
```

この解が正しければ、product配列の値は、dependentsのなかの値と非常に近くなっているはずだ。allclose()関数を使えば、ふたつの配列がほぼ等しいかどうかをチェックできる（浮動小数点数の丸め誤差のために、両者はぴったりと一致しない場合がある）。

```
>>> np.allclose(product, dependents)
True
```

NumPyには、多項式、フーリエ変換、統計、確率分布のためのモジュールもある。

C.4 SciPyライブラリ

NumPyを基礎として作られたSciPy (http://www.scipy.org/) というライブラリには、さらに多くの数学、統計関数が含まれている。SciPyのダウンロードパッケージ (http://www.scipy.org/scipylib/download.html) には、NumPy、SciPy、Pandas (すぐあとで取り上げる)、その他のライブラリが含まれている。

SciPyには、多くのモジュールが含まれており、次のようなタスクが実行できる。

- 最適化
- 統計
- 補間
- 線形回帰
- 積分
- 画像処理
- 信号処理

ほかの科学計算ツールを使ったことがあれば、Python、NumPy、SciPyの組み合わせは、市販されているMATLAB (http://www.mathworks.com/products/matlab/) やオープンソースのR (http://www.r-project.org/) と同じような分野をカバーしていることがわかるだろう。

C.5 SciKitライブラリ

先行するソフトウェアを基礎として作られたライブラリという同じパターンで、SciKit (https://scikits.appspot.com/scikits) は、SciPyを基礎とする科学パッケージのグループだ。SciKitの専門分野は**機械学習**である。モデリング、分類、クラスタリング、その他さまざまなアルゴリズムをサポートしている。

C.6 IPythonライブラリ

IPython (http://ipython.org/) は、時間を割いて学習するだけの意味がある。その理由の一部をまとめてみよう。

- 改良された対話型インタープリタ（本書全体を通じて使っている>>>サンプルよりもよいもの）。
- ウェブベースの**ノートブック**にコード、グラフ、テキスト、その他を埋め込んで公開できる。
- 並列コンピューティング（http://bit.ly/parallel-comp）をサポートする。

それでは、インタープリタとノートブックを見てみよう。

C.6.1 進化したインタープリタ

IPythonはPython 2とPython 3で別々のバージョンを持っており、どちらもAnaconda、あるいはその他のScientific Pythonによってインストールされる。Python 3バージョンとしては、ipython3を使う。

```
$ ipython3
Python 3.3.3 (v3.3.3:c3896275c0f6, Nov 16 2013, 23:39:35)
Type "copyright", "credits" or "license" for more information.

IPython 0.13.1 -- An enhanced Interactive Python.
?         -> Introduction and overview of IPython's features.
%quickref -> Quick reference.
help      -> Python's own help system.
object?   -> Details about 'object', use 'object??' for extra details.

In [1]:
```

標準のPythonインタープリタは、コードを入力すべきときに入力すべき場所を示すために、>>>と...のプロンプトを使っている。IPythonは、ユーザーが入力したすべての内容をInというリストで、すべての出力をOutで管理している。各入力は複数行にすることができるので、サブミットするときには、Shiftキーを押しながらEnterキーを押す。次に示すのは1行の入力の例だ。

```
In [1]: print("Hello? World?")
Hello? World?

In [2]:
```

InとOutは自動的に番号が与えられるリストなので、タイプした入力や受け取った出力のどれにでもアクセスできるようになっている。

変数名のあとに?と入力すると、IPythonはその型、値、その型の変数の作り方、簡単な説明を表示する。

```
In [4]: answer = 42

In [5]: answer?
Type:       int
String Form:42
Docstring:
int(x=0) -> integer
int(x, base=10) -> integer

Convert a number or string to an integer, or return 0 if no arguments
are given.  If x is a number, return x.__int__().  For floating point
numbers, this truncates towards zero.

If x is not a number or if base is given, then x must be a string,
bytes, or bytearray instance representing an integer literal in the
given base.  The literal can be preceded by '+' or '-' and be
surrounded
by whitespace.  The base defaults to 10.  Valid bases are 0 and 2-36.
Base 0 means to interpret the base from the string as an integer
literal.
>>> int('0b100', base=0)
4
```

自動補完は、IPythonのようなIDEでは人気のある機能だ。何かの文字を入力したあとでTabキーを押すと、IPythonはその文字で始まるすべての変数、キーワード、関数を表示する。変数を定義してから、fで始まるものを探してみよう。

```
In [6]: fee = 1

In [7]: fie = 2

In [8]: fo = 3

In [9]: fum = 4

In [10]: f Tab
%%file    fie       finally   fo        format    frozenset
fee       filter    float     for       from      fum
```

feと入力してからTabキーを押すと、fee変数に展開される。このプログラムでは、feで始まるものはfeeだけだ。

```
In [11]: fee
Out[11]: 1
```

C.6.2 IPythonノートブック

コマンドラインよりもGUIの方が好きなら、IPythonのウェブベースのGUI実装はきっと気に入るだろう。Anacondaランチャーウィンドウ（図C-1）からスタートする。

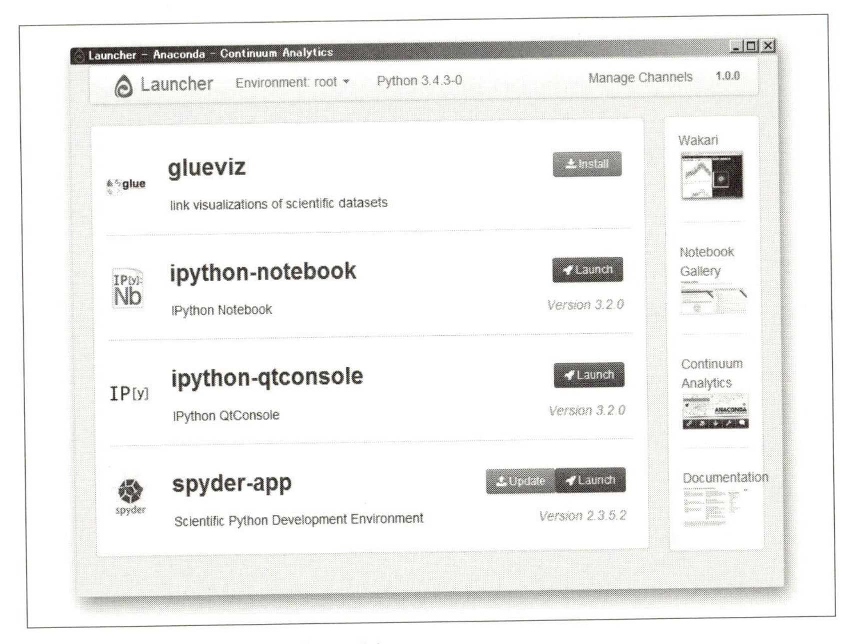

図C-1 Anacondaのランチャーウィンドウ

ウェブブラウザ内にノートブックを起動するには、ipython-notebookの右にある[Launch] アイコンをクリックする。すると図C-2のような画面がブラウザに表示される。

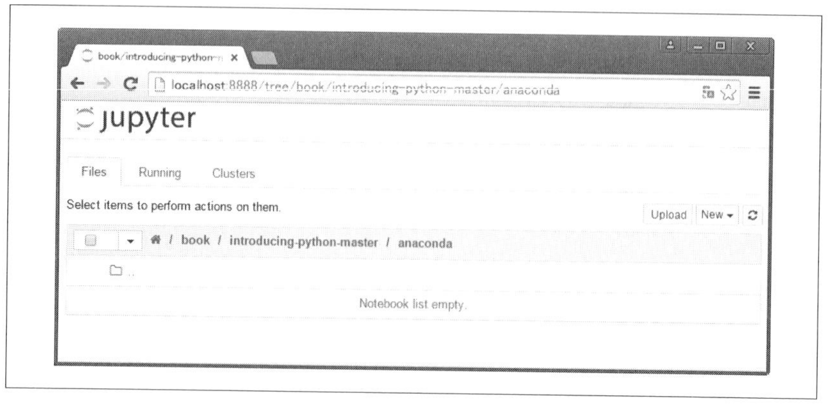

図C-2　IPythonホームページ

ここで［New］→［Python 3］を選ぶと、**図C-3**のようなウィンドウが開く。

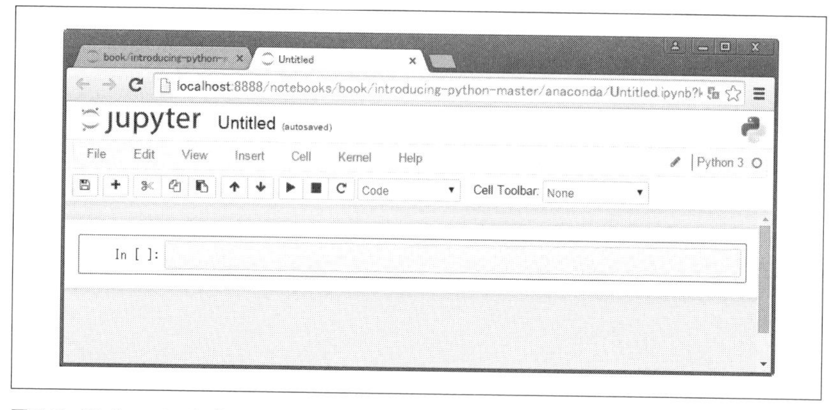

図C-3　IPythonノートブックページ

先ほどのテキストベースのサンプルのグラフィカルバージョンを作るために、前節で使ったのと同じコマンドを**図C-4**のように入力する。

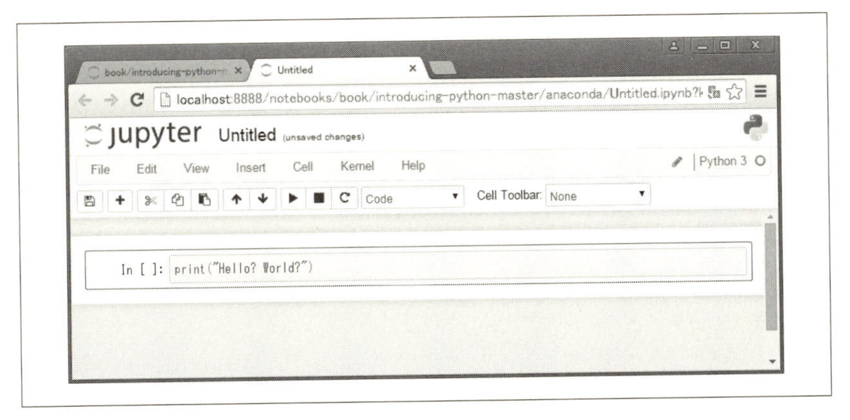

図C-4　IPythonへのコードの入力

黒い三角形のアイコンをクリックすると、コードが実行される。結果は、図C-5のようになる。

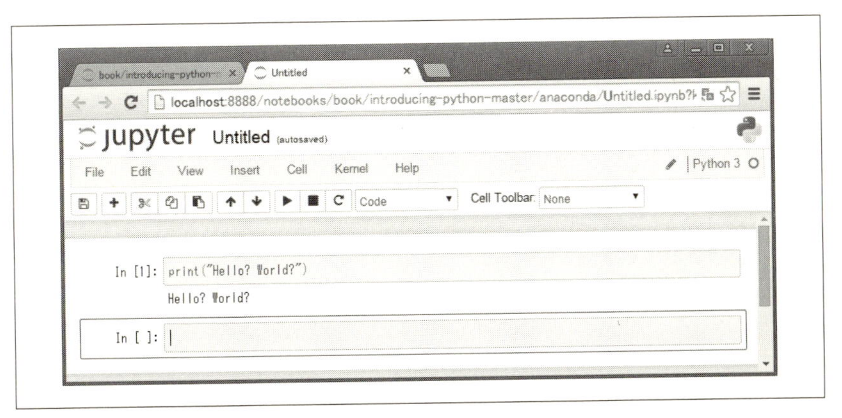

図C-5　IPythonのなかでのコード実行

ノートブックは、単なる改良版インタープリタのグラフィカルバージョンではない。コードだけでなく、テキスト、イメージ、整形された数式なども表示できる。

ノートブックの上部のアイコンの行には、コンテンツをどのように入力するかを指定するプルダウンメニュー（図C-6）がある。選択肢は次のとおりだ。

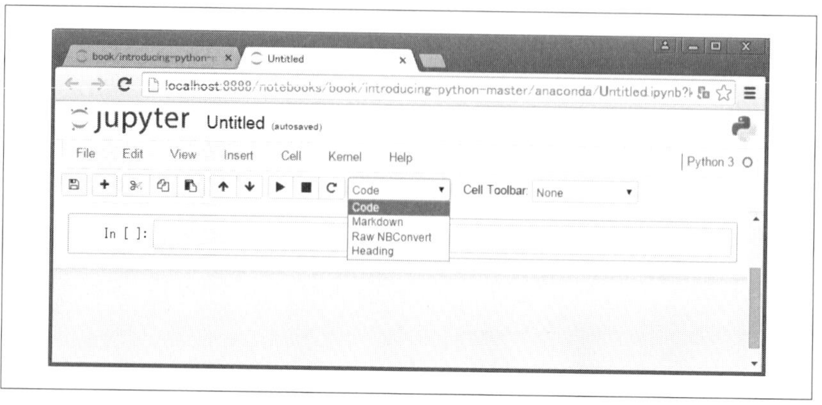

図C-6　コンテンツ選択メニュー

Code

Pythonコードを入力する（デフォルト）。

Markdown

Markdown記法で入力し、HTML風に表示する。

Raw NBConvert

書式なしで、そのまま表示する。

Heading

見出しを入力する。

コードにテキストを混ぜて、wikiのようなものを作ってみよう。プルダウンメニューから［Heading］を選択し、「# Humble Brag Example」（ささやかな自慢の例）と入力して、Shiftキーを押しながらEnterキーを押す。大きな太字のフォントでこの3つの単語が表示されるはずだ。次に、プルダウンメニューから［Code］を選択し、次のようにコードを入力する。

```
print("Some people say this code is ingenious")
```

再びShift-Enterキーを押して入力を終了する。今度は、図C-7に示すように、整形されたタイトルとコードが表示される。

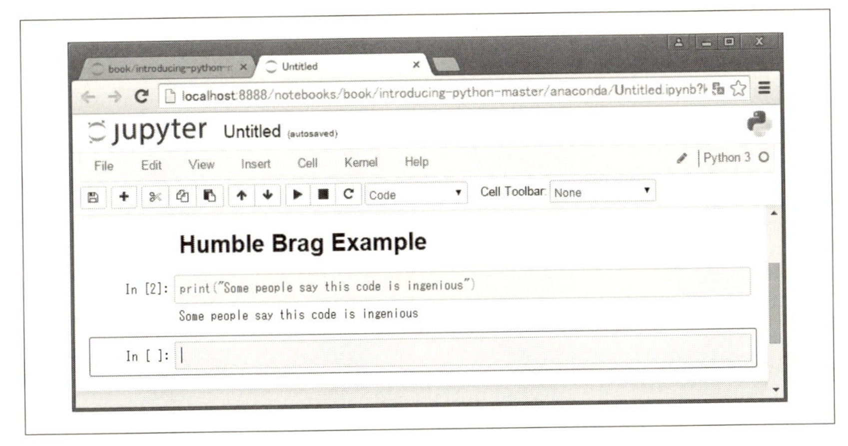

図C-7　整形されたテキストとコード

コードの入力、結果の出力、テキスト、さらにはイメージを交互に入れていくことにより、対話的なノートブックを作ることができる。作ったノートブックはウェブを介して公開できるので、どのブラウザからでもアクセスできる。

http://nbviewer.ipython.orgでは静的なHTMLに変換されたノートブック、http://bit.ly/ipy-notebooksではノートのギャラリーを見ることができる。具体的な例として、タイタニック号に乗船していた乗客についてのノートブック（http://bit.ly/titanic-noteb）を試してみよう。性別、裕福度、地位が生存できたかどうかにどれくらい影響を与えたかを示すグラフも含まれている。おまけとして、さまざまな機械学習テクニックの適用方法の説明を読むことができる。

科学者たちは、研究の発表のためにIPythonノートブックを使い始めている。結論に至るために使ったコードとデータもすべてノートブックに組み込める。

C.7 Pandas

最近、**データサイエンス**という言葉が広く知られ、定着してきた。私が見たデータサイエンスの定義のなかには、「Mac上で計算される統計」、「サンフランシスコで計算される統計」などというものもあった。どのように定義するにしても、データサイエンスツールキット（最近どんどん人気が高まってきている）のコンポーネントは、この付録で取り上げてきたツール（NumPy、ScPy、そしてこの節で取り上げるPandas）などである。

Pandas（http://pandas.pydata.org/）は、対話的データ分析のための新しいパッケージだ。Pandasは、NumPyの行列演算とスプレッドシートやリレーショナルデータベースの処理を結合し、現実の世界のデータを操作するときに特に役に立つ。Wes McKinney著『Python for Data Analysis: Data Wrangling with Pandas, NumPy, and IPython』（邦訳『Pythonによるデータ分析入門 ―― NumPy、pandasを使ったデータ処理』オライリー・ジャパン刊）は、NumPy、IPython、Pandasを使ったデータラングリングを説明している。

NumPyは、同じ型（通常はfloat）の多次元データセットを操作することが多い伝統的な科学計算に向いている。それに対し、Pandasは、グループ内の複数のデータ型を処理し、データベースエディタに近い。Pandasは、`DataFrame`という基本データ構造を定義している。これは、名前と型のある列の順序立ったコレクションだ。`DataFrame`は、データベースのテーブル、Pythonの名前付きタプル、Pythonのネストされた辞書に似ているところがある。その目的は、科学のみならず、ビジネスでも見かけることになりそうなタイプのデータの処理を単純化することだ。実際、Pandasはもともと金融データの操作のために設計されている。この分野でもっとも広く使われている対抗製品と言えば、スプレッドシートだ。

Pandasは、現実の世界に転がっているきれいとは言えないあらゆるデータ型のデータ（欠損値があり、形式に癖があり、計測値が散乱している）のためのETLツールである。分割、結合、拡張、設定、変換、形状設定、スライシング、ファイルの読み書きをすることができる。説明したばかりのツール群（NumPy、SciPy、IPython）と一体となって統計計算、モデルへのデータのはめ込み、グラフの描画、パブリッシングなどを行う。

ほとんどの科学者は、難解なコンピュータ言語やアプリケーションの専門家になるために数ヵ月も費やしたりせずに、仕事を片付けたいだけだ。Pythonを使えば、早く仕事に取り掛かれるようになる。

C.8 Pythonと科学分野

この付録では、科学のほとんどあらゆる分野で使えるPythonツールを見てきた。それでは特定分野を対象とするソフトウェア、ドキュメントはどうだろうか。特定の問題のためにPythonが使われている例と、特別な目的のためのライブラリを少しまとめてみた。

C.8.0.1 全般

- 科学技術分野におけるPythonを使った計算 (http://bit.ly/py-comp-sci)
- 科学者のためのPython集中コース (http://bit.ly/pyforsci)

C.8.0.2 物理学

- コンピュータ物理学 (http://bit.ly/comp-phys-py)

C.8.0.3 生物学、医学

- 生物学者のためのPython (http://pythonforbiologists.com/)
- Pythonによる神経画像 (http://nipy.org/)

Pythonと科学データ処理についての国際的なカンファレンスとしては、次のものがある。

- PyData (http://pydata.org)
- SciPy (http://conference.scipy.org/)
- EuroSciPy (https://www.euroscipy.org/)

付録D

Python 3のインストール

すべてのマシンにPython 3がプレインストールされるようになる頃には、トースターは毎日スプリンクルの乗ったドーナツを作ってくれる3Dプリンターに置き換わっているだろう。現状では、WindowsはPythonをまったく持っておらず、OS X、Linux/Unixが持っているものは古いバージョンが多い。オペレーティングシステムが最新のPythonを用意してくれるようになるまでは、自分でPython 3をインストールしなければならない。

この付録では、次に示すタスクを実行する方法を説明していく。

- 手持ちのコンピュータにPythonがある場合、それがどのバージョンかを把握する。
- 標準ディストリビューションのPython 3がなければ、それをインストールする。
- Scientific PythonモジュールArが満載されたAnacondaディストリビューションをインストールする。
- システムを変更していない場合には、pipとvirtualenvをインストールする。
- pipに代わるものとしてcondaをインストールする。

本書のほとんどのサンプルは、Python 3.3で書かれ、テストされている。本稿執筆時点でもっとも新しい安定バージョンが3.3だ。編集段階に入って3.4がリリースされ、それを使っているサンプルもある。各バージョンでどのような機能が追加されているかは、What's New in Pythonページ（https://docs.python.org/3/whatsnew/）にまとめられている。Pythonの供給元は多数あり、新しいバージョンをインストールするための方法はたくさんある。この付録では、そのなかのふたつを取り上げる。

- 標準インタープリタとライブラリがあればよいのであれば、Python言語の公式ページ（http://www.python.org）から入手することをお勧めする。

- 標準ライブラリ付きのPythonだけでなく、付録Cで説明した科学ライブラリも欲しいなら、Anacondaを使う。

D.1 標準Pythonのインストール

ウェブブラウザでPythonダウンロードページ（http://www.python.org/download/）に行こう。ダウンロードページは、あなたが使っているオペレーティングシステムを推測して適切な選択肢を示してくれる。しかし、推測が間違っている場合には、次のページを使えばよい。

- Windows（https://www.python.org/downloads/windows/）
- Mac OS X（https://www.python.org/downloads/mac-osx/）
- Pythonソースリリース（Linux/Unix、https://www.python.org/downloads/source/）

図D-1のようなページが表示されるはずだ。

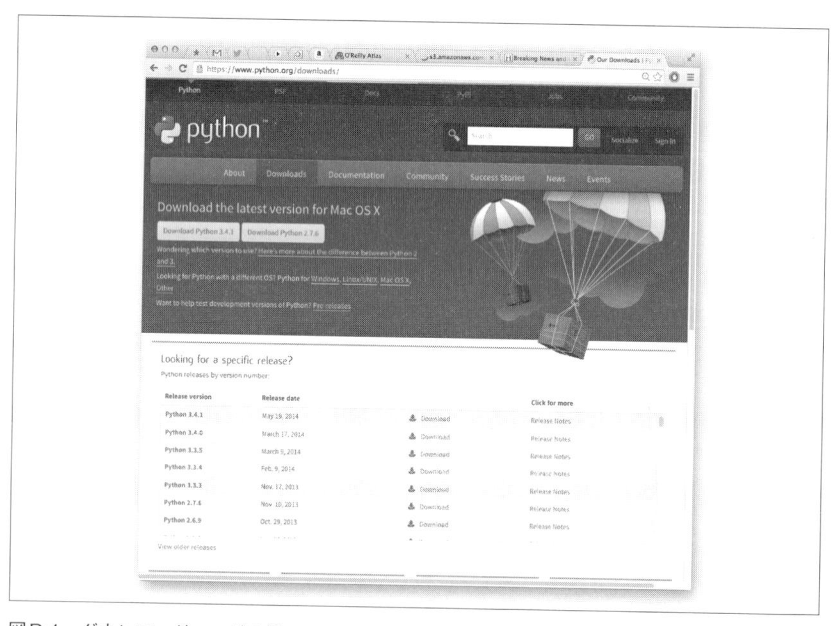

図D-1　ダウンロードページの例

最新バージョンのダウンロードリンクをクリックしよう。この場合は3.4.1だ。すると、**図D-2**に示すような情報ページに移る。

図D-2　ダウンロードの詳細ページ

実際のダウンロードリンクは、ページをスクロールダウンしなければ出てこない（**図D-3**）。

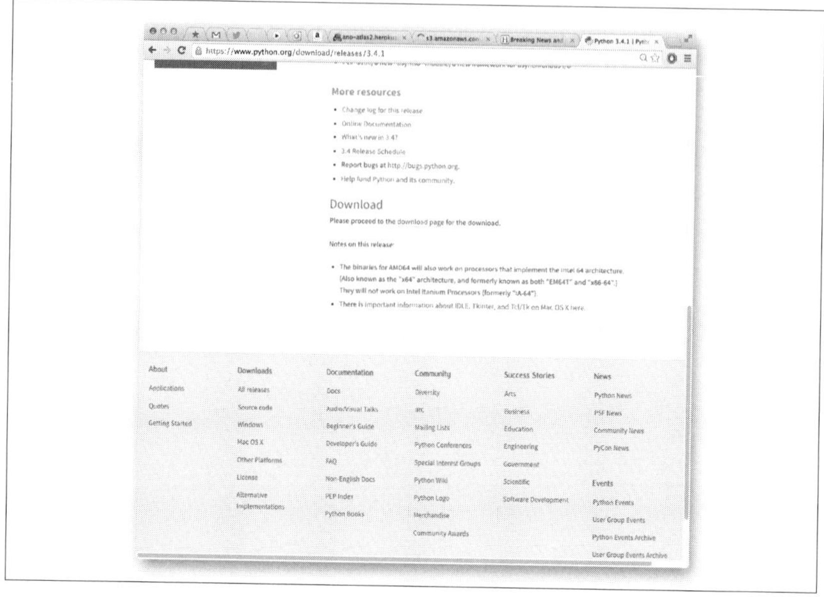

図D-3　ページの一番下にダウンロードリンクがある

ダウンロードリンクをクリックすると、実際のリリース固有ページ（図D-4）に移動する。

実際のコンピュータに合ったバージョンをクリックすればよい。

図D-4　ダウンロードすべきファイル

D.1.1 Mac OS X

Mac OS X 64-bit/32-bit installerリンク（http://bit.ly/macosx-64）をクリックすると、Mac用の`.dmg`ファイルがダウンロードされる。ダウンロードが終わったら、`.dmg`ファイルをダブルクリックすると、4個のアイコンを持つウィンドウが開く。`Python.mpkg`を右クリックするとダイアログボックスが開くので［Open］をクリックする。［Continue］ボタンを3回くらいクリックして契約関係の情報を通り過ぎると、そうだとわかるダイアログボックスが開くので、［Install］をクリックする。コンピュータにもともとあるPython 2は手付かずのまま、Python 3が`/usr/local/bin/python3`にインストールされる。

D.1.2 Windows

Windowsでは、次のどちらかをダウンロードする。

- Windows x86 MSI installer (32-bit)（http://bit.ly/win-x86）
- Windows x86-64 MSI installer (64-bit)（http://bit.ly/win-x86-64）

使っているWindowsが32ビットか64ビットかは、次のようにすれば調べられる。

1. スタートボタンをクリックする。
2. ［コンピュータ］を右クリックする。
3. ［プロパティ］をクリックすると、何ビットなのかが表示される。

適切なインストーラ(.msiファイル)をクリックし、ダウンロードが終わったら、ファイルをダブルクリックして指示に従えばよい。

D.1.3 Linux/Unix

Linux/Unixユーザーは圧縮済みソースの形式を選べる。

- XZで圧縮されたソースtarball (http://bit.ly/xz-tarball)
- Gzipで圧縮されたソースtarball (http://bit.ly/gzip-tarball)

どちらかをダウンロードし、tar xJ(.xzファイル)かtar xz(.tgzファイル)を使って解凍し、出てきたシェルスクリプトを実行する。

D.2 Anacondaのインストール

Anacondaは、科学計算に重点を置くオールインワンのインストーラだ。Python、標準ライブラリと多数の役に立つサードパーティーライブラリを含んでいる。最近まで、標準インタープリタとしてはPython 2が含まれていたが、その頃でもPython 3をインストールする抜け道はあった。

新しいAnaconda 2.0は、Pythonと標準ライブラリの最新バージョンをインストールする(本稿執筆時点では3.4)。追加部分には、beautifulsoup4、flask、ipython、matplotlib、nose、numpy、pandas、pillow、pip、scipy、tables、zmqなど、本書で取り上げてきたライブラリも含まれている。また、pipよりも優れているクロスプラットフォームインストーラ、condaも含まれている。condaについては、あとで取り上げる。

Anaconda 2をインストールするには、まず、Anacondaのダウンロードページ(https://www.continuum.io/downloads)に行く。自分のプラットフォームのリンクをクリックする(バージョン番号は本稿執筆時点とは違うかもしれないが、どれを選べばよいかはすぐにわかる)。

- Mac用は、グラフィカルインストーラーかコマンドラインインストーラーをクリックする。ダウンロードが終わったらファイルをダブルクリックし、Macソフトウェアインストールのいつもの手順に従えばよい。インストーラは、ホームディレクトリの下のanacondaディレクトリにすべてをインストールする。
- Windows用は、32ビットバージョンか64ビットバージョンのリンクをクリックする。ダウンロードが終わったら、.exeファイルをダブルクリックする。
- Linux用は、32ビットバージョンか64ビットバージョンをクリックする。ダウンロードが終わったら、それを実行する(巨大なシェルスクリプトになっている)。

ダウンロードしたファイルの名前の先頭がAnaconda3になっていることを確かめよう。3のないAnaconadaなら、Python 2バージョンになっている。

Anacondaは、自分の専用ディレクトリ(ホームディレクトリの下のanaconda)にすべてのものをインストールする。そのため、コンピュータにすでになんらかのバージョンのPythonが含まれていても、それが邪魔になることはない。また、インストールするために特別なパーミッション(adminやrootといった名前)はいらない。

含まれているパッケージのリストは、Anacondaのドキュメントページ(http://docs.continuum.io/anaconda/pkg-docs.html)に書かれている。上のボックスのPython version: 3.4をクリックしよう。私が最後に見たときには、141個のパッケージが含まれていた。

Anaconda 2をインストールしたあと、コンピュータにどれだけのものが追加されたかは、次のコマンドでわかる。

```
$ ./conda list

# packages in environment at /Users/williamlubanovic/anaconda:
#
anaconda                    2.0.0                np18py34_0
argcomplete                 0.6.7                    py34_0
astropy                     0.3.2                np18py34_0
backports.ssl-match-hostname 3.4.0.2                    <pip>
beautiful-soup              4.3.1                    py34_0
beautifulsoup4              4.3.1                     <pip>
```

```
binstar                   0.5.3                  py34_0
bitarray                  0.8.1                  py34_0
blaze                     0.5.0              np18py34_0
blz                       0.6.2              np18py34_0
bokeh                     0.4.4              np18py34_1
cdecimal                  2.3                    py34_0
colorama                  0.2.7                  py34_0
conda                     3.5.2                  py34_0
conda-build               1.3.3                  py34_0
configobj                 5.0.5                  py34_0
curl                      7.30.0                      2
cython                    0.20.1                 py34_0
datashape                 0.2.0              np18py34_1
dateutil                  2.1                    py34_2
docutils                  0.11                   py34_0
dynd-python               0.6.2              np18py34_0
flask                     0.10.1                 py34_1
freetype                  2.4.10                      1
future                    0.12.1                 py34_0
greenlet                  0.4.2                  py34_0
h5py                      2.3.0              np18py34_0
hdf5                      1.8.9                       2
ipython                   2.1.0                  py34_0
ipython-notebook          2.1.0                  py34_0
ipython-qtconsole         2.1.0                  py34_0
itsdangerous              0.24                   py34_0
jdcal                     1.0                    py34_0
jinja2                    2.7.2                  py34_0
jpeg                      8d                          1
libdynd                   0.6.2                       0
libpng                    1.5.13                      1
libsodium                 0.4.5                       0
libtiff                   4.0.2                       0
libxml2                   2.9.0                       1
libxslt                   1.1.28                      2
llvm                      3.3                         0
llvmpy                    0.12.4                 py34_0
lxml                      3.3.5                  py34_0
markupsafe                0.18                   py34_0
matplotlib                1.3.1              np18py34_1
mock                      1.0.1                  py34_0
multipledispatch          0.4.3                  py34_0
networkx                  1.8.1                  py34_0
nose                      1.3.3                  py34_0
numba                     0.13.1             np18py34_0
numexpr                   2.3.1              np18py34_0
numpy                     1.8.1                  py34_0
openpyxl                  2.0.2                  py34_0
openssl                   1.0.1g                      0
pandas                    0.13.1             np18py34_0
patsy                     0.2.1              np18py34_0
```

```
pillow                  2.4.0                    py34_0
pip                     1.5.6                    py34_0
ply                     3.4                      py34_0
psutil                  2.1.1                    py34_0
py                      1.4.20                   py34_0
pycosat                 0.6.1                    py34_0
pycparser               2.10                     py34_0
pycrypto                2.6.1                    py34_0
pyflakes                0.8.1                    py34_0
pygments                1.6                      py34_0
pyparsing               2.0.1                    py34_0
pyqt                    4.10.4                   py34_0
pytables                3.1.1                np18py34_0
pytest                  2.5.2                    py34_0
python                  3.4.1                         0
python-dateutil         2.1                       <pip>
python.app              1.2                      py34_2
pytz                    2014.3                   py34_0
pyyaml                  3.11                     py34_0
pyzmq                   14.3.0                   py34_0
qt                      4.8.5                         3
readline                6.2                           2
redis                   2.6.9                         0
redis-py                2.9.1                    py34_0
requests                2.3.0                    py34_0
rope                    0.9.4                    py34_1
rope-py3k               0.9.4                     <pip>
runipy                  0.1.0                    py34_0
scikit-image            0.9.3                np18py34_0
scipy                   0.14.0               np18py34_0
setuptools              3.6                      py34_0
sip                     4.15.5                   py34_0
six                     1.6.1                    py34_0
sphinx                  1.2.2                    py34_0
spyder                  2.3.0rc1                 py34_0
spyder-app              2.3.0rc1                 py34_0
sqlalchemy              0.9.4                    py34_0
sqlite                  3.8.4.1                       0
ssl_match_hostname      3.4.0.2                  py34_0
sympy                   0.7.5                    py34_0
tables                  3.1.1                     <pip>
tk                      8.5.15                        0
tornado                 3.2.1                    py34_0
ujson                   1.33                     py34_0
werkzeug                0.9.4                    py34_0
xlrd                    0.9.3                    py34_0
xlsxwriter              0.5.5                    py34_0
yaml                    0.1.4                         1
zeromq                  4.0.4                         0
zlib                    1.2.7                         1
```

D.3 pipとvirtualenvのインストールと使い方

pipパッケージは、サードパーティー（非標準）Pythonパッケージのインストール手段としてもっとも広く使われているものだ。そのようによく使われるツールが標準Pythonの一部でなく、自分でダウンロード、インストールしなければならないのはとても悩ましいことだった。何ともひどい儀式だと言っていた友人もいた。pipは、Python 3.4からはようやくPythonの標準の一部となった。

virtualenvは、pipとともに使われることが多いプログラムで、既存のPythonパッケージとの相互干渉を防ぐために、指定したディレクトリ（フォルダ）にPythonパッケージをインストールする。こうすれば、既存のインストールを変更するパーミッションを持っていなくても、Pythonのおいしい機能をなんでも使えるようになる。

LinuxやOS XでPython 3はあるのにPython 2バージョンのpipしかない場合には、次のようにすればPython 3バージョンを手に入れられる。

```
$ curl -O http://python-distribute.org/distribute_setup.py
$ sudo python3 distribute_setup.py
$ curl -O https://raw.github.com/pypa/pip/master/contrib/get-pip.py
$ sudo python3 get-pip.py
```

こうすると、Python 3インストレーションのbinディレクトリにpip-3.3がインストールされる。あとは、Python 2のpipではなく、pip-3.3を使ってサードパーティーPythonパッケージをインストールすればよい。

pipと、virtualenvには、次のような優れたガイドページが作られている。

- A non-magical introduction to Pip and Virtualenv for Python beginners(http://bit.ly/jm-pip-vlenv)
- The hitchhiker's guide to packaging: pip (http://bit.ly/hhgp-pip)

D.4 condaのインストールと使い方

つい最近まで、pipは常にバイナリファイルではなく、ソースファイルをダウンロードしていた。しかし、Cライブラリを基礎として作られたPythonモジュールではこれでは困る。最近、Anacondaの開発者たちが、pip、その他のツールに感じていた問題を解決するために、condaを作った。pipはPython専用のパケージマネージャだが、

condaはソフトウェアや言語を選ばず動作する。condaなら、インストール同士が干渉しないようにするためにvirtualenvのようなものを使う必要もない。

Anacondaディストリビューションをインストールした場合には、すでにcondaプログラムは含まれている。そうでなければ、minicondaページ（http://conda.pydata.org/miniconda.html）からPython 3とcondaを入手できる。Anacondaの場合と同様に、ダウンロードファイルの名前の先頭がMiniconda3になっていることを確かめよう。Minicondaだけなら、それはPython 2バージョンだ。

condaはpipと共存する。condaは専用の公開パッケージリポジトリ（http://binstar.org）を持っているが、conda searchなどのコマンドは、PyPIリポジトリ（http://pypi.python.org）もサーチする。pipで困っていることがあれば、condaが解決してくれるかもしれない。

付録E 復習課題の解答

E.1 1章 Pyの味

1-1 まだ自分のコンピュータにPython 3をインストールしていない場合は、今すぐインストールしよう。あなたのコンピュータでの方法の詳細については、付録Dを参照していただきたい。

1-2 この章で解説したPython 3の対話型インタープリタを起動しよう。起動すると、インタープリタ自身についての情報を数行表示してから、>>>で始まる行が表示される。これがPythonコマンドを入力するためのプロンプトだ。

私のMacBook Proで対話型インタープリタを起動したときに表示される内容は、次のとおりだ。

```
$ python
Python 3.3.0 (v3.3.0:bd8afb90ebf2, Sep 29 2012, 01:25:11)
[GCC 4.2.1 (Apple Inc. build 5666) (dot 3)] on darwin
Type "help", "copyright", "credits" or "license" for more information.
>>>
```

1-3 インタープリタをしばらくいじってみよう。電卓のように使うために、8 * 9と入力していただきたい。Enterキーを押して結果を見よう。Pythonは72と表示するはずだ。

```
>>> 8 * 9
72
```

1-4 47という数値を入力してEnterキーを押そう。次の行に47と表示されただろうか。

```
>>> 47
47
```

1-5 次に、print(47)と入力して、Enterキーを押そう。今回も、次の行に47と表示されただろうか。

```
>>> print(47)
47
```

E.2 2章 Pyの成分：数値、文字列、変数

2-1 1時間は何秒か。対話型インタープリタを電卓として使い、1分の秒数（60）に1時間の分数（同じく60）を掛けて計算してみよう。

```
>>> 60 * 60
3600
```

2-2 前問の結果（1時間の秒数）をseconds_per_hourという変数に代入しよう。

```
>>> seconds_per_hour = 60 * 60
>>> seconds_per_hour
3600
```

2-3 1日は何秒か。seconds_per_hour変数を使って計算しよう。

```
>>> seconds_per_hour * 24
86400
```

2-4 1日の秒数をもう一度計算しよう。ただし、今回は結果をseconds_per_dayという変数に保存すること。

```
>>> seconds_per_day = seconds_per_hour * 24
>>> seconds_per_day
86400
```

2-5 seconds_per_dayをseconds_per_hourで割ろう。浮動小数点数除算（/）を使うこと。

```
>>> seconds_per_day / seconds_per_hour
24.0
```

2-6 今度は整数除算（//）を使って、seconds_per_dayをseconds_per_hourで割ろう。この数値は、最後の.0を除いて前問の浮動小数点数除算の結果と同じになっているか。

```
>>> seconds_per_day // seconds_per_hour
24
```

E.3 3章 Pyの具：リスト、タプル、辞書、集合

3-1 誕生年から5歳の誕生日を迎える年までの各年を順に並べてyears_listというリストを作ろう。たとえば、1980年生まれなら、リストはyears_list = [1980, 1981, 1982, 1983, 1984, 1985]のようになる。

あなたが1980年生まれなら、次のように入力する。

```
>>> years_list = [1980, 1981, 1982, 1983, 1984, 1985]
```

3-2 years_listの要素で3歳の誕生日を迎えた年はどれか。最初の年は0歳だということを忘れないように。

オフセット3を知りたいということなので、1980年生まれなら次のようになる。

```
>>> years_list[3]
1983
```

3-3 years_listに含まれている年のなかで、あなたがもっとも年長だった年はどれか。

最後の年を知りたいので、オフセット-1を使えばよい。また、このリストの要素が6個だということがわかっているので、オフセット5と言ってもかまわない。1980年生まれの人の場合、次のようになる。

```
>>> years_list[-1]
1985
```

3-4 "mozzarella"、"cinderella"、"salmonella"の3つの文字列を要素としてthingsというリストを作ろう。

```
>>> things = ["mozzarella", "cinderella", "salmonella"]
>>> things
['mozzarella', 'cinderella', 'salmonella']
```

3-5 thingsの要素で人間を参照しているものをタイトルケースにして、リストを表示しよう。リスト内の要素は変わっただろうか。

次のようにすると単語はタイトルケースになるが、リスト内の単語は変わらない。

```
>>> things[1].capitalize()
'Cinderella'
>>> things

['mozzarella', 'cinderella', 'salmonella']
```

リスト内の単語を書き換えたいなら、代入する必要がある。

```
>>> things[1] = things[1].capitalize()
>>> things
['mozzarella', 'Cinderella', 'salmonella']
```

3-6 thingsのなかでチーズの要素をすべて大文字にして、リストを表示しよう。

```
>>> things[0] = things[0].upper()
>>> things
['MOZZARELLA', 'Cinderella', 'salmonella']
```

3-7 thingsリストから病気に関連する要素を削除してノーベル賞を受賞し（撲滅できればノーベル賞ものだろう）、リストを表示しよう。

次のコードは、値に基づいて要素を削除する。

```
>>> things.remove("salmonella")
>>> things
['MOZZARELLA', 'Cinderella']
```

この要素はリストの最後にあったので、次のようにしても同じ結果が得られる。

```
>>> del things[-1]
```

先頭からのオフセットを指定して削除することもできる。

```
>>> del things[2]
```

3-8 "Groucho"、"Chico"、"Harpo"を要素としてsurpriseというリストを作ろう。

```
>>> surprise = ['Groucho', 'Chico', 'Harpo']
>>> surprise
['Groucho', 'Chico', 'Harpo']
```

3-9 surpriseリストの最後の要素を小文字にして、逆順にしてから、先頭文字を大文字に戻そう。

```
>>> surprise[-1] = surprise[-1].lower()
>>> surprise[-1] = surprise[-1][::-1]
>>> surprise[-1].capitalize()
'Oprah'
```

3-10 e2fという英仏辞書を作り、それを表示しよう。この辞書は次のデータが初期状態で入っていることとする。dogはchien、catはchat、walrusはmorse。

```
>>> e2f = {'dog': 'chien', 'cat': 'chat', 'walrus': 'morse'}
>>> e2f
{'cat': 'chat', 'walrus': 'morse', 'dog': 'chien'}
```

3-11 3つの単語が含まれている辞書e2fを使って、walrusという単語に対応するフランス語の単語を表示しよう。

```
>>> e2f['walrus']
'morse'
```

3-12 e2fからf2eという仏英辞書を作ろう。itemsメソッドを使うこと。

```
>>> f2e = {}
>>> for english, french in e2f.items():
...     f2e[french] = english
...
>>> f2e
{'morse': 'walrus', 'chien': 'dog', 'chat': 'cat'}
```

3-13 f2eを使って、フランス語のchienに対応する英語の単語を表示しよう。

```
>>> f2e['chien']
'dog'
```

3-14 e2fのキーから英単語の集合を作って表示しよう。

```
>>> set(e2f.keys())
{'cat', 'walrus', 'dog'}
```

3-15 lifeという多重レベルの辞書を作ろう。最上位のキーとしては、'animals'、'plants'、'other'という文字列を使う。animalsキーは、'cats'、'octopi'、'emus'というキーを持つほかの辞書を参照するようにする。catsキーは、'Henri'、'Grumpy'、'Lucy'という文字列のリストを参照するようにする。ほかのキーはすべて空辞書を参照するようにする。

これは難しい問題なので、先に解答を見たとしてもしょうがない。

```
>>> life = {
...     'animals': {
...         'cats': [
...             'Henri', 'Grumpy', 'Lucy'
...             ],
...         'octopi': {},
...         'emus': {}
...         },
...     'plants': {},
...     'other': {}
...     }
>>>
```

3-16 lifeのトップレベルキーを表示しよう。

```
>>> print(life.keys())
dict_keys(['animals', 'other', 'plants'])
```

Python 3にはdict_keysというものが含まれている。これを普通のリストとして表示したいときには、次のようにする。

```
>>> print(list(life.keys()))
['animals', 'other', 'plants']
```

なお、スペースを使えば、コードが読みやすくなる。

```
>>> print ( list ( life.keys() ) )
['animals', 'other', 'plants']
```

3-17 life['animals']のキーを表示しよう。

```
>>> print(life['animals'].keys())
dict_keys(['cats', 'octopi', 'emus'])
```

3-18 life['animals']['cats']の値を表示しよう。

```
>>> print(life['animals']['cats'])
['Henri', 'Grumpy', 'Lucy']
```

E.4　4章 Pyの皮：コード構造

4-1 変数guess_meに7を代入しよう。次に、guess_meが7よりも小さければ'too low'、7よりも大きければ'too high'を表示し、7に等しければ'just right'と表示する条件テスト（if、else、elif）を書こう。

```
guess_me = 7
if guess_me < 7:
    print('too low')
elif guess_me > 7:
    print('too high')
else:
    print('just right')
```

このプログラムを実行すると、次のように表示される。

```
just right
```

4-2 変数guess_meに7、変数startに1を代入し、startとguess_meを比較するwhileループを書こう。ループは、startがguess_meよりも小さければ'too low'を表示し、startとguess_meが等しければ'found it!'を表示し、startがguess_meよりも大きければ'oops'と表示してループを終了するものとする。ループの最後の部分でstartをインクリメントすること。

```
guess_me = 7
start = 1
while True:
    if start < guess_me:
        print('too low')
    elif start == guess_me:
        print('found it!')
        break
    elif start > guess_me:
        print('oops')
        break
    start += 1
```

正しくコードを書いたら、次のように表示されるはずだ。

```
too low
too low
too low
```

```
too low
too low
too low
found it!
```

elif start > guess_me:という行は、単純にelse:でもよかったことに注意しよう。startがguess_meよりも小さくなく、等しくもないなら、少なくともこの宇宙では、guess_meよりも大きいことに間違いはない。

4-3 forループを使ってリスト[3, 2, 1, 0]の値を表示しよう。

```
>>> for value in [3, 2, 1, 0]:
...     print(value)
...
3
2
1
0
```

4-4 リスト内包表記を使って、range(10)の偶数のリストを作ろう。

```
>>> even = [number for number in range(10) if number % 2 == 0]
>>> even
[0, 2, 4, 6, 8]
```

4-5 辞書内包表記を使って、squaresという辞書を作ろう。ただし、range(10)を使ってキーを返し、各キーの自乗をその値とする。

```
>>> squares = {key: key*key for key in range(10)}
>>> squares
{0: 0, 1: 1, 2: 4, 3: 9, 4: 16, 5: 25, 6: 36, 7: 49, 8: 64, 9: 81}
```

4-6 集合内包表記を使って、range(10)の奇数からoddという集合を作ろう。

```
>>> odd = {number for number in range(10) if number % 2 == 1}
>>> odd
{1, 9, 3, 5, 7}
```

4-7 ジェネレータ内包表記を使ってrange(10)の数値に対しては、'Got 'と数値を返そう。forループを使って反復処理すること。

```
>>> for thing in ('Got %s' % number for number in range(10)):
...     print(thing)
```

```
...
Got 0
Got 1
Got 2
Got 3
Got 4
Got 5
Got 6
Got 7
Got 8
Got 9
```

4-8　['Harry', 'Ron', 'Hermione']というリストを返すgoodという関数を定義しよう。

```
>>> def good():
...     return ['Harry', 'Ron', 'Hermione']
...
>>> good()
['Harry', 'Ron', 'Hermione']
```

4-9　range(10)から奇数を返すget_oddsというジェネレータ関数を定義しよう。また、forループを使って、返された3番目の値を見つけて表示しよう。

```
>>> def get_odds():
...     for number in range(1, 10, 2):
...         yield number
...
>>> for count, number in enumerate(get_odds(), 1):
...     if count == 3:
...         print("The third odd number is", number)
...         break
...
The third odd number is 5
```

4-10　関数が呼び出されたときに'start'、終了したときに'end'を表示するtestというデコレータを定義しよう。

```
>>> def test(func):
...     def new_func(*args, **kwargs):
...         print('start')
...         result = func(*args, **kwargs)
...         print('end')
...         return result
...
```

```
...     return new_func
...
>>>
>>> @test
... def greeting():
...     print("Greetings, Earthling")
...
>>> greeting()
start
Greetings, Earthling
end
```

4-11 OopsExceptionという例外を定義しよう。次に、何が起きたかを知らせるためにこの例外を生成するコードと、この例外をキャッチして'Caught an oops'と表示するコードを書こう。

```
>>> class OopsException(Exception):
...     pass
...
>>> raise OopsException()
Traceback (most recent call last):
  File "<stdin>", line 1, in <module>
__main__.OopsException
>>>
>>> try:
...     raise OopsException
... except OopsException:
...     print('Caught an oops')
...
Caught an oops
```

4-12 zip()を使ってmoviesという辞書を作ろう。辞書は、titles = ['Creature of Habit', 'Crewel Fate']というリストとplots = ['A nun turns into a monster', 'A haunted yarn shop']というリストを組み合わせて作るものとする。

```
>>> titles = ['Creature of Habit', 'Crewel Fate']
>>> plots = ['A nun turns into a monster', 'A haunted yarn shop']
>>> movies = dict(zip(titles, plots))
>>> movies
{'Crewel Fate': 'A haunted yarn shop', 'Creature of Habit': 'A nun turns
into a monster'}
```

E.5 5章 Pyの化粧箱：モジュール、パッケージ、プログラム

5-1 zoo.pyというファイルを作り、そのなかに'Open 9-5 daily'という文字列を表示するhours()という関数を定義しよう。次に、対話型インタープリタでzooモジュールをインポートし、そのhours()関数を呼び出そう。

```
def hours():
    print('Open 9-5 daily')
```

次に、対話型インタープリタでモジュールをインポートする。

```
>>> import zoo
>>> zoo.hours()
Open 9-5 daily
```

5-2 対話型インタープリタのなかでzooモジュールをmenagerieという名前でインポートし、そのhours()関数を呼び出そう。

```
>>> import zoo as menagerie
>>> menagerie.hours()
Open 9-5 daily
```

5-3 対話型インタープリタにそのまま残り、zooのhours()関数を直接インポートして呼び出そう。

```
>>> from zoo import hours
>>> hours()
Open 9-5 daily
```

5-4 hours()関数をinfoという名前でインポートし、呼び出そう。

```
>>> from zoo import hours as info
>>> info()
Open 9-5 daily
```

5-5 'a': 1、'b': 2、'c': 3というキー/値ペアを使ってplainという辞書を作り、内容を表示しよう。

```
>>> plain = {'a': 1, 'b': 2, 'c': 3}
>>> plain
{'a': 1, 'c': 3, 'b': 2}
```

5-6 上の5-5と同じペアからfancyという名前のOrderedDictを作り、内容を表示しよう。plainと同じ順序で表示されただろうか。

```
>>> from collections import OrderedDict
>>> fancy = OrderedDict([('a', 1), ('b', 2), ('c', 3)])
>>> fancy
OrderedDict([('a', 1), ('b', 2), ('c', 3)])
```

5-7 dict_of_listsという名前のdefaultdictを作り、list引数を渡そう。次に、一度の操作で、dict_of_lists['a']というリストを作り、'something for a'という値を追加しよう。最後に、dict_of_lists['a']を表示しよう。

```
>>> from collections import defaultdict
>>> dict_of_lists = defaultdict(list)
>>> dict_of_lists['a'].append('something for a')
>>> dict_of_lists['a']
['something for a']
```

E.6　6章 オブジェクトとクラス

6-1 中身のないThingというクラスを作り、表示しよう。次に、このクラスからexampleというオブジェクトを作り、これも表示しよう。表示される値は同じか、それとも異なるか。

```
>>> class Thing:
...     pass
...
>>> print(Thing)
<class '__main__.Thing'>
>>> example = Thing()
>>> print(example)
<__main__.Thing object at 0x1006f3fd0>
```

6-2 Thing2という新しいクラスを作り、lettersというクラス属性に'abc'という値を代入して、lettersを表示しよう。

```
>>> class Thing2:
...     letters = 'abc'
...
>>> print(Thing2.letters)
abc
```

6-3 さらにもうひとつクラスを作ろう。名前はもちろんThing3だ。今度は、lettersというインスタンス（オブジェクト）属性に'xyz'という値を代入し、lettersを表示しよう。これを行うためには、クラスからオブジェクトを作ることが必要か。

```
>>> class Thing3:
...     def __init__(self):
...         self.letters = 'xyz'
...
```

letters変数は、Thing3から作られたすべてのオブジェクトに属しているが、Thing3クラス自体には属していない。

```
>>> print(Thing3.letters)
Traceback (most recent call last):
  File "<stdin>", line 1, in <module>
AttributeError: type object 'Thing3' has no attribute 'letters'
>>> something = Thing3()
>>> print(something.letters)
xyz
```

6-4 name、symbol、numberというインスタンス属性を持つElementというクラスを作り、'Hydrogen'、'H'、1という値を持つこのクラスのオブジェクトを作ろう。

```
>>> class Element:
...     def __init__(self, name, symbol, number):
...         self.name = name
...         self.symbol = symbol
...         self.number = number
...
>>> hydrogen = Element('Hydrogen', 'H', 1)
```

6-5 'name': 'Hydrogen', 'symbol': 'H', 'number': 1というキー/値ペアを持つ辞書を作ろう。次に、この辞書を使ってElementクラスのhydrogenオブジェクトを作ろう。

辞書を作るところから始める。

```
>>> el_dict = {'name': 'Hydrogen', 'symbol': 'H', 'number': 1}
```

少しタイプ量が多くなるが、次のコードでオブジェクトを作れる。

```
>>> hydrogen = Element(el_dict['name'], el_dict['symbol'],
...                    el_dict['number'])
```

正しいことを確認しよう。

```
>>> hydrogen.name
'Hydrogen'
```

しかし、辞書のキー名が__init__の引数と一致しているので、辞書から直接オブジェクトを初期化することもできる(キーワード引数については、3章を参照)。

```
>>> hydrogen = Element(**el_dict)
>>> hydrogen.name
'Hydrogen'
```

6-6 Elementクラスのために、オブジェクトの属性(name、symbol、number)の値を表示するdump()というメソッドを定義しよう。この新しい定義からhydrogenオブジェクトを作り、dump()を使って属性を表示しよう。

```
>>> class Element:
...     def __init__(self, name, symbol, number):
...         self.name = name
...         self.symbol = symbol
...         self.number = number
...     def dump(self):
...         print('name=%s, symbol=%s, number=%s' %
...             (self.name, self.symbol, self.number))
...
>>> hydrogen = Element(**el_dict)
>>> hydrogen.dump()
name=Hydrogen, symbol=H, number=1
```

6-7 print(hydrogen)を呼び出そう。次に、Elementの定義のなかでdumpというメソッド名を__str__に変更し、新しい定義のもとでhydrogenオブジェクトを作って、print(hydrogen)をもう一度呼び出そう。

```
>>> print(hydrogen)
<__main__.Element object at 0x1006f5310>
>>> class Element:
...     def __init__(self, name, symbol, number):
...         self.name = name
...         self.symbol = symbol
...         self.number = number
...     def __str__(self):
...         return ('name=%s, symbol=%s, number=%s' %
...             (self.name, self.symbol, self.number))
```

```
...
>>> hydrogen = Element(**el_dict)
>>> print(hydrogen)
name=Hydrogen, symbol=H, number=1
```

`__str__()` は、Pythonの**特殊メソッド**（マジックメソッド）のひとつだ。`print` 関数は、オブジェクトの `__str__()` メソッドを呼び出して文字列表現を手に入れる。オブジェクトに `__str__()` メソッドがなければ、親である `Object` クラスのデフォルトメソッドを使う。このメソッドは、`<__main__.Element object at 0x1006f5310>` のような文字列を返す。

6-8 `Element` を書き換え、`name`、`symbol`、`number` 属性を非公開にしよう。そして、それぞれについて値を返すゲッターを定義しよう。

```
>>> class Element:
...     def __init__(self, name, symbol, number):
...         self.__name = name
...         self.__symbol = symbol
...         self.__number = number
...     @property
...     def name(self):
...         return self.__name
...     @property
...     def symbol(self):
...         return self.__symbol
...     @property
...     def number(self):
...         return self.__number
...
>>> hydrogen = Element('Hydrogen', 'H', 1)
>>> hydrogen.name
'Hydrogen'
>>> hydrogen.symbol
'H'
>>> hydrogen.number
1
```

6-9 `Bear`、`Rabbit`、`Octothorpe` の3つのクラスを定義しよう。それぞれについて唯一のメソッド、`eats()` を定義する。`eats()` は、`'berries'`（`Bear`）、`'clover'`（`Rabbit`）、`'campers'`（`Octothorpe`）を返すものとする。それぞれのクラスからオブジェクトを作り、何を食べるのかを表示しよう。

```
>>> class Bear:
...     def eats(self):
...         return 'berries'
...
>>> class Rabbit:
...     def eats(self):
...         return 'clover'
...
>>> class Octothorpe:
...     def eats(self):
...         return 'campers'
...
>>> b = Bear()
>>> r = Rabbit()
>>> o = Octothorpe()
>>> print(b.eats())
berries
>>> print(r.eats())
clover
>>> print(o.eats())
campers
```

6-10 Laser、Claw、SmartPhoneクラスを定義しよう。3つのクラスは唯一のメソッドとしてdoes()を持っている。does()は、'disintegrate'(Laser)、'crush'(Claw)、'ring'(SmartPhone)を返す。次に、これらのインスタンス(オブジェクト)をひとつずつ持つRobotクラスを定義する。Robotクラスのために、コンポーネントオブジェクトがすることを表示するdoes()メソッドを定義しよう。

```
>>> class Laser:
...     def does(self):
...         return 'disintegrate'
...
>>> class Claw:
...     def does(self):
...         return 'crush'
...
>>> class SmartPhone:
...     def does(self):
...         return 'ring'
...
>>> class Robot:
...     def __init__(self):
...         self.laser = Laser()
...         self.claw = Claw()
```

```
...         self.smartphone = SmartPhone()
...     def does(self):
...         return '''I have many attachments:
... My laser, to %s.
... My claw, to %s.
... My smartphone, to %s.''' % (
...     self.laser.does(),
...     self.claw.does(),
...     self.smartphone.does() )
...
>>> robbie = Robot()
>>> print( robbie.does() )
I have many attachments:
My laser, to disintegrate.
My claw, to crush.
My smartphone, to ring.
```

E.7 7章 プロのようにデータを操る

7-1 mysteryというUnicode文字列を作り、'\U0001f4a9'という値を代入して、mysteryを表示してみよう。またmysteryのUnicode名を調べよう。

```
>>> import unicodedata
>>> mystery = '\U0001f4a9'
>>> mystery
'💩'
>>> unicodedata.name(mystery)
'PILE OF POO'
うんこの山
```

ほかに言いようはなかったのだろうか。

7-2 UTF-8を使い、mysteryをpop_bytesというbytes変数にエンコードしよう。そして、pop_bytesを表示しよう。

```
>>> pop_bytes = mystery.encode('utf-8')
>>> pop_bytes
b'\xf0\x9f\x92\xa9'
```

7-3 UTF-8を使ってpop_bytesを文字列変数pop_stringにデコードし、pop_stringを表示しよう。pop_stringはmysteryと等しいか？

```
>>> pop_string = pop_bytes.decode('utf-8')
>>> pop_string
'💩'
>>> pop_string == mystery
True
```

7-4 古いスタイルの書式指定を使って次の詩を表示し、置換部分に'roast beef'、'ham'、'head'、'clam'を挿入しよう。

```
My kitty cat likes %s,
My kitty cat likes %s,
My kitty cat fell on his %s
And now thinks he's a %s.
```

```
>>> poem = '''
... My kitty cat likes %s,
... My kitty cat likes %s,
... My kitty cat fell on his %s
... And now thinks he's a %s.
... '''
>>> args = ('roast beef', 'ham', 'head', 'clam')
>>> print(poem % args)

My kitty cat likes roast beef,
My kitty cat likes ham,
My kitty cat fell on his head
And now thinks he's a clam.
```

7-5 新しいスタイルの書式指定を使って定型書簡を作りたい。次の文字列をletter変数に保存しよう（次の問題で使う）。

```
Dear {salutation} {name},

Thank you for your letter. We are sorry that our {product} {verbed} in your
{room}. Please note that it should never be used in a {room}, especially
near any {animals}.

Send us your receipt and {amount} for shipping and handling. We will send
you another {product} that, in our tests, is {percent}% less likely to
have {verbed}.

Thank you for your support.

Sincerely,
```

```
{spokesman}
{job_title}

>>> letter = '''
... Dear {salutation} {name},
...
... Thank you for your letter. We are sorry that our {product} {verbed} in your
... {room}. Please note that it should never be used in a {room}, especially
... near any {animals}.
...
... Send us your receipt and {amount} for shipping and handling. We will send
... you another {product} that, in our tests, is {percent}% less likely to
... have {verbed}.
...
... Thank you for your support.
...
... Sincerely,
... {spokesman}
... {job_title}
... '''
```

7-6 'salutation'、'name'、'product'、'verbed'（過去形の動詞）、'room'、'animals'、'amount'、'percent'、'spokesman'、'job_title'という文字列キーに値を追加して、responseという辞書を作ろう。そして、responseの値を使ってletterを表示しよう。

```
>>> response = {
...     'salutation': 'Colonel',
...     'name': 'Hackenbush',
...     'product': 'duck blind',
...     'verbed': 'imploded',
...     'room': 'conservatory',
...     'animals': 'emus',
...     'amount': '$1.38',
...     'percent': '1',
...     'spokesman': 'Edgar Schmeltz',
...     'job_title': 'Licensed Podiatrist'
...     }
>>> print( letter.format(**response) )

Dear Colonel Hackenbush,

Thank you for your letter. We are sorry that our duck blind imploded in your
conservatory. Please note that it should never be used in a conservatory,
```

```
especially near any emus.

Send us your receipt and $1.38 for shipping and handling. We will send
you another duck blind that, in our tests, is 1% less likely to have imploded.

Thank you for your support.

Sincerely,
Edgar Schmeltz
Licensed Podiatrist
```

7-7 テキストを操作するとき、正規表現はとても役に立つ。少し大きいテキストを用意して、正規表現の使い方をさまざまな角度から見ていこう。テキストは、James McIntyreが1866年に書いた「Ode on the Mammoth Cheese」で、オンタリオ州で作られ、世界ツアーに送り出された7,000ポンドのチーズに対する頌歌である。これを全部入力するのはいやだと思うなら、サーチエンジンでテキストを探し出し、Pythonプログラムにカットアンドペーストすればよい。Project Gutenberg（http://bit.ly/mcintyre-poetry）から直接入手する方法もある。テキストには、mammothという名前を付けよう。

```
>>> mammoth = '''
... We have seen thee, queen of cheese,
... Lying quietly at your ease,
... Gently fanned by evening breeze,
... Thy fair form no flies dare seize.
...
... All gaily dressed soon you'll go
... To the great Provincial show,
... To be admired by many a beau
... In the city of Toronto.
...
... Cows numerous as a swarm of bees,
... Or as the leaves upon the trees,
... It did require to make thee please,
... And stand unrivalled, queen of cheese.
...
... May you not receive a scar as
... We have heard that Mr. Harris
... Intends to send you off as far as
... The great world's show at Paris.
...
... Of the youth beware of these,
... For some of them might rudely squeeze
... And bite your cheek, then songs or glees
```

```
... We could not sing, oh! queen of cheese.
...
... We'rt thou suspended from balloon,
... You'd cast a shade even at noon,
... Folks would think it was the moon
... About to fall and crush them soon.
... '''
```

7-8 Pythonの正規表現関数を使うために、reモジュールをインポートしよう。次に、re.findall()を使って、cで始まるすべての単語を表示しよう。

パターンのためにpatという変数を定義し、mammothのなかでそのパターンを探す。

```
>>> import re
>>> pat = r'\bc\w*'
>>> re.findall(pat, mammoth)
['cheese', 'city', 'cheese', 'cheek', 'could', 'cheese', 'cast', 'crush']
```

\bは、単語と非単語の境界を先頭とするという意味である。単語の先頭か末尾を指定するために使う。リテラルのcは、探している単語の先頭文字である。\wは、任意の**単語文字**、つまり英数字とアンダースコア（_）である。*は、前の単語文字が0個以上という意味だ。全部つなげると、先頭がcの単語（'c'を含む）を探す。未処理の文字列（先頭のクォートの右にあるrによって指定されている）を使っていなければ、Pythonは\bをバックスペースと解釈してしまうので、サーチは理由がわからないまま失敗してしまう。

```
>>> pat = '\bc\w*'
>>> re.findall(pat, mammoth)
[]
```

7-9 cで始まるすべての4文字単語を見つけよう。

```
>>> pat = r'\bc\w{3}\b'
>>> re.findall(pat, mammoth)
['city', 'cast']
```

単語の末尾を示すために、最後の\bは必要だ。これがなければ、cで始まるすべての単語の先頭4文字が返されてしまう。

```
>>> pat = r'\bc\w{3}'
>>> re.findall(pat, mammoth)
['chee', 'city', 'chee', 'chee', 'coul', 'chee', 'cast', 'crus']
```

7-10 rで終わるすべての単語を見つけよう。

これは少し難しい。rで終わる単語については正しい結果が得られる。

```
>>> pat = r'\b\w*r\b'
>>> re.findall(pat,mammoth)
['your', 'fair', 'Or', 'scar', 'Mr', 'far', 'For', 'your', 'or']
```

しかし、lで終わる単語を得ようとすると変な結果になる。

```
>>> pat = r'\b\w*l\b'
>>> re.findall(pat,mammoth)
['All', 'll', 'Provincial', 'fall']
```

このllとかいうものは何なのだろうか。\wというパターンは、英数字とアンダースコアにしかマッチしない。つまりASCIIのアポストロフィにはマッチしないのである。そのため、you'llのllだけを取り出してしまう。マッチする文字の集合にアポストロフィを追加すれば、この問題は解決できる。次のように書くことはできない。

```
>>> pat = r'\b[\w']*l\b'
  File "<stdin>", line 1
    pat = r'\b[\w']*l\b'
                   ^
```

Pythonはエラーの近くを指し示しているが、どこが間違いなのかに気づくまでは時間がかかるかもしれない。パターン文字列も同じアポストロフィ/クォート文字に囲まれているのだ。この問題は、たとえばアポストロフィをバックスラッシュでエスケープすれば解決できる。

```
>>> pat = r'\b[\w\']*l\b'
>>> re.findall(pat, mammoth)
['All', "you'll", 'Provincial', 'fall']
```

パターン文字列をダブルクォートで囲むという方法もある。

```
>>> pat = r"\b[\w']*l\b"
>>> re.findall(pat, mammoth)
['All', "you'll", 'Provincial', 'fall']
```

7-11 3個の連続した母音を含むすべての単語を見つけよう。

単語境界から始まり、任意の数の単語文字が続き、3個の母音が続き、任意の非母音文字が続き、任意の単語文字が単語の末尾まで続く。

```
>>> pat = r'\b\w*[aeiou]{3}[^aeiou]\w*\b'
>>> re.findall(pat, mammoth)
['queen', 'quietly', 'beau\nIn', 'queen', 'squeeze', 'queen']
```

'beau\nIn'がマッチしたことを除けばだいたい正しいように見える。ここではmammothを1個の複数行文字列としてサーチしている。[^aeiou]は、\n（改行。テキスト行の末尾を示す）を含む任意の非母音にマッチする。無視する文字のセットにもうひとつ、\nを含む任意の空白文字にマッチする\sを追加する必要がある。

```
>>> pat = r'\b\w*[aeiou]{3}[^aeiou\s]\w*\b'
>>> re.findall(pat, mammoth)
['queen', 'quietly', 'queen', 'squeeze', 'queen']
```

今度はbeauがマッチしない。そこで、パターンにさらに一捻りする必要がある。3個の母音のあと、非母音が任意の個数続くものにマッチさせるのである。先ほどのパターンは、母音でない1個の文字にかならずマッチしていた。

```
>>> pat = r'\b\w*[aeiou]{3}[^aeiou\s]*\w*\b'
>>> re.findall(pat, mammoth)
['queen', 'quietly', 'beau', 'queen', 'squeeze', 'queen']
```

これはどういうことだろうか。何よりもまず、正規表現は多くのことができるものの、正しく指定するのは非常に難しいということだ。

7-12 unhexlifyを使ってこの16進文字列（ページに収めるために2行の文字列を結合している）をgifというbytes変数に変換しよう。

```
'47494638396101000100800000000000ffffff21f9' +
'0401000000002c000000000100010000020144003b'
```

```
>>> import binascii
>>> hex_str = '47494638396101000100800000000000ffffff21f9' + \
...     '0401000000002c000000000100010000020144003b'
>>> gif = binascii.unhexlify(hex_str)
>>> len(gif)
42
```

7-13 gifのバイトは、1ピクセルの透明なGIFファイルを定義する。GIFは、広く使われているグラフィックファイル形式のひとつだ。有効なGIFファイルの先頭は、'GIF89a'という文字列になっている。gifはこのパターンにマッチするか。

```
>>> gif[:6] == b'GIF89a'
True
```

Unicode文字列ではなく、バイト列を定義するためにbを使わなければならないことに注意しよう。バイト列とバイト列を比較することはできるが、バイト列と文字列を比較することはできない。

```
>>> gif[:6] == 'GIF89a'
False
>>> type(gif)
<class 'bytes'>
>>> type('GIF89a')
<class 'str'>
>>> type(b'GIF89a')
<class 'bytes'>
```

7-14 GIFファイルの幅（単位ピクセル）は、バイトオフセット6からの16ビットビッグエンディアンの整数で、高さはオフセット8からの同じサイズの整数になっている。gifのこれらの値を抽出して表示しよう。どちらも1になっているか。

```
>>> import struct
>>> width, height = struct.unpack('<HH', gif[6:10])
>>> width, height
(1, 1)
```

E.8　8章 データの行き先

8-1 test1という変数に'This is a test of the emergency text system'という文字列を代入し、test.txtというファイルにtest1の内容を書き込もう。

```
>>> test1 = 'This is a test of the emergency text system'
>>> len(test1)
43
```

open、write、closeを使ったやり方は次のとおりだ。

```
>>> outfile = open('test.txt', 'wt')
>>> outfile.write(test1)
43
>>> outfile.close()
```

withを使えば、close呼び出しを避けられる（Pythonがやってくれる）。

```
>>> with open('test.txt', 'wt') as outfile:
...     outfile.write(test1)
...
43
```

8-2 test.txtファイルを開き、その内容をtest2変数に読み出そう。test1とtest2は同じになっているだろうか。

```
>>> with open('test.txt', 'rt') as infile:
...     test2 = infile.read()
...
>>> len(test2)
43
>>> test1 == test2
True
```

8-3 次のテキストをbooks.csvというファイルに保存しよう。フィールドがカンマで区切られている場合、カンマを含むフィールドはクォートで囲まなければならないことに注意しよう。

```
author,book
J R R Tolkien,The Hobbit
Lynne Truss,"Eats, Shoots & Leaves"
```

```
>>> text = '''author,book
... J R R Tolkien,The Hobbit
... Lynne Truss,"Eats, Shoots & Leaves"
... '''
>>> with open('test.csv', 'wt') as outfile:
...     outfile.write(text)
...
73
```

8-4 csvモジュールとそのDictReaderメソッドを使って、books.csvの内容をbooks変数に読み込み、booksの内容を表示しよう。DictReaderはクォートと第2の本のタイトルに含まれるカンマを正しく処理できているか。

```
>>> import csv
>>> with open('test.csv', 'rt') as infile:
...     books = csv.DictReader(infile)
...     for book in books:
...         print(book)
...
```

```
{'book': 'The Hobbit', 'author': 'J R R Tolkien'}
{'book': 'Eats, Shoots & Leaves', 'author': 'Lynne Truss'}
```

8-5 次の行を使ってbooks.csvというCSVファイルを作ろう。

```
title,author,year
The Weirdstone of Brisingamen,Alan Garner,1960
Perdido Street Station,China Miéville,2000
Thud!,Terry Pratchett,2005
The Spellman Files,Lisa Lutz,2007
Small Gods,Terry Pratchett,1992
```

```
>>> text = '''title,author,year
... The Weirdstone of Brisingamen,Alan Garner,1960
... Perdido Street Station,China Miéville,2000
... Thud!,Terry Pratchett,2005
... The Spellman Files,Lisa Lutz,2007
... Small Gods,Terry Pratchett,1992
... '''
>>> with open('books.csv', 'wt') as outfile:
...     outfile.write(text)
...
201
```

8-6 sqlite3モジュールを使って、books.dbというSQLiteデータベースを作り、そのなかにtitle（文字列）、'author'（文字列）、'year'（整数）というフィールドを持つbookというテーブルを作ろう。

```
>>> import sqlite3
>>> db = sqlite3.connect('books.db')
>>> curs = db.cursor()
>>> curs.execute('''create table book (title text, author text, year int)''')
<sqlite3.Cursor object at 0x1006e3b90>
>>> db.commit()
```

8-7 books.csvを読み出し、そのデータをbookテーブルに挿入しよう。

```
>>> import csv
>>> import sqlite3
>>> ins_str = 'insert into book values(?, ?, ?)'
>>> with open('books.csv', 'rt') as infile:
...     books = csv.DictReader(infile)
...     for book in books:
...         curs.execute(ins_str, (book['title'], book['author'], book['year']))
```

```
...
<sqlite3.Cursor object at 0x1007b21f0>
<sqlite3.Cursor object at 0x1007b21f0>
<sqlite3.Cursor object at 0x1007b21f0>
<sqlite3.Cursor object at 0x1007b21f0>
<sqlite3.Cursor object at 0x1007b21f0>
>>> db.commit()
```

8-8 bookテーブルのtitle列を選択し、アルファベット順に表示しよう。

```
>>> sql = 'select title from book order by title asc'
>>> for row in db.execute(sql):
...     print(row)
...
('Perdido Street Station',)
('Small Gods',)
('The Spellman Files',)
('The Weirdstone of Brisingamen',)
('Thud!',)
```

タプルの形式（かっことカンマ）を付けずにtitleの値を表示したい場合は、次のコードを試してみよう。

```
>>> for row in db.execute(sql):
...     print(row[0])
...
Perdido Street Station
Small Gods
The Spellman Files
The Weirdstone of Brisingamen
Thud!
```

タイトルの冒頭に付いている'The'を無視したい場合には、SQLの妖精の粉があと少し必要になる。

```
>>> sql = '''select title from book order by
... case when (title like "The %") then substr(title, 5) else title end'''
>>> for row in db.execute(sql):
...     print(row[0])
...
Perdido Street Station
Small Gods
The Spellman Files
Thud!
The Weirdstone of Brisingamen
```

8-9 bookテーブルのすべての列を選択し、出版年順に表示しよう。

```
>>> for row in db.execute('select * from book order by year'):
...     print(row)
...
('The Weirdstone of Brisingamen', 'Alan Garner', 1960)
('Small Gods', 'Terry Pratchett', 1992)
('Perdido Street Station', 'China Miéville', 2000)
('Thud!', 'Terry Pratchett', 2005)
('The Spellman Files', 'Lisa Lutz', 2007)
```

カンマとスペースの区切りだけで各行のすべてのフィールドを表示したい場合は、次のようにする。

```
>>> for row in db.execute('select * from book order by year'):
...     print(*row, sep=', ')
...
The Weirdstone of Brisingamen, Alan Garner, 1960
Small Gods, Terry Pratchett, 1992
Perdido Street Station, China Miéville, 2000
Thud!, Terry Pratchett, 2005
The Spellman Files, Lisa Lutz, 2007
```

8-10 `sqlalchemy`モジュールを使って、8-6で作ったsqlite3の`books.db`データベースに接続しよう。そして、8-8と同じように、bookテーブルの`title`列を選択してアルファベット順に表示しよう。

```
>>> import sqlalchemy
>>> conn = sqlalchemy.create_engine('sqlite:///books.db')
>>> sql = 'select title from book order by title asc'
>>> rows = conn.execute(sql)
>>> for row in rows:
...     print(row)
...
('Perdido Street Station',)
('Small Gods',)
('The Spellman Files',)
('The Weirdstone of Brisingamen',)
('Thud!',)
```

8-11 RedisサーバーとPythonの`redis`ライブラリをインストールしよう（後者は`pip install redis`）。そして、`count`（1）、`name`（`'Fester Bestertester'`）フィールドを持つ`test`というRedisハッシュを作り、`test`のすべてのフィールドを表示しよう。

```
>>> import redis
>>> conn = redis.Redis()
>>> conn.delete('test')
1
>>> conn.hmset('test', {'count': 1, 'name': 'Fester Bestertester'})
True
>>> conn.hgetall('test')
{b'name': b'Fester Bestertester', b'count': b'1'}
```

8-12 testのcountフィールドをインクリメントして、結果を表示しよう。

```
>>> conn.hincrby('test', 'count', 3)
4
>>> conn.hget('test', 'count')
b'4'
```

E.9 9章 ウェブを解きほぐす

9-1 まだflaskをインストールしていないなら、今すぐインストールしよう。そうすれば、werkzeug、jinja2などのパッケージもインストールされる。

9-2 Flaskのデバッグ/再ロードできる開発用ウェブサーバーを使って骨組みだけのウェブサイトを作ろう。サーバーはホスト名localhost、ポート5000を使って起動すること。手持ちのマシンがすでにポート5000をほかの目的に使っている場合には、別のポート番号を使ってよい。

次のコードをflask4.pyに格納する。

```
from flask import Flask

app = Flask(__name__)

app.run(port=5000, debug=True)
```

では、エンジンスタート。

```
$ python flask4.py
 * Running on http://127.0.0.1:5000/
 * Restarting with reloader
```

9-3 ホームページに対する要求を処理するhome()関数を追加しよう。It's aliveという文字列を返すようにセットアップしていただきたい。

次の内容でflask5.pyを作る。

```
from flask import Flask

app = Flask(__name__)

@app.route('/')
def home():
    return "It's alive!"

app.run(debug=True)
```

サーバーを起動しよう。

```
$ python flask5.py
 * Running on http://127.0.0.1:5000/
 * Restarting with reloader
```

最後に、ブラウザか、curlやwgetなどのコマンドラインHTTPプログラムか、telnetでホームページにアクセスする。

```
$ curl http://localhost:5000/
It's alive!
```

9-4 次のような内容でhome.htmlという名前のJinja2テンプレートファイルを作ろう。

```
<html>
<head>
<title>It's alive!</title>
<body>
I'm of course referring to {{thing}}, which is {{height}} feet tall and {{color}}.
</body>
</html>
```

templatesというディレクトリを作り、今示したばかりの内容でhome.htmlというファイルを作る。前問で起動したFlaskサーバーがまだ実行されているなら、サーバーは新しいコンテンツを検出して自動的に再起動する。

9-5 home.htmlテンプレートを使うようにサーバーのhome()関数を書き換えよう。home()関数には、thing、height、colorの3個のGET引数を渡すこと。

次の内容でflask6.pyを作る。

```
from flask import Flask, request, render_template

app = Flask(__name__)

@app.route('/')
def home():
    thing = request.values.get('thing')
    height = request.values.get('height')
    color = request.values.get('color')
    return render_template('home.html',
        thing=thing, height=height, color=color)

app.run(debug=True)
```

ウェブクライアントで次のアドレスに移動する。

```
http://localhost:5000/?thing=Octothorpe&height=7&color=green
```

次のように表示されるはずだ。

```
I'm of course referring to Octothorpe, which is 7 feet tall and green.
```

E.10　10章 システム

10-1 現在の日付をtoday.txtというテキストファイルに文字列の形で書き込もう。

```
>>> from datetime import date
>>> now = date.today()
>>> now_str = now.isoformat()
>>> with open('today.txt', 'wt') as output:
...     print(now_str, file=output)
>>>
```

printではなく、output.write(now_str)のようにしてもよい。printを使うと、末尾に改行が追加される。

10-2 テキストファイルtoday.txtの内容をtoday_stringという文字列変数に読み込もう。

```
>>> with open('today', 'rt') as input:
...     today_string = input.read()
...
>>> today_string
'2014-02-04\n'
```

10-3 today_stringから日付を解析して取り出そう。

```
>>> import time
>>> fmt = '%Y-%m-%d\n'
>>> time.strptime(today_string, fmt)
time.struct_time(tm_year=2014, tm_mon=1, tm_mday=4, tm_hour=0, tm_min=0,
tm_sec=0, tm_wday=1, tm_yday=35, tm_isdst=-1)
```

ファイルに末尾の改行を書き込んだ場合は、書式指定文字列でもそれに合わせて改行を追加する必要がある。

10-4 カレントディレクトリのファイルのリストを作ろう。

カレントディレクトリの名前がohmyで、動物名に由来する名前を持つ3つのファイルが含まれている場合、次のように表示される。

```
>>> import os
>>> os.listdir('.')
['bears', 'lions', 'tigers']
```

10-5 親ディレクトリのファイルのリストを作ろう。

親ディレクトリにカレントディレクトリのohmyのほか、ふたつのファイルが含まれているとすると、次のように表示される。

```
>>> import os
>>> os.listdir('..')
['ohmy', 'paws', 'whiskers']
```

10-6 multiprocessingを使って3個の別々のプロセスを作ろう。それぞれを1秒から5秒までのランダムな秒数だけ眠らせよう。

次のファイルをmulti_times.pyという名前で保存する。

```
import multiprocessing

def now(seconds):
    from datetime import datetime
    from time import sleep
    sleep(seconds)
    print('wait', seconds, 'seconds, time is', datetime.utcnow())

if __name__ == '__main__':
    import random
    for n in range(3):
        seconds = random.random()
```

```
        proc = multiprocessing.Process(target=now, args=(seconds,))
        proc.start()
```

```
$ python multi_times.py
wait 0.4670532005508353 seconds, time is 2014-06-03 05:14:22.930541
wait 0.5908421960431798 seconds, time is 2014-06-03 05:14:23.054925
wait 0.8127669040699719 seconds, time is 2014-06-03 05:14:23.275767
```

10-7 誕生日のdateオブジェクトを作ろう。

1982年8月14日生まれだとする。

```
>>> from datetime import date
>>> my_day = date(1982, 8, 14)
>>> my_day
datetime.date(1982, 8, 14)
```

10-8 あなたの誕生日は何曜日だったか。

```
>>> my_day.weekday()
5
>>> my_day.isoweekday()
6
```

weekday()では月曜が0、日曜が6になり、isoweekday()では月曜が1、日曜が7になる。

10-9 生まれてから10,000日になるのはいつか（あるいはいつだったか）。

```
>>> from datetime import timedelta
>>> party_day = my_day + timedelta(days=10000)
>>> party_day
datetime.date(2009, 12, 30)
```

誕生日がその日なら、たぶんパーティーをしそびれていただろう。

E.11　11章 並行処理とネットワーク

11-1 プレーンなsocketを使って現在時サービスを実装しよう。クライアントがサーバーにtimeという文字列を送ると、ISO文字列で現在の日時を返すものとする。

サーバーはたとえばこのようにして書けばよい。udp_time_server.pyという名前で保存する。

```
from datetime import datetime
import socket

address = ('localhost', 6789)
max_size = 4096

print('Starting the server at', datetime.now())
print('Waiting for a client to call.')
server = socket.socket(socket.AF_INET, socket.SOCK_DGRAM)
server.bind(address)
while True:
    data, client_addr = server.recvfrom(max_size)
    if data == b'time':
        now = str(datetime.utcnow())
        data = now.encode('utf-8')
        server.sendto(data, client_addr)
        print('Server sent', data)
server.close()
```

次のクライアントは、udp_time_client.pyに保存する。

```
import socket
from datetime import datetime
from time import sleep

address    = ('localhost', 6789)
max_size   = 4096

print('Starting the client at', datetime.now())
client = socket.socket(socket.AF_INET, socket.SOCK_DGRAM)
while True:
    sleep(5)
    client.sendto(b'time', address)
    data, server_addr = client.recvfrom(max_size)
    print('Client read', data)
client.close()
```

データ交換が超高速で進まないように、クライアントループの冒頭にsleep(5)呼び出しを入れてある。ウィンドウ内でサーバーを起動しよう。

```
$ python udp_time_server.py
Starting the server at 2014-06-02 20:28:47.415176
Waiting for a client to call.
```

別のウィンドウでクライアントを起動する。

```
$ python udp_time_client.py
Starting the client at 2014-06-02 20:28:51.454805
```

5秒後、両方のウィンドウに出力が現れ始める。サーバーの最初の3行は次のとおりだ。

```
Server sent b'2014-06-03 01:28:56.462565'
Server sent b'2014-06-03 01:29:01.463906'
Server sent b'2014-06-03 01:29:06.465802'
```

そして、こちらはクライアントの最初の3行である。

```
Client read b'2014-06-03 01:28:56.462565'
Client read b'2014-06-03 01:29:01.463906'
Client read b'2014-06-03 01:29:06.465802'
```

どちらのプログラムも永遠に実行し続けるので、Ctrl-Cキーを押して実行を手動で中止する必要がある。

11-2 ZeroMQのREQ、REPソケットを使って同じことをしてみよう。

zmq_time_server.pyは次のとおり。

```
import zmq
from datetime import datetime

host = '127.0.0.1'
port = 6789
context = zmq.Context()
server = context.socket(zmq.REP)
server.bind("tcp://%s:%s" % (host, port))
print('Server started at', datetime.utcnow())
while True:
    # クライアントからの次の要求を待つ
    message = server.recv()
    if message == b'time':
        now = datetime.utcnow()
        reply = str(now)
        server.send(bytes(reply, 'utf-8'))
        print('Server sent', reply)
```

そして、zmq_time_client.pyは次のとおり。

```
import zmq
from datetime import datetime
from time import sleep
```

```
host = '127.0.0.1'
port = 6789
context = zmq.Context()
client = context.socket(zmq.REQ)
client.connect("tcp://%s:%s" % (host, port))
print('Client started at', datetime.utcnow())
while True:
    sleep(5)
    request = b'time'
    client.send(request)
    reply = client.recv()
    print("Client received %s" % reply)
```

プレーンなソケットの場合、サーバーを先に起動しなければならないが、ZeroMQなら、サーバー、クライアントのどちらを先に実行してもよい。

```
$ python zmq_time_server.py
Server started at 2014-06-03 01:39:36.933532

$ python zmq_time_client.py
Client started at 2014-06-03 01:39:42.538245
```

15秒くらいたつと、サーバーに出力が表示される。

```
Server sent 2014-06-03 01:39:47.539878
Server sent 2014-06-03 01:39:52.540659
Server sent 2014-06-03 01:39:57.541403
```

クライアントには、次のような出力が表示される。

```
Client received b'2014-06-03 01:39:47.539878'
Client received b'2014-06-03 01:39:52.540659'
Client received b'2014-06-03 01:39:57.541403'
```

11-3 XMLRPCで同じことをしてみよう。

サーバーのxmlrpc_time_server.pyから見てみよう。

```
from xmlrpc.server import SimpleXMLRPCServer

def now():
    from datetime import datetime
    data = str(datetime.utcnow())
    print('Server sent', data)
    return data
```

```
server = SimpleXMLRPCServer(("localhost", 6789))
server.register_function(now, "now")
server.serve_forever()
```

クライアントのxmlrpc_time_client.pyは、次のとおりだ。

```
import xmlrpc.client
from time import sleep

proxy = xmlrpc.client.ServerProxy("http://localhost:6789/")
while True:
    sleep(5)
    data = proxy.now()
    print('Client received', data)
```

サーバーを起動しよう。

```
$ python xmlrpc_time_server.py
```

クライアントも起動する。

```
$ python xmlrpc_time_client.py
```

15秒ほど待つと、サーバーが次のような出力の生成を始める(示してあるのは冒頭の3行)。

```
Server sent 2014-06-03 02:14:52.299122
127.0.0.1 - - [02/Jun/2014 21:14:52] "POST / HTTP/1.1" 200 -
Server sent 2014-06-03 02:14:57.304741
127.0.0.1 - - [02/Jun/2014 21:14:57] "POST / HTTP/1.1" 200 -
Server sent 2014-06-03 02:15:02.310377
127.0.0.1 - - [02/Jun/2014 21:15:02] "POST / HTTP/1.1" 200 -
```

対応するクライアントの出力は次のとおりだ(これも冒頭の3行のみ)。

```
Client received 2014-06-03 02:14:52.299122
Client received 2014-06-03 02:14:57.304741
Client received 2014-06-03 02:15:02.310377
```

11-4 テレビ番組『アイ・ラブ・ルーシー』で、ルーシーとエセルがチョコレート工場で働いて働いていたシーンを覚えているだろうか。紙で包むチョコが送られてくるベルトコンベアーがスピードアップすると、彼女たちはついていけなくなる。Redisリストにさまざまなタイプのチョコをプッシュすると、ルーシーがこのリストに対してブロックを起こすポップを行うというシミュレーションを書いてみよう。彼女がチョコを1個包むのに0.5秒かかる。ルーシーがポップするたびに時刻とチョコのタイプと残っているチョコが何個あるかを表示しよう。

redis_choc_supply.pyは、無限にチョコを供給する。

```
import redis
import random
from time import sleep

conn = redis.Redis()
varieties = ['truffle', 'cherry', 'caramel', 'nougat']
conveyor = 'chocolates'
while True:
    seconds = random.random()
    sleep(seconds)
    piece = random.choice(varieties)
    conn.rpush(conveyor, piece)
```

redis_lucy.pyは、次のようになる。

```
import redis
from datetime import datetime
from time import sleep

conn = redis.Redis()
timeout = 10
conveyor = 'chocolates'
while True:
    sleep(0.5)
    msg = conn.blpop(conveyor, timeout)
    remaining = conn.llen(conveyor)
    if msg:
        piece = msg[1]
        print('Lucy got a', piece, 'at', datetime.utcnow(),
        ', only', remaining, 'left')
```

どちらから起動してもよい。ルーシーは1個のチョコを処理するために1/2秒かかり、チョコは平均して1/2秒ごとに作られるので、終わりのない競争になる。ベルトコンベアを起動してからルーシーが作業を始めるまでの時間が長ければ長いほど、ルーシーは大変になる。

```
$ python redis_choc_supply.py&
```

```
$ python redis_lucy.py
Lucy got a b'nougat' at 2014-06-03 03:15:08.721169 , only 4 left
Lucy got a b'cherry' at 2014-06-03 03:15:09.222816 , only 3 left
Lucy got a b'truffle' at 2014-06-03 03:15:09.723691 , only 5 left
Lucy got a b'truffle' at 2014-06-03 03:15:10.225008 , only 4 left
Lucy got a b'cherry' at 2014-06-03 03:15:10.727107 , only 4 left
Lucy got a b'cherry' at 2014-06-03 03:15:11.228226 , only 5 left
Lucy got a b'cherry' at 2014-06-03 03:15:11.729735 , only 4 left
Lucy got a b'truffle' at 2014-06-03 03:15:12.230894 , only 6 left
Lucy got a b'caramel' at 2014-06-03 03:15:12.732777 , only 7 left
Lucy got a b'cherry' at 2014-06-03 03:15:13.234785 , only 6 left
Lucy got a b'cherry' at 2014-06-03 03:15:13.736103 , only 7 left
Lucy got a b'caramel' at 2014-06-03 03:15:14.238152 , only 9 left
Lucy got a b'cherry' at 2014-06-03 03:15:14.739561 , only 8 left
```

かわいそうなルーシー。

11-5 ZeroMQを使って7.3節の詩の単語を一度にひとつずつパブリッシュしよう。また、母音で始まる単語を表示するZeroMQサブスクライバと、5字の単語を表示する別のサブスクライバを書こう。句読点などの記号は無視してよい。

次に示すのは、サーバーのpoem_pub.pyで、詩から単語をひとつ取り出し、先頭が母音なら、vowelsというトピックにパブリッシュし、5文字ならfiveというトピックにパブリッシュする。単語のなかには両方に当てはまるものもあれば、どちらにも当てはまらないものもある。

```
import string
import zmq

host = '127.0.0.1'
port = 6789
ctx = zmq.Context()
pub = ctx.socket(zmq.PUB)
pub.bind('tcp://%s:%s' % (host, port))

with open('mammoth.txt', 'rt') as poem:
    words = poem.read()
for word in words.split():
    word = word.strip(string.punctuation)
    data = word.encode('utf-8')
    if word.startswith(('a','e','i','o','u','A','E','I','O','U')):
        pub.send_multipart([b'vowels', data])
    if len(word) == 5:
        pub.send_multipart([b'five', data])
```

クライアントのpoem_sub.pyは、vowelsとfiveをサブスクライブし、トピックと単語を表示する。

```
import string
import zmq

host = '127.0.0.1'
port = 6789
ctx = zmq.Context()
sub = ctx.socket(zmq.SUB)
sub.connect('tcp://%s:%s' % (host, port))
sub.setsockopt(zmq.SUBSCRIBE, b'vowels')
sub.setsockopt(zmq.SUBSCRIBE, b'five')
while True:
    topic, word = sub.recv_multipart()
    print(topic, word)
```

これらのプログラムを起動すると、ふたつは**ほとんど**動作する寸前まで行く。コードは間違いがないように見えるのだが、何も起きないのだ。この問題を解決するには、http://zguide.zeromq.org/page:allでslow joiner問題について学ぶ必要がある。サーバーよりも先にクライアントを起動したとしても、サーバーは起動後すぐにデータのプッシュを始める。しかし、クライアントはサーバーに接続するために少し時間を必要とする。コンスタントなストリームをパブリッシュしており、サブスクライバがいつ飛び込んでもかまわないのであれば問題はないが、この場合はデータストリームが短く、バッターが速球についていけないときのように、サブスクライバが瞬きする前にデータストリームが通り過ぎてしまっている。

この問題は、パブリッシャがbind()を呼び出したあと、メッセージの送出を始める前に1秒眠るようにすれば簡単に解決できる。このバージョンをpoem_pub_sleep.pyと呼ぶことにしよう。

```
import string
import zmq
from time import sleep

host = '127.0.0.1'
port = 6789
ctx = zmq.Context()
pub = ctx.socket(zmq.PUB)
pub.bind('tcp://%s:%s' % (host, port))
```

```
sleep(1)

with open('mammoth.txt', 'rt') as poem:
    words = poem.read()
for word in words.split():
    word = word.strip(string.punctuation)
    data = word.encode('utf-8')
    if word.startswith(('a','e','i','o','u','A','E','I','O','U')):
        print('vowels', data)
        pub.send_multipart([b'vowels', data])
    if len(word) == 5:
        print('five', data)
        pub.send_multipart([b'five', data])
```

サブスクライバを起動してから、眠そうなパブリッシャを起動する。

```
$ python poem_sub.py
```

```
$ python poem_pub_sleep.py
```

今度は、サブスクライバがふたつのトピックを受け取る時間がある。出力の最初の数行を見てみよう。

```
b'five' b'queen'
b'vowels' b'of'
b'five' b'Lying'
b'vowels' b'at'
b'vowels' b'ease'
b'vowels' b'evening'
b'five' b'flies'
b'five' b'seize'
b'vowels' b'All'
b'five' b'gaily'
b'five' b'great'
b'vowels' b'admired'
```

パブリッシャにsleep()を追加できない場合には、REQ、REPソケットを使ってパブリッシャとサブスクライバの同期を取ればよい。GitHubに掲載されているpublisher.pyとsubscriber.py(http://bit.ly/pyzmq-gh)を参照していただきたい。

付録F
早見表

私はある事柄について頻繁すぎるほどチェックすることがある。ここにまとめた表が読者にとっても役に立てば幸いだ。

F.1 演算子の優先順位

表F-1は、Python 3の演算子優先順位についての公式ドキュメントを編集し直したものだ。**もっとも優先順位の高い**演算子から並べてある。

表F-1 演算子の優先順位

<table>
<tr><th>演算子</th><th>説明と例</th></tr>
<tr><td>[v1, ...]、{ v1, ... }、{ k1:v1, ... }、(...)</td><td>リスト/集合/辞書/ジェネレータの作成、内包表記、かっこで囲まれた式</td></tr>
<tr><td>seq [n]、seq [n:m]、func (args, ...)、obj.attr</td><td>添字、スライス、関数呼び出し、属性参照</td></tr>
<tr><td>**</td><td>指数</td></tr>
<tr><td>+X、-X、~X</td><td>正、負、ビット単位のNOT</td></tr>
<tr><td>*、/、//、%</td><td>乗算、floatの除算、整数の除算、剰余</td></tr>
<tr><td>+、-</td><td>加算、減算</td></tr>
<tr><td><<、>></td><td>左シフト、右シフト</td></tr>
<tr><td>&</td><td>ビット単位のAND</td></tr>
<tr><td>|</td><td>ビット単位のOR</td></tr>
<tr><td>in、not in、is、is not、<、<=、>、>=、!=、==</td><td>メンバー、等価性テスト</td></tr>
<tr><td>not x</td><td>論理NOT</td></tr>
<tr><td>and</td><td>論理AND</td></tr>
<tr><td>or</td><td>論理OR</td></tr>
<tr><td>if ... else</td><td>条件式</td></tr>
<tr><td>lambda ...</td><td>ラムダ式</td></tr>
</table>

F.2 文字列メソッド

Pythonは、文字列メソッド（任意のstrオブジェクトで使えるもの）と便利な定義を含むstringモジュールの両方を持っている。ここでは、次のふたつのテスト変数で例を示していく。

```
>>> s = "OH, my paws and whiskers!"
>>> t = "I'm late!"
```

F.2.1 大文字、小文字の操作

```
>>> s.capitalize()
'Oh, my paws and whiskers!'
>>> s.lower()
'oh, my paws and whiskers!'
>>> s.swapcase()
'oh, MY PAWS AND WHISKERS!'
>>> s.title()
'Oh, My Paws And Whiskers!'
>>> s.upper()
'OH, MY PAWS AND WHISKERS!'
```

F.2.2 サーチ

```
>>> s.count('w')
2
>>> s.find('w')
9
>>> s.index('w')
9
>>> s.rfind('w')
16
>>> s.rindex('w')
16
>>> s.startswith('OH')
True
```

F.2.3 書き換え

```
>>> ''.join(s)
'OH, my paws and whiskers!'
>>> ' '.join(s)
'O H ,   m y   p a w s   a n d   w h i s k e r s !'
>>> ' '.join((s, t))
"OH, my paws and whiskers! I'm late!"
>>> s.lstrip('HO')
', my paws and whiskers!'
>>> s.replace('H', 'MG')
'OMG, my paws and whiskers!'
>>> s.rsplit()
['OH,', 'my', 'paws', 'and', 'whiskers!']
>>> s.rsplit(' ', 1)
['OH, my paws and', 'whiskers!']
>>> s.split()
['OH,', 'my', 'paws', 'and', 'whiskers!']
>>> s.split(' ')
['OH,', 'my', 'paws', 'and', 'whiskers!']
>>> s.splitlines()
['OH, my paws and whiskers!']
>>> s.strip()
'OH, my paws and whiskers!'
>>> s.strip('s!')
'OH, my paws and whisker'
```

F.2.4 整形

```
>>> s.center(30)
'  OH, my paws and whiskers!   '
>>> s.expandtabs()
'OH, my paws and whiskers!'
>>> s.ljust(30)
'OH, my paws and whiskers!     '
>>> s.rjust(30)
'     OH, my paws and whiskers!'
```

F.2.5 文字列のタイプ

```
>>> s.isalnum()
False
```

```
>>> s.isalpha()
False
>>> s.isprintable()
True
>>> s.istitle()
False
>>> s.isupper()
False
>>> s.isdecimal()
False
>>> s.isnumeric()
False
```

F.3 stringモジュールの属性

表F-2は定数定義として使われるクラスの属性である。

表F-2 クラスの属性

<table>
<tr><th>属性</th><th>内容</th></tr>
<tr><td>ascii_letters</td><td>'abcdefghijklmnopqrstuvwxyzABCDEFGHIJKLMNOPQRSTUVWXYZ'</td></tr>
<tr><td>ascii_lowercase</td><td>'abcdefghijklmnopqrstuvwxyz'</td></tr>
<tr><td>ascii_uppercase</td><td>'ABCDEFGHIJKLMNOPQRSTUVWXYZ'</td></tr>
<tr><td>digits</td><td>'0123456789'</td></tr>
<tr><td>hexdigits</td><td>'0123456789abcdefABCDEF'</td></tr>
<tr><td>octdigits</td><td>'01234567'</td></tr>
<tr><td>punctuation</td><td>'!"#$%&\'()*+,-./:;<=>?@[\]^_`{|}~' '</td></tr>
<tr><td>printable</td><td>'0123456789abcdefghijklmnopqrstuvwxyz' +
'ABCDEFGHIJKLMNOPQRSTUVWXYZ' +
'!"#$%&\'()*+,-./:;<=>?@[\]^_`{|}~' ' +
' \t\n\r\x0b\x0c'</td></tr>
<tr><td>whitespace</td><td>' \t\n\r\x0b\x0c'</td></tr>
</table>

F.4 終わり

このページはわざと空白にしてある。

あれ、ちょっと待て…空白ではないや。

索引

記号・数字

!= 93
..........89
$ 204
% 26
%A 323
%a 323
%B 323
%b 323
%d 193, 323
%e 193
%f 193
%g 193
%H 323
%I 323
%m 323
%M 323
%o 193
%s 193
%S 323
%x 193
%Y 323
%% 193
& 80, 148, 213, 344
() 67
- 26, 82, 147, 175
'（シングルクォート）..........36
'''（トリプルクォート）..........37, 247
"（ダブルクォート）..........36
"""（3個のダブルクォート）..........37
*（アスタリスク）..........26, 41, 116, 175, 199, 311
**（アスタリスク2つ）..........26, 117, 293
. ...199, 306
.$ 204
.* 199
.cfg 239
.ini 239
.msi 388, 494
.. ..306
/（スラッシュ）..........26, 231, 251
// 26
:（コロン）..........92, 109, 197
? 247, 300, 311
@ 127, 166
@app.route 289
@bottle.route 294
@classmethod 170
@staticmethod 171
[ ] 42, 54, 78, 474
[key] 71, 74
[start:end:step] 43
^ 82, 197, 204, 213
_ 109
　～と__ 131
__（ダブルアンダースコア）..........157, 168
__add__() 175
__doc__ 131
__eq__() 174
__floordiv__() 175
__ge__() 175

__gt__() 175
__init__() 157, 173
__init__.py 143
__le__() 175
__len__() 176
__lt__() 175
__main__ 131
__mod__() 175
__mul__() 175
__name__ 131
__ne__() 175
__pow__() 175
__repr__() 176
__str__() 176
__sub__() 175
__truediv__() 175
{}（波かっこ） 69, 78, 195
| 148, 213, 227
~ 213
¥（円記号） 40
\（継続文字） 209
\（バックスラッシュ） 40, 90
　～によるエスケープ 40
\b 201
\B 201
\d 201
\D 201
\N 185
\n（改行） 40, 219
\s 201
\S 201
\t 227
\u 185
\U 185
\w 201
\W 201
+ 26, 41, 147, 175
+= 59
< 83, 93, 197
<< 213
<= 82, 93
= 22, 65, 76
== 93
> 84, 93, 197
>= 83, 93
>> 213
2進 32
2の補数表現 213
2Dグラフィックス 429
3個のダブルクォート（"""） 37
30 places to find open data on the Web 453
3Dグラフィックス 437
8進 32
10進 28
16進 32
127.0.0.1 282

A

abspath() 309
accumulate() 151
acos() 465
ActiveMQ 365
activestate 152
ActiveState Python recipes 426
add() 256
add_all() 256
aggregate() 451
ALGORETE Loopy 469
allclose() 477
Amazon 380
Amazon Python SDK 381
Anaconda 387, 469
　～のインストール 494
AND 213
ansible 376
antigravity 298
Apache 294
API 245, 299
　ウェブサービスと～ 368
App Engine 379
append() 59
apt-get 388
arange() 471
argument（実引数） 111

array 468
array() 471
arrow 327
as 141
ASCII 183
ascii 189
ascii_letters 546
ascii_lowercase 546
ascii_uppercase 546
asin() 465
assertEqual 396
asyncio 342
atan() 465
atan2() 465
Avro 240
AWS（Amazon Web Services） 380

B

basemap 456, 459
basicConfig() 413
BeautifulSoup 301
Beets 443
binascii 212
bind() 356
binio 212
bitbucket 420
bitcount() 269
bitop() 269
bitstring 211
Blender 439
bokeh 441
boto 381
Bottle 285
bottle 294
break 97, 98, 100
Bubbles 451
bubbles 451
buildbot 403
bytearray 206
bytes 206, 222

C

C 8
Cエクステンション 419
C# 9, 419
C++ 8
calendar 317
call() 314, 372
capitalize() 49, 397
capwords() 398
cartopy 456
Cassandra 270
ceil() 464
celery 347
center() 49
CERN（欧州原子核共同研究所） 273
Cg Toolkit 437
CGI（Common Gateway Interface） 284
chain() 150
chdir() 311
check_output() 313
chef 376
cherrypy 298
chmod() 305, 308
chown() 305, 308
CIツール 403
class 156, 159
clear() 74
client 277
close() 248, 356
cls 170
cmath 466
colorsys 429
Column() 253
commit() 256
compile() 198
conda 498
conda search 499
configparser 239
connect() 245, 247, 362
Construct 211
construct 212
Context() 361

continue 97
cookiejar 277
cookies 277
copy() 65, 76, 307
cos() 465
CouchDB 270
count() 48, 63
Counter() 147
cp-1252 189
CPU（中央処理装置） 13
CPUバウンド 13, 330, 337
CPython 419
create_all() 253
create_engine() 252
critical() 413
crop() 431
CRUD 244, 296
csv 450
CSV（Comma-Separated Value） 227, 446
ctime() 322
Cubes 448
cursor() 246, 247
cycle() 150
Cython 419

D

D3 441
daemon 333
Data Science Toolkit 461
data.gov 453
dataset 257
date 314
date() 318
datetime 234, 240, 318
dateutil 327
DB-API 245
dbm 257
DDL（データ定義言語） 244
debug() 413
decimal 466
declarative_base 255
decode() 191, 361
decr() 262
decrbyfloat() 262
def 109
default_app() 294
defaultdict() 144
defusedxml 238
degrees() 466
del 60, 73
DELETE 245, 300
delete() 262
deque 149
Devstack 382
dict 69
dict() 70, 146
dict_keys() 76
difference() 82
digits 546
Disco 377
display() 434
divmod() 30
django 296
DML（データ操作言語） 244
DNS（Domain Name System） 366
docstring 118, 394
doctest 400
DocumentHacker 447
docx 446
DOM（Document Object Model） 232
dot() 477
dpkg 388
dump() 236
dumps() 233
dunder（ダンダー） 157

E

Echonest API 443
ElasticSearch 271
ElementTree 231
elif 91, 93
else 91, 93, 98, 101
email 367
encode() 189, 190, 362

end 219
endswith() 48
Enthought Canopy 469
enumerate() 143
ERP (Enterprise Resource Planning) . 448
error() 413
ESRI 455
ETL 449
EuroPython 426
EuroSciPy 487
except 132
Exception 134
execute() 246, 247, 252
executemany() 246
exists() 306
expire() 270
expireat() 270
extend() 59

F

fabric 373
fabs() 464
Facebook 369
factorial() 464
False 32, 95, 112
Fedex 448
fetchall() 246, 247, 254
fetchmany() 246
fetchone() 246
FIFO (先入れ先出し) 62, 331
find() 48
findall() 198, 200, 202
fiona 456
Flask 288
fleming 327
float 35, 113
　～のゼロ 95
float() 35
floor() 464
for 98, 101
format 430, 434
format() 195
fractions 467
froide 453
from 141
FROM 245
FTP (File Transfer Protocol) 368
ftplib 368

G

geopy 460
GET 300
get() 75, 261, 335
getaddrinfo() 367
getbit() 269
getcwd() 313
getgid() 313
getheader() 279
getheaders() 279
gethostbyname() 366
gethostbyname_ex() 366
getoutput() 313
getpid() 312
getrange() 261
getservbyname() 367
getservbyport() 367
getset() 261
getstatusoutput() 314
getuid() 313
gevent 298, 337
gid (グループID) 308
GIL (グローバルインタープリタロック) 337
GIS (地理情報システム) 455
Git 420
git add 422
git clone 421
git commit 422
git diff 423
git init 421
git log 424
git status 422
GitHub 152, 387, 421
glob() 311

globals()..........130
gmtime()..........322
Google..........379
googlemaps..........460
googol..........35
GPS（グローバルポジショニングシステム）
..........455
GPS座標..........85
group()..........205
GTK+..........435
GUI..........434
gunicorn..........298, 340

H

h5py..........242
hachoir..........212
Hadoop..........377
Hadoopストリーミング..........377
has-a（持っている）関係..........177
HBase..........270
HDF5..........241
HEAD..........300
help()..........118
hexdigits..........546
hget()..........264
hgetall()..........265
hkeys()..........264
hlen()..........264
hmget()..........264
hmset()..........264
homebrew..........388
Houdini..........440
hset()..........264
hsetnx()..........265
HTML（Hypertext Markup Language）
..........227, 232, 273
～のスクレイピング..........301
HTML5..........436
HTTP（Hypertext Transfer Protocol）
..........273
http..........277
http.server..........281
httpd..........274
hvals()..........264
hypot()..........465

I

I/Oバウンド..........330
IANA..........367
id()..........130
IDE（統合開発環境）..........17, 389
IDLE..........389
if..........91, 93
Image..........430, 433
ImageMagick..........433
ImageTk..........434
IMAP（Internet Message Access Protocol）
..........367
imaplib..........367
imghdr..........429
import..........138
import sys..........142
import this..........18
imread()..........440
imshow()..........440
in..........62, 74, 79, 93
incr()..........262
incrbyfloat()..........262
index()..........62
IndexError..........133
info()..........413
inproc..........365
input()..........97
INSERT INTO..........245
insert()..........60
intのサイズ..........34
int()..........32, 146
intersection()..........81
IPアドレス..........355
ipc..........365
IPython..........390, 478
IPythonノートブック..........481
is..........113
is-a（である）関係..........159

isabs() 306
isalnum() 48
isdir() 306
isfile() 306
isinstance() 235
isleap() 317
islink() 307
ISO 8859-1 184
iso8601 327
isoformat() 318
issubset() 82
issuperset() 83
items() 76, 100
itertools 150

J

Java 9, 470
JavaScript 233, 441
jenkins 403
jinja2 290
join() 47, 63, 333, 335
JoinableQueue() 333
joinall() 338
JSON (JavaScript Object Notation) 4, 227, 233, 300
JVM (Java仮想マシン) 419

K

kartograph 456
keys() 75, 260
Kivy 436
Kyoto Cabinet 270

L

Label() 434
lambda 146
Lamson 368
Latin-1 184
latin-1 189
len() 46, 65, 187
LibreOffice 447
LIFO (後入れ先出し) 62
linalg.solve() 477
lindex() 263
link() 307
linsert() 263
Linux 494
list() 54, 146
listdir() 310
listen() 372
ljust() 49
load() 236
loads() 234
local() 374
locale 325
localhost 282
locals() 130
localtime() 322
log() 464
logging 412
lookup() 185
lower() 49
lpush() 263
lrange() 263
lset() 263
ltrim() 263
Lucene 271
Luigi 377

M

Mac OS X 493
MAGICK_HOME 433
mapnik 459
MapReduce 376
Marvel Comics 369
match() 198
math.e 463
math.pi 463
MATLAB 478
matplotlib 440
Maya 440
memcached 258

Mercurial……420
MessagePack……363
MetaData()……253
mget()……262
Microsoft Office……446
MIMEタイプ……279
mingus……443
miniconda……499
mkdir()……309
mktime()……322
mode……430
MongoDB……270
monkey……339
Monstermash……443
Mosaic……273
most_common()……147
move()……307
MPD Album Art Grabber……443
mset()……262
MsgPack……240
msgpack-rpc-python……372
multiprocessing……315, 333
Muntjac……436
MySQL……246, 248
MySQL Connector……249
MysqlDB……248

N

N次元配列……470
name……157
name()……185
namedtuple()……179
ndarray……470
ndim……471
Netflix……449
New York Times……369
NeXTコンピュータ……273
nginx……296
None……112
nose……401
NoSQL……257, 270, 297
null……95
NumPy……419, 441, 470
NVIDIA……437

O

octdigits……546
OLAP……448
oletools……446
ones()……472
open()……218, 257, 305, 430, 434
OpenERP……448
Opening government with Python……453
OpenOffice……447
OpenStack……381
OR……213
OrderedDict()……148
ORM (Object Relational Mapping：オブジェクト関係マッピング)……250, 254
os……225, 305
oursql……249

P

pack()……210
Panda3D……437
Pandas……441, 485
parameter (仮引数)……111
parse……277
pass……110, 156
paste()……432
pdb……405
PEP8……92, 391
pep8……393
Perl……10
PETL……452
PhotoImage()……434
PHP……11
Piano……443
pickle……240
pika……353
PIL (Python Image Library)……430
Pillow……430

pip 212, 217
〜のインストール 498
〜の使い方 387
pip2 337
Pipeline() 451
PNG 209
pop() 61, 149
POP3 (Post Office Protocol 3) 367
popleft() 149
poplib 367
Popular Python recipes 387
ports 388
POST 300
PostgreSQL 246, 249
postgresql 249
pow() 465
pprint() 151
pretty_print() 451
print() 23
printable 546
Process() 315, 333
property() 165
Protocol Buffers 240
psycopg2 249
pubsubhubbub 353
punctuation 546
puppet 376
PUT 300
put() 335
Putty 374
py.test 403
PyAlgoTrade 454
PyCharm 389
PyCon 426
PyCon JP 426
PyData 487
pyflakes 393
pygame 442
pygeocoder 460
PyGTK 435
pyknon 443
PyLadies 426
pylint 393
pylons 298
PYMySQL 249
PyPI (Python Package Index) 152, 353, 386, 435, 447, 499
pyplot 440
py-postgresql 249
pypubsub 353
PyPy 13, 419
PyQt 435
pyramid 297
pyshp 456, 457
PySide 435
PyTables 242
Python ....xiii, 3, 7
〜公案 18
〜と科学 486
〜と他言語の比較 7
〜の比較演算子 93
〜を避けるべきとき 13
Python 2 14
Python 3 14
〜のUnicode文字列 184
〜のインストール 489
Python for ArcGIS 459
Python for business intelligence 448
Python for finance 454
python install setup.py 389
python open document 447
Python packages trending on GitHub 426
Python wiki 435
Python(x,y) 469
python2 337
python3-memcached 258
python-excel 446
python-magic 447
python-sunlight 453
PyUNO 447
pywin32 446
pywinauto 446
PyYAML 236
pyzmq 361
Pyzo 469

Q

Qt 435
Quandl 454
Quantitative economics 453
quantize() 467
Quantopian 454
queue 334
Queues 348

R

R 478
RabbitMQ 353, 365
radians() 465
random() 472
range() 102, 125
rank（階数）..470
RCTK（Remote Control Toolkit）.........436
re 197
read() 220, 223, 278
reader() 228
readline() 220
readlines() 220
readthedocs 152
realpath() 309
recv() 358
recvfrom() 356
Redis 259, 342, 349, 441
Redis() 343
redis-py 260
register_function() 371
remix 443
remove() 61, 309
rename() 307
render_template() 291
REPL（Read-Evalueate-Print Loop）
....392
replace() 50
ReportLab 447
request 277, 292
requests 280, 369
requirements.txt 388
reshape() 473
response 277
REST（Representational State Transfer）
....299
RESTfulサービス 300
reverse=True 65
rfind() 48
Riak 270
rjust() 50
rmdir() 310
RPC（Remote Procedure Calls）..........370
rpush() 263
rq 347
Ruby on Rails 11
run() 286, 289

S

sadd() 265
safe_load() 237
Salt 376
SAX（Simple API for XML）.................232
Scapy 365
scard() 265
Scientific Python 469
SciKit 478
SciPy 478, 487
Scrapy 301
sdiff() 266
sdiffstore() 266
search() 198, 199
sebastian 443
seek() 224, 226
SELECT 245
self 157, 164
send() 361
send_static_file() 289
sendall() 358
sendto() 356
sep 219
serve_forever() 371
server 277
ServerProxy() 371

sessionmaker........256
set()........78, 261
setbit()........268
setdefault()........144
setlocale()........325
setnx()........261
setrange()........261
setUp()........396
setup.py........389
shape........471
shapefile........457
shapely........456
Shiva........443
show()........430, 440
shutil........307
SimpleXMLRPCServer........371
sin()........465
sinter()........266
sinterstore()........266
size........430, 433, 471
sleep()........270
smembers()........265, 266
SMTP (Simple Mail Transfer Protocol)
........367
smtpd........368
smtplib........367
socket........366
socket()........356, 361
Solr........271
sort()........64
sorted()........64
source()........451
Spark........377
Spatial analysis with python........459
spawn()........338
Sphinx........271
split()........46, 198, 200
SQL (Structured Query Language)........242
～インジェクション........247
SQL表現言語........250, 253
SQLAlchemy........249
sqlalchemy........250
SQLite........246
sqlite3........247, 256
sqrt()........465
srem()........265
SSH........373
sshd........374
ssh-keygen........375
StackOverflow........447
stackoverflow Python questions........426
stamps.com API........448
start()........315, 333, 372
startswith()........48
static_file()........286
statistics........468
status........278
STOMP........365
str()........39
strftime()........323
string........202
～の属性........546
strip()........48
struct........208
sub()........198, 201
subprocess........313
sum()........121
sunion()........266
sunionstore()........266
super()........162
swapcase()........49
swapy........446
symlink()........307
symmetric_difference()........82

T

Table()........253
tan()........465
tarball........494
task_done()........335
tcp........365
TCP (Transmission Control Protocol)
........354, 357
TCPポート80........367
TCP/IP........274, 353

tearDown()......396
tell()......224, 226
telnet......275
terminate()......316
TestCase......396
testmod()......400
The Python Package Index......426
thoonk......347
Thread()......334
threading......334
Thrift......240
tilemill......459
time......319, 321, 415
time()......267
timedelta......319
timeit......417
title()......49, 397
Tk()......434
Tkinter......434
tkinter wiki......435
today()......319
tornado......298, 340, 372
tox......403
transparency（透明度）......433
travis-ci......403
True......32, 95
try......132
ttl()......270
Tulip......342
tuple......54
tuple()......68
turbogears......297
twisted......340
twisted.internet......341
Twitter......369
type()......24

U

UDP（User Datagram Protocol）..354, 357
uid（ユーザー ID）......308
Ultra-finance......454
Unicode......14, 183
　～文字名索引......185
unicodedata......185
UnicodeEncodeError......190
unicode-escape......189
union()......81
unittest......395
Unix......494
Unix時間......234, 267, 321, 415
Unixドメインソケット......356
unpack()......210
UPDATE......245
update()......72
upper()......49
UPS......448
URL（Uniform Resource Locator）......273
urllib......277
UTC......314, 322
UTF-8......186
　～によるエンコード、デコード......188
utf-8......189
uWSGI......296
uwsgi......298

V

values()......76, 100
vars()......404
Vincent......459
virtualenv......498

W

wand......433
warn()......413
Weather Underground......369
Web API......299
web2py......297
webbrowser......298
wheezy.web......297
WHERE......245
while......96, 101
whitespace......546

Whoosh 271
Windows 493
Windows-1252 184
with 224
WORM（write once/read many）............ 242
write() 219, 222
writer() 229
WSGI（Web Server Gateway Interface）............ 284
WxPython 436

X

Xapian 271
xkcd 299
xlrd 241
XML 227, 230
xml.dom 232
xml.etree.ElementTree 231
xml.sax 232
xmlrpc 370
xmlrpc.client 371
xmlrpc.server 371
xrange() 125

Y

YAML 227, 236
YouTube 369
yum 388

Z

zadd() 267
ZeroMQ 351, 360
zeros() 472
zip() 102
zmq 361
zrange() 268
zrank() 267
zscore() 267
zset 266
zypper 388

あ行

アート 429
アウトオブバンド通信 345
アサーション 396
アスタリスク（*）............ 116
アスタリスク2つ（**）............ 117
値 4, 22, 231
　～の有無 62, 79
　～の個数 63
　～の取得 76
　～を返す関数 110
後入れ先出し（LIFO）............ 62
アニメーション 437
アルゴリズム 13, 406
　～とデータ構造 418
アルファチャンネル 433
アンカー（錨）............ 204
アンパック 68, 106
医学 487
位置の変更 224
位置引数 114
　～のタプル化 116
イテラブル 99
　～なオブジェクト 103
イテレーションの開始 97
イテレータ 98, 222
イベント駆動 337, 340
イベントループ 337
イミュータブル 22, 36, 53, 67, 206
入れ子構造 231
色の変換 429
インクリメント 96
インスタンスメソッド 170
インスタンスを作成 157
インストール 14, 489
　Anacondaの～ 494
　condaの～ 498
　pipの～ 498
　Python 3の～ 489
　virtualenvの～ 498
　パッケージの～ 387
　標準Pythonの～ 490

インターネットサービス......366
インタープリタ......10, 15
　進化した～......479
インデックス......71, 243
インデント......227
インポート......139
インポートエイリアス......251
ウェブ......273, 436
ウェブインタフェース......300
ウェブクライアント......274
ウェブサーバー......281
ウェブサービス......6
　～とAPI......368
ウェブスクレイピング......4
ウェブフレームワーク......281, 284
うるう年......317
上書き......160
永続性......217
エスケープ文字......39, 204
エラー......279, 405
エラー処理......132
エラーメッセージ......92, 412
円記号（¥）......40
エンコーディング......189
エンコード......188, 233, 370
演算子の優先順位......543
エンディアン......206
欧州原子核共同研究所（CERN）......273
応答......274
オートメーション......298
オーナー......308
オーバーフロー......35
オーバーライド......159, 160
大文字......48, 544
オクトソープ......90
オブジェクト......21, 120
　～としての関数......119
　～とは何か......155
　～のインスタンス......157
　～の定義......25
　イテラブルな～......103
オブジェクト関係マッピング（Object Relational Mapping：ORM）...250, 254
オプション......238
オフセット......3, 42, 43, 56
オペレーティングシステム......305
親......159
親ディレクトリ......306
折れ曲がる直線......457
音楽......442
　～のメタデータ......443

か行

カーソルオブジェクト......246
カーネル......312
改行（\n）......40, 219
開始タグ......231
階数（rank）......470
階層（レイヤ）......353
外部キー......243
カウンタ......147
科学......463
　Pythonと～......486
隠し属性......168
加算......26, 96, 147
仮想マシン......419
型......25
　～の変換......32, 39
型宣言......9
型付け......22
角かっこ......42
仮引数（parameter）......111
カレンダー......317
カレントディレクトリ......142, 306, 312
　～の変更......311
関数......2, 30, 46, 109, 155, 170
　～の定義......109
　～の呼び出し......109
　オブジェクトとしての～......119
関数内関数......121
関数呼び出し......119
カンマ......227
偽......95
キー......4, 69, 369
　～の有無......74

～の取得 75
存在しない～ 144
キー/値ペアの取得 76
キーバリューストア 257
キーワード引数 114, 179
～の辞書化 117
機械学習 478
擬似コード 406
基数 31
基底クラス 159
キャッシュと有効期限 269
キャッシング 275
キャラクタセット 184
キュー（待ち行列） 62, 149, 331, 346, 363
強化版ソケット 360
行の継続 90
行列 468
虚数 466
金融解析ツール 453
空行 276
空辞書 69, 74, 78, 95, 113
空集合 77, 78, 95, 113
空タプル 67, 95, 113
空白 89, 110
空文字列 39, 95, 113, 142, 221
空リスト 95, 113
クエリー言語 242
クォート 36, 310
区切り子 227
クッキー 275
国別コード 326
組み合わせと演算 80
組み込み関数 92
組み込みモード 295
クライアント/サーバー 348
クラウド 378
クラス 25, 134
～の定義 156
クラスメソッド 170
グラフ 440
グラフィカル・ユーザー・インタフェース 434
グリーンスレッド 338
グリーンレット 338
繰り返し 41
グリニッジ標準時 322
グルーコード 10
グループID（gid） 308, 313
グレゴリオ暦 317
クロージャ 122
グローバルインタープリタロック（GIL） 337
グローバル名前空間 129
グローバル変数 129
グローバルポジショニングシステム（GPS） 455
クローラー 301
クロール 301
クロック 317
継承 158
係数 477
継続的インテグレーション 403
継続文字（\） 90, 209
結合 47
ゲッターメソッド 165
権限付与 285
言語コード 326
検索 200
減算 26
子 159
高速化されない 337
構文規則 2
コード 155
～の最適化 415
～のテスト 392
コード構造 89, 150
コールバック 340
コールバック関数 124
コピー 65, 76, 307
コマンドライン引数 138
コミット 422
コメント 89
小文字 48, 544
コルーチン 337
コロン（:） 92, 109
コンテキストマネージャ 224

コンパイル......10, 198
コンポジション......177

さ行

サーチ......544
最適化......415
サウンド......442
先入れ先出し (FIFO)......62
削除......307, 310
差集合......82
サブクラス......159
サブシーケンスの取り出し......58
サブセット......82
サマータイム......318, 322
三角関数......465
算術演算子......26
算術計算のための特殊メソッド......175
参照......23
サンプルプログラム......421
シーク......376
シーケンシャル......329
シーケンス......36
シェープ......457
シェープファイル......455
ジェネレータ......125
ジェネレータオブジェクト......108, 125
ジェネレータ関数......109, 125
ジェネレータ内包表記......108
シェル......8
シェルスクリプト......8
ジオコーディング......460
ジオスペーシャル分析......455
時刻......317
辞書......4, 69
　～の結合......72
　～の作成......69
　～の変換......70
　～は波かっこ ({})......84
辞書包括表記......107
指数......26
システム......305
シッククライアント......436
実行時間の計測......415
実数......466
実引数 (argument)......111
シャープ......90
集合......55, 63, 77, 265
　～の作成......78
　～への変換......79
集合内包表記......107
修飾......140
従属変数......477
集約......177
終了タグ......231
主キー......243
上位集合......83
条件比較......92
乗算......26
状態管理......277
剰余......26
除算......26, 28
書式指定......192
ジョブキュー......332
シリアライズ (直列化)......240, 370
シンクライアント......436
シングルクォート (')......36
シングルトン......178
人口統計データ......460
真上位集合......84
真部分集合......83
シンボリックリンク......307
　パス名......309
数学......463
数学演算......476
数値処理......330
スーパークラス......159
スーパーセット......83
スキーマ......242
スキーマレス......297
スクリプト......7
スクリプト言語......10
スクレイパー......301
スクレイピング......4, 301
スコア......266
スコープ......128

スタック 62, 149
スタンドアローンプログラム 137
ステータスコード................................278
ステートレス..275
ステップ 43, 408
ストリーミング 376
ストリーム..354
スパイダー..301
スプレッドシート................................241
スライス 43
　リストの～ 58
スラッシュ (/) 26, 231, 251
スレッド 334, 337
スレッドセーフ 335
正規表現 197, 311
　～のパターン 203
整数 21, 26, 28
　～の除算..26
　～のゼロ 95
整数オーバーフロー 35
静的言語 9, 10
静的メソッド..171
生物学..487
制約 242
積集合..81
積集合演算子 80, 148
セキュリティ 237, 375
　ビジネスデータの～ 454
セッション 275, 285
接続プーリング 253
セッターメソッド................................165
絶対パス 251
設定ファイル 238
セパレータ 46, 219, 227
線形代数..476
先頭オフセット 43
相対パス 251
ソース管理..420
ソース文字列..198
ソート 64, 148
ソート済み集合 266
属性 155, 170, 231
属性値の取得、設定 165
ソケット 355, 360

た行

退行 395
タイトルケース 49
代入 22, 61, 65, 76
タイマー 415
対話型インタープリタ 15
ダウンロードページ 490
多角形..457
タグ 227, 230
タスクキュー 332
ダックタイピング................................171
縦棒 227
タブ 227
タプル 30, 53, 55, 67, 194
　～のアンパック 68, 106
　～の作成..67
　～はかっこ (()) 84
ダブルアンダースコア (__) 157, 168
ダブルクォート ("") 36
ダンダー (dunder) 157
単体テスト..288
ダンプ..233
チーズショップ 152, 386
置換 50, 201
置換文字列..198
地図 455
　～の描画 457
チャンク 353
中央処理装置 (CPU) 13
中央揃え 197
中間言語..419
中止 100
抽出 449
直列化 (シリアライズ) 240, 370
地理情報システム (GIS) 455
地理データ..460
である (is-a) 関係 159
ティーポット 279
ディレクトリ 309
データ 170

～の行き先 217
～を操る 183
データ型 22
データグラム 354
データ構造....5
～の比較 84
アルゴリズムと～ 418
データ構造サーバー 259
データサイエンス 449, 485
データサイエンティスト 453
データ処理ツールキット 451
データストリーム 98
データ操作言語（DML） 244
データ定義言語（DDL） 244
データベース 242
テーブル 243
テーブルスキャン 243
デーモンモード 295
テキスト 183
～ファイルの読み出し 220
～ファイルへの書き込み 219
デコーディング 190
デコード 6, 188, 190, 233
デコレータ 126, 166, 170
テスト 392
コードの～ 392
等価性の～ 94
デック 149
デバッグ 403
デフォルト引数値 115
電子メール 367
テンプレート 285
テンプレートシステム 290
投影 458
同期的 330
統計 463
統合開発環境（IDE） 17, 389
動的言語 10
透明度（transparency） 433
トークン 369
ドキュメント 390
特殊メソッド 173
特殊文字 201
独自例外の作成 134
トピック 348
トリプルクォート（'''） 37, 247

な行

内包表記 104
長い文字列 369
長さの取得 46, 65
名前 23
～とドキュメント 390
名前空間 128
名前付きタプル 68, 178
波かっこ（{}） 69
日時 314
～の読み書き 323
認証 275, 285
ネスト 231
ネットワーク 329, 348
ノートブック 479

は行

パーサー 239
ハードリンク 307
パーミッション 308
パイソニスタ 385
パイソニック ....x, 18
排他的OR 82, 213
バイト 183
～とバイト列 206
バイトコード 419
バイナリデータ 206
～の変換 208
バイナリデータツール 211
バイナリファイル 241
～の書き込み 222
～の読み出し 223
バイナリモード 222
配列形状 473
配列の作成 471
配列の数学演算 476
バインド 356

パケット 353
パス名 306
　～の取得 309
派生クラス 159
パターン 197, 311, 348
　～の特殊文字 201
　正規表現の～ 203
バックスラッシュ (\) 40, 90
パッケージ 142
　～のインストール 387
ハッシュ 69, 90, 264
ハッシュマップ 69
バッチ処理 332
バッチファイル 8
パディング 197
パブサブ 348
パブリックIPアドレス 354
パブリッシュ/サブスクライブ 349
バブルアップ 132
反復処理 96, 98, 150
番兵 344, 410
比較 91
　～のための特殊メソッド 175
比較演算子 93
引数 46, 109, 111
非公開属性 168
非互換 14
ビジネス 445
　～データの処理 448
　～データのセキュリティ 454
ビジュアライゼーション 440
ピタゴラスの定理 465
左シフト 213
左揃え 195
ビッグエンディアン 210
ビッグデータ 376
日付 317
ビット 183, 268
　～単位の演算 32
ビット演算子 213
ビット反転 213
非同期的 330
表 243
標準Pythonのインストール 490
標準ウェブライブラリ 277
標準ライブラリ 5, 144, 386
ファイア・アンド・フォーゲット 347
ファイル 305
　～入出力 217
　～の削除 309
　～の自動的なクローズ 224
　～名の変更 307
ファイルシステム 309
ファイルタイプ 306
ファットクライアント 436
ファンアウト 348
ファンイン 348
フィード 231
プール 250
ブール演算子 94
ブール値 21, 32, 95, 112
フォーチュンクッキー 278
フォルダ 309
副キー 243
複数行文字列 37
複素数 466
符号ビット 206
プッシュ 348
物理学 487
浮動小数点数 21, 26, 28, 35, 466
　～の除算 26
負のインデックス 56
部分集合 82
部分文字列 43
ブラウザ 273
フラットファイル 217
プル 348
フルテキストサーチ 271
ブレークポイント 409
ブローカー 364
プログラム 8
プログラムエラー 27
プロセス 312, 332
　～の強制終了 316
　～の作成 313, 315
プロセスID 312

プロット……440
プロトコル……274, 353
プロパティ……165
プロンプト……16
文……61, 92
分割……46, 200
分散コンピューティング……329, 378
分散ネットワーキング……329
並行処理……329, 330
米国国勢調査局……460
並列コンピューティング……479
ヘッダー……279
別名によるインポート……141
変換……55, 449
　色の～……429
　型の～……32
　文字列への～……63
変換型……193
変数……9, 21, 155
ベンチレーター……364
ポインタ……116
ポート番号……367
ポリゴン……457
ポリモーフィズム……171
ボリューム……309
ポリライン……457
ポンド……90

ま行

マークアップ……230
マーシャリング……370
マイクロスレッド……338
マクロ……448
マジックメソッド……173
マシン語……10
待ち行列（キュー）……62
マッシュアップ……368
マッチ……198, 311
マッチング……197
末尾オフセット……43
末尾のインジケータ……410
マッピング……459
マップ……455
マルチメディア……436
マングリング……169
右シフト……213
右揃え……195
ミュージック……442
ミュータブル……22, 53, 206
無限ループ……97
無名関数……123
メインプログラム……131
メソッド……155, 170
　～のオーバーライド……160
　～のタイプ……170
　～の追加……161
メタデータ……443
メタ文字……203
メッセージ……231, 332, 363
メッセージングシステム……353
面……184
モード文字列……222
文字数……187
文字の抽出……42
モジュール……138
　～のインポート……139
モジュールサーチパス……142
文字列……21, 36, 183, 260
　～のタイプ……545
　～の展開……39
　～への変換……63
文字列メソッド……544
持っている（has-a）関係……177
モンキーパッチング……339

や行

有効期限……269
ユーザーID（uid）……308, 313
優先順位……31, 94, 412
　演算子の～……543
有理数計算……467
要求……274
要求/応答……348
要素……33, 53

～の値……62
～のオフセット……62
～の書き換え……57
～の削除……60, 73, 74
～の取得……74, 474
～の追加……59, 60
～の追加、変更……71
～の取り出し……56, 61
～の並べ替え……64
要素数の計算……147
予約語……25

ら行

ラムダ関数……123
ランク付け……412
リクエスト……274
リスト……3, 46, 53, 54, 262, 311
～の結合……59
～の作成……310
～のスライス……58
～のリスト……57
～は角かっこ（[]）……84
リスト内包表記……54, 104
リソース……273
リッチクライアント……436
リトルエンディアン……210
リモート処理……369
リレーショナルデータベース……242
リンク作成……307
ルーティング……285
ルートロガー……414
ループ……2, 96, 101
ループ中止……97
ループバックインタフェース……354
例外……27, 33, 132
例外ハンドラ……132
レイヤ（階層）……353
レスポンス……274
連結……41
連想配列……69
ローカルコンピュータ……282
ローカル名前空間……130
ロード……233, 449
ロガーオブジェクト……413
ロギング……412
ログ……424
～に保存……412
ログファイル……414
ロケーションベースサービス……455
ロケール……325
ロジックエラー……408
ロック……336
ロバスト……329

わ行

ワークキュー……332
ワールドワイドウェブ……273
ワイルドカード……199
和集合……81
和集合演算子……148

●著者紹介

Bill Lubanovic（ビル・ルバノビック）

Bill Lubanovicは、Unix用ソフトウェアは1977年から、GUIは1981年から、データベースは1990年から、ウェブは1993年から開発している。
1982年には、Intranという新興企業でMetaFormを開発した。これは、最初期のあるグラフィックワークステーションで動作する最初の商用GUIのひとつで、Mac、Windows以前のことだ。
1990年代始めには、ノースウェスト航空でグラフィカルな収益管理システムを書き、数百万ドルの収益に貢献するとともに、インターネットに同社を登場させ、最初のインターネットマーケティングテストを書いた。1994年にはISP（Tela）、1999年にはウェブ開発企業（Mad Scheme）を共同設立している。
最近では、マンハッタンの新興企業のためにリモートチームとの分散システムとコアサービスを開発した。現在は、あるスーパーコンピュータ企業のためにOpenStackサービスのインテグレーションを行っている。
妻のMary、子のTom、Karin、猫のInga、Chester、Lucyとともに、ミネソタ州で生活を楽しんでいる。

●監訳者紹介

斎藤 康毅（さいとう こうき）

1984年長崎県対馬生まれ。東京工業大学工学部卒、東京大学大学院情報学環 修士課程修了。現在、総合電機メーカーにて、コンピュータビジョンや機械学習に関する研究開発に従事する。翻訳書に『コンピュータシステムの理論と実装』『実践 機械学習システム』『入門 Python 3』（以上、オライリー・ジャパン）がある。

●訳者紹介

長尾 高弘（ながお たかひろ）

1960年千葉県生まれ。東京大学教育学部卒。株式会社ロングテール（http://longtail.co.jp）社長。訳書に『Cython』『ユーザーストーリーマッピング』『RStudioではじめるRプログラミング』『実践Android Developer Tools』『インタラクティブ・ビジュアライゼーション』『続・初めてのPerl 改訂第2版』『プログラミング言語Ruby』（以上、オライリー・ジャパン）、『Redis入門』（KADOKAWA/アスキー・メディアワークス）、『The DevOps 逆転だ！』『AIは「心」を持てるのか』（以上、日経BP社）、『Effective Ruby』（翔泳社）など多数があるほか、『縁起でもない』『頭の名前』（以上、書肆山田）などの詩集もある。

カバー説明

表紙の動物はアミメニシキヘビ（学名Python recitulatus）だ。毒を持たず、人間を襲うのはごくわずかなので、見かけほど恐ろしいものではない。長さは7メートル近くなり（9メートルを越えることもある）、世界でもっとも長い蛇、爬虫類になり得るが、ほとんどの個体は3、4メートルほどである。ラテン語の学名は、色と模様が網目に似ているところに由来している。図柄の大きさと色はまちまちであり、特に地域差が大きいが、背中の模様は菱型になることが多い。外観は、野生の環境にうまく混ざり合うようにできている。

アミメニシキヘビは、東南アジア全体に生息している。地理的な境界によって3つの亜種を立てる考え方もあるが、科学コミュニティからは公認されていない。ニシキヘビは、主として熱帯雨林、森林地帯、草原、水域で見られる。ニシキヘビの水泳能力は抜群であり、泳いで遠隔の島嶼に移動することが知られている。餌は、主として哺乳類と鳥類である。

見かけが印象的で行儀がよいので、次第にペットとして人気を集めつつあるが、行動は予測不能になることがある。アミメニシキヘビが人間を食べたとか食べないまでも殺したという事例がいくつか報告されている。かなり攻撃的なので長さを正確に計測するのは非常に難しい。正確だと考えられるのは、死んだり麻酔で動かなくなったりした個体の数値だけだ。ペットになっているニシキヘビの多くは肥満しているが、野生のものはもっと軽い。純粋に危険だというよりも、安全かどうか一定しないと言った方が正確だろう。

入門 Python 3

2015年12月 1 日　　初版第 1 刷発行

著　者	Bill Lubanovic（ビル・ルバノビック）
監 訳 者	斎藤 康毅（さいとう こうき）
訳　者	長尾 高弘（ながお たかひろ）
発 行 人	ティム・オライリー
制　作	ビーンズ・ネットワークス
印刷・製本	日経印刷株式会社
発 行 所	株式会社オライリー・ジャパン 〒160-0002 東京都新宿区四谷坂町12番22号 インテリジェントプラザビル1F Tel (03) 3356-5227 Fax (03) 3356-5263 電子メール japan@oreilly.co.jp
発 売 元	株式会社オーム社 〒101-8460 東京都千代田区神田錦町3-1 Tel (03) 3233-0641（代表） Fax (03) 3233-3440

Printed in Japan (ISBN978-4-87311-738-6)
乱丁本、落丁本はお取り替え致します。